EUL VERLAG

Reihe: Planung, Organisation und Unternehmungsführung · Band 117

Herausgegeben von Prof. Dr. Dr. h. c. Norbert Szyperski, Köln, Prof. Dr. Winfried Matthes, Wuppertal, Prof. Dr. Udo Winand, Kassel, Prof. (em.) Dr. Joachim Griese, Bern, Prof Dr. Harald F. O. von Kortzfleisch, Koblenz, Prof. Dr. Ludwig Theuvsen, Göttingen, und Prof. Dr. Andreas Al-Laham, Kaiserslautern

Dr. Dirk Nonnenmacher

Organisation von Dienstleistungsprozessen

Rollen als Grundlage der Organisationsgestaltung

Mit einem Geleitwort von Prof. Dr. Sabine Fließ, FernUniversität in Hagen

EUL VERLAG

Bibliographische Information der Deutschen Bibliothek

Die Deutsche Bibliothek verzeichnet diese Publikation in der Deutschen Nationalbibliothek; detaillierte bibliographische Daten sind im Internet über <http://dnb.ddb.de> abrufbar.

Dissertation, FernUniversität in Hagen, 2007

ISBN 978-3-89936-649-5
1. Auflage Dezember 2007

Printed in Germany
Druck: RSP, Troisdorf

JOSEF EUL VERLAG GmbH
Brandsberg 6
53797 Lohmar
Tel.: 0 22 05 / 90 10 6-6
Fax: 0 22 05 / 90 10 6-88
E-Mail: info@eul-verlag.de
http://www.eul-verlag.de

Bei der Herstellung unserer Bücher möchten wir die Umwelt schonen. Dieses Buch ist daher auf säurefreiem, 100% chlorfrei gebleichtem, alterungsbeständigem Papier nach DIN 6738 gedruckt.

Geleitwort

Dienstleistungsprozesse sind – im Gegensatz zu sog. autonomen Prozessen des Anbieters, die von diesem allein gestaltet und disponiert werden können – durch Integrativität, d.h. die Einbindung des Kunden in die Dienstleistungserstellung, gekennzeichnet. Insbesondere bei persönlich erbrachten Dienstleistungen ist die Integrativität auch mit einem hohen Interaktionsgrad zwischen Anbieter und Kunde verbunden. Integrativität und Interaktion stellen besondere Anforderungen an die Organisation und an die Qualifikation und das Verhalten des Dienstleistungspersonals. Dies wird in der Dienstleistungsliteratur vor allem vor dem Hintergrund der Rollentheorie und damit in Verbindung stehenden theoretischen Konstrukten der Rollenambiguität, des Rollenkonfliktes und des Burn-out-Syndroms thematisiert.

Die „Rollenorganisation" ist ein Konzept, das insbesondere im Rahmen der Entwicklung und Einführung von Softwareprogrammen in der Praxis entwickelt wurde. Obwohl Rollenkonzepte in der Organisationstheorie nicht neu sind – man denke an die organisationale Rollentheorie von Katz/Kahn sowie die aus dem Marketing bekannten Konzepte der Buying- und Selling-Center-Analyse mit Hilfe von Rollen – besteht die Besonderheit der „Rollenorganisation" darin, dass Rollen nicht zur Beschreibung oder Erklärung organisationalen Verhaltens herangezogen werden, sondern zur Gestaltung der Organisation.

Im Mittelpunkt der vorliegenden Arbeit stehen zwei zentrale Fragen: (1) Können Rollen zur Gestaltung von Organisationen herangezogen werden? (2) Handelt es sich bei der Rollenorganisation um einen für Dienstleistungsunternehmen Erfolg versprechenden Ansatz, um die Prozessorganisation in Dienstleistungsunternehmen zu verbessern..

Damit wird eine in der wissenschaftlichen Praxis seltene Aufgabe gelöst: Nicht die Erklärung vorgefundener Zustände oder die Prüfung von Theorien an der Wirklichkeit ist Gegenstand der Arbeit, sondern das Ausloten der Möglichkeiten und Grenzen eines für die Praxis neuartigen Konzeptes.

Hervorzuheben sind die folgenden Beiträge der Arbeit: (1) Die Rollenorganisation wird theoretisch in der Rollentheorie verankert. (2) Das in der Praxis vorzufindende und in der Literatur beschriebene Konzept der Rollenorganisation wird auf Dienstleistungsunternehmen übertragen und vor dem Hintergrund ihrer speziellen Anforderungen weiter entwickelt. (3) Es wird Theorie geleitet ein Prüfrahmen für die Anwendungsmöglichkeiten und Grenzen der Rollenorganisation, basierend auf der Rollentheorie einerseits und den aus der Organisationstheorie abgeleiteten organisatorischen Effizienzkriterien andererseits, entwickelt. (4) Es wird herausgestellt, unter welchen Bedingungen, z.B. für welche Dienstleistungen, die Rollenorganisation Vorteile für ein Dienstleistungsunternehmen bietet.

Ich wünsche der Arbeit eine weite Verbreitung in der Wissenschaft, insbesondere aber in der Praxis, da es sich um ein interessantes, neuartiges und für die Praxis sehr hilfreiches Organisationskonzept handelt.

Univ.-Prof. Dr. Sabine Fliess Hagen, im Oktober 2007

Vorwort

Die Organisation von Dienstleistungsprozessen ist grundlegend mit zwei Problembereichen verbunden: Zum einen die Anforderungen, die sich in der Integration externer Faktoren in den Leistungserstellungsprozess begründen. Die Integrativität von Dienstleistungen führt zu einer Vielzahl von Besonderheiten, wobei hier die Bedeutung der personellen Komponenten und der Flexibilität für Dienstleistungsorganisationen im Mittelpunkt steht. Zum anderen organisatorische Probleme, die sich aus der allgemeinen Problematik des Prozessmanagements ableiten lassen. Als problematisch gilt in diesem Zusammenhang die Integration des Prozessgedankens selbst; die Integration eines im Rahmen eines Prozessmanagements gestalteten Prozesses in eine bestehende Organisationsstruktur. Die Problematik der Prozessintegration ist in besonderer Weise für Dienstleistungsprozesse von Bedeutung. Bei Dienstleistungen ist eine erhöhte Kundenorientierung durch die Gestaltung von Prozessen und die Einbeziehung von Kunden als Co-Produzent nicht nur erwünscht, sondern aufgrund der Integrativität zwingend erforderlich. Für eine erfolgreiche Dienstleistungsproduktion ist somit eine effiziente und effektive Integration des Dienstleistungsprozesses in bestehende Organisationsstrukturen des Unternehmens eine unabdingbare Voraussetzung.

Neu zu entwickelnde Organisationsstrukturen bzw. -konzepte müssen den Herausforderungen für eine Organisation von Dienstleistungsprozessen, die aus der Integrativität von Dienstleistungen und integrativer Defizite des Prozessmanagements resultieren, Rechnung tragen. Sog. Rollenkonzepte stellen hier eine Möglichkeit dar, den Anforderungen zu begegnen. Rollenkonzepte sollen in diesem Zusammenhang zwischen den beiden Problemkomplexen eine Brücke schlagen und somit Aspekte des Prozess- und Personalmanagements miteinander verbinden. Aufgabe der Arbeit ist damit die Entwicklung eines kompetenten Rollenkonzeptes und die Überprüfung der Zielerreichung im Hinblick auf die Anforderungen an eine Organisation von Dienstleistungsprozessen.

Zum Abschluss bleibt mir allen zu danken, die zur Entstehung und zum Gelingen dieser Arbeit beigetragen haben. Nachdem durch mein Studium an der Westfälischen Wilhelms Universität Münster ein erster Grundstein für das Interesse an der Wissenschaft gelegt wurde, war es vor allem Prof. Dr. Sabine Fließ, die mir die Wissenschaft und insbesondere das Fach Dienstleistungsmanagement als Betätigungsfeld aufgezeigt hat. Die vorliegende Arbeit ist während meiner Zeit als Wissenschaftlicher Mitarbeiter am Douglas Stiftungslehrstuhl für Dienstleistungsmanagement an der Fernuniversität Hagen entstanden und somit gilt zunächst mein besonderer Dank meiner Doktormutter Prof. Dr. Sabine Fließ, Inhaberin des Lehrstuhls. Sie hat mich während des gesamten Entstehungsprozesses unterstützt und war immer ein interessierter und aufgeschlossener Diskussionspartner.

Zu danken habe ich des Weiteren Prof. Dr. Jürgen Weibler, der das Zweitgutachten für diese Arbeit übernahm. Für die Mitwirkung an meinem Promotionsverfahren danke ich Prof. Dr. Rainer Olbrich.

Ebenso möchte ich mich bei meinem ehemaligen Lehrstuhlkollegen und guten Freund Dr. Jens Hogreve für die Unterstützung im Entstehungsprozess der Arbeit sehr herzlich bedanken. Er hat mit seiner Diskussionsbereitschaft und kritischen Anmerkungen geholfen, wissenschaftliche Tiefen und Untiefen zu umschiffen und darüber hinaus auf sehr freundschaftliche Weise meine Tätigkeit am Lehrstuhl begleitet. Genauso danke ich meinen auch jetzt noch in Freundschaft verbundenen ehemaligen Lehrstuhlkollegen Ole Wittko und Dr. Sabine Möller für die wertvollen Anregungen und Diskussionen zur Arbeit. Karin Miller und Heinrich Borgerding danke ich für das Korrekturlesen verschiedenster Fassungen und für die Unterstützung im administrativen Bereich.

Ein besondere Dank gilt meiner Lebensgefährtin Friederike Fortmann, die mit mir die Höhen und Tiefen der Arbeit durchlitten hat. Gerade in der Endphase hat Sie mich ermutigt, auch die letzten Stufen zu erklimmen und hat all die Lethargie- und Frustrationsphasen einer jeden wissenschaftlichen Arbeit in eine Euphoriephase umgepolt.

Zu guter Letzt möchte ich zwei Menschen danken, ohne die die Arbeit wohl kaum geschrieben worden wäre. Ich danke meinen Eltern, dass Sie mir mein Studium und die Promotion ermöglicht haben und über all die Jahre ein echter Rückhalt gewesen sind. Sie haben mich nicht nur in der Phase der Promotion, sondern schon seit jeher in jeglicher Weise unterstützt. Für ihr Vertrauen in mich möchte ich mich von ganzem Herzen bedanken. Ihnen ist diese Arbeit gewidmet.

Dirk Nonnenmacher

Inhaltsverzeichnis

Abbildungsverzeichnis

Tabellenverzeichnis

Abkürzungsverzeichnis

Bd.:	Band
BPR	Business Process Reengineering
Bsp.	Beispiel
bzw.	beziehungsweise
DBW:	Die Betriebswirtschaft
d.h.	das heißt
et al.:	et aliae
f.:	folgende
ff.:	fortfolgende
ggf.	gegebenenfalls
GP:	Gesprächspartner
Hrsg.:	Herausgeber
hrsg.:	herausgegeben
i.e.S.:	im engeren Sinne
IT:	Informationstechnologie
i.w.S.:	im weiteren Sinne
Jg:	Jahrgang
LRI	Landesbank Rheinland-Pfalz International
Marketing ZFP:	Marketing Zeitschrift für Forschung und Praxis
N:	Nonnenmacher
Nr.:	Nummer
o.V.	ohne Verfasser
S.:	Seite (-n)
Sp.:	Spalte (-n)
TQM:	Total Quality Management
u.a.	unter anderen/anderem
usw.	und so weiter
u.U.	unter Umständen

Vgl.:	Vergleiche
vs.:	versus
WiSt:	Wirtschaftswissenschaftliches Studium
WISU:	Das Wirtschaftsstudium
ZfB:	Zeitschrift für Betriebswirtschaft
z.B.	zum Beispiel
ZfbF:	Schmalenbachs Zeitschrift für betriebswirtschaftliche Forschung

1 Rollenorganisationen als Reaktion auf die Anforderungen einer Organisation von Dienstleistungsprozessen

1.1 Problemstellung und Zielsetzung der Arbeit

Dienstleistungen weisen gegenüber Sachgütern eine Reihe von Besonderheiten auf.[1] Ohne an dieser Stelle eine Diskussion über eine Dienstleistungsdefinition führen zu wollen,[2] kann festgehalten werden, dass sich Dienstleistungen insbesondere durch die Integration externer Faktoren in den Leistungserstellungsprozess auszeichnen und die Integrativität in der Literatur zum Teil als das entscheidende konstitutive Merkmal von Dienstleistungen hervorgehoben wird.[3] Die Integration externer Faktoren bedeutet in diesem Zusammenhang, dass für die Erbringung einer Dienstleistung zwingend eine Integration von Faktoren notwendig ist, die von Nachfragern z.B. in Form von Personen, Objekten, Tieren usw. zur Verfügung gestellt werden.[4] Die Existenz und Einbringung eines externen Faktors in den Leistungserstellungsprozess ist damit unabdingbare Voraussetzung für eine Dienstleistungsproduktion.[5] Wettbewerbsvorteile im Dienstleistungsbereich begründen sich demnach nicht nur auf die Ressourcen des Anbieters, sondern ebenfalls auf die Kundenintegration im Erstellungsprozess.[6]

Aus einer solchen Integration externer Produktionsfaktoren in den Leistungserstellungsprozess des Anbieters ergeben sich eine Vielzahl von Besonderheiten, die bei einer Organisation von Dienstleistungsprozessen zu berücksichtigen sind. Die Integrativität impliziert eine Nichtlagerbarkeit und die zeitlichen Synchronität von Erstellung und Inanspruchnahme einer Dienstleistung[7], woraus sich eine Erhöhung des subjektiv empfundenen Kaufrisikos für den Nachfrager ergibt.[8] Eine Dienstleistung kann nicht vorproduziert werden, so dass vor der Inanspruchnahme durch den Nachfrager kein zu beurteilendes Produkt vorliegt. Es kann lediglich eine Vorkombination erfolgen, die in einer sich anschließenden Endkombination

---

[1] Vgl. dazu ausführlich Abschnitt 2.3.1.

[2] Vgl. zu den Problemen der Dienstleistungedefinition Abschnitt 2.3.1.

[3] Vgl. Rosada 1990, S. 25; Meyer et al. 2000, S. 53; auch Kelly et al. 1990, S. 315.

[4] Vgl. ausführlich zu externer Faktoren und deren Merkmalen Corsten 1985, S. 129; Engelhardt et al. 1993, S. 401; Hilke 1989, S. 12; Rosada 1990, S. 15.

[5] Vgl. Meyer et al. 2000, S. 53.

[6] Vgl. Möller 2004, S. 1; Fließ, 2001, S. 4 und die dort angegebene Literatur.

[7] Vgl. Berekoven 1974, S. 25 und 37; 1983, S. 22; Berry/Parasuraman 1991, S. 6; Hilke 1989, S. 12; Zeithaml/Bitner 2000, S. 13.

[8] Vgl. Die Erhöhung des Kaufrisikos wird in der betriebswirtschaftlichen Literatur weitgehend durch die Immaterialität von Dienstleistungen begründet. Vgl. exemplarisch dazu Engelhardt et al. 1993, S. 418. Nach Ansicht des Verfassers kann diese Eigenschaft jedoch ebenso gut durch die Integrativität begründet werden.

zusammen mit dem externen Faktor in einer Leistung mündet.[9] Das Fehlen eines konkreten Produktes lässt messbare Beurteilungskriterien vermissen, anhand derer vor dem Kauf eine Beurteilung des Nutzens vollzogen werden könnte. Im Gegensatz zu den materiellen Sachgütern fehlen diese sog. Sucheigenschaften bei Dienstleistungen und lassen Erfahrungs- und Vertrauenseigenschaften in den Vordergrund treten.[10] Daraus resultiert für den Anbieter die Aufgabe, die Nachfragerunsicherheit durch geeignete Maßnahmen zu reduzieren. In diesem Zusammenhang spielen Surrogate[11] eine besondere Rolle, die die nicht-sichtbaren Aspekte der Dienstleistung repräsentieren. Ein besonders wichtiges Surrogat im Zusammenhang mit der Unsicherheitsreduktion bildet die personelle Komponente der Dienstleistung.[12] Mitarbeiter und hier speziell Kundenkontaktmitarbeiter nehmen im Dienstleistungsbereich damit einen gewichtigen Stellenwert ein, da sie die Schnittstellen zum Kunden bilden, Bedürfnisse und Reaktionen des Kunden im ummittelbaren Kontakt erleben und das Unternehmen repräsentieren.[13] Als zentraler Qualitätsindikator für die Nachfrager[14] müssen die Mitarbeiter somit in der Organisation von Dienstleistungsprozessen besondere Berücksichtigung finden.

Eine weitere Folge der Integrativität ist die Integrationsunsicherheit in Bezug auf Beschaffung und Qualität der externen Faktoren.[15] Die optimale Integration eines Kunden bzw. eines externen Faktors in den Leistungsprozess ist im hohen Maße von den Fähigkeiten und der Qualifikation der Mitarbeiter abhängig.[16] Mitarbeiter müssen sich aufgrund der Integrationsunsicherheit auf unterschiedliche Bedarfsfälle und Problemlösungsansätze einstellen.[17] Neben

---

9 Vgl. zur Mehrstufigkeit der Dienstleistungsproduktion Corsten 1986, S. 20 f. Vgl. dazu ebenfalls den Abschnitt 2.3.1, insbesondere Abbildung 10.

10 Vgl. vertiefend zu Such-, Erfahrungs- und Vertrauenseigenschaften Nelson 1970 und Darby/Karni 1973; ebenfalls Fließ 2004, S. 33.

11 Surrogate sind in diesem Zusammenhang als vorzeigbare Objekte bzw. als Ersatzindikatoren zu verstehen. Vgl. dazu Wiswede 1996, S. 65; Meffert/Bruhn 2003, S. 61 f.

12 Vgl. Engelhardt et al. 1993, S. 420. Dazu auch Schmitz 2004, S. 17.

13 Vgl. Bettencourt et al. 2001, S. 29 f.; Nerdinger/v. Rosenstil 1999, S. 177. Vgl. ebenfalls zur Bedeutung des Kundenkontaktpersonals für das Dienstleistungsmarketing Berry/Parasuraman 1999, S. 71 ff.; Schneider/Bowen 1993, S. 40 ff.; Stauss 2000, S. 205 ff.; Stock 2001, S. 2 ff.; Vom Holtz 1998, S. 8ff.

14 Der positive Einfluss hoher Kundenorientierung des Kundenkontaktpersonals auf die wahrgenommene Dienstleistungsqualität konnte mehrfach nachgewiesen werden. Vgl. dazu Boles et al. 2001, S. 6 ff.; Crosby et al. 1990, S. 69 ff.; Stock 2002, S. 67 ff.

15 Vgl. zur Integrationsunsicherheit Fließ 2001, S. 66 ff. und 82 ff. Neben der Integrationsunsicherheit unterscheidet Fließ die Produktions- und Dispositionsunsicherheit in Bezug auf Steuerung des Leistungspotenzials und -erstellungsprozesses. Vgl. dazu ausführlich Fließ 2001, S. 66 ff. und 82 ff.

16 Vgl. ausführlich zu unterschiedlichen Dimensionen der Kundenintegrationskompetenz Jacob 2003, S. 87 f. In Bezug auf Qualifikation und Fähigkeiten der Mitarbeiter ist hier insbesondere die Kommunikations- und Steuerungskompetenz zu nennen. Vgl. dazu Jacob 2003, S. 88.

17 Vgl. Kleinaltenkamp 1997b, S. 354; Schmidt 1996, S. 75;. auch Kleinaltenkamp 1996, S. 14 ff.

der emotionalen Intelligenz[18] müssen Kundenkontaktmitarbeiter damit entsprechende Fach- und Methodenkompetenzen aufweisen[19] und die Bereitschaft erkennen lassen, das fachliche und methodische Wissen kontinuierlich weiterzuentwickeln.[20] Die sich dynamisierende Umwelt führt dabei zu sich ständig verändernden Arbeitszuschnitten, die sich von traditionellen Arbeits- und Berufsstrukturen konsequent entfernen. Jeder Arbeitnehmer wird künftig in seinem Berufsleben mehrere Berufsbilder erlernen und sich unterschiedlichen Aufgaben stellen müssen.[21] Daraus resultiert die Notwendigkeit einer lebenslangen Qualifikationsanpassung,[22] die den Bedarf einer strategischen Personalentwicklung in Dienstleistungsunternehmen aufzeigt. Zudem müssen Mitarbeiter im Dienstleistungsbereich Prozessevidenz[23] besitzen. Der Mitarbeiter muss wissen, wie, wann und wo der Kunde bzw. der externe Faktor in den Dienstleistungserstellungsprozess einzubinden ist.[24] Wie bereits zuvor betont, hat somit die Fähigkeit und Qualifikation der Mitarbeiter einen erheblichen Einfluss auf die Güte der zu erbringenden Dienstleistung. Markterfolge im Dienstleistungsbereich sind damit zum großen Teil Verhaltenserfolge der Mitarbeiter. Dabei stehen die Kundenkontaktmitarbeiter oftmals im Spannungsfeld zwischen den Erwartungen der Kunden und der Organisation in Form von Vorgesetzten oder andern Mitarbeitern,[25] wodurch es oftmals zum Burn-out-Syndrom,[26] Job-Stress, Konflikten oder Ängsten kommen kann. Die Vermeidung und Prävention dieser Auswirkungen ist im besonderen Maße für den hier betrachteten Dienstleistungsbereich essentiell.

Neben der personellen Komponente weist insbesondere die Flexibilität[27] eine große Bedeutung für die Produktion von Dienstleistungen auf. Die Bedeutung begründet sich dabei in mehreren Punkten, die sich alle auf die Integrativität zurückführen lassen. Zunächst ergibt sich aufgrund der Integrativität die Notwendigkeit einer räumlichen, zeitlichen und/oder

---

[18] Vgl. ausführlich zu emotionalen Anforderungen an Kundenkontaktmitarbeiter Schmitz 2004, S. 16 ff. Dazu auch Brehm 2001, S. 353 f.

[19] Vgl. Coenen 2001, S. 359 f.

[20] Vgl. Kennedy et al. 2001, S. 76 ff.

[21] Vgl. Fuchs/Besier 1994, S. 195; auch Ulmer 2001, S. 31. Nach Ansicht des Verfassers wird sich anstatt des „lifelong employment" eine „lifelong employablility" durchsetzen. Employable sind Mitarbeiter dann, wenn sie verschiedene Fähigkeiten besitzen, die unterschiedlich genutzt werden können. Vgl. dazu auch Hilb 2002, S. 61 f.; auch Speck 2004, S. 30 f.

[22] Vgl. Groh/Geier 2002, S. 175.

[23] Vgl. zur Prozessevidenz Fließ 1996, S. 92; Fließ 2001, S. 84 ff. zu den einzelnen Komponenten S. 68 ff.

[24] Vgl. Kleinaltenkamp 1997b, S. 353; Kleinaltenkamp 1996, S. 20.

[25] Vgl. dazu ausführlich die Abschnitte 2.3.2.3 und 4.2.4.3.

[26] Vgl. zum Burn-Out-Syndrom Abschnitt 2.3.2.2.

[27] Vgl. zur Flexibilitätsforschung Kaluza/Blecker 2005, S. 6 ff.; Pibernik 2001, S. 5 ff. Die Notwendigkeit der Flexibilität in der Dienstleistungsproduktion hängt natürlich auch von der Art der Dienstleistung ab. Vgl. dazu Abschnitt 2.3.2.2.

mengenmäßigen Anpassung der Kapazität an die Nachfragerstruktur. Das Potenzial besteht nur in einem bestimmten Zeitpunkt und verfällt, wenn es nicht genutzt wird. In diesem Zusammenhang benötigt das Unternehmen eine hohe Reaktionsfähigkeit, um in der Lage zu sein, flexibel auf Nachfrageschwankungen bzw. auf längerfristige Umweltveränderungen reagieren zu können. In Bezug auf das Kapazitätsmanagement ist damit besonders die Flexibilität als Herausforderung an die Organisation von Dienstleistungsprozessen zu nennen. Die Flexibilität ist ebenfalls aufgrund der Individualität von Dienstleistungen erforderlich. Die Integration eines externen Faktors führt oftmals dazu, dass der Leistungserstellungsprozess und/oder das Leistungsergebnis individuell auf den Kunden zugeschnitten sind. Standardisierungsmöglichkeiten sind im Fall von Dienstleistungen oftmals begrenzt. Dieser Umstand erfordert wiederum die Notwendigkeit einer flexiblen Leistungserbringung. Zudem besteht eine Möglichkeit der Handhabung der Integrationsunsicherheit in dem Aufbau und der Nutzung von Flexibilität.[28] Ist ein System in der Lage, den Umfang einer Leistung in entsprechender Weise und schnell zu ändern, ist es möglich, diese Flexibilität zur Handhabung der Integrationsunsicherheit heranzuziehen. Die Erläuterungen zeigen, dass Unternehmen im Dienstleitungsbereich eine hohe Reaktionsfähigkeit sicherstellen müssen, indem Aufgabenbereiche und Berufsbilder von Mitarbeitern den Umweltanforderungen entsprechend angepasst und Mitarbeiter in unterschiedlichen Unternehmensbereichen flexibel eingesetzt werden können. Stellenbeschreibungen werden diesen Anforderungen nicht gerecht, da sie, einmal festgelegt, nicht mehr aktualisiert werden.[29] Zudem orientieren sich Stellenbeschreibungen an Berufsbildern, die das Denken in funktionalen Abteilungen verstärken und der Prozessorientierung entgegenwirken.[30] Neu zu entwickelnde Formen von Organisationsstrukturen für Dienstleistungsprozesse müssen diesen Umstand berücksichtigen.

Insgesamt zeigen die Ausführungen, dass die Integrativität als das wesentliche Merkmal von Dienstleistungen zu besonderen Anforderungen an eine Organisation von Dienstleistungsprozessen führt. Im Zentrum der Anforderungen stehen insbesondere die Mitarbeiter. Ziel einer Unternehmensgestaltung muss es demnach sein, bei der Gestaltung des Leistungspotenzials die Ressource „Personal" als erfolgsbestimmende Determinante zu berücksichtigen. Qualifikationen und Kompetenzen der Mitarbeiter sind durch geeignete Maß-

[28] Vgl. Corsten/Gössinger 2006, S. 31. Costen/Gössinger sprechen in diesem Zusammenhang von Output-Flexibilität.

[29] Vgl. Groh/Geier 2002, S. 176.

[30] Vgl. Kugeler/Vieting 2003, S. 261.

nahmen zu erschließen, zu sichern und weiterzuentwickeln.[31] Das Personalmanagement muss im Dienstleistungsbereich einen zentralen Bestandteil der Unternehmensführung bilden.

Neben den Anforderungen, die sich aus der Integrativität ergeben, sind bei Dienstleistungsprozessen ebenfalls organisatorische Probleme zu berücksichtigen, die sich aus der allgemeinen Problematik des Prozessmanagements ableiten lassen und insbesondere für Dienstleitungsprozesse aufgrund der Integration externer Faktoren relevant sind. Seit Beginn der 80er Jahre haben sich eine Vielzahl von organisatorischen Methoden, Konzepten und Instrumenten mit der Restrukturierung von Unternehmen beschäftigt. Unter Namen wie z.B. „Lean Management“[32], „TQM“[33], „Business Process Reengineering“[34] oder „Core Process Redesign“[35] werden den Unternehmen „Quantensprünge“[36] in den zentralen Zielgrößen Kosten, Zeit und Kundenorientierung versprochen.[37] All diesen organisatorischen Gestaltungskonzepten ist eins gemeinsam: der Prozessgedanke.[38] Durch die Verschärfung der Wettbewerbssituation[39] reagieren viele Unternehmen mit der Besinnung auf ihre zentralen Wertschöpfungsprozesse und stellen ihre funktionale Organisationsstruktur in Frage.[40] Kern der Veränderungsstrategie ist die Kundenorientierung. In gesättigten Märkten soll eine kundenorientierte Gestaltung von Prozessen Unternehmen befähigen, die Bedürfnisse der Nachfrager umfassend zu identifizieren und die Leistung entsprechend zu erbringen. Der Kunde wird innerhalb des Prozessverlaufs explizit einbezogen und repräsentiert Auslöser, Co-Produzent und Abnehmer der Leistung gleichermaßen.[41] Die Prozessorientierung steht als

---

31 Vgl. Schmidt 1996, S. 74. Von zehn Dimensionen der Dienstleistungsqualität weisen acht einen engen Bezug zum Personal auf: Verlässlichkeit, Reagibilität, Kommunikation, Glaubwürdigkeit, Sicherheit, Kompetenz, Höflichkeit und Verständnis. Vgl. dazu Stauss 1991, S. 18 f.

32 Vgl. zum Lean Management Womack et al. 1991; Pfeiffer/Weiss 1994; Bösenberg/Metzen sowie Abschnitt 2.1.4.

33 Vgl. zum TQM Töpfer/Mehdorn 1995; Adam 1998 S. 78ff. und Abschnitt 2.1.4.

34 Vgl. zum Business Process Reengineering Hammer/Champy 1994 und Abschnitt 2.1.4.

35 Vgl. zum Core Process Redesign Kapalan/Murdock 1991.

36 Vgl. Hammer/Champy 1994, S. 50; siehe auch Carl-Sime 1994, S. 86; Specht 1994, S. 46; Binder 1997, S. 54; Gatermann/Krogh 1993, S. 177.

37 Vgl. Arbeitskreis Organisation 1996, S. 627; von Werder 1996, S. 213; Heppner 1995, S. 357 f.; Hess et al. 1995, S. 480; Hall et al. 1994, S. 82 ff.; Dixon et al. 1994.

38 Vgl. Gaitanides/Müffelmann 1996, S. 186, Gaitanides 1998, S. 381; Bleicher 2004, S. 464.

39 Vgl. ausführlich zu den einzelnen Ursachen, die zum organisatorischen Wandel führten, Abschnitt 2.1.2.

40 Vgl. Heppner 1995, S.62; Theuvsen 1996, S.66; von Werder 1996, S. 213; Kaminske/Füermann 1995, S. 142; Hess et al. 1995, S. 480 f.; Schwarzer, 1994, S. 367; Mende 1995, S. 1; Mischak 1997, S. 3.

41 Vgl. Mörschel et al. 2001, S. 35.

neues Element der Organisationsgestaltung im Mittelpunkt und stellt alle im Unternehmen historisch gewachsenen Vorgehensweisen auf den Prüfstand.[42].

Erlebten die Prozessgestaltung und das Prozessmanagement Mitte der 90er Jahre sowohl im wissenschaftlichen Bereich als auch in der Praxis ihre Hochphase, nahm das Interesse gegen Ende der 90er Jahre wieder ab.[43] Die erwarteten „Quantensprünge" stellten sich in den von Unternehmen durchgeführten Projekten zum Prozessmanagement oftmals nicht ein.[44] In Bezug auf die Ursachen der Misserfolge identifizierte Körfgen eine „breite Unsicherheit in der Anwendung mit dem Gestaltungselement Prozess".[45] Probleme bei der Identifikation und Abgrenzung der für das Unternehmen relevanten Prozesse,[46] bei der Berücksichtigung von Einflussgrößen bei der Prozessgestaltung[47] oder die Frage nach der unternehmenseinheitlichen oder situativen Ausgestaltung von Prozessen[48] kennzeichneten das Prozessmanagement.[49] Die Lösung der Probleme durch eine Vielzahl wissenschaftlicher Abhandlungen[50] und die Entwicklung umfassender Software-Programme zur Prozessgestaltung[51] sowie die weitere Zunahme der Umweltdynamik haben dem Prozessmanagement jedoch in den letzten Jahren wieder mehr Bedeutung zukommen lassen.[52] Das Prozessmanagement hat sich inzwischen in der Unternehmenspraxis fest etabliert und wird auch in Zukunft Veränderungen organisatorischer Strukturen beeinflussen.[53]

---

42 Vgl. Osterloh/Frost 1994a, S.358.

43 Vgl. Hess/Schuller 2005, S. 355 f.; Koch/Hess 2003, S. 1.

44 Vgl. Majchtzak/Wang 1996, S. 93; Edwards/Peppard 1997, S. 753; Hammer 1995, S. 133; Belmonte/Murray 1993; S. 23; Bashein/Markus 1994, S.7; Kieser 1996 S. 179 f.; Metzen 1994, S. 280; Lewandowski 2000, S. 2 f.

45 Körfgen 1999, S. 4.

46 Vgl. Hall et al. 1994, S. 82 ff.

47 Vgl. Hess 1996, S. 2.

48 Vgl. Gaitanides et al. 1994, S. 6 ff.

49 Vgl. zu weiteren Gründen für die geringe Erfolgsquote Belmonte/Murray 1993; Majchtzak/Wang 1996, S. 93; Bashein/Marcus 1994; Cooper/Lynne 1995, S. 39; Davenprot et al. 1996.

50 Vgl. exemplarisch Becker et al. 2003; Helbig 2003.

51 Vgl. Nägele/Schreiner 2002, S. 201 ff., umfassend zu den Software-Werkzeugen des BPR Bullinger/Schreiner 2001.

52 Vgl. Koch/Hess 2003, S. 11; Hess/Schuller 2005, S. 370; Allweyer 2005, S. 10. Das Marktforschungsinstitut Gartner Group prognostizierte bereits in den Jahren 2000 und 2001, dass das Interesse an Prozessen bis 2006 wieder zunehmen wird. Vgl. Sinur 2001, S. 4 f.; 2002, S. 6. Vgl. ebenfalls zur zunehmenden Bedeutung des Prozessmanagements die Business Process Reports 2004/2005 der Firma IDS Scheer.

53 Vgl. Hess/Schuller 2005, S. 371. Vgl. exemplarisch für Gründe, die dem Prozessmanagement in Zukunft eine höhere Bedeutung zukommen lassen IDS Scheer 2005, S. 4 ff.

Konnten viele Probleme des Prozessmanagements weitgehend gelöst werden, besteht jedoch bei der Integration von Prozessen in die Organisationsstruktur bzw. einer prozessorientierten Denkweise von Mitarbeitern in ein Unternehmen weiterhin Forschungsbedarf.[54] Eine Grundidee des Prozessmanagements, die konsequente Ausrichtung der Aufbauorganisation an den Prozessen, konnte in der Praxis kaum beobachtet werden.[55] Als problematisch gilt die Integration des Prozessgedankens selbst; die Integration eines im Rahmen eines Prozessmanagements gestalteten Prozesses in eine bestehende Organisationsstruktur. Eine umfassende Integration von Prozessen ist jedoch erforderlich, da die generierten Prozesse aufgrund der Arbeitsteilung durch Stellenbildung letztendlich zerschnitten werden.[56] Ausgenommen hiervon ist eine Priorisierung von Prozessen in Form eines Case Managements, bei der alle Aufgaben eines Prozesses nur durch eine Person übernommen werden.[57] Diese von den Vertretern des BPR propagierte Organisationsstruktur ist jedoch nur bei unkomplexen, standardisierbaren und indirekten Prozessen anwendbar. Eine Umsetzung des Case Managements konnte demnach nur in wenigen Fallstudien dokumentiert werden.[58] Bei allen anderen Ausprägungen einer Prozessorganisation werden wiederum Stellen gebildet, die u.U. in funktionalen Abteilungen des Unternehmens verankert sind. Schnittstellen zwischen unterschiedlichen Abteilungen bestehen weiterhin und verhindern eine transparente Darstellung des Prozesses. Zudem bleibt bei prozessorientierten Restrukturierungen oftmals unberücksichtigt, wie sich Mitarbeiter verhalten und mit anderen Prozessbeteiligten zusammenarbeiten.[59] Durch eine reine Veränderung der Organisationsstrukturen kann kein Verhaltenswandel der Mitarbeiter zu einer prozessorientierten Denkweise vollzogen werden. Das Aufbrechen funktionaler Vorstellungen von Mitarbeitern hin zu einer prozessorientierten Unternehmenskultur wird bei den meisten Prozessmanagement-Projekten unterschätzt bzw. gar nicht berücksichtigt.[60] Der Grundgedanke der Prozessorientierung, das ganzheitliche Denken und Handeln,[61] geht jedoch bei dieser unzureichenden Integration verloren.

Die hier dargestellte Problematik der Prozessintegration ist in besonderer Weise für Dienstleistungsprozesse von Bedeutung. Bei Dienstleistungen ist eine erhöhte Kunden-

---

54 Vgl. Körfgen 1999, S. 235; Majchrzak/Wang 1996; S. 93. Allgemein zu Integrationsprozessen Müller-Stewens 2004, S. 29 ff.

55 Vgl. Schmelzer/Sesselmann 2002, S. 46; Hess/Schuller 2005, S. 366 f.

56 Vgl. ausführlich zu dieser Aussage Abschnitt 2.2.1.2.2. Dazu auch Hammer/Stanton 2000, S. 69.

57 Vgl. ausführlich zur Priorisierung von Prozessen in Form eines Case Managements Abschnitt 2.2.1.2.2.

58 Vgl. dazu Picot/Franck 1996, S. 22 ff.

59 Vgl. dazu exemplarisch eine Studie von Majchrzak/Wang 1996; S. 93.

60 Vgl. Majchrzak/Wang 1996; S. 93 f.

61 Vgl. ausführlich zur ganzheitlichen Denk- und Handelsweise im Rahmen des Prozessmanagements Abschnitt 2.2.1.1.

orientierung durch die Gestaltung von Prozessen und die Einbeziehung von Kunden als Co-Produzent nicht nur erwünscht, sondern aufgrund der Integrativität zwingend erforderlich. Für eine erfolgreiche Dienstleistungsproduktion ist somit eine effiziente und effektive Integration des Dienstleistungsprozesses in bestehende Organisationsstrukturen des Unternehmens eine unabdingbare Voraussetzung.

Aus der Integrationsproblematik resultiert die Herauforderung zur Entwicklung einer Organisationsstruktur bzw. eines Konzeptes, das eine ganzheitliche Integration von Prozessen in bestehende Strukturen von Unternehmen und damit eine umfassende Kundenintegration ermöglicht. Eine Verbindung zwischen Prozessen und Aufbauorganisation muss hergestellt und die Ganzheitlichkeit des Prozess erhalten werden, auch wenn u.U. eine funktionale Organisationsstruktur im betrachteten Unternehmen bestehen bleibt.

Die Ausführungen zeigen, dass die Herausforderungen für eine Organisation von Dienstleistungsprozessen aus den Anforderungen aufgrund der Integrativität von Dienstleistungen und integrativer Defizite des Prozessmanagements resultieren. Im Rahmen der Anforderungen, die sich in der Integrativität begründen, stehen dabei die personelle Komponente und die Flexibilität im Mittelpunkt. Neue organisatorische Konzepte bzw. Organisationsstrukturen müssen diese wechselseitige Beziehung zwischen Personal- und Prozessmanagement berücksichtigen. Im Rahmen der vorliegenden Arbeit soll überprüft werden, ob sog. Rollenkonzepte eine Möglichkeit darstellen, den Anforderungen an eine Organisation von Dienstleistungsprozessen zu begegnen. Rollenkonzepte sollen in diesem Zusammenhang zwischen den beiden Problemkomplexen eine Brücke schlagen und somit Aspekte des Prozess- und Personalmanagements miteinander verbinden. Erste Erfahrungen mit Rollenkonzepten wurden im Rahmen von Software-Engineering-, Service-Engineering- und Personalmanagement-Projekten gesammelt.[62] Allgemein dargestellt, bilden Rollen in diesen Konzepten eine Struktur, die dem Prozessdesign überlagert und aus ihr nicht direkt ableitbar ist. Rollen gelten als prozessorientiertes Abbild der Zuordnung von Aktivitäten und Erwartungen zu konkreten organisatorischen Einheiten und Stellen. Die Rollen wiederum werden durch das Konzept des Rolleninhabers zu organisatorischen Einheiten zugeordnet.

Primäres Ziel des vorzustellenden Rollenkonzeptes ist somit die Schaffung eines geeigneten organisatorischen Instruments, um die Integration von Prozessen und damit der ganzheitlichen Denk- und Handelsweise in bestehende Organisationsstrukturen sicherzustellen. Gleichzeitig soll die Vernetzung des Prozess- und Personalmanagements Human-Relations-Aspekte berücksichtigen: Durch die Definition einer Rolle über Aufgaben, Kompetenzen und Verant-

---

[62] Vgl. dazu Weisbecker/Groh 1998, Frings/Weisbecker 1998a; 1998b; 1999; Bullinger/Meiren 2001; Geier et al. 2001; Groh/Geier 2002 und das Kapitel 3.

wortlichkeiten sollen die Erwartungen für Mitarbeiter transparent und leicht ableitbar sein. Jedem Mitarbeiter wird die gerade wahrgenommene Rolle mit seinen Interdependenzen und den damit verbundenen Ergebnissen bewusst. Es ist zu prüfen, ob dem Burn-Out-Syndrom, Job-Stress usw. damit entgegengewirkt und durch die transparente Definition der Rolle eine Identifizierung des Mitarbeiters mit der Rolle und daraus folgend Motivationssteigerungen erzeugt werden können. Darüber hinaus sollen Rollen eine flexible Einsatzplanung von Mitarbeitern ermöglichen. Es ist zu analysieren, ob aufgrund von Rollen Job-Rotation-Maßnahmen ohne größeren Aufwand durchgeführt, Qualifizierungsmaßnahmen schneller erkannt und in Job-Enlargement bzw. -Enrichment Maßnahmen umgesetzt werden können.

Zur Zielerreichung der Arbeit wird ein Aufbau gewählt, der im nachfolgenden Abschnitt beschrieben werden soll.

1.2 Aufbau der Arbeit

Die vorliegende Arbeit gliedert sich insgesamt in sechs Kapitel. Nach dem einleitenden Kapitel mit der Darstellung der dieser Arbeit zugrunde liegenden Problematik und Zielsetzung (Abschnitt 1.1) sowie dem Aufbau der Arbeit (Abschnitt 1.2), befasst sich das 2. Kapitel mit dem Management von Dienstleistungsprozessen. Grundlegende Zielsetzung des 2. Kapitels ist die Ableitung von Anforderungen an eine Organisation von Dienstleistungsprozessen und die Vorstellung der Rollenorganisation als ein mögliches Lösungskonzept. Im Rahmen des Kapitels wird dafür zunächst in Abschnitt 2.1 die Entwicklung von der funktional geprägten, tayloristischen Organisationsstruktur der 20er Jahre bis hin zur Fokussierung von Prozessen ab den 80er Jahren nachgezeichnet. Der Abschnitt dient dazu, die Entstehung und den gegenwärtigen Stand des prozessorientierten Ansatzes bzw. des Prozessmanagements zu erläutern.

Der zweite Abschnitt des zweiten Kapitels befasst sich mit dem Prozessmanagement und den damit verbundenen Problemen in allgemeiner Form. „In allgemeiner Form" bedeutet in diesem Zusammenhang, dass das Prozessmanagement zunächst unabhängig von Dienstleistungsprozessen betrachtet wird. Primäres Ziel des Abschnitts ist die Herausarbeitung der Integrationsprobleme des Prozessmanagements. Die mangelhafte Berücksichtigung der Integration von Prozessen in Organisationsstrukturen durch das vorherrschende Prozessmanagement soll später im Abschnitt 2.3.2.3 auf Dienstleistungsprozesse übertragen werden. Das Prozessmanagement konkretisiert sich in der vorliegenden Arbeit durch die prozessorientierte Denk- und Handelsweise (Abschnitt 2.2.1.1) und die Prozessorganisation als Organisation von Geschäftsprozessen (Abschnitt 2.2.1.2.2). Konkrete Phasen und Vorgehensweisen des Prozessmanagements werden erläutert und die Integrationsproblematik von Restrukturierungen herausgearbeitet.

Gegenstand des Abschnitts 2.3 ist schließlich die Ableitung von Anforderungen an eine Organisation von Dienstleistungsprozessen. Die Erarbeitung der Anforderungen basiert dabei auf dem Konzept der organisatorischen Effizienz. Dafür werden in Abschnitt 2.3.2.1 zunächst allgemein die Kriterien der organisatorischen Effizienz erläutert, um nachfolgend die Anforderungen darzustellen, die aus der Integrativität von Dienstleistungen resultieren und in der Organisationsgestaltung für Dienstleistungsprozesse berücksichtigt werden müssen (Abschnitt 2.3.2.2). Der folgende Abschnitt 2.3.2.3 thematisiert die Integrationsproblematik von Dienstleistungsprozessen in bestehende Organisationsstrukturen. Für die Darstellung der Integrationsproblematik wird auf die in Abschnitt 2.2 herausgearbeiteten Ergebnisse zurückgegriffen und auf Dienstleistungsprozesse übertragen. Der letzte Abschnitt stellt schließlich die Rollenorganisation als mögliches Lösungskonzept vor (2.3.2.4).

Anhand des Aufbaus von Abschnitt 2.3 werden die zwei grundlegenden Problembereiche für eine Organisation von Dienstleistungsprozessen verdeutlicht. Sie bilden den Schwerpunkt der vorliegenden Arbeit. Auf der einen Seite die Anforderungen, die sich in der Integrativität begründen (Abschnitt 2.3.2.2); auf der anderen Seite das allgemeine Problem der Integration von Dienstleistungsprozessen in bestehende Organisationsstrukturen (Abschnitt 2.3.2.3), das in allgemeiner Form in Abschnitt 2.2 herausgearbeitet wird.

Im weiteren Verlauf der Arbeit soll die Rollenorganisation als ein mögliches Konzept zur Begegnung der im 2. Kapitel erarbeiteten Anforderungen an eine Organisation von Dienstleistungsprozessen untersucht werden. Um Erfolgspotenziale und erste Beziehungen zwischen Kontextkomponenten und der Ausgestaltung eines Rollenkonzeptes im Rahmen einer empirischen Untersuchung erforschen zu können, muss zunächst ein theoretisch fundiertes und einheitliches Rollenkonzept für den Dienstleistungsbereich erarbeitet werden, um darauf aufbauend Forschungsfragen für eine Studie ableiten zu können. Ausgehend von ersten bestehenden Ansätzen wird dafür im 3. Kapitel ein umfassendes und ganzheitliches Rollenkonzept für den Dienstleitungsbereich vorgestellt. In dem Konzept dienen Rollen als struktureller Hintergrund des Prozessmanagements und als Verbindung zwischen Organisation und Personalmanagement. Rollen bilden die Schnittstelle zwischen der Prozessgestaltung von Dienstleistungen und dem Mitarbeiter als Mittelpunkt des Unternehmens.

Bei der in Abschnitt 3.2 vorgestellten Rollenorganisation handelt es sich dabei um eine Kombination bereits bestehender Rollenkonzepte und einer Weiterentwicklung hinsichtlich der Organisation von Dienstleistungsprozessen. Die im dritten Kapitel dargestellte Rollenorganisation bildet das grundlegende Konzept, das im Rahmen einer empirischen Untersuchung hinsichtlich der Potenziale und Grenzen untersucht werden soll. Es gilt zu überprüfen, ob die unter Abschnitt 2.3.2.4 angeführten Ziele mit der Rollenorganisation zu realisieren sind und unter welchen Kontextbedingungen die Einführung einer Rollenorganisation ermöglicht werden kann.

Theoretische Basis für die Generierung des dienstleistungsorientierten Rollenkonzeptes bildet dabei die sozial-psychologische Rollentheorie, die im 4. Kapitel vorgestellt werden soll. Ziel des Kapitels ist es nicht nur, eine theoretische Grundlage für die zu untersuchende Rollenorganisation zu bilden, sondern ebenfalls die grundlegende Funktionsweise der Rollenorganisation zu verdeutlichen. Zudem werden die Ausführungen zur Rollentheorie im weiteren Verlauf der Arbeit herausgezogen, um zusammen mit den Ergebnissen der Fallstudie einen grundlegenden Entwurf für die Ausgestaltung einer Rollenorganisation in Dienstleistungsunternehmen herauszuarbeiten. Dafür werden in Abschnitt 4.2 die unterschiedlichen Perspektiven der Rollentheorie verdeutlicht, um im nachfolgenden Abschnitt ein für den Betrachtungsgegenstand der Arbeit sinnvolles Rollenverständnis herauszustellen. Darauf aufbauend wird eine Rollendefinition für das Konzept der Rollenorganisation abgeleitet (Abschnitt 4.4).

Im 5. Kapitel sollen schließlich im Rahmen einer Fallstudienarbeit und unter Berücksichtigung der rollentheoretischen Erkenntnisse die Erfolgspotenziale bzw. die Zielerreichung und die regelmäßigen Zusammenhänge zwischen Situationsmerkmalen und der Gestaltung eines Rollenkonzeptes erarbeitet werden. Da sich die theoretische empirische Erforschung von Aspekten der Rollenkonzepte noch am Anfang befindet, müssen sich Forschungsziel und Forschungsmethodik der Arbeit an diesem Tatbestand orientieren. Aufgrund des Fehlens einer bewährten Theorie oder eines theoretischen Ansatzes gilt es zunächst, erste Beziehungen zwischen verschiednen Variablen zu erarbeiten und in den Forschungsprozess einzubringen.[63] Im Mittelpunkt der Forschungsmethodik steht damit ein induktives, exploratives Vorgehen. Nicht verfolgt wird eine Falsifikationsstrategie, die durch die Konfrontation von theoretisch fundierten Hypothesen mit der Realität zu Erkenntnisfortschritten gelangen will. Eine derartige Hypothesenprüfung ist nicht möglich, da das zu untersuchende Objekt der Rollenorganisation bisher in Unternehmen kaum angewandt wird und damit einer quantitativen Untersuchung nicht standhält.[64]

Im Mittelpunkt der Forschung steht ein Bezugsrahmen, der einerseits auf die theoretischen Ansätze der Rollentheorie und die bereits bestehenden Rollenkonzepte, anderseits auf empirisch ermitteltes Erfahrungswissen zurückgreift.[65] Für die empirische Durchdringung des Sachverhalts scheinen qualitative Forschungsmethoden geeignet, welche erlauben, mit problemorientierten, breiten und integrierten Fragestellungen an den Untersuchungs-

[63] Vgl. ausführlich zur angewandten Forschungsmethodik und der Einordnung in das wissenschaftstheoretische Grundkonzept den Abschnitt 5.1.

[64] Vgl. zu der hier vorgestellten Forschungsmethodik Tomczak 1992, S. 83 f.; Reinecke 1996, S. 17 f.; Ulrich 1981, S: 7 ff; Eisenhardt 1989, S. 533 ff.

[65] Vgl. Tomczak 1992, S. 83 f.

gegenstand heranzutreten.[66] Als qualitative Methodik der empirischen Erhebung eignet sich in der hier vorliegenden Arbeit besonders die Fallstudienforschung, da dieser Forschungsprozess durch einen ständigen Austausch zwischen Theorie und Praxis gekennzeichnet ist. Mit einer Fallstudienarbeit ist es möglich, bedeutsame Variablen aufzudecken und erste Beziehungen zwischen Variablen zu ermitteln.[67] Damit eignet sich die Fallstudie gerade im Bereich früher Forschungsstadien.[68] In diesem Zusammenhang dient die Empirie als Ideengeber und weniger - im Sinne klassischer quantitativer Forschung - zu konfirmatorischen Zwecken.

Aufgrund der gewählten Forschungsmethodik ergeben sich Konsequenzen für den Verlauf des Forschungsprozesses. Die nachfolgende Abbildung verdeutlicht die einzelnen Forschungsphasen.

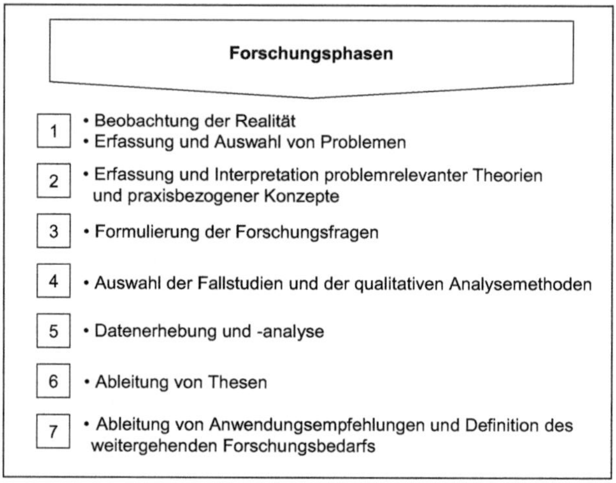

Abbildung 1: Phasen des Forschungsprozesses

Der Forschungsprozess hat seinen Ausgangspunkt in der Praxis, konzentriert sich auf die Untersuchung des Anwendungszusammenhangs und endet in der Praxis.[69] In der ersten Phase des Prozesses werden relevante Probleme der Realität erfasst und ausgewählt. Durch eine intensive Beschäftigung mit dem Untersuchungsgegenstand des Prozessmanagements und den speziellen Anforderungen von Dienstleitungsprozessen an eine Organisationsstruktur konnten die relevanten Probleme herausgearbeitet und ausgewählt werden. Die Problemerfassung

---

66 Vgl. Tomczak 1992, S. 82.

67 Vgl. Müller-Böling 1992, Sp. 1495.

68 Vgl. Eisenhardt 1989, S: 548.

wurde durch eine durchgängige und iterative Informationssammlung begleitet, die Expertengespräche, Diskussionen, Desk Research und Auswertung vorhandener Untersuchungen beinhaltete. Der Abschnitt 2.3 fasst die für eine Organisation von Dienstleistungsprozessen relevanten Probleme im Konzept der organisatorischen Effizienz zusammen und leitet daraus gleichzeitig die zu verfolgenden Ziele ab. Insgesamt spiegelt das 2. Kapitel den Prozess der Problemerfassung und -auswahl wider.

Die zweite Phase des Forschungsprozesses beinhaltet die Erfassung problemrelevanter Theorien und Ansätze für die aufgeworfene Problematik und die damit verbundenen Ziele der Arbeit. Für die Lösung der dargestellten Probleme wurden mehrere Ansätze und Grundlagentheorien diskutiert, um schließlich Rollenkonzepte (vgl. Kapitel 3) und die sozialpsychologische Rollentheorie (vgl. Kapitel 4) als Basis für einen Lösungsansatz auszuwählen. An dieser Stelle ist darauf hinzuweisen, dass das wissenschaftstheoretische Grundkonzept der Arbeit nicht der Kritische Rationalismus, sondern die angewandte Wissenschaft bildet.[70] Die Theorie ist hier nicht Ausgangspunkt der Problemstellung wie im Verständnis des Kritischen Rationalismus, sondern „die Realität prägt die Fragen und die Fragen prägen die Methodik".[71] Damit kommt der Theorie im Rahmen der Arbeit die Funktion von Informationslieferanten zu.[72] Die Ausarbeitung des Konzeptes der Rollenorganisation und die sozialpsychologische Rollentheorie bilden damit die Grundlage für die dritte Phase des Forschungsprozesses, der Ableitung von Forschungsfragen für die weiterführende empirische Fallstudienforschung.

Kapitel 5 bildet schließlich die weiteren Phasen des Forschungsprozesses ab. Wie bereits erwähnt, werden in Abschnitt 5.1.3 zunächst Forschungsfragen formuliert, die aus den Grundlagen der Rollenorganisation und der Rollentheorie abgeleitet werden. Nachfolgend werden die durchgeführte Fallstudie und die angewandte Erhebungsmethode vorgestellt. Den Schwerpunkt der weiteren Ausführungen bildet jedoch die Ableitung von Thesen, die schließlich in spätere Anwendungsempfehlungen einfließen. Die vorzustellenden Thesen gliedern sich dabei in die Bereiche Zielerreichung (5.2.1) und situative Ausgestaltung unter Berücksichtigung von Kontextvariablen (5.2.2). Abschnitt 5.3 fasst schließlich die Erkenntnisse der Fallstudie zusammen und stellt die aus den Thesen gebildeten Anwendungsempfehlungen dar.

---

[69] Vgl. Ulrich 1981, S. 19; Olbrich 1996, S. 12. Zum Anwendungszusammenhang vgl. Abbildung 34.

[70] Vgl. ausführlich zum wissenschaftstheoretischen Grundkonzept der Arbeit Abschnitt 5.1.1

[71] Tomczak 1992, S. 82.

[72] Vgl. Ulrich 1981, S. 19.

Kapitel 6 beinhaltet eine kurze Zusammenfassung der Kernergebnisse. Zudem erfolgt ein Ausblick, welche Aspekte in weiterführenden Forschungsarbeiten untersuchenswert sein könnten.

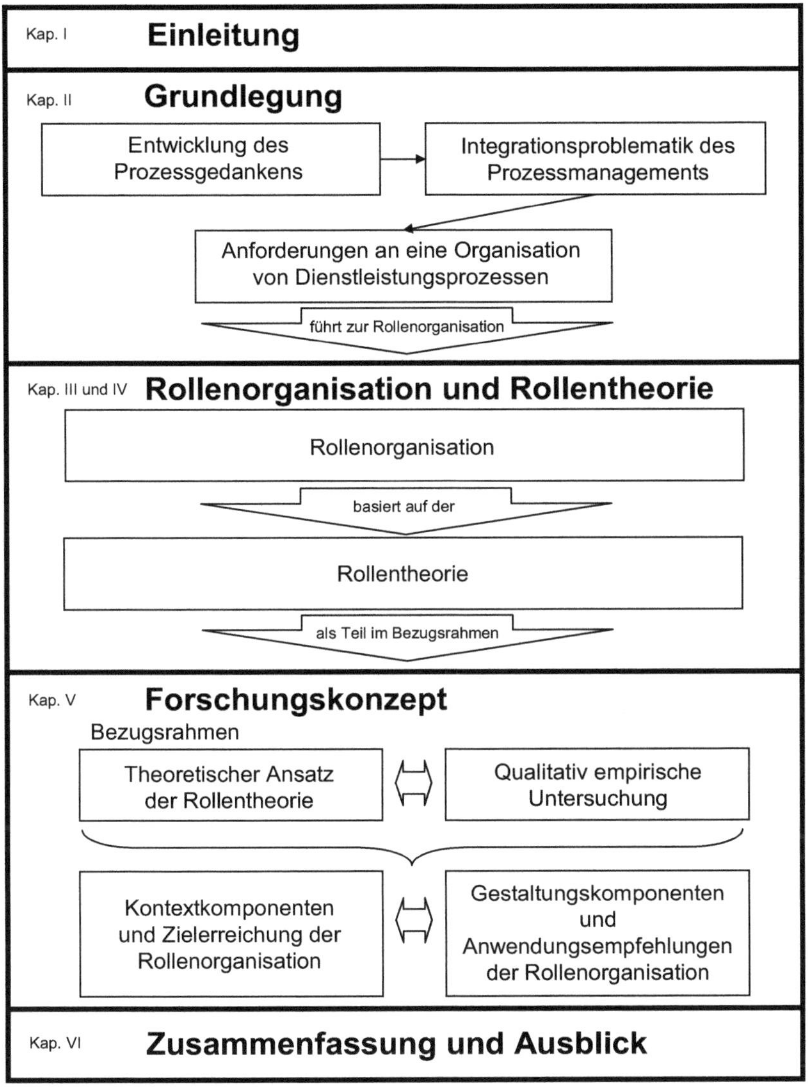

Abbildung 2: Aufbau der Arbeit

2 Das Management von Dienstleistungen - ein prozessorientierter Ansatz

Im Mittelpunkt des ersten Kapitels stehen die Problemstellung, die Zielsetzung und der Aufbau der Arbeit. Für das vorgestellte Vorgehen soll im folgenden Kapitel eine wesentliche Grundlage der Arbeit - das Management von Dienstleistungsprozessen - dargestellt werden. Zielsetzung des Kapitels ist die Ableitung von Anforderungen an die Organisation von Dienstleistungsprozessen. Im Rahmen des Kapitels wird dafür zunächst die Entwicklung des Prozessgedankens nachgezeichnet. Der Abschnitt dient dazu, den gegenwärtigen Stand des Prozessmanagements zu verdeutlichen. Nachfolgend wird im Abschnitt 2.2 das Prozessmanagement allgemein betrachtet, das sich in der vorliegenden Arbeit durch die prozessorientierte Denk- und Handelsweise (Abschnitt 2.2.1.1) und die Prozessorganisation als Organisation von Geschäftsprozessen konkretisieren soll (Abschnitt 2.2.1.2.2). Ziel des Abschnitts ist die Herausarbeitung der Integrationsprobleme des Prozessmanagements in allgemeiner Form, die im nachfolgenden Abschnitt auf Dienstleistungsprozesse übertragen werden sollen. In Abschnitt 2.3 werden schließlich Anforderungen an eine Organisation von Dienstleistungsprozessen abgeleitet. Zunächst werden in Abschnitt 2.3.2.2 Anforderungen formuliert, die sich in der Integrativität von Dienstleistungen begründen, um nachfolgend die Integrationsproblematik von Dienstleistungsprozessen in bestehende Organisationsstrukturen zu thematisieren (Abschnitt 2.3.2.3). Dabei wird auf die in Abschnitt 2.2 erarbeiteten Ergebnisse zurückgegriffen.

2.1 Die Entwicklung des Prozessgedankens

Wie bereits in der Einleitung beschrieben, haben organisatorische Konzepte, wie z.B. „Lean Management“[73], „TQM“[74], „Business Process Reengineering“[75] oder „Core Process Redesign“[76], seit Beginn der 80er Jahre eine Restrukturierung von Unternehmensstrukturen ausgelöst. Im Mittelpunkt dieser neuen organisatorischen Gestaltungskonzepte steht der Prozessgedanke.[77] Dieser prozessorientierte Ansatz steht im Gegensatz zu dem organisatorischen Konzept der funktionalen Arbeitsteilung, die die Struktur von Unternehmen seit Jahrhunderten prägte und noch immer prägt. Im weiteren Verlauf der Ausführungen soll nun die

[73] Vgl. zum Lean Management Womack et al. 1991; Pfeiffer/Weiss 1994; Bösenberg/Metzen sowie Abschnitt 2.1.4.

[74] Vgl. zum TQM Töpfer/Mehdorn 1995; Adam 1998, S. 78ff. und Abschnitt 2.1.4.

[75] Vgl. zum Business Process Reengineering Hammer/Champy 1994 und Abschnitt 2.1.4.

[76] Vgl. zum Core Process Redesign Kapalan/Murdock 1991.

[77] Vgl. Gaitanides/Müffelmann 1996, S. 186, Gaitanides 1998, S. 381; Bleicher 2004, S. 464.

Entwicklung des Prozessgedankens mit seinen Ursachen nachgezeichnet werden, um darauf aufbauend in Abschnitt 2.2 auf das Prozessmanagement einzugehen.

2.1.1 Der Wandel der Organisationsstrukturen im 20. Jahrhundert

Die Arbeitsteilung ist für die gesellschaftliche und ökonomische Organisation der Arbeit eine zentrale Größe, die die wesentliche Grundlage für die wirtschaftliche Prosperität der Industriegesellschaften bildet und bis heute ihre Bedeutung nicht verloren hat.[78] Die Idee der Arbeitsteilung zeigt sich am eindrucksvollsten am Beispiel des Automobilherstellers Ford. Zu Beginn des 20. Jahrhunderts wurde in den Ford-Werken die Fließbandfertigung für die Montage des T-Modells eingeführt.[79] Die Fließbandfertigung war eine Weiterentwicklung der Arbeiten von Frederick Winslow Taylor, die sich Ford zunutze machte. Taylor beschäftigte sich mit der Analyse des Produktionsprozesses und vollzog eine möglichst kleine Zerlegung der Arbeitsaufgabe, die von unterschiedlichen Arbeitern erledigt werden musste. Die 1911 von Taylor in „The Principles of Scientific Management“ veröffentlichten Prinzipien sind geprägt durch den effizienten Einsatz von Mensch und Maschine und führten zu einem völlig neuen Ressourcen- und Effizienzdenken in industriellen Unternehmen.[80] Die zentralen Grundsätze des Scientific Managements waren die Trennung von Planung und Durchführung der Arbeit sowie die stark arbeitsteilige funktionale Organisation, die zu einer hohen Spezialisierung der Arbeitskräfte führte.[81] Während in Taylors Arbeiten der handwerkliche Produktionsbetrieb im Mittelpunkt stand, konzentrierte sich Ford auf die industrielle Massenproduktion.[82] Durch die Spezialisierung der Arbeitskräfte verbunden mit der Fließfertigung und einer hohen Standardisierung (ein T-Modell nur in schwarz, Austauschbarkeit der Bauteile)[83] konnte Ford sein Massenprodukt zu einem geringen Preis anbieten.[84] Die Produktivitätssteigerungen waren enorm. Stellte Ford im Jahr 1903 mit 311 Arbeitern 1708 Fahrzeuge pro Jahr her, so waren es 1913 mit knapp 50.000 Arbeitern 4000 Fahrzeuge, jedoch pro Tag. Im Jahre 1903 hätten für diese 4000 Fahrzeuge pro Tag jedoch 200.000 Arbeiter ihren Dienst verrichten müssen.[85] Diese Zahlen verdeutlichen noch einmal den Produktivitätsvorteil einer funktionalen, stark spezialisierten Organisation. Der „Fordismus“ läutete die moderne Massenproduktion im 20.

78 Vgl. zur historischen Entwicklung der Arbeitsteilung Bellmann 1989, S. 6 ff.; Reichwald 1989, S. 302 ff.

79 Eröffnung des Highland Park Werkes 1913; vgl. Edwards 1981, S. 130f. Ebenfalls dazu Womack at al. 1991, S. 30 ff.

80 Vgl. Taylor 1911; zu den Prinzipien Reichwald 1989, S. 302f.; Adam 1998, S. 24 ff.

81 Vgl. zu diesem Abschnitt Staehle 1999, S. 24 ff.; Kieser/Walgenbach 2003, S. 34 f.

82 Vgl. Staehle 1999, S. 26.

83 Vgl. Womack et al. 1991, S. 31 ff.

84 Vgl. Ford 1923, S. 81ff.

85 Vgl. Ford 1923, S. 82 sowie 105.

Jahrhundert ein und sollte die Industrieunternehmen auf der ganzen Welt für die kommenden Jahrzehnte beeinflussen.

Neben der Produktivitätssteigerung hat die Arbeitsteilung den Vorteil, die Voraussetzungen für den Einsatz von Maschinen zu schaffen.[86] Im Rahmen des technischen Fortschritts konnte damit auch die Automatisierung in Unternehmen Einzug halten. Zusätzlich waren soziale Ziele besser zu verfolgen. Die Mitarbeiter mussten nur geringe Qualifikationsanforderungen erfüllen, es bestand kaum eine Gefahr der qualitativen Überforderung und es entstand eine größere Entscheidungs- und Ausführungssicherheit.[87]

Durch die Verschärfung der marktlichen Herausforderungen im Verlauf des 20. Jahrhunderts zeigen sich die Nachteile der Arbeitsteilung.[88] Viele Unternehmen kommen zu dem Schluss, dass funktionale Organisationsstrukturen den Herausforderungen nicht gewachsen sind und reagieren mit der Besinnung auf ihre zentralen Wertschöpfungsprozesse. Die funktionale Organisationsstruktur wird in Frage gestellt.[89] Kern der Veränderungsstrategie ist die Prozessorientierung, die als neues Element der Organisationsgestaltung im Mittelpunkt steht.[90] Konzentrierten sich Unternehmen Mitte des 20. Jahrhunderts auf die Prinzipien des Taylorismus und damit auf eine hohe Arbeitsteilung und funktionale Organisation, ist es zum Ende des Jahrhunderts die Reintegration der Arbeit zu funktionsübergreifenden Prozessen, die organisatorische Restrukturierungsbemühungen in Unternehmen beherrschen.

2.1.2 Ursachen für prozessorientierte Konzepte

Gründe für die organisatorische Neuorientierung sind in der Veränderung der Umweltfaktoren in den westlichen Industrieländern über die letzten Jahrzehnte zu suchen. Zum einen ist die Verbreitung prozessorientierter Organisationskonzepte auf externe, von außen an das Unternehmen herangetragene Herausforderungen zurückzuführen. Sie spiegeln sich in den veränderten Marktbedingungen auf der Absatzseite der Unternehmen wider. Daneben verfügen Unternehmen heute über neue Möglichkeiten interner Gestaltungselemente. Für die Unternehmen gilt es die verbesserten Ressourcenbedingungen, z.B. in Form der Informations- und

---

[86] Vgl. Krüger 1994, S. 134.

[87] Vgl. ausführlich zu den Vorteilen der Arbeitsteilung bzw. Spezialisierung Krüger 1994, S. 134; Kieser/Walgenbach 2003, S. 80 f.

[88] Vgl. ausführlich zu den marktlichen Herausforderungen Abschnitt 2.1.2.1.

[89] Vgl. dazu Heppner 1995, S. 62; Theuvsen 1996, S. 66; von Werder 1996, S. 213; Schwarzer 1994, S. 367; Mende 1995, S. 1.

[90] Vgl. Osterloh/Frost 1994a, S. 358.

Kommunikationstechnologie, oder die höhere Qualifikation von Mitarbeitern effizient zu nutzen.[91]

2.1.2.1 Veränderung der Umweltfaktoren auf den Absatzmärkten

Die Veränderung der Umweltfaktoren auf den Absatzmärkten kommt im Wesentlichen durch zwei Determinanten zum Ausdruck. Auf der einen Seite hat die Wettbewerbsintensität durch die globale Zunahme der Nachfragermacht und eine Deregulierung des Wettbewerbs immer weiter zugenommen. Gesättigte Märkte und neue internationale Wettbewerber haben den Konkurrenzdruck ansteigen lassen.[92] Auf der anderen Seite erwarten Kunden in allen Wettbewerbsdimensionen, Zeit, Kosten und Qualität, höhere Leistungen und entwickeln eine immer individuelleres Anspruchsniveau.[93] Die Kundenstruktur differenziert sich in zunehmendem Maße und weist eine abnehmende Konstanz bei Nachfragerbedürfnissen auf. Die heterogenen Nachfragerbedürfnisse verstärken den anbieterseitigen Trend zu einer Diversifizierung des Leistungsangebotes und begünstigen eine rasche Folge von komplexen Produktinnovationen bei gleichzeitiger Verringerung der Produktlebenszyklen.[94] Die Dynamik und somit auch die Komplexität der Marktprozesse nimmt zu.

Funktionale, stark arbeitsteilige Organisationen sind jedoch nicht in der Lage, den Herausforderungen des sich verändernden dynamischen Wettbewerbs entgegenzutreten. Die Defizite der Arbeitsteilung bzw. Spezialisierung sollen im Folgenden anhand der klassischen betriebwirtschaftlichen Kostentheorie dargestellt werden.[95]

Die Verteilung der Gesamtaufgabe einer Organisation im Rahmen der Arbeitsteilung auf die einzelnen Organisationsmitglieder und die Koordination der Mitglieder stellt die zentrale Aufgabe der Organisationsgestaltung dar.[96] Koordination lässt sich in diesem Zusammenhang als die Abstimmung der arbeitsteiligen Aufgabenerfüllung im Rahmen unternehmerischer Handlungen definieren.[97] Damit kann die Organisation als Wechselspiel zwischen Speziali-

---

91 Vgl. zu diesem Abschnitt exemplarisch Eversheim 1995, S. 3 ff. Helbig 2003, S. 11; Körfgen S. 32 ff.; Osterloh/Frost 1996, S. 17; Adam 1998; S. 24 ff.

92 Vgl. Picot/Reichwald 1994, S. 548; Körfgen 1999, S. 32; Arbeitskreis „Organisation" der Schmalenbach Gesellschaft 1996, S. 626; Osterloh/Frost 1996, S. 17; Reichwald 1993, S. 3 f.; 1992a, S. 5 f.

93 Vgl. von Eiff 1994, S. 365; Osterloh/Frost 1996, S. 17, Servaitus 1994, S. 12; Reichwald 1993, S. 3 f.

94 Vgl. von Eiff 1994, S. 365; Osterloh/Frost 1996, S. 17.

95 Vgl. zur klassischen betriebwirtschaftlichen Kostentheorie Gutenberg 1957, S. 227 ff.; Heinen 1974, S. 363 ff.

96 Vgl. Kieser/Walgenbach 2003, S. 77; Schulte-Zurhausen S. 45; Scharfenberg 1993, S: 13; Picot 1993a, S. 219; Reiß 1992a; Sp. 167.

97 Vgl. Bea Göbel 1999, S. 264.

sierung und Koordination angesehen werden.[98] Eine Spezialisierung beinhaltet eine Arbeitsteilung, während die Koordination mit der Arbeitsvereinigung und der Integration zu verbinden ist.

Die betriebswirtschaftliche Kostentheorie bestimmt den optimalen Grad der Arbeitsteilung auf Basis der Produktionskosten.[99] Für langfristige Anpassungsprozesse bei stabilen Absatzmärkten und gleich bleibender Technologie unterstellt die Kostentheorie aufgrund von Massenproduktion und Arbeitsteilung bzw. Spezialisierung Degressionseffekte, die sich in der Reduktion der stückbezogenen Produktionskosten niederschlagen.[100] Damit wird ein fallender Verlauf der Produktionsstückkostenkurve durch Erweiterung der Produktionskapazitäten und Erhöhung des Spezialisierungsgrades angenommen.[101] Gleichzeitig entstehen bei jeder arbeitsteiligen Leistungserstellung Koordinations- und Informationskosten, die den dispositiven Faktor betreffen.[102] Die Kurve der Koordinations- und Informationskosten verläuft entgegengesetzt der Produktionskostenkurve und steigt mit zunehmendem Grad der Arbeitsteilung. Der optimale Grad der Arbeitsteilung ergibt sich dort, wo die Gesamtkosten, bestehend aus Produktions- und Koordinationskosten, ein Minimum pro Produktionseinheit erreichen. Abbildung 3 verdeutlicht diesen Zusammenhang.

Die Informations- und Koordinationskostenkurve steigt in dem Maße an, wie die Komplexität und Veränderlichkeit in den Produkten und Prozessen der betrieblichen Wertschöpfung zunehmen.[103] Handelt es sich um eine einfache und statische Umwelt, in der ein Unternehmen Massenprodukte mit langfristig unveränderten Fertigungstechnologien herstellt, steigen die Koordinationskosten mit zunehmendem Grad der Arbeitsteilung nur flach an (Vgl. in Abbildung 3 Koordinationskosten I). Sind jedoch, wie in den meisten heutigen Märkten, dynamische und komplexe Umweltfaktoren gegeben, verläuft die Koordinationskostenkurve wesentlich steiler und der optimale Grad der Arbeitsteilung verschiebt sich in Richtung Koordinatenursprung (Vgl. Abbildung 3).[104] Die Koordinationskosten werden zum dominierenden Kostenfaktor.[105]

---

98 Vgl. zu Spezialisierung Reiß 1992b, Sp. 2287; Kieser/Walgenbach 2003, S. 78 f.

99 Vgl. Gutenberg 1957, S.227 ff.; Reichwald 1993, S. 7, Picot/Reichwald 1994, S. 555.

100 Vgl. Gutenberg 1957, S. 318 f.; Reichwald 1993, S. 7, Picot/Reichwald 1994, S. 555.

101 Vgl. Picot/Reichwald 1994, S. 555.

102 Vgl. zum Zusammenhang zwischen Arbeitsteilung und Kommunikation Picot/Reichwald 1991, S. 260 ff.; Bellmann 1989, S. 107 f. Zu Informations- und Koordinationskosten vgl. Reichwald 1992b, S. 340 ff.

103 Vgl. Reichwald 1993, S. 8; Picot/Reichwald 1994, S. 555.

104 Vgl. Reichwald 1993, S.8; Picot/Reichwald 1994, S. 555.

105 Vgl. Picot/Reichwald 1994, S. 555.

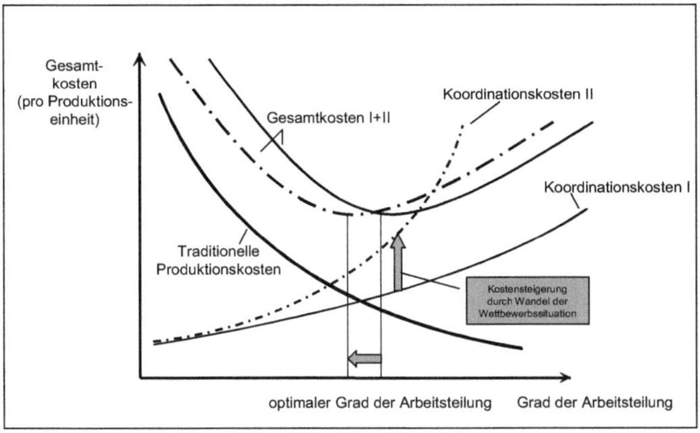

Abbildung 3: Ökonomisch optimaler Grad der Arbeitsteilung
Quelle: in Anlehnung an Reichwald 1993, S. 7

Durch die marktseitig ansteigende Komplexität entstehen Koordinationsdefizite, die durch die Produktivitätsvorteile einer funktionalen Organisation nicht mehr aufgefangen werden können. Nur unter bestimmten Kontextfaktoren kann die funktionale Organisation als Alternative für eine Unternehmensstruktur herangezogen werden.[106] Die Abbildung 4 fasst die Kontextfaktoren für eine Eignung funktionaler Organisationsstrukturen zusammen.

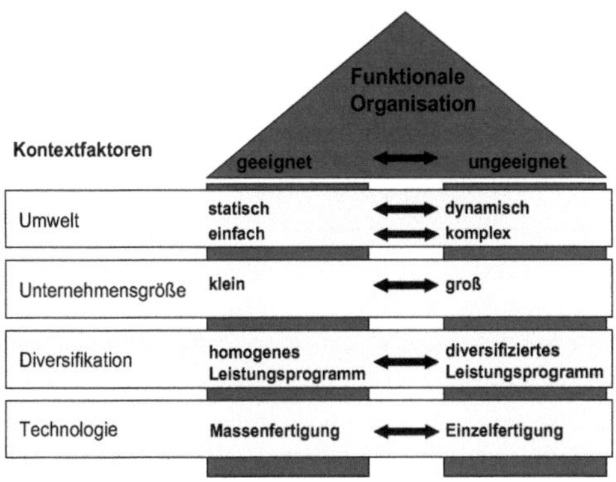

Abbildung 4: Die Eignung funktionaler Organisationsstrukturen in Abhängigkeit von Kontextfaktoren
Quelle: in Anlehnung an Braun/Becker 1992, Sp. 648 ff.

2.1.2.2 Veränderte Möglichkeiten interner Gestaltungselemente

Neben den marktseitigen Herausforderungen bilden die neuen Möglichkeiten der Gestaltung von internen Unternehmenselementen einen Ausgangspunkt für die Etablierung prozessorientierter Organisationsstrukturen. Hier sind vor allem die deutlich verbesserten Ressourcenbedingungen in Form einer verbesserten Qualifikation der Mitarbeiter und die Möglichkeiten der Informations- und Kommunikationstechnologie zu nennen.[107]

Die Informations- und Kommunikationstechnologie ist als wesentlicher Faktor für die Verbreitung von prozessorientierten Ansätzen anzusehen.[108] Einen Einfluss auf die Organisationsstruktur konnte der technische Fortschritt jedoch erst zu Beginn der 80er Jahre hervorrufen. In den 60er und 70er Jahren führte der Einsatz von Informations- und Kommunikationstechnologien zu einer fortschreitenden Spezialisierung in Unternehmen.[109] Nur einzelne Teilaufgaben in Verwaltungsbereichen, die einer punktuellen Rationalisierung dienten, wurden elektrifiziert Diese hoch speziellen, computergestützten Aufgabenbereiche wirkten der betrieblichen Elastizität und Flexibilität entgegen. Erst mit anwendungsfreundlichen Lösungen im Laufe der 80er Jahre führte die Informations- und Kommunikationstechnologie nicht mehr zu einer verstärkten Aufgabenspezialisierung. Die technischen Neurungen wurden nicht mehr punktuell, sondern ganzheitlich eingesetzt und bildeten damit die Grundlage für eine prozessorientierte Organisationsstruktur.[110] Der voranschreitende Einsatz von Informations- und Kommunikationstechnologien zeigte, dass der technische Fortschritt Gestaltungsmöglichkeiten eröffnete, aber eine reine Ausstattung vorhandener Abläufe und Arbeitsplätze mit digitalen Technologien geringe Wettbewerbsvorteile mit sich brachte.[111] Nur durch eine ganzheitliche funktionsübergreifende Reintegration der Arbeit konnten alle Vorteile des technischen Fortschritts genutzt werden. Die Informations-

---

[106] Vgl. zum Einfluss situativer Faktoren auf die Effizienz der Funktionalorganisation Braun/Beckert 1992, Sp. 648 ff.

[107] Vgl. von Werder 1996, S. 215; Körfgen 1999, S. 36 f.

[108] Die Popularität des Business Process Reengnineering (vgl. Abschnitt 2.1.4) lösten Ausführungen von Hammer und Davenport/Short aus, die eine Automatisierung bestehender, ineffektiver und ineffizienter Abläufe kritisierten und ein Neukonstruktion von Prozessen mit Hilfe von geeigneten Informationstechnologien vorschlugen. Vgl. Hammer 1990, S. 104; Davenport/Short 1990, S. 11 ff. Vgl. ebenfalls dazu Venkatraman 1991, S. 124; Osterloh 1992, S. 80 ff.; 1993a S. 96; 1993b S. 216 f.; Bellmann 1989, S. 1; Guha et al. 1993, S. 13 f.; Dernbach 1993, S. 133; Lewandowski 2000, S. 8; Bullinger 1994, S. 45.

[109] Vgl. Kieser/Walgenbach 2003, S. 386 f.; Dernbach 1993, S. 152; Nippa 1993, S. 326 ff.; Mischak 1997, S. 5; Sokolovsky 1994, S. 187.

[110] Vgl. Kubicek Sp. 949 ff.; Bellmann 1989, S. 1 f.; Kieser/Walgenbach 2003, S. 388 ff.

[111] Vgl. Dernbach 1993, S. 151 ff., Fahrwinkel 1995, S. 1; Guha et al. 1993.

und Kommunikationstechnologie forcierte den Reintegrationsgedanken und stellte damit die Aufgabenteilung in Frage.[112]

Gefördert wurde der durch die Informations- und Kommunikationstechnologie angestoßene Reintegrationsgedanke durch eine verbesserte Qualifikation der Mitarbeiter. Bestand ein Hauptanliegen der tayloristisch geprägten Arbeitsteilung darin, durch den hohen Spezialisierungsgrad geringe Qualifikationsanforderungen an den einzelnen Mitarbeiter zu stellen und damit einer qualitativen Überforderung entgegenzuwirken[113], waren diese Vorstellungen für das Ende des 20. Jahrhunderts nicht mehr zeitgemäß. Durch die Installation eines kompetenten Bildungssystems in der zweiten Hälfte des 20. Jahrhunderts konnte die Qualifikation der gesamten Bevölkerung in den westlichen Industrieländern wesentlich verbessert werden.[114] Eine hohe Spezialisierung der organisatorischen Gesamtaufgabe, um der qualitativen Überforderung entgegenzutreten, war nun nicht mehr erforderlich. Ganz im Gegenteil. Die starke Aufspaltung der Arbeitsaufgabe in einfache, repetitive, nicht-kreative Arbeitinhalte führte zu einseitigen Belastungen und zur Monotonie. Folgen waren psychische Ermüdung, Arbeitsunzufriedenheit, geringe Motivation, hohe Fluktuation, hohe Fehlerquoten sowie hoher Krankenstand.[115] Es bestand demnach nicht nur die Möglichkeit der Aufgabenintegration durch die verbesserte Mitarbeiterqualifikation, sondern ebenfalls ein Gebot zur ganzheitlichen Aufgabengestaltung und damit zur Humanisierung der Arbeit.[116]

Konnten in diesem Abschnitt die Ursachen für eine Verbreitung prozessorientierter Konzepte seit den 80er Jahren herausgearbeitet werden, fokussiert der nachfolgende Abschnitt die Entstehung des Prozessgedankens in der deutschen Organisationstheorie. Unter Berücksichtigung der in Deutschland gebräuchlichen Trennung zwischen Aufbau- und Ablauforganisation verdeutlicht der Abschnitt die theoretische Entwicklung des Prozessbegriffs seit den 30er Jahren.

2.1.3 Der Prozessgedanke in der klassischen deutschen Organisationstheorie

Die Thematik der Arbeitsteilung und der Reintegration von Arbeitsinhalten zu funktionsübergreifenden Prozessen ist eng mit Fragestellungen der Aufbau- und Ablauforganisation verbunden. Im deutschen Sprachraum ist eine gedankliche Trennung der Aufbau- und Ablauforganisation von Unternehmen durch die Namen Nordsieck und Kosiol bekannt geworden.[117]

---

[112] Vgl. Bellmann 1989, S. 1 f.

[113] Vgl. Kieser/Walgenbach 2003, S. 81; Krüger 1994, S. 134.

[114] Vgl. von Werder 1996, S. 215, Kieser/Walgenbach 2003, S. 360.

[115] Vgl. Bellmann 1989 S. 12 ff.; Kieser/Walgenbach 2003, S. 81 f.; Bleicher 2004, S. 39.

[116] Vgl. Kieser/Walgenbach 2003, S. 82 f.

[117] Die Unterscheidung zwischen der Aufbau- und Ablauforganisation hat sich ausschließlich in der deutschen Theorie und Praxis durchgesetzt. Ablauforganisatorische Fragestellungen werden im Angelsächsischen

Während die Aufbauorganisation „...die Gliederung des Betriebes in aufgabenteilige, funktionsfähige Teileinheiten (Stellen) und um deren Koordination“ zum Inhalt hat,[118] beschreibt die Ablauforganisation „die raum-zeitliche Strukturierung der zur Aufgabenerfüllung erforderlichen Arbeits- und Bewgungsvorgänge...“[119]. Die Aufbauorganisation stellt damit die Struktur einer Unternehmung dar, wohingegen konkrete Tätigkeiten innerhalb dieser Struktur mit der Ablauforganisation verbunden werden. Nach Kosiol ist diese Trennung nur eine gedankliche Abstraktion[120], womit Ablauf und Aufbau keine voneinander unabhängigen Phänomene sind, sondern „zwei Seiten ein- und desselben Gegenstands“[121].

Die Unterscheidung zwischen Aufbau- und Ablauforganisation und damit die Entdeckung des Prozessgedankens wurde zuerst von Nordsieck in einer Reihe von Arbeiten in den 30er Jahren formuliert.[122] Nordsieck ging vom Betriebsprozess aus und erkannte, dass der Betrieb ein „fortwährender Prozeß“, eine „ununterbrochene Leistungskette“ darstellt. Nordsieck dazu: „Wie kann man angesichts solcher durchgängiger Vorstellungen die Aufgaben prinzipiell anders gliedern als nach den natürlich-technischen Prozessabschnitten?“[123]

Aus Vereinfachungsgründen nahm Nordsieck eine Zweiteilung des Untersuchungsgegenstandes „Betrieb“ in die Beziehungslehre und die Ablauflehre vor. Die Beziehungslehre beschäftigt sich mit der Erfassung der statischen Aufbaubeziehungen, während die Ablauflehre betriebliche Abläufe unter dynamischen Aspekten betrachtet.[124] Die Beziehungslehre ist damit der Aufbauorganisation und die Ablauflehre der Ablauforganisation gleichzusetzen. Bei der analytischen Trennung von Aufbau und Ablauf kommt dabei den prozessualen Elementen ein gleicher Stellenwert wie den Bestandselementen zu.[125] Dies verdeutlicht auch die Vorgehensweise in Nordsiecks Ansatz. Die Unternehmensaufgabe wird zunächst im Rahmen der Beziehungslehre stufenweise bis auf Unteraufgaben gegliedert und Arbeitssubjekten zugewiesen. Für die Gliederung der Gesamtaufgabe unterscheidet Nordsieck drei Prinzipien: Die Prozessgliederung, die prozessfremde Gliederung und die Bündelung der Verwaltungsaufgaben in der Unternehmensspitze, wobei für Nordsieck die Prozessgliederung als Ideal-

ebenanfalls behandelt, jedoch bilden sie dort keine eigenständigen organisatorischen Tatbestände. Vgl. Gaitanides 1992, Sp. 1; Picot/Franck 1996, S. 16.

118 Kosiol 1980, Sp.180.

119 Kosiol 1980, Sp. 180.

120 Vgl. Kosiol 1976; S. 32.

121 Picot 1993b, S. 105.

122 Vgl. Nordsieck 1931a, 1931b, 1931c, 1931d, und 1934; ebenfalls dazu Gaitanides 1983, S. 5 ff.; Scholz 1995, S. 44 ff.; Grafmüller 2000, S. 28 f.; Körfgen 1999, S. 20 ff.; Saatkamp 2002, S. 52 ff.

123 Nordsieck 1972a, Sp. 9.

124 Vgl. Nordsieck 1932, S. 9.

125 Vgl. Picot/Franck 1996, S. 16.

prinzip galt.[126] So formuliert Nordsieck zur Aufgabenteilung: „Die Annahme und Planung besonderer Gliedaufgaben ist nur dort gerechtfertigt, wo der Prozeß durch die Bildung von Abschnitten nur relativ gering gestört wird, d.h. wo die wenigsten Prozeß- und Ablaufbeziehungen zerschnitten werden. Denn es versteht sich von selbst, dass alle diese abgeteilten Gliedaufgaben, die späterhin relativ selbstständigen Dienststellen übertragen werden, den Prozeß selbst auseinandertrennen, wodurch das Bedürfnis nachträglicher Wiederherstellung der wechselseitigen Beziehungen durch Koordination entsteht. Dabei gilt der Satz, dass die organisatorische Koordination im Betrieb umso schwieriger wird, je weniger das Prinzip der Prozessgliederung beachtet worden ist."[127]

In den Ausführungen Nordsiecks ist der zentrale Kern der Prozessorientierung bereits implizit enthalten. Der Stellenwert prozessualer Elemente und der gleichberechtigte Zusammenhang zwischen Aufbau- und Ablauforganisation gingen jedoch aufgrund unterschiedlicher Lehrrichtungen in den Folgejahren verloren.[128]

Die Unterteilung von Aufbau- und Ablauforganisation wurde von Kosiol in den 60er Jahren aufgegriffen und weiterentwickelt.[129] Kosiol konzentrierte sich jedoch mit dem Aufgabeanalyse und -synthese Konzept auf die Aufbauorganisation. Wie bei Nordsieck steht im Ansatz Kosiols die Aufbauorganisation im Mittelpunkt des Interesses. Im Rahmen der Aufgabenanalyse erfolgt zunächst eine Zerlegung der Unternehmensgesamtaufgabe in Teilaufgaben,[130] die sich nach den Kriterien Verrichtung und Objekt richtet. In der sich anschließenden Aufgabensynthese werden schließlich Stellen gebildet und besetzt. Bei der Stellenbildung werden die in der Aufgabenanalyse gewonnenen Teilaufgaben zu personenunabhängigen Stellen zusammengefasst, während bei der Stellenbesetzung die gebildeten Stellen Aufgabenträgern zugeordnet werden.[131] Es entsteht eine Aufbauorganisation, in der die Abläufe, sprich die Ablauforganisation, in einem zeitlich und logisch zweiten Teil der Organisationsgestaltung geplant werden. Der entscheidende Unterschied zum Ansatz von Nordsieck besteht darin, dass Nordsieck die Ablauforganisation dadurch implizit berücksichtigt, dass die Aufgabengliederung nach dem Prozessgliederungsprinzip erfolgt.[132] Ablauforganisatorische Aspekte werden bei Kosiol erst nach Festlegung der Aufbauorganisation

[126] Vgl. Nordsieck 1972a, Sp. 22 ff.

[127] Nordsieck 1972b, S. 13.

[128] Vgl. Picot/Franck 1996, S. 17.

[129] Vgl. Kosiol 1962.

[130] Vgl. Kosiol 1980, Sp. 181.

[131] Vgl. Kosiol 1980, Sp. 181

[132] Vgl. zu ebenfalls zu dieser Thematik Körfgen 1999, S. 24 f.; Scholz 1995, S. 47 ff.; Gaitanides 1983, S. 16 ff.

behandelt, womit ein Primat des Aufbaus geschaffen und die Gebilde- die Prozessstrukturierung dominiert.[133]. Dadurch „degeneriert die Ablauforganisation zum Lückenbüßer“[134] und wird aufgrund dessen in vielen Organisationslehrbüchern als eigenständiger Problembereich nicht mehr behandelt.[135]

An dem Analyse-Synthese-Konzept orientierten sich größtenteils die Unternehmen in der Gestaltung ihrer Organisationsstruktur. Erst mit den Veränderungen der Umweltfaktoren und den Arbeiten von Gaitanides zu Beginn der 80er Jahre wurde der Prozessgedanke aufgegriffen und in den Mittelpunkt der Diskussion gerückt.[136] Gaitanides definierte den Begriff der Prozessorganisation in Abgrenzung zur Ablauforganisation. Prozessorganisation bedeutet, dass „Stellen und Abteilungsbildung (d.h. Aufbauorganisation) unter Berücksichtigung spezifischer Erfordernisse des Ablaufs betrieblicher Prozesse im Rahmen der Leistungserstellung und -verwertung konzipiert werden“.[137] Der Unterschied zur Ablauforganisation besteht darin, dass das Vorhandensein einer Aufbauorganisation für die Prozessorganisation nicht notwendig ist. Ganz im Gegenteil: Die Prozessorganisation kann Grundlage für die Aufbauorganisation sein. Aufbauend auf diese Definition ist die Prozessorganisation durch zwei Eigenschaften gekennzeichnet:[138]

- Dominanz des Prozesses: Die Organisationsstruktur wird an den Prozessen des Unternehmens ausgerichtet.
- Funktionsübergreifender Charakter: Die Prozessorganisation hat die ganzheitliche Vorgangsbearbeitung zum Ziel.[139] Die Ablauforganisation richtet sich im Gegensatz dazu immer nur an eine Aufgabenerfüllung innerhalb einer funktionalen Aufgabenspezialisierung.

Wie bereits oben beschrieben, führte die Veränderung der Umweltfaktoren zu Beginn der 80er Jahre zu einem Umdenken in der Gestaltung von Unternehmensorganisationen. Dies äußerte sich in der Entwicklung von verschiedenen Ansätzen, die in der Praxis breite Akzeptanz fanden und meist durch Unternehmensberatungen in Betrieben eingeführt wurden. Bei

---

[133] Vgl. Osterloh 1993a, S. 96; Gaitanides 1983, S. 19.

[134] Osterloh/Frost 1996, S. 30.

[135] Osterloh gibt in diesem Zusammenhang als Beispiele an: Frese 1988; Remer 1989; Kieser/Kubicek 1992. Vgl. Osterloh 1993a S. 96. Zur Vernachlässigung der Ablauforganisation vgl. ebenfalls Gaitanides 1983 S. 19; Scholz 1995, S. 50; Saatkamp 2002 S. 55.

[136] Vgl. Picot/Franck 1996 S. 17 f. Zu den Umweltveränderungen vgl. Abschnitt 2.1.2.

[137] Vgl. Gaitanides 1983, S. 62.

[138] Vgl. Gaitanides 1996, Sp. 1684.

[139] Vgl. Davenprot/Nohira 1995, S. 82.

diesen ersten praktischen Ansätzen lässt sich bereits der Prozessgedanke erkennen, weshalb die wichtigsten kurz dargestellt werden sollen.

2.1.4 Erste prozessorientierte Ansätze

Als erster Ansatz mit Betonung des Prozessgedankens ist die Wertkette von Porter zu nennen. Im Rahmen der Wertketten-Analyse wird der Leistungsprozess des Unternehmens in den Mittelpunkt der Untersuchungen gerückt. Die Wertkette stellt ein strategisches Analyseinstrument dar, um die Ursachen von Wettbewerbsvorteilen zu identifizieren.[140] Die Wertkette bildet die physisch oder technologisch unterscheidbaren Wertaktivitäten eines Unternehmens in der Gesamtheit ab und gliedert sie nach strategischen Aspekten.[141]

Die Neuerung der Wertkette liegt in der übersichtlichen Darstellung aller Tätigkeiten und der Analyse von funktions- bzw. aktivitätsübergreifenden Optimierungspotentialen.[142] Diese Suche nach prozessualen Produktivitätsreserven ist in funktional gegliederten Organisationen sonst nicht zu finden, womit die Wertkette als Grundlage für weitere Prozessansätze anzusehen ist. Für Porter stand jedoch die Wertkette als strategisches Analyseinstrument im Mittelpunkt seiner Arbeiten. Sie diente zunächst nicht als Grundlage für ein Organisationskonzept.

Als weiteren prozessbetonten Ansatz ist das Total Quality Management (TQM) anzuführen.[143] TQM hat seinen Ursprung in japanischen Qualitätskonzepten[144], konnte sich jedoch weltweit sehr schnell verbreiten. Ziel des integrativen Managementkonzeptes TQM ist es, die Qualität[145] der Produkte und Dienstleistungen auf die Anforderungen der Kunden zuzuschneiden, um sich damit auf engen Käufermärkten behaupten und Wettbewerbsvorteile erringen zu können.[146] Die Prozessorientierung als grundlegendes Prinzip im TQM-Konzept[147] führt zur Unterstützung der Kundenorientierung und verfolgt die Strategie Fehler proaktiv zu ver-

---

[140] Hierzu sowie zu den folgenden Ausführungen Porter 2000, S. 63 ff.; Saatkamp 2001, S. 68ff.

[141] Vgl. Saatkamp 2002, S. 69. Vgl. ausführlich zur Wertkette Porter/Millar 1986; Porter 2000.

[142] Vgl. Körfgen 1999, S. 40.

[143] Vgl. vertiefend zum TQM Töpfer/Mehdorn 1995, S. 8 ff.; Adam 1998, S. 78 ff.; Schildknecht 1992; Zink 1992, S. 9 ff.

[144] Vgl. zu der Entwicklung von umfassenden Qualitätskonzepten Schildknecht 1992, S. 62 ff.; Zink/Schildknecht 1992 S. 73 ff.

[145] Qualität soll im Verständnis des TQM folgendermaßen verstanden werden: „Qualität ist … das – im Vergleich zur Konkurrenz – relative Maß der Befähigung aller Unternehmensleistungen zur Erfüllung der Kundenerwartungen.“ Klinkenberg 1995, S. 600. Vgl. dazu ähnlich Fröhling 1993, S. 545. Haedrich 1995, Sp. 2206. Vgl. zu weiteren Qualitätsbegriffen Haedrich 1995, Sp. 2205 ff.

[146] Vgl. Adam 1998, S. 78; Klinkenberg 1995, S. 599 f.

[147] Vgl. zu den grundlegenden Prinzipien des TQM Konzepts Klinkernberg 1995, S. 602; Adam 1998, S. 79.

meiden. Die Implementierung des Prozessgedankens bei TQM hat jedoch keine organisatorischen Gestaltungskonsequenzen zur Folge gehabt. Ziel der Prozessorientierung ist die Fokussierung auf die Wettbewerbsdimension Qualität.

Die Grundlagen des Lean-Management-Ansatzes beruhen auf einer zu Beginn der 90er Jahre durchgeführten Untersuchung, in der japanische und westliche Automobilhersteller verglichen wurden.[148] Die Faktoren, die die japanischen Automobilhersteller in der damaligen Zeit haben erfolgreich erscheinen lassen, wurden mit dem Ausdruck „Lean" umschrieben.[149] So unterschiedlich die Ansätze zum Lean-Management-Gedanken waren, kann man festhalten, dass die Verschlankung von Unternehmen die Grundidee von Lean Management bildet. Damit standen zunächst Kostenaspekte im Mittelpunkt.[150] Die „Lean"-Unternehmung sollte beispielsweise mit Hilfe des Abbaus unnötiger Arbeitsschritte, der Elimination nicht notwendiger Produkte und dem Outsourcing von Nicht-Kernkompetenzen erreicht werden.[151]

Unter den Prinzipien des Lean Managements spiegeln neben der Prozessorientierung gerade die Gestaltung der gesamten Wertschöpfungskette vom Lieferanten bis zum Abnehmer als integriertes Netzwerk und die Kundenorientierung den Prozessgedanken wider.[152] Jedoch ist auch vom Lean Management keine Schlussfolgerung für die Organisationsgestaltung abgeleitet worden. Der Prozessgedanke steht hier für die Erreichung des Zieles der Kostensenkung im Mittelpunkt.

Ein wesentlich umfassenderes Konzept für die prozessuale Organisationsgestaltung bildet das Business Process Reengineering (BPR), das Anfang der 90er Jahre etabliert wurde und weltweit Popularität genießt.[153] Da es dem heutigen Prozessmanagement am nächsten kommt, soll es an dieser Stelle ausführlicher dargestellt werden. Auslöser der Verbreitung war zunächst ein Artikel von Hammer im Jahre 1990, im dem sich der Autor gegen eine Elektrifizierung bestehender ineffektiver und ineffizienter Abläufe ausspricht und eine Neukonstruktion von

---

148 Hierbei handelt es sich um die vielbeachtete MIT (Massachusets Institue of Technology)-Studie „Die zweite Revolution in der Automobilindustrie". Vgl. dazu Woomack et al. 1992, S. 11 ff.

149 Vgl. vertiefend zur Entwicklungsgeschichte des Lean Managements Rollberg 1996 S. 69 f.; Bösenberg/Metzen 1995, S. 27 ff.;

150 Vgl. Womack et al. 1991, S. 19.

151 Vgl. vertiefend zu den Prinzipien Woomack et al. 1991, S. 77 ff.; Groth/Kamel 1994, S. 71 ff.; Pfeiffer/Weiss 1994, S. 73 ff.; Osterloh/Frost 1996, S. 108.

152 Vgl. Pfeiffer/Weiss 1994, S. 56 ff.; Pfeifer/Weiss 1993, S. 30 ff.

153 Vgl. Hammer/Champy 1994, dazu auch Binder 1997, S. 54; Maciejewski 1999, S. 141;

Geschäftsprozessen vorschlägt.[154] Davenport/Short und Venkatraman beschäftigten sich ebenfalls 1990/91 mit den Auswirkungen der Informationstechnologie auf Organisationsstrukturen und identifizierten die neuen Technologien als Vorraussetzung, wenn nicht sogar als Auslöser der Umstrukturierungsmaßnahmen.[155] Den Durchbruch erlangte das BPR hingegen erst durch die Schrift von Hammer/Champy.[156] Im Folgenden erschien eine unüberschaubare Anzahl von Veröffentlichungen zum Thema BPR, die eine sehr heterogene Qualität aufweisen.[157] Die Methode des BPR wurde ebenfalls stark von der Praxis und hier im besonderen Maße von Unternehmensberatungen aufgenommen. Einige Ansätze seien hier kurz erwähnt. Sprechen Hammer/Champy in ihrer Schrift vom Business Reengineering, verwenden Harvey, Horvath, Hunt, Morris/Brandon, Obeng/Crainer und Nippa/Picot den Begriff Reengineering, Johansson et al., Towers und Servatius sprechen von Business Process Reengineering, Harbour von Process Reengineering, Davenport/Short, Carr et al. und Krickl von Business Redesign, Venkatraman von Rekonfiguration, Davenport von Process Innovation und Reenineering Work und Harrigton von Business Process Improvement.[158] Da sich bei den aufgezählten Arbeiten in Bezug auf die Kernaussagen kaum Unterschiede zum Ansatz von Hammer/Champy ergeben[159], soll lediglich dieser kurz dargestellt werden.

Hammer/Champy verstehen unter dem Business Reengineering „the fundamental rethinking and radical redesign of business processes to achieve dramatic improvements in critical contemporary measures of performance, such as cost, quality, service and speed."[160] Nach diesem Verständnis von Business Reengineering liegt der Kerngedanke demnach auf einer fundamentalen und radikalen Neugestaltung des gesamten Unternehmens bzw. zumindest der Kundenwert schaffenden Unternehmensprozesse. Alle bisherigen Aufgaben, Abläufe, Strukturen und Vorgehensweisen sollen in Frage gestellt und einem kompletten Redesign unterzogen werden. In ihren Ausführungen nennen Hammer/Champy 19 Aspekte des Business

---

[154] Vgl. Hammer 1990. Vgl. dazu Wirtz 1996, S. 1023. Eine differenzierte Sichtweise zu den geistigen Vätern des BPR bzw. zum Neuigkeitsgehalt findet sich bei Müller-Merbach. Vgl. Müller-Merbach 1994a, S. 99 f.; 1994 b, S. 298 f.

[155] Vgl. Davenport/Short 1990 S. 11 ff.; Venkatatraman 1991 S. 124; dazu ebenfalls Abschnitt 2.1.2.2. Kaplan/Murdock sprechen in diesem Zusammenhang von „Key enabler". Vgl. Kaplan/Murdoch 1991 S. 29.

[156] Vgl. Hammer/Champy 1993/1994; dazu ebenfalls Müller-Merbach 1994a, S. 100.

[157] Vgl. Bogaschwesky/Rollberg 1998, S. 241.

[158] Vgl. Hammer/Champy 1994; Harvey 1994, Horvath 1994, Hunt 1993, Morris/Brandon 1994, Obeng/Crainer 1994; Nippa/Picot 1996; Johansson et al. 1993; Towers 1994; Servatius 1994; Harbour 1994; Davenport/Short 1990; Carr et al. 1992; Krickl 1995; Venkatraman 1991; Davenport 1993; Harrigton. 1991; Vgl. Für einen weiterführenden Vergleich Metzen 1994, S. 284 f.

[159] Vgl. Bogaschewsky/Rollberg 1998, S. 248.

[160] Hammer/Champy 1993 S. 32. Vgl. dazu ebenfalls Carr et al. 1992, S. 197.

Reengineering, die die wesentlichen Träger des Konzepts darstellen.[161] Die wichtigsten Elemente sind in den folgenden Oberpunkten zusammengefasst: [162]

- Prozessorganisation: Einführung einer Prozessorganisation.
- Delegation: Übertragung umfassender Entscheidungs-, Kontroll- und Koordinationskompetenzen auf die Mitarbeiter. Mitarbeiter müssen im Zuge des Empowerments und des Job-Enrichments Prozesse eigenständig durchführen, kontrollieren und koordinieren.
- Teamansatz und Mitarbeiterqualifikation: Aufgrund des Job-Enlargements und der multidimensionalen Anforderungen an die Mitarbeiter sind Qualifikationskonzepte zu installieren.
- Leistungsmessungs- und Belohnungssystem: Für die Gewährleistung einer entsprechenden Motivation der Mitarbeiter sind ergebnisorientierte anstatt positionsbezogener Vergütungssysteme einzuführen.
- Informations- und Kommunikationstechnologie: Die neuen Technologien sollen für eine innovative Prozessgestaltung eine dezentrale Nutzung zentraler Ressourcen ermöglichen.

Ein wesentliches Element des BPR ist die Einführung einer Prozessorganisation, in der einzelnen Personen (Caseworker) ganzheitliche Prozesse übertragen werden sollen. Ist aus räumlichen, zeitlichen oder qualitätsbedingten Gründen eine Caseworker-Struktur nicht implementierbar, kann eine Gruppe von Mitarbeitern (Caseteam) die Durchführung des Prozesses übernehmen.

Für den Betrachtungsgegenstand der vorliegenden Arbeit ist es von Bedeutung, das BPR-Konzept von der Thematik des Prozessmanagements abzugrenzen.[163] Die Unterscheidung zwischen beiden Begriffen ist stark mit der Begriffsauffassung zur Prozessorientierung in der deutschen und amerikanischen Literatur verbunden. Ist der Kerngedanke der amerikanischen Prozessorientierung, - und damit des BPR - eher ein instrumenteller Ansatz, wird in der deutschen Literatur das instrumentelle Konzept, insbesondere seit den Veröffentlichungen von Gaitanides,[164] um die institutionellen Fragen einer prozessorientierten Organisation er-

---

[161] Vgl. Hammer/Champy 1994, S. 71 ff., 90 ff., 112 ff.

[162] Vgl. Bogaschewsky/Rollberg 1998, S. 244; Theuvsen nimmt ebenfalls eine Einteilung der 19 Aspekte vor, jedoch nach sieben Kriterien, vgl. Theuvsen 1996, S. 67.

[163] Vgl. ausführlich zum Gedanken der Prozessmanagements im Rahmen der vorliegenden Arbeit Abschnitt 2.2.1.2.2.

[164] Vgl. Gaitanides 1983.

gänzt.[165] In diesem Sinne wird Prozessmanagement nicht nur als Reorganisationsinstrument verstanden, sondern als ganzheitliches Managementkonzept.[166] Die besondere Betonung des institutionellen Aspektes ist in der Trennung von Aufbau- und Ablauforganisation im deutschen Sprachraum begründet.[167]

Der BPR-Ansatz kommt der heutigen Vorstellung von einem Prozessmanagement am nächsten, geht jedoch in umfassender Weise darüber hinaus.[168] Das BPR setzt sich aus dem Prozessmanagement und dem Veränderungsprozess selbst, d.h. dem Vollzug eines Reorganisationsprozesses, zusammen. Ziel ist eine totale Neukonstruktion des Unternehmens, um alle Rationalisierungspotentiale zu heben. Das Prozessmanagement ist damit ein Bestandteil der BPR-Strategie. In den weiteren Ausführungen soll das BPR-Konzept jedoch keine weitere Berücksichtigung finden, da der grundlegende Kerngedanke und Hauptbestandteil des BPR die Prozessorganisation ist.[169] Gaitanides spricht sogar davon, dass nur das Prozesskonzept als Ansatzpunkt für eine Theorie der Unternehmung die Modewelle des BPR überdauern wird.[170] Für die spätere Entwicklung einer geeigneten Organisationsstruktur für Dienstleistungsprozesse soll jedoch das Element der Mitarbeiterqualifikation bzw. der Qualifikationsmaßnahmen im BPR-Ansatz aufgegriffen werden.

2.2 Prozessmanagement - Grundlagen und Integrationsproblematik

Nachdem die Entwicklung des Prozessgedankens im vorherigen Abschnitt nachgezeichnet worden ist, sollen im Folgenden das Prozessmanagement und die damit verbundenen Probleme in allgemeiner Form dargestellt werden. „In allgemeiner Form“ bedeutet in diesem Zusammenhang, dass das Prozessmanagement zunächst unabhängig von Dienstleistungsprozessen betrachtet wird. Erst im Abschnitt 2.3 wird eine Übertragung der im Verlauf des Abschnitts dargestellten Integrationsproblematik eines Prozessmanagements auf Dienstleistungsprozesse vorgenommen werden und weitere Anforderungen an eine Organisationsstruktur für Dienstleistungen herausgearbeitet.

Im weiteren Verlauf des Abschnitts 2.2 wird dafür zunächst eine für den Betrachtungsgegenstand der Arbeit zweckmäßige Abgrenzung des Begriffs Prozessmanagement vorgenommen. Das Prozessmanagement setzt sich dabei aus der prozessorientierten Denk- und

---

[165] Vgl. Saatkamp 2002, S.64 f.

[166] Vgl. dazu den nachfolgenden Abschnitt.

[167] Vgl. dazu Abschnitt 2.1.3.

[168] Vgl. Saatkamp 2002, S. 66.

[169] Vgl. Gaitanides/Müffelmann 1996, S. 186; Theuvsen 1996, S. 73; Osterloh/Frost 1994b, S. 28.

[170] Vgl. Gaitanides 1998, S. 381. Vgl. dazu auch die Studie von Hess/Schuller, die diese Aussage im Jahr 2005 grundlegend bestätigen. Hess/Schuller 2005.

Handelsweise und der Prozessorganisation zusammen (Vgl. Abbildung 5). Die prozessorientierte Denk- und Handelsweise wird dafür im Rahmen der Prozessdefinition konkretisiert (2.2.1.1), während die Prozessorganisation den Betrachtungsgegenstand in Abschnitt 2.2.1.2 bildet.

2.2.1 Der Begriff des Prozessmanagements

Für das Prozessmanagement existieren in der betriebswirtschaftlichen Literatur unterschiedlichste begriffliche Einordnungen und eine eindeutige inhaltliche Definition ist bis heute nicht erfolgt.[171] Eine Abgrenzung des Begriffs Prozessmanagement wird in vielen Fällen durch die Darstellung der Varianten bzw. unterschiedlicher Ansätze des Prozessmanagements, wie z.B. die Geschäftsprozessoptimierung, das Reengineering oder die Prozessorganisation, vorgenommen.[172] In den meisten Fällen wird jedoch auf eine Definition von Prozessmanagement komplett verzichtet.[173] Vielmehr wird der Begriff Prozessmanagement in vielen Ausführungen synonym mit dem analysierten Begriff, wie z.B. der Prozessorganisation oder dem Business Process Reengineering, verwendet.[174] Im Folgenden soll nun für den Betrachtungsgegenstand der Arbeit, der Organisation von Dienstleistungsprozessen, eine zweckmäßige Begriffsabgrenzung des Prozessmanagements vorgenommen werden.

In der vorliegenden Arbeit soll das Prozessmanagement grundlegend als Führung von Unternehmen verstanden werden,[175] die sich durch eine prozessorientierte Denk- und Handelsweise sowie eine Prozessorganisation konkretisiert. Grundsätzlich kann man Management als erfolgsorientiertes Handel betrachten,[176] das mit den Aufgaben Gestaltung, Steuerung und Entwicklung verbunden ist. Die drei Managementaufgaben sind dabei sowohl im strategischen als auch im operativen Management relevant. Der Aufbau, die Pflege und Nutzung von Erfolgspotenzialen stehen im Mittelpunkt des strategischen Managements.[177] Die Erfolgspotenziale bilden die Grundlage für das Bestehen im Marktwettbewerb. Ist damit die zentrale Zielsetzung des strategischen Managements in der Entwicklung, Erhaltung und Umsetzung

---

[171] Vgl. Nägele/Schreiner 2002, S. 202.

[172] Vgl. Gaitanides et al. 1994, S. 3 f.; Helbig 2003, S. 15 ff. Vgl. dazu auch die Begriffsvielfalt zum Business Process Reengineering in Abschnitt 2.1.4.

[173] Vgl. hier exemplarisch Osterloh/Frost 1996, S. 119 f.

[174] Vgl. hierzu ebenfalls die verschiedenen Begriffe zum Business Process Reengineering in Abschnitt 2.1.4, die oftmals synonym zum Prozessmanagement verwendet werden.

[175] Vgl. zur unüberschaubaren Anzahl an Managementdefinitionen Macharzina 1999, S. 31. In der vorliegenden Arbeit soll ein funktionaler Managementbegriff zugrunde gelegt werden. Vgl. vertiefend zu unterschiedlichen Bergriffbildungen und der Abgrenzung zum institutionellen Managementbegriff Steinmann/Schreyögg 2005, S. 6 ff.

[176] Vgl. Steinmann/Schreyögg 2005, S. 91 ff.

von Wettbewerbsvorteilen zu sehen, stehen im Rahmen des operativen Managements die Effektivität und die Effizienz im Mittelpunkt des Interesses.[178] Das operative Management dient dabei der Ausgestaltung und Konkretisierung der im strategischen Management festgelegten Strategien.

In Abgrenzung zum Management liegt die Besonderheit des Prozessmanagements nun in der veränderten, in der prozessorientierten Denkweise. Alle drei Aufgaben des Managements, die Gestaltung, Steuerung und Entwicklung, werden vor dem Hintergrund dieser prozessorientierten Denkweise vollzogen. Die Konkretisierung dieser prozessorientierten und ganzheitlichen Denk- und Handelsweise wird im nachfolgenden Abschnitt im Rahmen der Definition des Prozessbegriffs vorgenommen. Neben der prozessorientierten Denkweise ist vor allem die Prozessorganisation als Kernbestandteil des Prozessmanagements anzusehen. Die Prozessorganisation implementiert den eigentlichen Prozessgedanken bzw. prozessorientierten Ansatz und gewährleistet eine kontinuierliche Weiterentwicklung der Unternehmung. Sie wird in Abschnitt 2.2.1.2.2 thematisiert. In der vorliegenden Arbeit soll somit das Prozessmanagement als Management verstanden werden, das auf einer prozessorientierten Denk- und Handelsweise beruht und sich in einer Prozessorganisation konkretisiert. Die nachfolgende Abbildung 5 verdeutlicht das Verständnis des Prozessmanagements im Kontext der Arbeit.

Abbildung 5: Verständnis des Prozessmanagements

[177] Vgl. Bleicher 2004, S. 81 f..

[178] Vgl. Bleicher 2004, S. 82.

2.2.1.1 Die Prozessdefinition als Ausdruck der prozessorientierten Denk- und Handelsweise im Rahmen eines Prozessmanagements

Ebenso wie zum Begriff des Prozessmanagements konnte sich in der Literatur noch keine allgemein anerkannte Definition des Prozessbegriffs durchsetzen.[179] Nachdem im Folgenden mehrere Ansätze für eine Abgrenzung des Prozessbegriffs dargestellt werden, wird eine für die Thematik der Organisation von Dienstleistungsprozessen sinnvolle Definition des Prozessbegriffs herausgearbeitet. Bei der Darstellung des Prozessbegriffs ist dabei zu beachten, dass die Ausführungen zum Prozessverständnis das prozessorientierte Denken und Handeln im Rahmen eines Prozessmanagements widerspiegeln wird. Die Prozessdefinition und die Erarbeitung von Prozessmerkmalen werden somit die wesentlichen Eigenschaften einer prozessorientierten Denk- und Handelsweise verdeutlichen. Abzugrenzen hiervon sind die Ausführungen zur Prozessorganisation. Im Rahmen der Prozessorganisation wird die organisatorische Implementierung im Mittelpunkt stehen, die die Verfolgung des ganzheitlichen, funktionsübergreifenden Handelns und damit der prozessorientierten Denkweise sowie die kontinuierliche Verbesserung in einer Unternehmung gewährleisten soll.

In Abschnitt 2.1.3 ist bereits ausgeführt worden, dass erste Überlegungen zum Prozessbegriff im deutschen Sprachraum zu Beginn der 80er Jahre von Gaitanides veröffentlicht worden sind. So definierte Gaitanides Prozesse als „… inhaltlich abgeschlossene Erfüllungsvorgänge, die in einem logischen inneren Zusammenhang stehen.“ und weiterhin als „Wertsschöpfende Transformationsvorgänge, die einen materiellen bzw. informationellen Input in einen ebensolchen Output verwandeln.“[180] In dieser ersten Definition von Gaitanides ist bereits ein wesentlicher Aspekt von Prozessen enthalten. Prozesse werden demnach als Tätigkeiten verstanden, die einen Input in einen Output verwandeln. So definiert auch Pall 1987: „A process can be defined as the locigal organisation of people, materials, energy, equipment, and procedures into work activities designed to produce a specified end result (work product).“[181] Ebenso führt Strining aus, dass ein Prozess eine “Serie von Handlungen, Tätigkeiten oder Verrichtungen zur Schaffung von Produkten oder Dienstleistungen ..., die in einem direkten Beziehungszusammenhang miteinander stehen und die in ihrer Summe den betriebswirtschaftlichen, produktionstechnischen, verwaltungstechnischen und finanziellen

[179] Vgl. Hess 1996, S. 9; Hauser 1996, S. 12; Cen 1995, S. 61. Für weiterführende Übersichten über den Prozessbegriff vgl. Hauser 1996, S. 12 ff.

[180] Gaitanides 1983, S. 65.

[181] Pall 1987 S. 25; vgl. zum Merkmal der Transformation von Input in Output ebenfalls Melan 1992, S. 14; Carr et al. 1992 S. 196; Obeng/Crainer 1994, S.118; Striening 1988, S. 59; Johansson et al. 1993, S. 57; Harbour 1994, S. 17 f.; Momm 1997, S. 63 ff.; Harrington 1991, S. 9. Ebenfalls Born 1994, S. 15; Binder 1997, S. 56; Talwar 1994, S. 41; Hauser 1996, S. 14 ff.; Cen 1995, S. 61 ff.

Erfolg des Unternehmens bestimmen."[182] Ziel eines Prozesses ist es demnach ein bestimmtes Endprodukt oder eine Dienstleistung zu erzeugen.[183] Aus der Definition von Gaitanides und Striening wird ein weiteres Merkmal von Prozessen deutlich: die logische Beziehung der Prozessschritte zueinander.[184] Dabei müssen die einzelnen Aktivitäten eines Prozesses nicht unbedingt unmittelbar aufeinander folgen. Auch eine simultane Bearbeitung der Tätigkeiten ist möglich.[185]

Ein technisch orientiertes Verständnis liegt der Prozessdefinition von Davenport zugrunde: „A process is simply a structured, measured set of activities designed to produce a specified output for a particular customer or market. ... A process is thus a specific ordering of work activities across time and place, with a begining, an end, and clearly identified inputs and outputs: a structure for action."[186] Die Definition Davenports zeigt ebenfalls die Zerlegung eines Prozesses in eine Abfolge von Tätigkeiten, betont aber darüber hinaus die Strukturiertheit und Messbarkeit der einzelnen Prozessschritte.[187] Die Fokussierung auf die Strukturiertheit einzelner Aktivitäten führt jedoch zu einem Ausschluss derjenigen Prozesse aus der Betrachtung, die individuelle Kundenwünsche befriedigen.[188] Die Eingrenzung auf klar strukturierte Tätigkeitsketten richtet sich eher auf die Massenproduktion der Konsumgüterindustrie. Diese auf technische Prozesse gerichtete Definition erscheint deshalb für eine Auseinandersetzung mit Dienstleistungsprozessen nicht zweckmäßig.[189]

Fraglich ist, ob die Messbarkeit als ein weiteres Merkmal der Definition, ein genau messbarer Input erzeugt in diesem Prozessverständnis einen genau messbaren Output, zur Ausgrenzung von Dienstleistungsprozessen führt. Die Nicht-Messbarkeit von Dienstleistungs-Inputs und -Outputs wird in der Literatur differenziert gesehen. [190] Grundsätzlich besteht das Problem, dass die Messbarkeit aufgrund der mangelnden stofflichen Quantifizierbarkeit von Dienstleistungen auf Basis einer rein an Gütermengen orientierten Modellierung nicht oder nur

[182] Striening 1988, S. 57.

[183] Vgl. Striening 1988, S. 59.

[184] Vgl. Gaitanides 1983, S. 65; Striening 1988, S. 57 dazu ebenfalls Schwarzer 1994, S. 208; Johansson et al. 1993, S. 57;

[185] Vgl. Haist/Fromm 1991 S: 93.

[186] Davenport 1993, S. 5. Eine ähnliche Prozessverständnis findet sich ebenfalls bei Osterloh/Frost 1996, S. 31.

[187] Vgl. ebenfalls zur Beschränkung des Prozessverständnisses auf klar strukturierte Tätigkeitsketten Fischer 1993, S. 213 .

[188] Vgl. Picot/Franck 1996, S. 14. Daneben werden auch innovative Prozesse wie beispielsweise im FuE Bereich ausgeschlossen. Vgl. dazu ebenfalls Picot/Franck 1996, S. 14.

[189] Eine ebenso technische Definition geben Hinterhuber et al., die ebenfalls einen messbaren In- und Output betonen. Vgl. dazu Hinterhuber et al. 1994, S. 81.

[190] Vgl. exemplarisch dazu Gerhardt 1987, S. 105 ff.; insbesondere S. 113 ff.; Costen/Gössinger 2006, S. 30 ff.

schwierig erfassbar ist.[191] Werden Dienstleistungen jedoch als Problemlösungsprozess mit dem Problem als Ausgangspunkt und der Problemlösung als Ergebnis der Transformation interpretiert, dann lässt sich der Output im Eigenschaftsraum als Distanz zwischen Problem und Problemlösung modellieren.[192] Da sich die die Problemlösung aufgrund der Integration externer Faktoren jedoch immer mehr oder weniger individuell gestaltet,[193] soll die exakte Messbarkeit als Merkmal von Prozessen in der vorliegenden Arbeit nicht verwendet werden. Gleichwohl soll ein Prozess vor dem Hintergrund der Organisation von Dienstleistungsprozessen als ein Problemlösungsprozess angesehen werden. Diese Sichtweise basiert auf der Annahme, dass Individuen ihre Nutzenstiftung nicht aus dem Gut selbst, sondern aus seinen Eigenschaften erfahren.[194]

An der Input- Output-Relation macht sich ein weiteres definitorisches Merkmal fest: die Werterhöhung.[195] Die Differenz aus dem messbaren In- und Output stellt die durch die Aktivitäten des Prozesses erzielte Werterhöhung der bearbeiteten Objekte dar.[196] Durch die Transformation innerhalb des Prozesses kommt es nach diesem Verständnis zur Schaffung eines quantifizierbaren Mehrwertes. Aufgrund der bereits oben erwähnten Problematik der genauen In- und Output Quantifizierung bei Dienstleistungen soll das Merkmal einer exakt quantifizierbaren Werterhöhung nicht angewendet werden. Vielmehr wird auf Grundlage der Ansicht von Prozessen als Problemlösungsprozessen die Werterhöhung in der nutzenstiftenden Problemlösung gesehen werden.

Ungeeignet erscheint das von Mende angeführt definitorische Merkmal der informationssystemischen Unterstützung von Prozessen.[197] Für eine allgemeine Definition im Rahmen des Managements von Dienstleistungen bewirkt das Kennzeichen der Unterstützung von Prozessen durch Informations- und Kommunikationstechnologien einen Ausschluss einfacher, standardisierter Dienstleistungsprozesse aus dem Begriffsverständnis. Somit soll das Merkmal der informationssystemischen Unterstützung in die dieser Arbeit zugrunde liegenden Prozessdefinition nicht einfließen.

---

[191] Vgl. Costen/Gössinger 2006, S. 31 und die dort angegebene Literatur.

[192] Vgl. Corsten/Gössinger 2006, S. 31.

[193] Vgl. dazu ausführlich 2.3.1.

[194] Vgl. Costen/Gössinger 2006, S. 31 und die dort angegebene Literatur.

[195] Vgl. Melan 1992, S. 15; Obeng/Crainer 1994, S. 117 ff.; dazu auch Johannson et al. 1993, S. 57; Harrington 1991, S. 9; Hammer/Champy 1995, S. 52; Lohhoff/Lohhoff 1993, S. 251.

[196] Vgl. auch hierzu die Definition von Hinterhuber et al. 1994, S. 81.

[197] Vgl. Mende 1995, S. 3 f..

Hammer/Champy konzentrieren sich in ihrer Arbeit auf ein weiteres wichtiges Merkmal von Prozessen: die Kundenorientierung. Hammer/Champy definieren Prozesse als „Tätigkeiten, die zusammengenommen einen Wert für den Kunden schaffen" und weiter als „Bündel von Aktivitäten, für das ein oder mehrere unterschiedliche Inputs benötigt werden und das für den Kunden ein Ergebnis von Wert erzeugt."[198] Die Betonung der Kundenorientierung in der Definition zeigt einen wesentlichen Kerngedanken des prozessorientierten Ansatzes und kann durch die folgende Ausführung von Hammer/Champy als Kriterium in der Prozessgestaltung näher beleuchtet werden: Durch das „...Konzept der Arbeitsteilung in ganz simple Aufgaben sowie der Verteilung dieser Arbeitsgänge auf Spezialisten konzentrieren sich moderne Unternehmen und ihre Manager auf die einzelnen Produktionsschritte - Entgegennahme des Auftragsformulars, Entnahme der Ware aus dem Lager usw. – und verlieren dabei häufig das übergeordnete Ziel aus den Augen, nämlich die Auslieferung der Waren an den Kunden, der sie bestellt hat. Die einzelnen Arbeitsgänge sind zwar wichtig, aber keinen interessiert den Kunden auch nur ein Deut, wenn der Prozess insgesamt nicht das gewünschte Ergebnis erbringt, d.h. wenn die Waren nicht ausgeliefert werden."[199] Nach Hammer/Champy besteht damit der zentrale Grundsatz bei der Gestaltung eines Prozesses in der Erfüllung des Kundenauftrages.

Oben ist bereits ausgeführt worden, dass es Ziel eines Prozesses ist, eine Leistung zu erstellen, welche dann in ein anderes System bzw. in einen anderen Prozess einfließt. Diese Schnittstelle kann als ein Kunden-Lieferanten-Verhältnis interpretiert werden. Ausgangspunkt eines Prozesses sind damit Kundenbedürfnisse, die zielgerichtet durch einen Transaformationsprozess und die daraus resultierenden Leistungen befriedigt werden müssen. Damit wird der Transformationsprozess durch die Kundenbedürfnisse bestimmt und der Kunde bildet zugleich den Anfangs- und Endpunkt eines Prozesses. Letztendlich fließt somit jeder Prozess vom Kunden zum Kunden[200], woraus die Kundenorientierung als zentrales definitorisches Merkmal von Prozessen folgt.[201] Abbildung 6 verdeutlicht diesen Grundsatz prozessorientierten Denkens und Handelns.[202]

[198] Hammer/Champy 1995 S. 14 und 52.

[199] Hammer/Champy 1995, S. 52.

[200] Vgl. Bleicher 2004, S. 462; Hess et al. 1995; S. 481.

[201] Vgl. ebenfalls zum Aspekt der Kundenorientierung Gaitanides et al. 1994, S. 13 ff.; Scholz,/Vrohlings 1994a, S. 22 f.; Grafmüller 2000, S. 31 f.; Binder 1997, S. 56; Reiß 1994, S. 13; Maciejewski 1999, S. 141;

[202] Vgl. ausführlich zum ganzheitlichen Denken und Handeln Ulrich/Probst 1988, S. 11 ff.

Abbildung 6: Der Kunde als Ausgangs- und Endpunkt von Prozessen
Quelle: In Anlehnung an Körfgen 1999, S. 50

Im Sinne der dargestellten Kundenorientierung ist als Empfänger der Prozessleistung jedoch nicht nur ein unternehmensexternes Unternehmen bzw. Kunde, sondern ebenfalls ein unternehmensinterner Kunde in Form einer Abteilung oder eines anderen Prozesses zu verstehen. Die Gleichwertigkeit unternehmensexterner und -interner Prozessbeziehungen bildet dabei einen weiteren wesentlichen Grundgedanken der Prozessorientierung.[203]

Das Merkmal der Kundenorientierung als Grundlage des prozessorientierten Ansatzes findet sich ebenfalls in der erweiterten Definition von Gaitanides aus dem Jahre 1996 wider. Dort definiert Gaitanides Prozesse als „…Abfolgen von Aktivitäten, die in einem logischen inneren Zusammenhang dadurch stehen, dass sie im Ergebnis zu einem Produkt bzw. einer Leistung führen, die durch einen Kunden (-prozeß) nachgefragt wird.“ und weiter „Ein Prozeß zeichnet sich durch einen definierten Beginn, durch ein definiertes Ende sowie durch die strukturierte Anordnung aus, die als Gesamtheit einen Wert für einen internen oder externen Kunden schaffen. Die Generierung von Prozessen setzt also bei den Bedürfnissen äußerer und innerer Kunden an.“[204] Die Definition betont die Kundenorientierung als Kerngedanken der Prozessgestaltung und dies in Bezug auf externe und interne Kunden.

Aufbauend auf den Definitionen von Gaitanides aus dem Jahre 1983[205] und 1996[206] und weiteren hier vorgestellten Einzelaspekten des Prozessbegriffs wird im Folgenden eine für diese Arbeit gültige Definition von Prozessen vorgestellt:

---

[203] Vgl. Scholz 1995 S. 72; Scholz/Vrohlings 1994a, S. 22; Harrington 1991, S. 9; Hess et al. 1995, S. 481; Grafmüller 2000, S. 32 f.; Reiß 1994, S. 13; Hinterhuber et al. 1994, S. 85.

[204] Gaitanides 1996, Sp. 1683.

[205] Vgl. Gaitanides 1983.

Ein Prozess

- ist eine inhaltlich abgeschlossene Abfolge von Aktivitäten,
- die in einem sach- und zeitlogischen inneren Zusammenhang stehen
- und als Ergebnis eines Transformationsvorganges zu einer nutzenstiftenden Problemlösung führen,
- dessen Ausgangspunkt die Bedürfnisse interner oder externer Kunden sind.

Die Ausführungen und die Prozessdefinition verdeutlichen in diesem Zusammenhang die Merkmale einer prozessorientierten Denk- und Handelsweise, die nach dem Verständnis der Arbeit dem Prozessmanagement zugrunde liegen soll. Alle Aktivitäten eines Prozesses stehen in einem sach- und zeitlogischen Zusammenhang und sollen dementsprechend bearbeitet werden. Mit dieser sach- und zeitlogischen, eben prozessorientierten Bearbeitung soll eine effektive und effiziente Leistungserstellung vollzogen werden. Zudem betont die vorgestellte Definition im besonderen Maße die Kundenorientierung. Wesentlich für das prozessorientiete Denken ist, dass ein entsprechender Leistungserstellungsprozess vom Kunden angestoßen wird und dessen Ergebnis zum Kunden zurückfließt, egal ob es sich um einen internen oder externen Kunden handelt. Diese prozessorientierte Denkweise - „vom Kunden zum Kunden“ – gewährleistet die Kundenorientierung und damit eine ganzheitliche Analyse und Durchführung eines Prozesses. Im weiteren Verlauf der Ausführungen soll nun die Prozessorganisation thematisiert werden, die eine Implementierung der prozessorientierten Denk- und Handelsweise in Organisation gewährleisten soll.

2.2.1.2 Prozessorganisation

Aufbauend auf der Prozessdefinition soll im Folgenden die Prozessorganisation als weiterer Bestandteil des Prozessmanagements dargestellt werden. Dafür wird zunächst die Prozessorganisation als Ablauforganisation von der Prozessorganisation als Organisation von Geschäftsprozessen abgegrenzt. Letztere gilt dabei als Kern des Prozessmanagements (vgl. Abbildung 5).

2.2.1.2.1 Prozessorganisation als Ablauforganisation

Ausgehend von der bereits oben angeführten Unterscheidung zwischen Aufbau- und Ablauforganisation stehen bei einer Ausgestaltung der Prozessorganisation als Ablauforganisation nur einzelne Gestaltungsbereiche im Mittelpunkt der Betrachtung. Man kann die Konzepte

---

[206] Vgl. Gaitanides 1996, Sp. 1683.

zur Ablauforganisation eher mit den Begriffen „operativ“ bzw. „ausführend“ kennzeichnen.[207] Die durch die Aufbauorganisation geschaffene Struktur des Unternehmens wird durch die Ablauforganisation um die „dynamische Komponente“ ergänzt. Sie erklärt den „Vollzug“ bzw. den „Ablauf des Geschehens“ in einer Unternehmung.[208] Da beim Konzept der Ablauforganisation demnach keine aufbauorganisatorischen Probleme bestehen, werden hier nur ausschnittartige Optimierungsprobleme des Ablaufs einer Unternehmung, z.B. in Form von Operations-Research-Modellen, isoliert gelöst.[209] Zu unterscheiden von der Ablauforganisation ist die Ablaufplanung, die im weitesten Sinne mit der Produktionsdurchführungsplanung oder Produktionsprozessplanung, sprich der Planung des Fertigungsvollzuges, gleichzusetzen ist.[210] Die Ablauforganisation geht jedoch über den Produktionsbereich hinaus und bezieht sich auf alle Unternehmensbereiche.[211] Ablaufplanerische Probleme sind somit in den Fragestellungen der Ablauforganisation enthalten. Zu den Problembereichen der Ablauforganisation in Produktionsprozessen gehören dabei:[212]

- Probleme der Arbeitsverteilung: Abgrenzung der Arbeitsvorgänge sowie die Zuordnung von Stellen (eine Person) zu den Arbeitsgängen

- Gruppierungsprobleme: Probleme der Gruppierung von Arbeitssubjekten (z.B. Stärke von Arbeitsgruppen), Arbeitsmittel (z.B. Anordnung von Maschinen) und Arbeitsobjekten (Losgrößenproblem)

- Reihenfolgeprobleme: Betreffen die Planung der Maschinenfolge sowie der Auftragsfolge

- Probleme der Leistungsabstimmung: Zeitliche und Mengenmäßige Synchronisation der zu erstellenden Leistungen

- Transportprobleme: Optimierung der räumlichen Bewegungsvorgänge

Die auf den ersten Blick nur für Produktionsbetriebe geltenden Ablaufprobleme haben auch für Dienstleistungsunternehmen Bestand. Zu denken sei hier beispielsweise an die „Produktion“ der Luftfahrtlinien oder einer Arztpraxis. Im Rahmen der Ablauforganisation von

---

[207] Vgl. Picot/Franck 1996, S. 25.

[208] Vgl. Gaitanides 1992, S. 1f.

[209] Vgl. Gaitanides 1996, Sp. 1686.

[210] Vgl. zur Produktionsdurchführungsplanung Adam 1998, S. 117 ff.

[211] Vgl. Domschke et al 1993, S. 29.

Fluglinien wird festgelegt, mit welchen Flugzeugen welche Strecken bedient werden. Darüber hinaus ist die Einsatzplanung der Piloten, Flugbegleiter sowie des Bodenpersonals zu beachten. Ein weiterer Baustein der Ablaufplanung bei Verkehrsbetrieben ist im Yield Management zu sehen. Beim Yield Management wird eine integrierte Preis- und Kapazitätssteuerung unter der Maximierung von Ertrag oder Umsatz vorgenommen.[213] Das Yield Management verdeutlicht anschaulich den Gedanken der Prozessorganisation als Ablauforganisation. Unter Ertragsgesichtspunkten wird ein Teilproblem der Luftverkehrsbetriebe ausschnittartig optimiert – eine ertragsmaximale Auslastung der Flugzeuge. Diese Optimierung wird unter Prozessgesichtspunkten durchgeführt, jedoch bezieht sich diese Optimierung ausschließlich auf den Bereich der Kapazitäts- und Preissteuerung. Interdependenzen mit anderen Unternehmensbereichen werden nicht untersucht.

Der entscheidende Unterschied zwischen der Prozessorganisation als Ablauforganisation und der Prozessorganisation als Organisation von Geschäftsprozessen besteht darin, dass die Aufbauorganisation bereits existiert. Die Prozessorganisation als Ablauforganisation entspricht damit dem klassischen Analyse-Synthese-Organisationskonzept von Kosiol und lässt die grundlegenden Neuerungen der Prozessorganisation vermissen.[214] Die erhöhte Kundenorientierung, die Integration der Informations- und Kommunikationstechnologie in die Organisationsstruktur, die Verbindung der Organisation zu Strategie und Wettbewerb und die unternehmensüberschreitende Analyse der Schnittstellen zu anderen Unternehmen fehlt in der Prozessorganisation als Ablauforganisation vollständig.

2.2.1.2.2 Prozessorganisation als Organisation von Geschäftprozessen

Wie bereits dargestellt, ist im Gegensatz zur Prozessorganisation als Ablauforganisation bei der Organisation von Geschäftsprozessen die Aufbauorganisation noch nicht vorhanden. Sie wird erst durch die Prozessanalyse geschaffen. Dadurch ergibt sich eine Umkehrung der klassischen organisatorischen Vorgehensweise nach dem Analyse-Synthese-Konzept.[215] Bei einer Prozessorganisation wird nicht mehr durch eine Aufgabenteilung und -spezialisierung eine Organisationsstruktur gebildet, welche dann durch die raumzeitliche Ausgestaltung der

[212] Vgl. Küpper 1982, S. 18 ff.; Domschke et al. 1993, S. 29ff.; ähnlich Gaitanides 1996, Sp. 1686 ff. Domschke et al. unterscheiden darüber hinaus Probleme der Projektplanung und der Standortplanung, 1993, S. 31.

[213] Vgl. vertiefend zum Yield Management Corsten/Stuhlmann 1999, S. 82 ff.

[214] Vgl. zum klassischen Analyse-Synthese-Konzept von Kosiol Abschnitt 2.1.3.

[215] Vgl. Gaitanides et al. 1994, S. 5; Allert/Fließ 1998, S. 195 f.; Wirtz 1996, S. 1024; Pfohl et al. 1996, S. 247; Schwarzer 1994, S. 208.

Ablauforganisation ergänzt wird, sondern der Ablauf selber, sprich ein Prozess innerhalb einer Unternehmung, wird als Grundlage der organisatorischen Gestaltung herangezogen.[216]

Allgemein wird im Rahmen einer Prozessorganisationseinführung zuerst eine Prozessanalyse bzw. -identifikation und eine Prozessoptimierung durchgeführt.[217] Diese Optimierung und Identifikation muss frei von den Restriktionen einer bereits vorhandenen Aufbauorganisation erfolgen. Erst im Anschluss wird eine Verteilung der Teilprozesse auf die Stellen (einzelne Arbeitnehmer) vorgenommen, die letztendlich die Aufbauorganisation bildet.[218] Die Aufbauorganisation basiert dabei auf durch die Prozessanalyse und -gestaltung gesetzten Prämissen. Bei der Gestaltung des Aufbaus bzw. der Struktur einer Unternehmung steht die Frage nach der Arbeitsteilung/Spezialisierung im Vordergrund, denn wie später gezeigt werden wird, ist eine komplexe Leistungserstellung nach wie vor ohne Arbeitsteilung nicht möglich.[219] Im Rahmen der prozessorientierten Gestaltung der Struktur soll sich die Arbeitsteilung jedoch an der Prozessanalyse orientieren, die Wertschöpfungskette des Prozesses nur gering stören und möglichst viele einzelne Aktivitäten in einer Hand bündeln.[220] Der Prozess soll trotz der Arbeitsteilung möglichst ganzheitlich, ohne eine hohe funktionale Spezialisierung erhalten bleiben. Die Abbildung 7 verdeutlicht die umgekehrte Vorgehensweise bei der Organisationsgestaltung im Rahmen der Prozessorganisation.

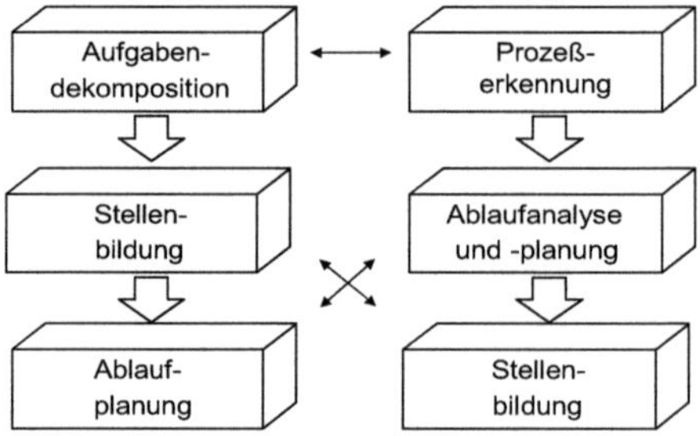

Abbildung 7: Klassische und prozessorientierte Organisationsgestaltung im Vergleich
Quelle: Pfohl et al. 1996, S. 247

---

216 Vgl. Gaitanides 1996, Sp. 1683 ff.

217 Vgl. dazu Gaitanides 1983, S. 63 und die folgenden Ausführungen zu den Phasenmodellen des Prozessmanagements.

218 Vgl. Gaitanides 1983, S. 63.

219 Vgl. Körfgen 1999, S. 52; viele Autoren erwecken den Eindruck einer völligen Loslösung von der Arbeitsteilung/Spezialisierung durch eine prozessorientierte Organisationsgestaltung. Vgl. dazu Hammer/Champy 1994, S. 43.

220 Vgl. Gaitanides 1983, S. 64 ff.; Theuvsen 1996, S. 68 f.

Im Weiteren soll die Gestaltung einer Prozessorganisation anhand eines Phasenmodells dargestellt werden. In der Literatur existiert eine Vielzahl von Phasenkonzepten,[221] die sich im Detaillierungsgrad der Phasen und in der Reihenfolge bzw. in der Zusammenfassung verschiedener Aufgaben zu einer Phase z.T. voneinander unterscheiden. In Tabelle 1 werden ausgewählte Phasenmodelle inhaltlich verglichen.[222]

Phasen	Scholz Vrohlings	Becker at al	Carr et al.	Helbig	Picot et al.	Crux Schwilling	Davenport	Jacobsen et al.	Harrington	Servatius
Vision		2	1	2			3	1	1	
Organisatorische Vorbereitung		1		1						1
Kundenanalyse	1			1	1			1		
Definition (Kernprozesse)	1		1	1	1	1	1		1	2,3
Analyse		3	1	2	2	2	4	2	2	4,5
Entwurf	2	4	2	3	2	3	5	3	3	6
Aufbauorganisatorische Umsetzung		5			4	4				
Umsetzung/Change-Management	3	6	3	4		4		4		7,8
Kontinuierliches Prozessmanagement	4	7		5	5	5			5	

Tabelle 1: Phasenmodelle des Prozessmanagements im Vergleich[223]

Die größten Differenzen zwischen den illustrierten Phasenmodellen zeigen sich in der Definitions- bzw. Vorbereitungsphase. Ein Teil der Autoren verbindet mit der Vorbereitungsphase die Entwicklung einer Vision (Davenport, Becker et al., Harrington, Helbig, Jacobsen et al., Carr et al.). Bevor Prozesse analysiert werden, erfolgt ein intensives Nachdenken über die strategische Ausrichtung des Unternehmens. Erst im Anschluss soll die Identifikation von

[221] Wie bereits unter Abschnitt 2.2.1 beschrieben, besteht zwischen der Prozessorganisation und dem Prozessmanagement die Problematik der begrifflichen Abgrenzung. In diesem Zusammenhang verwenden einige Arbeiten über Phasenmodelle den Begriff des Prozessmanagements. Vgl. exemplarisch Helbig 2003, S. 36 ff. Da diese Phasenmodelle nach dem der Arbeit zugrunde liegenden Begriffsverständnis die Einführung von Prozessorganisationen darstellen, wird im weiteren Verlauf der Ausführungen einheitlich von Prozessorganisationen gesprochen.

[222] Vgl. zu den einzelnen Phasen der Modelle Anhang A. Vertiefend zu den Phasenmodellen vgl. Scholz/Vrohlings 1994b, S. 115ff.; Crux/Schwilling 1995, S. 208 ff.; Becker et al. 2003; Davenport 1993 S. 23 ff.; Helbig 2003, S. 39 ff.; Harrington 1993, S. 21 ff.; Jacobsen et al. 1995, S. 79; Servatius 1994, S. 51 ff. Vgl. zu weiteren Phasenmodelle, die weitgehend an die oben beschrieben angelehnt sind: Droege 1995, S. 35; Gerpott/Wittkemper 1996, S. 146 ff.; Herp/Brand 1996, S. 126 ff.; Tenner/Del Toro 1997, S. 55 ff.; Töpfer 1996, S. 226 ff.; Kubeck 1995, S. 101 ff. Vgl. zu einem Vergleich und weiteren Phasenmodellen Hess/Brecht 1996, insbesondere die Übersicht auf S. 104.

[223] Die Zahlen in der Tabelle verdeutlichen die Phasennummern in den einzelnen Modellen. So ist z.B. die Kundenanalyse und die Definition von Kernprozessen die erste Phase im Modell von Scholz/Vrohlings.

Prozessen durchgeführt werden.[224] Über die strategische Ausrichtung des Unternehmens hinaus, sehen außer Becker et al. und Jacobsen et al. alle Autoren die Identifikation und Definition von Kernprozessen in ihrem Phasenmodell vor. Es sollen u.a. diejenigen Prozesse erkannt werden, die einen wesentlichen Beitrag zum Unternehmenserfolg leisten.

Ausgenommen Scholz/Vrohlings werden von allen anderen Autoren in einer Analysephase die vorhandenen Prozesse aufgenommen und untersucht. Im Gegensatz zu den restlichen Autoren definieren Scholz/Vrohlings in ihrer Definitionsphase Prozessaufgaben, Prozessumfang und Verantwortlichkeiten. Einheitlich gestaltet sich bei allen Modellen die sich anschließende Designphase. In der Designphase werden die Prozessstruktur und -schnittstellen festgelegt. Der Großteil der Autoren sieht im Anschluss eine Umsetzungs- bzw. Change-Management-Phase vor (Scholz/Vrohlings, Becker et al., Helbig, Crux/Schwilling) und außer bei Davenport, Servatius, Jacobsen et al. und Carr et al. ist bei allen anderen Modellen eine Phase des kontinuierlichen Prozessmanagements zu finden.[225]

Auffällig ist jedoch, dass fast alle Phasenmodelle die aufbauorganisatorische Einbindung der neu entworfenen Prozesse ignorieren (im inhaltlichen Vergleich durch „Aufbauorganisatorische Umsetzung“ verdeutlicht, vgl. Tabelle 1). Das Modell von Schulz/Vrohlings erläutert zwar eine funktional orientierte, duale und prozessorientierte Primärstruktur, die weiteren Ausführungen zur Implementierung beschränken sich jedoch auf die Struktur des Projektes.[226] Dies verwundert umso mehr, da die Autoren gerade die Strukturanpassung, sprich die Umsetzung veränderter Abläufe in eine Aufbaustruktur, als generell den schwierigsten Abschnitt der Implementierung bezeichnen.[227] Ebenso betonen Crux/Schwilling die Wichtigkeit der aufbauorganisatorischen Veränderungen, die zur Verankerung der Prozesses notwendig sind, verweisen aber lediglich auf die Möglichkeit einer funktionalen Organisation mit einer Prozessüberlagerung oder die Installation einer „reinen“ Prozessorganisation.[228] Konkrete Lösungsansätze für eine Einbindung von Prozessen in eine bestehende oder neu zu entwickelnde Aufbauorganisation werden jedoch nicht geliefert. Ebenso

---

[224] Als einziger Autor identifiziert Davenport zusätzlich „Enabler“. Unter Enablern versteht Davenport die Faktoren, die eine prozessorientierte Struktur ermöglichen. Dazu gehören die Informations- und Kommunikationstechnologie oder Humanressourcen. Vgl. Davenport 1993 S. 37 ff.

[225] Picot et al. installieren zusätzlich in ihrem Modell die Phase der vertikalen Integration von Prozessen. Vgl. Picot et al. 2005 S. 290 ff. Harrington sieht in seinem Modell vor der Phase des kontinuierlichen Prozessmanagements den Aufbau eines Prozess-Messsystems vor. Vgl. Harrington 1993 S. 164 ff. Tenner/DeToro bilden in ihrem Modell die Phase einer Effizienzbemessung. Vgl. Tener/DeToro 1996, S. 147 ff. Die einzelnen Phasen sind im inhaltlichen Vergleich aufgrund des singulären Charakters nicht dargestellt worden.

[226] Vgl. Scholz/Vrohlings 1994a, S. 27 ff.

[227] Vgl. Scholz/Vrohlings 1994a, S. 36.

[228] Vgl. Crux/Schwilling 1995, S. 214.

konzentriert sich Helbig in seinen Ausführungen auf die optimale Gestaltung von Prozessen. Die organisatorische Einbindung der gestalteten Prozesse wird hier durch das ARIS-Toolset berücksichtigt.[229] Dadurch wird zwar die Beteiligung unterschiedlicher Organisationseinheiten an den Aktivitäten des Prozesses visualisiert, Lösungsvorschläge für eine Anpassung der Aufbauorganisation zur Implementierung der gestalteten Prozesse werden jedoch nicht dargestellt.[230] Lediglich die Autoren Picot et al. und Becker et al. beschäftigen sich in ersten Ansätzen mit der Integration von gestalteten Prozessen in die Aufbauorganisation.[231] Diese Ansätze werden jedoch erst im weiteren Verlauf der Arbeit erläutert. Zunächst wird ein für die Arbeit zweckmäßiges Phasenmodell in Ansätzen vorgestellt, um im Anschluss auf die Problematik der organisatorischen Einbindung zurückzukommen.

Die vorliegende Arbeit verwendet aufgrund des Betrachtungsgegenstandes nur ein übergeordnetes Drei-Phasen-Konzept. Analog zu den Überlegungen von Kosiol beinhaltet das Konzept folgende Phasen:[232]

- Prozessanalyse,
- Prozesssynthese und
- laufendes Prozessmanagement.

Die Prozessanalyse setzt sich dabei aus zwei weiteren Unterphasen zusammen: die Prozessidentifikation und die Ablaufanalyse und -planung. Die hohe Aggregation zu drei übergeordneten Phasen begründet sich in dem Betrachtungsgegenstand der Arbeit. Zentraler Untersuchungsgegenstand der Arbeit ist nicht die Prozessanalyse, sondern die Integration von Prozessen in eine bestehende Organisationsstruktur bzw. die Gestaltung einer prozessorientierten Organisationsstruktur. Die Thematik der Prozessanalyse soll demnach in der vorliegenden Arbeit nur ansatzweise behandelt und dargestellt werden, während die Prozesssynthese im Mittelpunkt der Arbeit steht.

Als erster Schritt einer Prozessorganisationsgestaltung kann im Rahmen der Prozessanalyse die Prozessidentifikation angesehen werden. Die Prozessidentifikation grenzt zentrale, inhaltlich unterscheidbare Prozesse ab, die untereinander möglichst wenige Berührungspunkte haben. Bei den Prozessen soll es sich um „Schlüsselprozesse“[233] handeln, die die wesentlichen

[229] Vgl. dazu die Ausführungen in der Fallstudie in Kapitel 5.

[230] Vgl. Helbig 2003, 157 ff.

[231] Vgl. Becker et al. 2003; Picot et al. 2005.

[232] Vgl. zum Vergleich mit Kosiols Analyse-Synthese-Konzept ebenfalls Gaitanides 1983, S. 63.

[233] Vgl. Davenport 1993, S. 27 f.

Aktivitäten der Unternehmung umfassen.[234] Die wesentlichen Aktivitäten von Unternehmen werden uneinheitlich als „Geschäftsprozesse“[235] bezeichnet, die die Wettbewerbsfähigkeit des Unternehmens sichern.[236] Davenport beschäftigte sich als erster mit der Prozessidentifikation und versteht darunter folgende Aktivitäten:[237]

- „Enumerate major processes
- Determine process boundaries
- Assess strategic relevance of each process
- Render high-level judgments of the „health“ of each process
- Qualify the culture and politics of each process”.

Diese Einteilung kann jedoch nur als grober Anhaltspunkt gelten. Für die Identifikation stellt sich zunächst die generelle Frage, ob die Prozesserkennung anhand einer für das Unternehmen speziellen, problemorientierten Prozessdefinition oder durch allgemein vordefinierte Rahmenprozesse vorgenommen wird.[238] Die erste Grundannahme geht davon aus, dass jede betriebliche Prozesskonstellation einzigartig ist.[239] Die zur Identifikation der Prozesse angewendeten situativen Merkmale sind so spezifisch, dass sie sich nicht wiederholen. Bei allgemein gültigen Rahmenprozessen der zweiten Annahme geht man davon aus, dass in Unternehmen gleicher Branche grundsätzlich ähnliche Aktivitäten und damit auch gleiche Prozesse existieren, für deren Identifikation lediglich eine Konkretisierung von allgemeingültigen differenzierbaren Leistungsprozessen vorgenommen werden muss.[240] Für diese deduktive Vorgehensweise stehen eine Reihe generischer Prozessmodelle zur Verfügung.[241]

---

[234] Vgl. Gaitanides et al. 1994, S. 6.

[235] In diesem Zusammenhang wird u.a. von „Core Processes“, „Unternehmensprozessen“ oder „Leistungsprozessen“ gesprochen. Vgl. dazu Kaplan/Murdoch 1991; Sommerlatte/Wedekind 1989 und Hammer/Champy 1994.

[236] Vgl. Gaitanides et al. 1994, S. 6. Der Unterschied zwischen einem Geschäftprozess und einem Prozess besteht demnach darin, dass der Geschäftsprozess in der Summe wesentlich den betriebswirtschaftlichen und finanziellen Erfolg des Unternehmens bestimmt. Vgl. dazu Krickl 1994, S. 19 f.; ebenfalls Striening 1988, S. 57.

[237] Davenport 1993, S. 27.

[238] Vgl. Gaitandes et al. 1994, S. 8 f.; Gaitandies 1995, S. 71f.; Gaitanides 1996, Sp. 1690 f.

[239] Vgl. Striening 1988.

[240] Vgl. Sommerlatte/Wedekind 1990, S. 24 ff.; dazu ebenfalls Striening 1988 S. 201; Bogaschwesky/Rollberg 1998, S. 208; Gaitanides 1996, Sp. 1690.

[241] Vgl. exemplarisch zu Unternehmensprozessmodellen Sommerlatte/Wedekind 1990; Kaplan/Murdock 1991; Carr et al. 1992; Davenport 1993; Gaitanides et al. 1994; Scholz 1995; Edwards/Peppard 1997, S. 764;

Obwohl in der Literatur eine Vielzahl von unternehmerischen Prozessen analysiert und Lösungsansätze konstruiert worden sind, bestehen zwischen den generierten Unternehmensprozessmodellen große Differenzen. Unternehmen sehen sich einem unüberschaubaren Katalog von vorstrukturierten Prozessen gegenüber, aus dem die für die Unternehmen bedeutenden Prozesse extrahiert und an die unternehmensspezifischen Gegebenheiten angepasst werden müssen. Darüber hinaus wird in den Unternehmensprozessmodellen nur auf allgemeine, hochaggregierte Prozesse eingegangen, die für die Lösung spezieller Probleme im Prozessablauf ungeeignet sind. Ein Transfer vordefinierter Prozesse auf spezifische Gegebenheiten einer Unternehmung erscheint damit nur in seltenen Fällen möglich und nützlich.

Einen beschränkten Nutzen liefern die Unternehmensprozessmodelle in dem Sinne, dass sie erste Orientierungspunkte bei der Installation einer Prozessorganisation bereitstellen. Exemplarisch sei hier das Unternehmensprozessmodell von Sommerlatte/Wedekind genannt.[242] Die neun allgemeinen, idealtypischen Rahmenprozesse des Modells scheinen in nahezu allen Unternehmen ähnlich zu sein. Der begrenzte Nutzen von Unternehmensprozessmodellen verdeutlicht jedoch die Notwendigkeit der auf einen einzelnen Betrieb zugeschnittenen Prozessidentifikation, die am Aufbau von unternehmenseigenen Prozessen ansetzt. Die Prozesse müssen situationsspezifisch konstruiert werden und haben prinzipiell singulären Charakter.[243] Ein Merkmal von singulären Prozessen ist die Tatsache, dass sie sich nicht einzelnen, sondern gleichzeitig mehreren Rahmenprozessen zuordnen lassen.[244]

Wird eine unternehmensspezifische Prozessidentifikation vorgenommen, ist zunächst eine Analyse auf hochaggregiertem Niveau durchzuführen, um Interdependenzen zwischen Haupttätigkeiten identifizieren zu können. Soll nur ein Teilbereich einer Organisation neu strukturiert werden, sind diese Interdependenzen nicht zu vernachlässigen. Bei einer Neugestaltung darf sich die Prozessidentifikation nicht auf einen organisatorischen Teilbereich beschränken, da durch die Vernachlässigung von Interdependenzen zu anderen Unternehmensbereichen u.U. die ausschnittartige Analyse zu einer suboptimalen Lösung führen kann. Ausgehend von der Prozessdefinition in Abschnitt 2.2.1.1 muss im Sinne einer prozessorientierten Organisationsgestaltung ein inhaltlich abgeschlossener Erfüllungsvorgang festgestellt werden.[245]

Talwar 1993, S. 24 ff.; Srivastava et al. 1999, S. 169 ff.; Schwarzer/Krcmar 1994, S. 87 ff.; Binner 1996, S. 12 ff., Hatten/Rosenthal 1999.

242 Vgl. Sommerlatte/Wedekind 1989, S. 29 ff.; auch Sommerlatte 1993, S. 59 ff.

243 Vgl. Gaitanides et al.1994, S. 6 f. Gaitanides 1995, S. 71.

244 Vgl. Bogaschewsky/Rollberg 1998 S. 212.

245 Vgl. Gaitanides 1983, S. 65.

Als Innovation der Prozessorganisation gegenüber den klassischen organisatorischen Konzepten ist im Rahmen der Identifikation von Prozessen die Kundenorientierung zu nennen.[246] Die konsequente Orientierung am Kunden bildet die Grundlage für die Gestaltung der Organisation und kann damit als eine der Neuerungen der Prozessorganisation gelten, die im Analyse-Synthese-Konzept und damit in funktional gestalteten Organisationen überhaupt nicht existent ist.[247] Wie bereits im Rahmen der Prozessdefinition unter Abschnitt 2.2.1.1 ausgeführt worden ist, ist die Kundenorientierung als ein Kerngedanke des prozessorienterten Ansatzes aufzufassen. Dieser Gedanke muss ebenfalls bei der Prozessidentifikation berücksichtigt werden. Unternehmensprozesse, in deren Verlauf nach allgemeinen Analysen keine Probleme existieren, können unter dem Gesichtspunkt der Kundenorientierung sehr wohl ein Optimierungspotenzial aufweisen. So betont Picot als Hinweis für die Identifikation eine hohe Bedeutung des Prozesses für die Zufriedenheit externer Kunden.[248] Der zentrale Grundsatz in der Prozessidentifikation und der sich anschließenden Gestaltung einer Prozessorganisation besteht demnach in der Erfüllung des Kundenauftrages.

Kunden sind dabei jedoch nicht nur als Endverbraucher anzusehen. Auch ein Kunden/Lieferanten-Verhältnis in Form von Haupt- und unterstützenden Prozessen innerhalb einer Unternehmung unterliegt der kundenorientierten Sichtweise.[249] Unternehmensexterne und -interne Beziehungen sind als gleichwertig anzusehen,[250] wodurch eine Prozessorganisation als Organisation von Geschäftsprozessen ganzheitlich integriert werden kann. Eine Folge der konsequenten Orientierung an den Kundenbedürfnissen ist der damit einhergehende Bezug zur Strategie und damit zum Wettbewerbsumfeld der Unternehmung. Die Ausrichtung am marktlichen Geschehen wird durch die Prozessorganisation unterstützt und damit Bestandteil der strategischen Überlegungen. Eine weitere Neuerung der Prozessorganisation liegt in der unternehmensübergreifenden Betrachtung der Prozesse.[251] Ausgehend von den Ansätzen der Wertkette und dem Lean Management (Vgl. Abschnitt 2.1.4), wird die Bedürfnisbefriedigung der Kunden ganzheitlicher analysiert. Dies beinhaltet auch eine Integration der Zulieferer in eine Organisationsgestaltung. Über Unternehmensgrenzen hinweg wird eine Neugestaltung der Prozesse vorgenommen, während in klassischen Organisationsformen nur Optimierungen innerhalb eines Unternehmens durchgeführt werden.

---

246 Vgl. Gaitanides et al. 1994, S.15 f. Hammer/Champy 1995, S. 52; sowie Abschnitt 2.2.1.1.

247 Vgl. Picot/Franck 1996, S. 24 f.; Osterloh/Frost 1996, S. 31ff.

248 Vgl. Picot et al. 2005, S. 290 f.

249 Vgl. dazu die Begründung in Abschnitt 2.2.1.1.

250 Vgl. Vgl. Scholz 1995, S. 72; Scholz/Vrohlings 1994a, S. 22; Harrington 1991, S. 9.

251 Vgl. Picot/Franck 1996, S. 25f.

Der Identifikation von Prozessen schließt sich die Phase der Ablaufanalyse und -planung an, in der die Prozesse hinsichtlich ihrer optimalen Abläufe analysiert und determiniert werden. Im Rahmen der Ablaufanalyse[252] wird eine Dekomposition des zu gestaltenden Prozesses in Teilprozesse bzw. Aktivitäten vorgenommen und ein Istzustand visualisiert. Die gebildeten Aktivitäten werden dann im Anschluss innerhalb der Ablaufplanung in ihrem optimalen Verlauf determiniert.[253]

Obwohl die Ablaufanalyse eines zu gestaltenden Prozesses mit einem erheblichen Arbeitsaufwand verbunden ist, ist die Darstellung des Istzustandes für eine erfolgreiche Installation der Prozessorganisation unabdingbar. Die Ablaufanalyse bildet die Grundlage für eine Identifikation der Schwachstellen und Verbesserungspotenziale.[254] Darüber hinaus schafft die Analyse eine Kommunikationsbasis für weitere Optimierungsschritte bei den beteiligten Akteuren und bildet den Ausgangspunkt für eine Migrationsstrategie zum angestrebten Sollzustand des Prozesses.[255]

Die Hauptaufgabe der Ablaufanalyse besteht darin, eine Visualisierung bzw. Dokumentation eines Prozesses zu erstellen und Schwachstellen und Verbesserungspotentiale aufzuzeigen.[256] Der Prozess wird in der Analyse über die Stufe von Teilprozessen hin zu einzelnen Aktivitäten dekomponiert und mit Hilfe von Techniken zur Prozessdokumentation visualisiert.[257] Bei der Dekomposition ergibt sich das Problem der Zerlegungstiefe bzw. des optimalen Aggregationsgrades des Prozesses. In Bezug auf diese Problematik führt Gaitanides an, dass Teilaktivitäten, die einen logischen inneren Zusammenhang aufweisen, nicht erst zerlegt werden müssen und damit bereits eine Vorstrukturierung vorgenommen werden kann.[258]

---

[252] Die Analysephase konnte in den zu Beginn des Abschnitts vorgestellten Phasenmodellen identifiziert werden, ist aber in der wissenschaftlichen Literatur nicht unumstritten. Vgl. dazu Helbig 2003, S. 71; Kühlechener 1994, S. 257 f.; Girth 1994, S. 147 f. Kritik an der Analysephasen kommt aus den Reihen der Vertretern des Business Process Reengineering, die durch die Analyse bestehender Prozesse eine radikale Veränderung in Unternehmen verhindert sehen. Vgl. dazu Hammer/Champy 1995, S. 48 ff.; Davenprot 1993, S. 137 ff.

[253] Vgl. zu dieser Vorgehensweise ebenfalls Becker et al. S. 159 ff.; Bogaschewsky/Rollberg 1998, S. 219 ff.; Helbig 2003, S. 71 ff. Gaitanides 1983, S. 75 ff.; Picot et al. 2005, S. 291.

[254] Vgl. Girth 1994, S. 148.

[255] Vgl. ausführlich zu weiteren Vorteilen einer Istanalyse Girth 1994, S. 148; Kühlechner 1994, S. 258, Davenport 1993, S. 137 f.

[256] Vgl. Allert/Fließ 1998, S. 201 f.; Schwegmann/Laske 2003, S. 159; Helbig 2003, S. 78.

[257] Vgl. zu Anforderungen an die Prozessvisualisierung Scholz/Vrohlings 1994a, S. 25 f.; Crux/Schwilling 1995, S. 212; Helbig 2003, S. 78 f..

[258] Vgl. Gaitanides 1983 S. 77. Bogaschewsky/Rollberg folgen in ihren Ausführungen den Auffassungen von Gaitanides. Vgl. Bogaschewsky/Rollberg 1998, S. 219. Darüber hinaus führen sie jedoch an, dass in der höheren Aggregation von zusammenhängenden Aktivitäten innerhalb der Ablaufanalyse der wesentliche Unterschied zum Analysekonzept (Dekomposition) von Kosiol besteht. Dieser Ansicht soll hier nicht gefolgt

Diesem Prinzip ist innerhalb der Analyse zu folgen, da es dem prozessorientierten Grundsatz der Ganzheitlichkeit entspricht. Darüber hinaus ist die Gliederungstiefe problem- bzw. situationsspezifisch zu bestimmen.[259]

In der Praxis existieren eine Vielzahl von Methoden und Techniken zur Prozessvisualisierung.[260] Besonders im Bereich der Informationstechnik stehen eine Reihe von Softwareprogrammen für eine Prozessanalyse und -optimierung zur Verfügung.[261] Aufgrund des Betrachtungsgegenstandes von Dienstleistungen soll jedoch im weiteren Verlauf der Arbeit nur die Methode des Blueprinting zur Prozessvisualisierung und -gestaltung genutzt werden. Die Funktions- und Vorgehensweise der Blueprinting-Methode wird später im Rahmen der Ausführungen zur Rollenorganisation umfassend erklärt (vgl. Abschnitt 3.2.1). Deshalb wird auf weitere Ausführungen zur Prozessvisualisierung bzw. unterschiedliche Methoden der Prozessvisualisierung an dieser Stelle verzichtet. Nachfolgend wird nur eine allgemeine Form der Ablaufplanung illustriert.

Ist der Prozess mit seinem Istzustand dargestellt, wird im Rahmen der sich anschließenden Ablaufplanung eine Schwachstellenanalyse durchgeführt.[262] Ausgehend von situativ festzulegenden Zielsystemen,[263] können Anhaltspunkte für die Bewertung des Istzustandes identifiziert werden.[264] Im Allgemeinen können Schwachstellen des Prozesses besonders im Bereich der Ablauforganisation, der Aufbauorganisation bzw. des Personals und der technischen Infrastruktur auftreten.[265]

werden. Wie später gezeigt werden wird, besteht der entscheidende Unterschied zu Kosiol in der sich anschließenden Optimierungsphase, in der unter Berücksichtigung der Prozessorientierung Aktivitäten zu ganzheitlichen Aufgabenbündeln zusammengeführt werden.

[259] Vgl. zu Einflussgrößen auf die Gliederungstiefe Gaitanides 1983, S. 81 ff.

[260] Vgl. zu Prozessvisualisierungswerkzeugen im Rahmen des Prozessmanagements Bullinger/Schreiner 2001.

[261] Vgl. ausführlich zu den informationstechnischen Werkzeugen des Prozessmanagements Bullinger/Schreiner 2001.

[262] Vgl. Schwegmann/Laske 2003, S. 176 ff.; Helbig 2003, S. 108 ff.; Crux/Schwilling 1995, S. 212.

[263] Vgl. zu Zielsystemen Schulte-Zurhausen 2002, S. 361 f.

[264] Vgl. zu potenziellen Schwachstellen Becker/Schütte 1996, S. 95; Schulte-Zurhausen 2002, S. 353; Krickl 1994, S. 28 f.; Helbig 2003, S. 120 ff.

[265] Vgl. zu dieser Einteilung Schwegmann/Laske S. 177 ff. Dies gilt im weitesten Sinne nur für Unternehmen der Sachgüterproduktion. Im Bereich von Dienstleistungen sind weitere potentielle Schwachstellen zu beachten, die im Rahmen der Ausführungen in Abschnitt 2.3.2.2 erläutert werden.

Sind die Schwachstellen identifiziert worden, kommt es zur Optimierung bzw. Neugestaltung des Prozesses.[266] In Bezug auf die zu verfolgenden Ziele sind nachfolgende Gestaltungsoptionen zu überprüfen:[267]

- Eliminierung von Teilprozessen bzw. Aktivitäten
- Änderung der Reihenfolge von Teilprozessen bzw. Aktivitäten
- Integration mehrer Prozessaktivitäten zu einem Teilprozess
- Hinzufügen fehlender Teilprozesse bzw. Aktivitäten
- Automatisierung, Beschleunigung oder Parallelisierung von Teilprozessen bzw. Aktivitäten.

Ein weiterer Gesichtspunkt der Ablaufplanung ist die Ressourceninanspruchnahme der Prozesse. Hier ist die Integration der Informations- und Kommunikationstechnologie in die Organisationsgestaltung als weitere Neuerung der Prozessorganisation zu beachten.[268] Wurde die Informations- und Kommunikationstechnologie in einer funktionalen Organisation nur benutzt, um bestimmte Abläufe zu beschleunigen,[269] bildet sie in der Prozessorganisation eine Grundlage für die neue Organisationsform.[270] Durch die digitale Speicherung aller Daten eines Prozesses und die damit verbundene papierlose und zeitgleiche Informationsübermittlung für alle Teilnehmer an einem Prozess konnte erst die funktionsübergreifende Gestaltung geschaffen werden.[271]

Ist die Prozessanalyse mit den Teilphasen Prozessidentifikation und Ablaufanalyse/ -planung durchgeführt worden, schließt sich die Prozesssynthese an (vgl. Abbildung 7). Jetzt erst erfolgt die Stellenbildung, die im klassischen Analyse-Synthese-Konzept als erster Arbeitsschritt hätte vollzogen werden müssen. Innerhalb der Prozesssynthese wird die prozessorientierte Aufbauorganisation entwickelt, d.h. es wird festgelegt, welche Stellen gebildet werden und in welcher Form die organisatorischen Einheiten an den Aktivitäten des Prozesses durch Befugnisse und Verantwortung beteiligt sind.[272] Nicht die Stellenbildung, sondern die Ablaufplanung der Prozessanalyse bestimmt die Prozessstruktur und damit, in welcher zeit-

---

266 Vgl. Crux/Schwilling 1995 S. 213 f.

267 Vgl. Helbig 2003, S. 124 f.; Lohoff/Lohoff 1993, S. 251; ähnlich Eversheim 1995, S. 143.

268 Vgl. Osterloh/Frost 1996, S. 72 ff.

269 Vgl. Kubicek 1992, Sp. 949.

270 Vgl. Hammer 1990, S. 104; Davenprot/Short 1990, S. 11 ff.; Venkatraman 1991, S. 124; Osterloh 1992, S.80ff.; 1993a S. 96; 1993b S. 216 f.; Bellmann 1989, S. 1; Guha et al. 1993, S. 13 f.

271 Vgl. zum Einfluss der Informations- und Kommunikationstechnik ebenfalls Abschnitt 2.1.2.2.

272 Vgl. Kugeler/Vieting 2003, S. 228.

logischen Reihenfolge die Aktivitäten zu erfolgen haben. Die durch die Ablaufplanung festgelegte Prozessstruktur ist die Basis für eine Zuweisung von Prozessaktivitäten zu Stellen.[273]

Der entscheidende Unterschied zwischen dem Analyse-Synthese-Konzept nach Kosiol und der prozessorientierten Aufbauorganisation begründet sich jedoch nicht nur im entgegengesetzten Ablauf, sondern in den Prioritäten, die bei den Gestaltungskriterien gesetzt werden. Kerngedanke der prozessorientierten Aufbauorganisation ist die Minimierung aufbauorganisatorischer Schnittstellen und damit eine Minimierung der am Prozess beteiligten Personen bzw. Organisationseinheiten.[274] Ziel ist die Generierung von ganzheitlichen Aufgabenstrukturen.

Wie bereits in den Ausführungen zu den Phasenmodellen am Anfang dieses Abschnitts dargestellt, wird die Problematik der Integration der Prozessstruktur in eine bestehende oder neu zu gestaltende Aufbauorganisation nur sehr unzureichend behandelt. Lediglich die Autoren Picot et al. und Becker et al. beschäftigen sich näher mit der Gestaltung der prozessorientierten Aufbauorganisation. Picot konzentriert sich in diesem Zusammenhang auf die Spezialisierung von Organisationseinheiten.[275]

Nach Picot et al. gibt es mehrere Möglichkeiten der prozessorientierten Spezialisierung von Organisationseinheiten.[276] Zwischen den beiden Extremausprägungen funktionale Spezialisierung und der Priorisierung des Prozesses in Form eines Case Managements sind verschiedene Stufen der Prozessorganisation möglich. Abbildung 8 illustriert die unterschiedlichen Formen der Stellenbildung.

---

[273] Vgl. Kugeler/Vieting 2003, S. 228.

[274] Vgl. Krickl 1994, S. 28 ff. Kugeler/Vieting 2003, S. 229.

[275] Vgl. Picot et al 1999, S. 277 ff. Ebenfalls zur Fragestellung der Spezialisierung vgl. Abschnitt 2.1.2.1.

[276] Vgl. zu diesem und dem folgenden Abschnitt Picot et al. 2005, S. 290 ff.

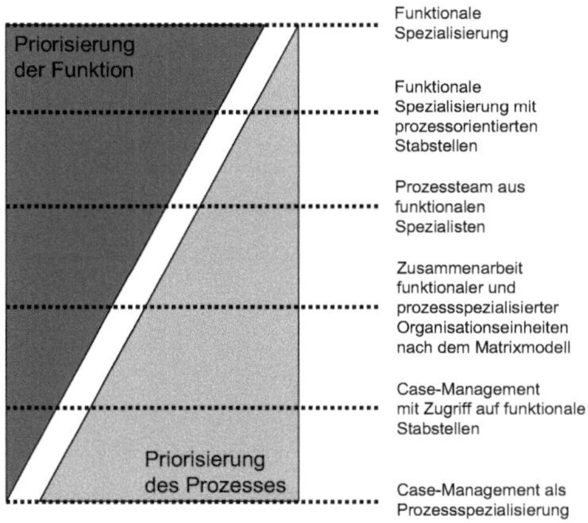

Abbildung 8: Formen der Organisationsausprägung im Rahmen einer Prozessorganisation
Quelle: Picot et al. 2005, S. 293.

Bei einer Prozessorganisation, ausgestaltet als Case Management[277], bearbeitet und überwacht nur ein Prozessmanager den Prozess ganzheitlich und allein, wohingegen bei einem Prozessteam aus funktionalen Spezialisten die funktionale Organisationsgestaltung bestehen bleibt. Erst durch die Bildung der Teams aus verschiedenen spezialisierten Abteilungen ergibt sich der Prozessgedanke. Wie die Prozessorganisation ausgestaltet wird, muss in jedem Einzelfall neu entschieden werden. Als Anhaltspunkt kann nach Picot et al. folgender transaktionstheoretische Leitsatz gelten: „Prozessstufen, die zwischen Stadien wissensökonomischer Reife verlaufen, sind organisatorisch auszugliedern.“[278] „Stadien wissensökonomischer Reife“ bedeutet in diesem Fall das Fachwissen funktionaler Spezialisten. Neben dem Know-how von einzelnen Mitarbeitern können ebenfalls unteilbare Ressourcen der Installation einer prozessorientierten Aufbauorganisation im Wege stehen. Basierend auf den Unteilbarkeiten im Fachwissens- und Technologiebereich sowie der Prozesspezifität entwickeln Picot et al. ein Kontinuum von Gestaltungsalternativen zwischen einer Funktions- und Prozessspezialisierung. Abbildung 9 zeigt die Matrix.

---

[277] Vgl. ausführlich zum Case Management Davenprot/Nohira 1995, S. 82 ff.

[278] Picot et al. 2005, S. 293.

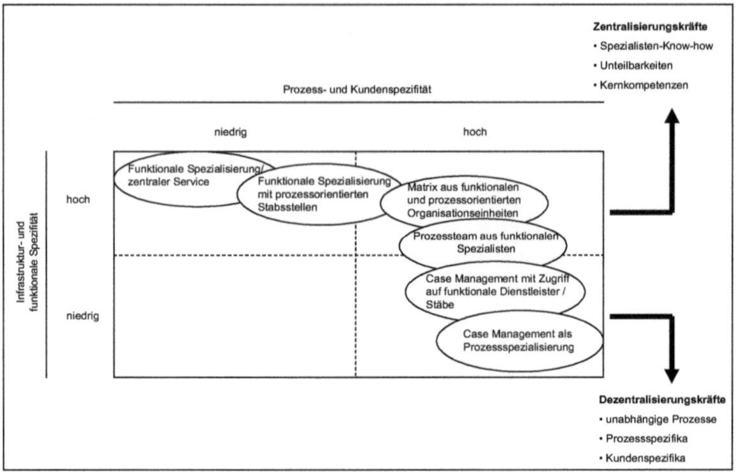

Abbildung 9: Kontinuum von organisatorischen Gestaltungsalternativen im Rahmen des Prozessmanagements
Quelle: Picot et al. 2005, S. 295.

Die Ausführungen von Picot et al. zeigen ein wesentliches Problem der prozessorientierten Organisationsgestaltung auf. Eine Ausgestaltung der Organisation in Form eines Case Managements ist nur in den seltensten Fällen möglich.[279] Die angeführten Beispiele aus den Veröffentlichungen zur Einführung eines Case Managements stammen fast ausschließlich aus dem Bereich von Standarddienstleistungen und diese meist aus internen, unterstützenden Bereichen des Unternehmens.[280] Funktionelle Fachbereiche werden demnach immer nur dann eliminiert, wenn das zur Erfüllung der Aufgaben erforderliche Niveau an Fachkenntnissen niedrig liegt.[281] Die in Veröffentlichungen propagierte Einführung eines ganzheitlichen Case Managements und die damit einhergehende Auflösung der Arbeitsteilung ist für den größten Teil aller Dienstleistungen unrealistisch. Ein bestimmtes Maß an Arbeitsteilung wird auch in einer prozessorientierten Organisationsgestaltung unabdingbar sein. Das grundlegende Spezialisierungsprinzip wird in einer hochkomplexen (Post-)Industriellen Gesellschaft somit nicht aufzuheben sein.[282]

Verdeutlichen die Ausführungen von Picot et al. zunächst, dass eine Arbeitsteilung und damit die Implementierung einer funktionale Organisationsstruktur in den meisten Fällen unum-

[279] Vgl. Picot et al. 2005, S. 295; Steinmann/Schreyögg 2005, S. 473.

[280] Vgl. Picot et al. 2005, S. 295; Davenprot/Nohira 1994, S. 89.

[281] Vgl. Davenprot/Nohira 1994, S. 89.

[282] Vgl. Steinmann/Schreyögg 2005, S. 473.

gänglich ist, wird auf eine Darstellung der sich anschließenden Fragestellung nach der Integration eines umfassenden Prozesses in eine bestimmte Organisationsstruktur verzichtet. Weitergehend bildet sich an dieser Stelle die Problemstellung, wie ein Prozess in konkrete Strukturen integriert werden kann, ohne den Kerngedanken der Ganzheitlichkeit zu verlieren. Die Problematik der Umsetzung von Prozessen in Strukturen wird nicht weiter behandelt.

Die Umsetzung von Prozessen in Strukturen wird lediglich durch die Autoren Becker et al. in ersten Ansätzen weiter verfolgt.[283] Für die Integration eines Prozesses in eine Organisationsstruktur verwenden Becker et al. das Konstrukt der Rolle. Nach der Generierung von Prozessen wird nicht direkt eine prozessorientierte Bildung von Stellen, sondern zunächst eine Rollenmodellierung vorgenommen.[284] Das Konstrukt der Rolle ist hier nicht explizit definiert, bedeutet jedoch eine Festlegung der erforderlichen Fähigkeiten und Kenntnisse sowie die personellen Kapazitäten für den jeweiligen Prozess. Nach der Modellierung werden die Rollen schließlich sinnvoll zu Stellen kombiniert. Das Rollenkonstrukt dient in dieser Vorgehensweise der Objektivierung einer späteren Stellenbildung. Ziel ist es, eine Loslösung von konkreten Berufsbildern zu erreichen, um Organisationseinheiten mit minimalen aufbauorganisatorischen Schnittstellen zu bilden. Durch den methodisch ermittelten Qualifikationsbedarf der Rollenmodellierung wird eine Trennung von alten Strukturen vollzogen und in dem sich anschließenden Schritt der Ermittlung und Zuordnung neuer Stellen Transparenz über die Aufgaben für alle Beteiligten geschaffen. In einem weiteren Schritt wird nun eine Optimierung der Ressourceneffizienz in Bezug auf die Schnittstellen minierte Organisationseinheit vorgenommen. Eine Optimierung der Ressourceneffizienz bedeutet hier die Überprüfung der gebildeten Stellen auf Unterauslastung. Dazu wird eine Überprüfung von Spezialisierungsvorteilen durchgeführt, um schließlich Stellen zusammenzulegen.

Das Konzept der Rollenmodellierung in der Vorgehensweise von Becker et al. hat den großen Vorteil, dass sich die Stellenbildung von alten Strukturen abkoppelt und damit eine wesentlich prozessorientiertere Aufbauorganisation installiert werden kann. Letztendlich werden jedoch wieder Stellen gebildet, die u.U. in funktionalen Abteilungen des Unternehmens verankert sind. Gerade durch die Berücksichtigung der Ressourceneffizienz und von Spezialisierungsvorteilen besteht die Gefahr der Bildung von hoch spezialisierten Fachabteilungen. Die Schnittstellen der Aufbauorganisation sind zwar durch die Rollenmodellierung minimiert worden, bleiben aber wie auch bei anderen Vorgehensweisen inner-

---

[283] Vgl. zu diesem und dem folgenden Abschnitt Kugeler/Vieting S. 258 ff.

[284] In der Vorgehensweise von Becker et al. werden vor der Rollenmodellierung zunächst die Schritte „Ordnungsrahmen und Sollprozesse um Prozessvarianten erweitern" sowie „Organisationseinheiten aus Prozessvarianten ableiten" eingefügt. Aufgrund der mangelnden Relevanz für die Stellenbildung und Integration von Prozessen in eine Organisationsstruktur sollen diese beiden Schritte hier nicht näher betrachtet werden. Vgl. zu den Schritten Kugeler/Vieting S. 260.

halb des Prozesses durch die Bearbeitung von unterschiedlichen Fachabteilungen bestehen. Die Aufbauorganisationssicht wird lediglich in die Prozesssicht durch das ARIS-Toolset integriert.[285] Durch die Organisationssicht ist ablesbar, welche Stelle welche Aufgabe im Prozess übernimmt,[286] der Gedanke der ganzheitlichen Denk- und Handelsweise geht dadurch jedoch verloren. Mitarbeiter identifizieren und orientieren sich wie in anderen Aufbauorganisationen an den Stellen und nicht am Prozess. Transparenz bezüglich der Aufgaben, der Beziehungen und Interdependenzen des Prozesses, die den Gedanken der Ganzheitlichkeit sicherstellen, geht in diesem Konzept verloren, da die Rollen in einer Stellenbildung aufgehen. Im Rahmen des Prozessmanagements stellt sich demnach die Frage, wie die konkrete Umsetzung von Prozessen in Strukturen erfolgen kann.[287]

Die Ausführungen zeigen, dass sich auch eine Prozessorganisation nur im Zusammenhang mit dem Prinzip der Spezialisierung einführen lässt. Damit ergibt sich jedoch wiederum das Integrationsproblem, das „nur bearbeitet („gemanagt“), nicht aber endgültig gelöst werden“ kann.[288] Die hier dargestellte Problematik bildet einen Themenschwerpunkt der vorliegenden Arbeit und soll im Abschnitt 2.3.2.3 wieder aufgegriffen und auf Dienstleistungen übertragen werden. Für einen zu entwickelnden Lösungsansatz sind im nachfolgenden Abschnitt jedoch noch weitere Herausforderungen an eine Organisation von Dienstleistungsprozessen zu berücksichtigen.

2.3 Anforderungen an eine Organisation für Dienstleistungsprozesse

Wurde im vorherigen Abschnitt das allgemeine Prozessmanagement und die damit verbundene Integrationsproblematik dargestellt, sollen sich die nachfolgenden Ausführungen konkret auf Dienstleistungsprozesse beziehen. Ziel des Abschnitts ist es, Herausforderungen an die Organisation von Dienstleistungsprozessen abzuleiten und die Rollenorganisation als mögliches Lösungskonzept vorzustellen.

Bevor die Herausforderungen erarbeitet werden, sollen zunächst kurz in Abschnitt 2.3.1 Dienstleistungsdefinitionen auf Basis der drei Leistungsdimensionen von Dienstleistungen vorgestellt werden. Aufgrund der Problematik einer Dienstleistungsdefinition wird auf die Typologie von Engelhardt, Kleinaltenkamp und Reckenfelderbäumer zurückgegriffen, die den nachfolgenden Ausführungen zu Grunde liegen soll. Diese Erläuterungen sind an dieser Stelle notwendig, da die Typologie im späteren Verlauf der Arbeit für die Ableitung von

[285] Vgl. Kugler/Vieting 2003, S. 246 ff.

[286] Vgl. dazu auch Helbig 2003, S. 159 ff.

[287] Vgl. Körfgen 1999, S. 235.

[288] Steinmann/Schreyögg 2005, S. 473.

Anwendungsempfehlungen im Zusammenhang mit der Rollenorganisation herangezogen wird.[289] Zudem soll am Ende des Abschnitts der Begriff Dienstleistungsprozess definiert werden.

Im nachfolgenden Abschnitt 2.3.2 werden schließlich die Anforderungen an die Organisation von Dienstleistungsprozessen, basierend auf dem Konzept der organisatorischen Effizienz, erarbeitet. Dafür werden in Abschnitt 2.3.2.1 allgemein die Kriterien der organisatorischen Effizienz erläutert, um nachfolgend die Anforderungen darzustellen, die aus der Integrativität von Dienstleistungen resultieren und in der Organisationsgestaltung für Dienstleistungsprozesse berücksichtigt werden müssen (Abschnitt 2.3.2.2). Der folgende Abschnitt 2.3.2.3 thematisiert die Integrationsproblematik von Dienstleistungsprozessen in bestehende Organisationsstrukturen. Für die Darstellung der Integrationsproblematik wird auf die in Abschnitt 2.2 herausgearbeiteten Ergebnisse zurückgegriffen und auf Dienstleistungsprozesse übertragen. Der letzte Abschnitt stellt schließlich die Rollenorganisation als mögliches Lösungskonzept vor.

Anhand des Aufbaus von Abschnitt 2.3 sollen an dieser Stelle noch einmal die zwei grundlegenden Problembereiche für eine Organisation von Dienstleistungsprozessen verdeutlicht werden, die den Schwerpunkt der hier vorliegenden Arbeit bilden: auf der einen Seite die Anforderungen, die sich in der Integrativität begründen (Abschnitt 2.3.2.2); auf der anderen Seite das allgemeine Problem der Integration von Dienstleistungsprozessen in bestehende Organisationsstrukturen, das bereits in allgemeiner Form in Abschnitt 2.2 herausgearbeitet worden ist (Abschnitt 2.3.2.3).

2.3.1 Dimensionen von Dienstleistungen als Ausgangspunkt einer Dienstleistungsdefinition

Im Folgenden werden die Definitionsansätze näher betrachtet, die auf die Existenz konstitutiver Merkmale abstellen, da nur über die Dienstleitungsmerkmale eine eindeutige und sinnvolle Abgrenzung möglich erscheint.[290] In der Literatur werden insbesondere Immaterialität, Flüchtigkeit, fehlende Eigentumsübertragung, mangelnde Lagerfähigkeit, Individualität, Heterogenität, Interaktion sowie Simultanität von Produktion, Absatz und Verbrauch als konstitutive Merkmale genannt.[291] Diese Merkmale können potenzial-, prozess-

---

[289] Vgl. dazu Abschnitt 5.2.2.

[290] Vgl. Merffert/Bruhn 2003, S. 27 und die dort angegebene Literatur.

[291] Vgl. Corsten 1986, S. 19 f.; Decker 1975, S. 232; Engelhardt 1989, S. 278; Engelhardt et al. 1993; Garhammer 1988, S. 82; Grönroos 1990, S: 27; Kasper et al. 1999, S. 8 ff.; Kaufmann 1977, S. 53; Lovelock et al. 1999, S. 16 ff.; Meyer 1983, S. 6 ff.; Rushton/Carson 1989, S: 27; Staffelbach 1988; Zeithaml/Bitner 2000, S: 12 ff.; Zeithaml et al. 1985, S. 34 f.

und ergebnisbezogenen Ansätzen zugeordnet werden.[292] Leistungspotenzial, Leistungserstellungsprozess und Leistungsergebnis können dabei als Dimensionen der Dienstleistungsgestaltung unterschieden werden (vgl. Abbildung 10).[293] Die drei Dimensionen unterscheiden sich dabei durch den Kontakt zum Nachfrager[294] bzw. durch die Art der Disposition voneinander.[295]

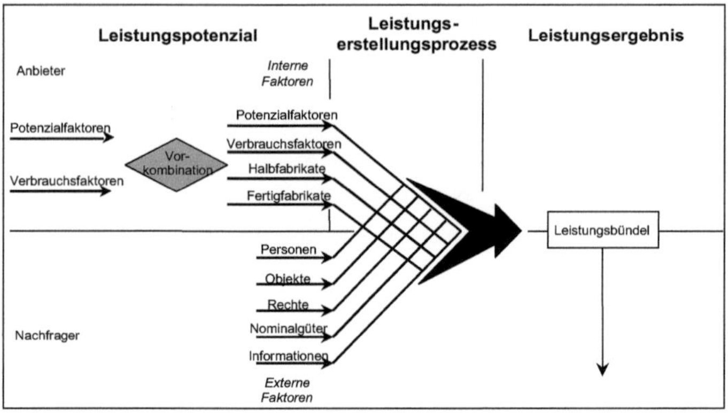

Abbildung 10: Integrative Leistungserstellung
Quelle: Kleinaltenkamp 1997b, S. 351.

Das Leistungspotenzial einer Unternehmung beschreibt die Bereitschaft und Fähigkeit zur Erbringung einer Leistung.[296] Damit überhaupt eine Dienstleistung angeboten werden kann, muss der Dienstleister die dafür notwendige Leistungsfähigkeit besitzen, die aus Know-How oder technischen Ausstattungen bestehen kann.[297] Da die Bereitstellung des Leistungspotenzials der eigentlichen Leistungserstellung vorgelagert ist, kann der Anbieter innerhalb dieser Dimension autonom über die internen Faktoren disponieren.[298] Die Bereitstellung eines

[292] Vgl. Hilke 1989, S. 10; Kleinaltenkamp 2000d, S. 32; Meffert/Bruhn 2003, S. 27; Meyer 1993, S. 177 ff.; Meyer/Blümelhuber 1994, S. 7.

[293] Vgl. Donabedian 1980, S. 79 ff.; Engelhardt et al. 1993, Fließ 2001; Hilke 1984, S. 7; Hilke 1989, S. 10; Kleinaltenkamp 1997a, S. 89 ff.

[294] Vgl. Kleinaltenkamp/Haase 1999, S. 171.

[295] Vgl. Rosada 1990, S. 11 ff.; Kleinaltenkamp 1997a; 1997b; 2000d, S. 34.

[296] Vgl. Fließ 2001, S. 13; Meyer 1983, S. 15; 1991, S. 197; 1993, S. 177 Corsten 1989, S. 24; Meyer/Blümelhuber 1994, S. 7; Hilke 1989, S. 11. Aus produktionswirtschaftlicher Sicht wird dies auch als Bereitstellungsleistung bezeichnet. Vgl. Engelhardt et al. 1993, S. 398; Scheuch 1982, S. 116.

[297] Vgl. Hilke 1989, S. 11; Kleinaltenkamp 2000d, S. 32.

[298] Vgl. Corsten 1985, S. 132; Engelhardt et al. 1993, S. 406 ff.; vgl. zu einer umfassenden Unterscheidung zwischen autonomer und integrativer Disposition Fließ 2001, S. 39 ff.

Leistungspotenzials ist jedoch auch für die Produktion von Sachgütern erforderlich und bildet somit ein allgemeines Kennzeichen der Leistungserstellung.[299] Potenzialorientierte Definitionen sind demnach nicht dazu geeignet, konstitutive Merkmale für eine trennscharfe Differenzierung von Dienstleistungen zu anderen Leistungen herauszuarbeiten.

Im Rahmen des Leistungserstellungsprozesses wird das zuvor bereitgestellte Leistungspotenzial aktiviert.[300] Die vorkombinierten internen Faktoren werden hierbei mit weiteren internen Faktoren und den vom Nachfrager zur Verfügung gestellten externen Faktoren[301] miteinander kombiniert.[302] Da der Anbieter im Rahmen des Leistungserstellungsprozesses den Produktionsprozess nicht mehr uneingeschränkt disponieren kann, trennt die Integration der externen Faktoren das autonome Leistungspotenzial von dem integrativen Leistungserstellungsprozess.[303] Die Integration externer Faktoren in den Leistungserstellungsprozess wird in der Literatur zum Teil als das zur Abgrenzung von Dienstleistungen entscheidende konstitutive Merkmal bezeichnet.[304] Der prozessorientierten Definition zufolge ist jedoch jede Art der Auftragsfertigung als Dienstleistung einzustufen. Jede kundenindividuelle Leistung wird damit zu einer Dienstleistung.[305] Zudem wird angeführt, dass der Absatz einer jeden Leistung den Kontakt zwischen Anbieter und Nachfrager und damit die Integration eines externen Faktors (Informationen) notwendig macht.[306] Damit besteht auch bei der prozessorientierten Definition der Mangel, dass kein trennscharfes Kriterium zur Differenzierung in Dienst- und Sachleistungen vorhanden ist, da auch solche Leistungen als Dienstleistungen klassifiziert werden, die eher als Sachleistungen anzusehen sind.

Der Leistungserstellungsprozess mündet in ein Leistungsergebnis, das dem Nachfrager einen Nutzen stiftet.[307] Da sich das Ergebnis aus verschiedenen Komponenten zusammensetzt,

---

299 Vgl. ausführlich zur Kritik an potenzialorientierten Dienstleistungsdefinitionen Engelhart et al. 1993, S. 399; Kleinaltenkamp 2000d, S. 35.

300 Vgl. Fließ 2001, S. 14.

301 Externe Faktoren werden auch als Fremdfaktoren Berenkoven 1974, S. 59; Hilke 1989, S. 12 oder als Objektfaktoren bezeichnet; Kern 1976.

302 Vgl. Engelhardt et al. 1993, S. 398; Fließ 2001, S. 14; Kleinaltenkamp 1997a, S. 84; Rosada 1990, S. 26.

303 Vgl. zur Differenzierung zwischen integrativen und autonomen Prozessen Kleinaltenkamp 1992; 1993; 1997b, S. 350 f.; Kleinaltenkamp/Haase 1999, S. 168 ff.; Rosada 1990, S. 24; ähnlich Engelhardt et al. 1993, S. 406 ff.; Engelhardt Freiling 1995.

304 Vgl. Rosada 1990, S. 25; Meyer et al. 2000, S. 53; auch Kelly et al. 1990, S. 315.

305 Vgl. dazu Engelhardt et al. 1993, S. 402f.; Kleinaltenkamp 2000d, S. 36 f.

306 Vgl. Corsten 1989, S. 25; Engelhardt et al. 1993, S. 414; Kleinaltenkamp 1997b, S. 350; Woratschek 1996, S: 59.

307 Vgl. Fleiß 2001, S. 15; Corsten 2001, S: 23; Rosada 1990, S. 21.

spricht man auch von einem Leistungsbündel.[308] Das Leistungsbündel kann dabei unterschiedliche Materialitäts- und Immaterialitätsbestandteile aufweisen.[309] Besondere Bedeutung kommt bei der ergebnisorientierten Definition der Immaterialität zu, die häufig als konstitutives Merkmal von Dienstleistungen genannt wird.[310] Dabei versteht man unter Immaterialität die Nicht-Körperlichkeit und Nicht-Greifbarkeit eines Gutes.[311] Obwohl im allgemeinen Sprachgebrauch die Immaterialität als Merkmal von Dienstleistungen herausgestellt wird, erweist sich diese als ein ungeeignetes Kriterium für einen Definitionsansatz, da in der Realität Mischformen von materiellen und immateriellen Elementen einer Leistung vorliegen. So können Leistungen, die hauptsächlich als Dienstleistungen betitelt werden, durchaus materielle Leistungsbestandteile aufweisen, während Sachleistungen auch immaterielle Leistungen beinhalten können.[312]

Die Ausführungen zeigen, dass kein Definitionsansatz vollständig dazu geeignet ist, eine Begriffsdefinition für Dienstleistungen zu gewährleisten. Daher erscheint eine Zweiteilung in Sach- und Dienstleistungen immer weniger zweckmäßig. Vor diesem Hintergrund haben Engelhardt, Kleinaltenkamp und Reckenfelderbäumer auf eine Definition der Dienstleistungen anhand von Kriterien verzichtet und eine Typologie zur Systematisierung von Leistungen generell erarbeitet.[313]

Eigenschaften sind, wie im Fall von Dienstleistungen, häufig nur graduierbar und bilden somit fließende Übergänge. Typologien berücksichtigen dies und erlauben Gegenstände hinsichtlich des Intensitätsgrades ihrer Eigenschaften zu systematisieren.[314] Für die Bildung einer Typologie sind Systematisierungskriterien erforderlich. Engelhardt, Kleinaltenkamp und Reckenfelderbäumer haben als Grundlage für eine einheitliche Leistungstypologie die konstitutiven Merkmale der Immaterialität und Integrativität herangezogen.[315] Das Leistungspotenzial wird bei der Typologie nicht beachtet, da diese wie bereits erwähnt bei jeder

---

308 Vgl. Engelhardt et al. 1993, S. 402; Kleinaltenkamp 1993, S. 105; Mengen 1993, S. 24; Woratschek 1996, S. 59.

309 Vgl. Corsten 2001, S. 142 ff.; Engelhardt et al. 1993, S. 400; Meyer 1991, S. 203 f.; Shostack 1982, S. 53.

310 Vgl. Berry/Parasuraman 1991 S. 7; Zeithaml/Bitner 2000, S. 4.

311 Vgl. Hilke 1989, S. 13; Maleri 1997, S. 95 f.

312 Vgl. Berekoven 1983, S. 30; Graumann 1983, S. 31; Meyer 1983, S. 20 f.; Zeithaml/Bitner 2000, S. 4 f. und die Ausführung zu Leistungsbündeln in vorherigen Abschnitt.

313 Vgl. zu weiteren Typologien Corsten 2001, S. 31 ff.; Meffert/Bruhn 2003, S. 39 ff. In der vorliegenden Arbeit soll die Typologie von Engelhardt et al. herangezogen werden, da sie eine ganzheitliche Einteilung aller Leistungen im Zusammenhang mit Anwendungsempfehlungen im späteren Teil der Arbeit ermöglicht. Vgl. dazu Abschnitt 5.2.2.

314 Vgl. Pawlowski 1980, S. 106 f.

315 Vgl. Engelhardt et al. 1993.

Leistung benötigt wird. Die Leistungstypologie basiert auf den beiden Dimensionen Immaterialitätsgrad des Leistungsergebnisses und Integrativitätsgrad des betrieblichen Leistungsprozesses (vgl. Abbildung 11).

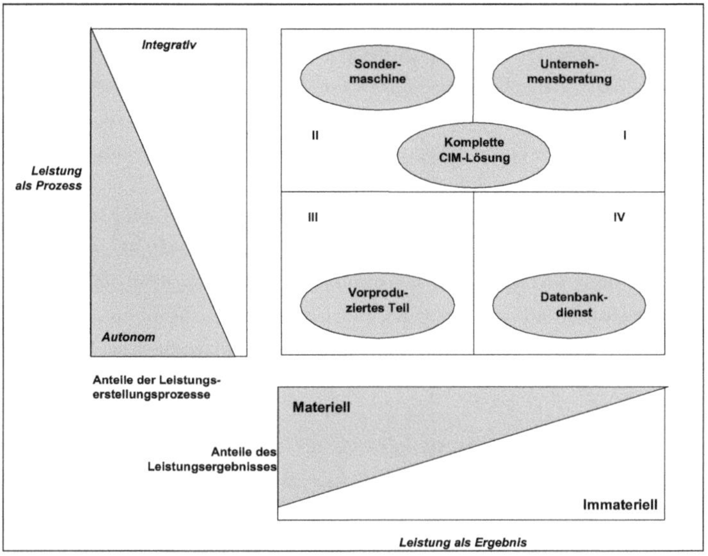

Abbildung 11: Leistungstypologie nach Engelhardt, Kleinaltenkamp und Rechenfelderbäumer
Quelle: Engelhardt et al. 1993, S. 417.

Die Integrationsdimension der Leistungstypologie beschreibt die Beteiligung eines externen Faktors am Leistungserstellungsprozess. Bestimmt wird der Integrativitätsgrad durch die Eingriffstiefe und Eingriffsintensität.[316] Eine integrative Leistungserstellung liegt dann vor, wenn ein externer Faktor in den Leistungserstellungsprozess einbezogen wird. Autonome Leistungserstellungen werden hingegen ohne eine Integration externer Faktoren vollzogen.[317] Die Dimension der Immaterialität beschreibt die Wahrnehmbarkeit des Leistungsergebnisses. Hier können komplett immaterielle Leistungsergebnisse existieren, wobei ausschließlich materielle Ergebnisse nicht möglich sind. Materielle Leistungsergebnisse beinhalten stets einen immateriellen Leistungsbestandteil.

[316] Vgl. zur Eingriffstiefe und -intensität Engelhardt et al. 1993, S. 412 f.; Engelhardt/Freiling 1995, S. 40 f.

[317] Eine rein autonome Leistungserstellung ist jedoch nicht möglich. Jeder Leistung bedarf zumindest in der Absatzphase der Integration eines externen Faktors. Vgl. dazu auch die Abbildung 11.

Anhand der Kombination von Achsenausprägungen lassen sich nun jegliche Leistungen darstellen. Engelhardt/Kleinaltenkamp/Reckenfelderbäumer stellen jedoch fest, dass es sich dabei nicht um Einzelleistungen, sondern um Leistungsbündel handelt.[318] Diese Leistungsbündel basieren zu unterschiedlichen Teilen auf autonomen und integrativen Leistungsprozessen und materiellen und immateriellen Leistungsbestandteilen.[319] Der Vorteil der Typologie besteht darin, dass Abgrenzungsprobleme zwischen Sach- und Dienstleistungen vermieden werden.[320] Die mangelnde Messbarkeit von Immaterialität und Integrativität kann aber auch die Leistungstypologie nicht aufheben, wodurch die Bildung von Leistungsbündeln innerhalb der Typologie zu einem subjektiven Positionierungsprozess wird.

Auch in den nachfolgenden Ausführungen soll die Leistungstypologie nach Engelhardt, Kleinaltenkamp und Reckenfelderbäumer zu Grunde gelegt werden, da ,wie bereits oben erläutert, eine Definition anhand von konstitutiven Merkmalen eine einheitliche Begriffsdefinition von Dienstleistungen nicht gewährleisten kann. Gleichzeitig müssen jedoch die als relevant erachteten ergebnis- und prozessbezogenen Leistungsmerkmale nicht aufgegeben werden.[321]

Um im weiteren Verlauf der Arbeit konkret auf die Organisation von Dienstleistungsprozessen einzugehen, soll an dieser Stelle der Begriff Dienstleistungsprozess definiert werden. Dienstleistungsprozesse können grundsätzlich ebenfalls wie Prozesse definiert werden.[322] Wie zuvor in diesem Abschnitt beschrieben, weisen Dienstleistungsprozesse jedoch zusätzlich als besonderes Merkmal die Integrativität auf. Die Aktivitäten des Dienstleistungsprozesses werden grundsätzlich durch einen Kunden angestoßen und es wird immer ein externen Faktor integriert.[323] Diese Besonderheit von Dienstleistungen muss auch in der Definition von Dienstleistungsprozessen berücksichtigt werden. Aufbauend auf der in Abschnitt 2.2.1.1 abgeleiteten Prozessdefinition, ergibt sich folgende Dienstleistungsprozessdefinition: Ein Dienstleistungsprozess

- ist eine inhaltlich abgeschlossene Abfolge von Aktivitäten,
- in die immer ein externer Faktore integriert wird.
- Die Aktivitäten stehen in einem sach- und zeitlogischen inneren Zusammenhang

[318] Vgl. dazu auch die Ausführungen im vorherigen Abschnitt.

[319] Vgl. Engelhardt et al. 1993, S. 407.

[320] Vgl. Engelhardt et al. 1993, S. 416.

[321] Vgl. Engelhardt et al. 1993, S. 416.

[322] Vgl. ausführlich zur Prozessdefinition Abschnitt 2.2.1.1.

[323] Vgl. dazu ausführlich Abschnitt 2.3.1.

- und führen als Ergebnis eines Transformationsvorganges zu einer nutzenstiftenden Problemlösung,
- dessen Ausgangspunkt die Bedürfnisse interner oder externer Kunden sind.

2.3.2 Organisatorische Effizienz – von der Prozess- zur Rollenorganisation für Dienstleistungen

Nachfolgend sollen nun zunächst organisatorische Effizienzkriterien allgemein erläutert werden, um darauf aufbauend in Abschnitt 2.3.2.2 die Anforderungen an eine Organisation von Dienstleistungsprozessen aufgrund der Integrativität abzuleiten.

2.3.2.1 Organisatorische Effizienzkriterien

Grundsätzlich müssen sich alle organisatorischen Maßnahmen an den übergeordneten Zielen eines Unternehmens ausrichten.[324] Aufgrund der Globalität erscheinen jedoch Unternehmensziele zur Bewertung von organisatorischen Maßnahmen nicht zweckmäßig, weshalb anstatt der übergeordneten globalen Ziele Subziele heranzuziehen sind.[325] Als Subziele und damit als Beurteilungsmaßstäbe für Organisationen gelten organisatorische Effizienzkonzepte[326], die sich in die drei Hauptkriterien Koordinations-, Motivations- und Anpassungseffizienz unterteilen lassen.[327]

Die zentrale Aufgabe der Organisationsgestaltung besteht darin, die Gasamtaufgabe einer Organisation im Rahmen der Arbeitsteilung auf die Organisationsmitglieder zu verteilen und ihre Koordination sicherzustellen.[328] Die Koordinationseffizienz beschreibt dabei die Möglichkeiten einer Organisation, die durch die Arbeitsteilung entstandenen Aufgabenkomplexe im

---

[324] Vgl. Frese 2005, S. 303.

[325] Vgl. Frese 2005, S. 300 und 305 f. Frese spricht in der 9. Auflage von 2005 von Ersatzzielen. Vgl. zu Subzielen und deren Einführung in der Organisationsbewertung Frese/von Werder 1993, S. 18 ff.; dazu auch Kugeler/Vieting 2003, S. 234 f.; Theuvsen 1996, S. 74 f.; Theuvsen 1994, S. 221 f.

[326] Vgl. zu organisatorischen Effizienzkriterien Frese 2000, S. 258 ff.; Frese/von Werder 1993, S. 24 ff.; Theuvsen 1996 S. 74 ff.; von Werder 1998, S. 497 ff.; von Werder 1999, S. 414 ff.; Kreisel 1995, S. 145 ff. Die Ableitung der Effizienzkriterien beruht dabei auf den Überlegungen der Transaktionskostentheorie. Vgl. dazu Kugeler 2000, S. 37 f.

[327] Vgl. Kugeler/Vieting 2003, S. 235. Frese unterscheidet lediglich die Motivations- und Koordinationseffizienz; vgl. dazu Frese 2005, S. 309 ff.; Frese/von Werder 1993, S. 24 ff. Zur Erweiterung um die Anpassungseffizienz Kugeler 2000, S. 50 ff.

[328] Vgl. Kugeler 2000, S. 39.

Sinne des Unternehmensziels zu koordinieren.[329] Nachfolgende Effizienzkriterien konkretisieren die Koordinationseffizienz:[330]

- Markteffizienz
- Prozesseffizienz
- Ressourceneffizienz
- Delegationseffizienz.

Die Markteffizienz beschreibt das abgestimmte Vorgehen auf Beschaffungs- und Absatzmärkten.[331] Die Markteffizienz ist umso größer, je koordinierter Unternehmen auf Beschaffungs- und Absatzmärkten agieren.[332] Dies beinhaltet beispielsweise auf der Beschaffungsseite die Bündelung der Nachfrage zur Erreichung von Größeneffekten und auf der Kundenseite die koordinierte Ansprache und Betreuung von Kunden.

Gegenstand der Ressourceneffizienz ist die bestmögliche Nutzung von Potenzialfaktoren. Beeinträchtigt wird die Ressourceneffizienz in erster Linie, wenn die Entscheidungskompetenz über homogene Ressourcen auf unterschiedliche Organisationseinheiten verteilt ist. Dies äußert sich in Leerkapazitäten oder in einer problematischen Allokation knapper Ressourcen.

Inhalt der Prozesseffizienz ist die Gestaltung der zeitlich-logischen Abfolge von Aktivitäten eines Kunden-Lieferanten-Verhältnisses. Zentrale Determinante der Prozesseffizienz sind aufbauorganisatorische Schnittstellen, die einen effizienten Prozessverlauf beeinträchtigen können. Auswirkungen einer unzureichenden Prozesseffizienz sind beispielsweise Terminüberschreitungen oder zeitlich lang andauernde Leistungserstellungsprozesse.

---

[329] Vgl. zur Ableitung der Koordinationseffizienz mit Hilfe von Autonomie- und Abstimmungskosten Frese 2000, S. 124 ff. sowie 259 ff. Ebenfalls dazu Kugeler/Vieting 2003 S. 236; Kugeler 2000, S. 39 ff.

[330] Vgl. Kugeler/Vieting 2003, S. 237 f.; Frese 2000, S. 268 ff.; Kugeler 2000, S. 39 ff. In der 9. Auflage von 2005 unterscheidet Frese nur noch die Markt-, Prozess- und Ressourceneffizienz. Vgl. dazu Frese 2005, S. 315 ff. Aufgrund der Ganzheitlichkeit soll die Delegationseffizienz in die vorliegende Arbeit mitaufgenommen werden. Frese konkretisiert die Koordinationseffizienz sowohl mit den hier aufgeführten Effizienzkriterien als auch mit der Interdependenz-, Potenzial-, und Delegationseffizienz. Aufgrund der Ableitung der Kriterien hinsichtlich der betroffenen Handlungsbereiche soll hier die Konkretisierung mittels der Markt-, Prozess-, Ressourcen-, und Delegationseffizienz herangezogen werden. Dazu Frese 2000, S. 268 ff.

[331] Vgl. zu den folgenden Abschnitten Frese 2005, S. 316 ff.; Kugeler/Vieting 2003, S. 237 f.; Kugeler 2000, S. 39 ff.

[332] Interne Märkte sind hier Gegenstand der Prozesseffizienz.

Die Delegationseffizienz schließlich verdeutlicht die effiziente Nutzung des Problemlösungspotenzials von unterschiedlichen Hierarchieebenen innerhalb einer Organisationsstruktur. Eine effiziente Delegation von Entscheidungen liegt dann vor, wenn nach dem Subsidiaritätsprinzip nur die Entscheidungen nicht delegiert werden, die nicht kompetent auf den unteren Hierarchieebenen entschieden werden können. Eine mangelnde Delegationseffizienz äußert sich in einer problematischen Allokation von Ressourcen oder in risikoreichen Entscheidungen, die auf unteren Hierarchieebenen getroffen werden.

Neben der Koordinationseffizienz ist die Motivationseffizienz als weiteres Kriterium eines organisatorischen Effizienzkonzeptes zu betrachten.[333] Gegenstand der Motivationseffizienz ist die Ausrichtung der Verhaltensspielräume einzelner Mitarbeiter an den übergeordneten Unternehmenszielen. Erreicht werden kann diese Zielkongruenz durch ein Anreizsystem in Form einer entsprechenden Organisationsgestaltung.[334] Als organisatorische Maßnahmen zur Steigerung der Motivationseffizienz lassen sich die Stärkung der Eigenverantwortung (Empowerment) und die Förderung abgeschlossener Aufgabenkomplexe anführen.[335]

Als drittes Effizienzkriterium ist die Anpassungseffizienz zu nennen.[336] Unternehmen, die auf dynamischen Märkten agieren, müssen in der Lage sein, flexibel auf Umweltveränderungen zu reagieren. Nach Kugeler kann dies auf zwei unterschiedlichen Wegen geschehen:[337]

- Die Organisationsstruktur besitzt eine „innere Flexibilität", mit der sie auf Veränderungen reagieren kann, ohne die Struktur zu variieren.
- Die Organisationsstruktur wird der sich veränderten Umwelt angepasst.

Determinanten der Anpassungseffizienz sind die Anpassungskosten und die Anpassungszeit. Um eine hohe Anpassungseffizienz zu gewährleisten, kommen grundsätzlich zwei Maß-

---

[333] Vgl. zu diesem Abschnitt und vertiefend zur Motivationseffizienz Frese 2000, S. 273 ff.; Kugeler 2000, S. 45 ff.

[334] Im Gegensatz zur Koordinationseffizienz ist jedoch der Betrachtungsgegenstand der Motivationseffizienz umstritten. Empirisch abgesicherte Hypothesen hinsichtlich der Verhaltenswirkung von organisatorischen Maßnahmen sind bis heute nicht existent. Dennoch lassen sich Kriterien der Organisationsstruktur ableiten, denen hinsichtlich der Motivation eine wichtige Bedeutung zuzusprechen ist. Vgl. dazu Frese 2000 S. 273; Kugeler/Vieting 2003 S. 235. Zur Motivationseffizienz in Human-Realtion- bzw. Human-Ressource-Ansätzen Schreyögg 2003, 215 ff.

[335] Vgl. Frese 2005, S. 331 ff.

[336] Vgl. zu diesem Abschnitt Kugeler 2000, S. 50 ff.

[337] Vgl. Kugeler 2000, S. 50.

nahmen in Frage: die Ressourceneinsatzflexibilität und die Ressourcenredundanz.[338] Unter Ressourceneinsatzflexibilität soll hier die Möglichkeit verstanden werden, Organisationsmitglieder ohne Anlernzeit in unterschiedlichen Bereichen bzw. für verschiedene Aufgaben einsetzen zu können. Im Gegensatz zu Kugeler soll dies jedoch nicht bedeuten, dass es sich bei den Mitarbeitern eher um Generalisten als um Spezialisten handeln muss. Wie später gezeigt werden wird, kann eine hohe Ressourceneinsatzflexibilität auch mit Spezialisten gewährleistet werden.[339] Unter der Ressourcenredundanz ist in Rahmen der Anpassungsflexibilität die redundante Bereitstellung von Ressourcen zu verstehen. Aufgrund der Kostenintensität einer redundanten Ressourcenbereitstellung ist diese Flexibilitätsmaßnahme jedoch nur unter Berücksichtigung einer detaillierten Wirtschaftlichkeitsanalyse anzuwenden.

2.3.2.2 Integrativität als Merkmal von Dienstleistungsprozessen und deren Konsequenz für die Effizienz von Dienstleistungsorganisationen

Im Verlauf des folgenden Abschnitts werden die Anforderungen, die sich aus der Integrativität für die Organisation von Dienstleistungsprozessen ergeben, herausgearbeitet. Die Ableitung der Herausforderungen basiert auf dem Konzept der organisatorischen Effizienz. Dabei beschränken sich die Herausforderungen auf die für den Betrachtungsgegenstand der Arbeit - die Organisation von Dienstleistungsprozessen - relevanten Aspekte. Im Mittelpunkt stehen somit die Bedeutungen der personellen Komponente und der Flexibilität für Dienstleistungsorganisationen.

Für die Ableitung der Anforderungen werden zunächst die bereits in der Einleitung dargestellten Besonderheiten von Dienstleistungen aufgegriffen,[340] um darauf aufbauend Ziele hinsichtlich unterschiedlicher Effizienzen von Dienstleistungsorganisationen und die damit verbundenen Anforderungen abzuleiten. Im Anschluss werden schließlich die einzelnen Anforderungen nach verschiedenen Integrativitätsgraden von Dienstleistungen differenziert.

In der Einleitung ist bereits betont worden, dass die Integrativität als das entscheidende konstitutive Merkmal von Dienstleistungen bezeichnet werden kann.[341] Die Besonderheiten von Dienstleistungen können in diesem Zusammenhang – entgegen weitläufiger Meinung – weit besser durch die notwendige Integration externer Faktoren als mit der Immaterialität be-

[338] Kugeler unterscheidet darüber hinaus kurze und klare Entscheidungswege. Vgl. Kugler 2000, S. 53. Im weiteren Verlauf sollen kurze und klare Entscheidungswege jedoch als Maßnahme zur Erhöhung der Delegationseffizienz angesehen werden. Vgl. dazu die folgenden Ausführungen.

[339] Vgl. dazu die späteren Ausführungen in diesem Abschnitt und Kapitel 3.

[340] Vgl. dazu Kapitel 1.

[341] Vgl. Rosada 1990, S. 25; Meyer et al. 2000, S. 53; auch Kelly et al. 1990, S. 315.

gründet werden.[342] Im weiteren Verlauf soll demnach die Integrativität und dessen Konsequenzen für die Organisation von Dienstleistungsprozessen fokussiert werden.

Aus der Integrativität in Form der Nichtlagerbarkeit und der zeitlichen Synchronität von Erstellung und Inanspruchnahme der Dienstleistung[343] folgt das Fehlen konkreter Produkte und damit messbarer Beurteilungskriterien, anhand derer vor dem Kauf eine Beurteilung des Nutzens vollzogen werden könnte. Im Gegensatz zu den materiellen Sachgütern fehlen diese sog. Sucheigenschaften bei Dienstleistungen und lassen Erfahrungs- und Vertrauenseigenschaften in den Vordergrund treten.[344] Diese Nachfrageunsicherheit muss vom Anbieter durch geeignete Maßnahmen und hier insbesondere durch die personelle Komponente reduziert werden.[345] Das Kundenkontaktpersonal kann die Reduzierung der Nachfragerunsicherheit ganz erheblich durch den Aufbau kundenseitigen Vertrauens beeinflussen.[346] Mitarbeiter können in diesem Zusammenhang die Rolle eines Vertrauensintermediärs einnehmen und Unsicherheiten seitens des Kunden durch verlässliche Informationen über das Unternehmen und die Dienstleistung abbauen.[347] Mitarbeiter und hier speziell Kundenkontaktmitarbeiter nehmen im Dienstleistungsbereich damit einen gewichtigen Stellenwert ein, da sie die Schnittstellen zum Kunden bilden, Bedürfnisse und Reaktionen des Kunden in ummittelbarem Kontakt erleben und das Unternehmen repräsentieren.[348] Mitarbeiter bilden oftmals den zentralen Qualitätsindikator für die Nachfrager[349] und müssen somit in der Organisation von Dienstleistungsprozessen Berücksichtigung finden.

Eine weitere Folge der integrativen Disposition ist die Integrationsunsicherheit. Die Integrationsunsicherheit bezieht sich in diesem Zusammenhang auf die Unsicherheit hin-

---

[342] Vgl. Rück 2000, S. 262. Vgl. zu einer umfassenden Darstellung der Dienstleistungsbesonderheiten Rück 2000, S. 228 ff. Corsten 1985, S. 87 ff., 104 ff. und 228 ff.; Maleri 1973, S. 33 ff.; Berekoven 1974, S. 28 ff.; Gerhardt 1987, S. 81 ff.; Körfgen 1999, S. 63 ff.

[343] Vgl. Berekoven 1974, S. 25 und 37; 1983 S. 22 Berry/Parasuraman 1991, S. 6 Hilke 1989, S. 12 Zeithaml/Bitner 2000, S. 13.

[344] Vgl. vertiefend zu Such-, Erfahrungs- und Vertrauenseigenschaften Nelson 1970 und Darby/Karni 1973; ebenfalls Fließ 2004, S. 33.

[345] Vgl. Engelhardt et al. 1993, S. 420.

[346] Vgl. Schmitz 2004, S. 17.

[347] Vgl. Schmitz 2004, S. 17.

[348] Vgl. Bettencourt et al. 2001, S. 29 f.; Nerdinger/von Rosenstil 1999, S. 177. Vgl. ebenfalls zur Bedeutung des Kundenkontaktpersonals für das Dienstleistungsmarketing Berry/Parasuraman 1999, S. 71 ff.; Schneider/Bowen 1993, S. 40 ff.; Stauss 2000, S. 205 ff. Stock 2001, S. 2 ff.; Vom Holtz 1998, S. 8ff.

[349] Der positive Einfluss hoher Kundenorientierung des Kundenkontaktpersonals auf die wahrgenommene Dienstleistungsqualität konnte mehrfach nachgewiesen werden. Vgl. dazu Boles et al. 2001, S. 6 ff.; Crosby et al. 1990, S. 69 ff.; Stock 2002, S. 67 ff.

sichtlich der Beschaffung und Qualität der zu integrierenden externen Faktoren.[350] Besonders die Integrationsunsicherheit stellt große Anforderungen an die Mitarbeiter eines Dienstleistungsunternehmens. Mitarbeiter müssen sich aufgrund der Integrationsunsicherheit auf unterschiedliche Bedarfsfälle und Problemlösungsansätze einstellen.[351] Somit ist eine optimale Integration im besonderen Maße von den Fähigkeiten und Qualifikationen der Mitarbeiter abhängig.[352] Neben der emotionalen Intelligenz[353] müssen Kundenkontaktmitarbeiter damit entsprechende Fach- und Methodenkompetenzen aufweisen[354] und die Bereitschaft erkennen lassen, das fachliche und methodische Wissen kontinuierlich weiterzuentwickeln.[355] Aus der sich dynamisierenden Umwelt resultiert die Notwendigkeit einer lebenslangen Qualifikationsanpassung,[356] die den Bedarf einer strategischen Personalentwicklung in Dienstleistungsunternehmen aufzeigt. Zudem müssen Mitarbeiter im Dienstleistungsbereich Prozessevidenz[357] besitzen. Der Mitarbeiter muss wissen, wie, wann und wo der Kunde bzw. der externe Faktor in den Dienstleistungserstellungsprozess einzubinden ist.[358] Wie bereits zuvor betont, hat die Fähigkeit und Qualifikation der Mitarbeiter damit einen erheblichen Einfluss auf die Güte der zu erbringenden Dienstleistung.

Wie bereits in der Einleitung beschrieben, hat neben der personellen Komponente insbesondere die Flexibilität[359] aufgrund der Integrativität eine große Bedeutung für die Dienstleistungsproduktion. Zunächst ergibt sich aus der Nichtlagerfähigkeit und der Synchronität von Dienstleistungserstellung und Inanspruchnahme ebenfalls die Notwendigkeit einer räumlichen, zeitlichen und/oder mengenmäßigen Anpassung der Kapazität an die Nachfragerstruktur. Das Unternehmen muss in der Lage sein, flexibel auf Nachfrageschwankungen reagieren zu können, da das Potenzial nur in einem bestimmten Zeitpunkt besteht und verfällt,

[350] Vgl. zur Integrationsunsicherheit Fließ 2001, S. 66 ff. und 82 ff. Neben der Integrationsunsicherheit unterscheidet Fließ die Produktions- und Dispositionsunsicherheit in Bezug auf Steuerung des Leistungspotenzials und -erstellungsprozess. Vgl. dazu ausführlich Fließ 2001, S. 66 ff. und 82 ff.

[351] Vgl. Kleinaltenkamp 1997b, S. 354; Schmidt 1996, S. 75;. auch Kleinaltenkamp 1996, S. 14 ff.

[352] Vgl. ausführlich zu unterschiedlichen Dimensionen der Kundenintegrationskompetenz Jacob 2003, S. 87 f. In Bezug auf Qualifikation und Fähigkeiten der Mitarbeiter ist hier insbesondere die Kommunikations- und Steuerungskompetenz zu nennen. Vgl. dazu Jacob 2003, S. 88.

[353] Vgl. ausführlich zu emotionalen Anforderungen an Kundenkontaktmitarbeiter Schmitz 2004, S. 16 ff. Dazu auch Brehm 2001, S. 353 f.

[354] Vgl. Coenen 2001, S. 359 f.

[355] Vgl. Kennedy et al. 2001, S. 76 ff.

[356] Vgl. Groh/Geier 2002, S. 175.

[357] Vgl. zur Prozessevidenz Fließ 1996, S. 92; Fließ 2001, S. 84 ff. zu den einzelnen Komponenten S. 68 ff.

[358] Vgl. Kleinaltenkamp 1997b, S. 353; 1996, S. 20.

[359] Vgl. zur Flexibilitätsforschung Kaluza/Blecker 2005, S. 6 ff.; Pibernik 2001, S. 5 ff. Die Notwendigkeit einer flexiblen Leistungserbringung hängt natürlich auch von der Art der Dienstleistung ab. Vgl. dazu die weiteren Ausführungen in diesem Abschnitt.

wenn es nicht genutzt wird. Daneben ist Flexibilität ebenfalls aufgrund der Individualität von Dienstleistungen erforderlich. Die Integration eines externen Faktors führt oftmals dazu, dass der Leistungserstellungsprozess und/oder das Leistungsergebnis individuell auf den Kunden zugeschnitten sind, wodurch Standardisierungs- und Automatisierungsmöglichkeiten somit oftmals begrenzt sind. Zudem besteht eine Möglichkeit der Handhabung der Integrationsunsicherheit in dem Aufbau und der Nutzung von Flexibilität.[360] Ist ein System in der Lage, den Umfang einer Leistung in entsprechender Weise und schnell zu ändern, ist es möglich, diese Flexibilität zur Handhabung der Integrationsunsicherheit heranzuziehen. Dienstleistungsunternehmen müssen damit eine hohe Reaktionsfähigkeit sicherstellen, in dem Aufgabenbereiche und Berufsbilder von Mitarbeitern den Umweltanforderungen entsprechend angepasst und Mitarbeiter in unterschiedlichen Unternehmensbereichen flexibel eingesetzt werden können.

Die Ausführungen unterstreichen die Bedeutung des Personals und der Flexibilität für eine Organisation von Dienstleistungsprozessen aufgrund der Integrativität als das wesentliche Merkmal von Dienstleistungen. Insbesondere aufgrund der Bedeutung der personellen Komponente muss es demnach das Ziel einer Dienstleistungsorganisation sein, bei der Gestaltung des Leistungspotenzials die Ressource Personal als erfolgsbestimmende Determinante zu berücksichtigen. Qualifikationen, Kompetenzen und Flexibilität der Mitarbeiter sind durch geeignete Maßnahmen zu erschließen, zu sichern und weiterzuentwickeln.[361] Im Folgenden sollen dementsprechend für Dienstleistungsproduktionen relevante Effizienzziele abgleitet und darauf aufbauend Anforderungen an eine Organisation von Dienstleistungsprozessen formuliert werden. Hier sei nochmals darauf hingewiesen, dass zunächst allgemeine Anforderungen abgeleitet werden, die im späteren Verlauf des Abschnitts nach der Integrativität einzelner Dienstleistungen differenziert werden.

Aus den vorangegangenen Darstellungen zur Integrativität lässt sich ableiten, dass das Ziel einer Organisation von Dienstleistungsprozessen im Erreichen einer hohen Motivationseffizienz bestehen sollte. Motivationseffizienz ist als die Ausrichtung der Verhaltensspielräume einzelner Mitarbeiter an den übergeordneten Unternehmenszielen definiert. Diese Zielkongruenz soll durch eine entsprechende Organisationsgestaltung bewirkt werden.[362]

---

360 Vgl. Corsten/Gössinger 2006, S. 31. Costen/Gössinger sprechen in diesem Zusammenhang von Output-Flexibilität.

361 Vgl. Schmidt 1996, S. 74. Dazu auch empirische Studien. Von zehn Dimensionen der Dienstleistungsqualität weisen acht einen engen Bezug zum Personal auf: Verlässlichkeit, Reagibilität, Kommunikation, Glaubwürdigkeit, Sicherheit, Kompetenz, Höflichkeit und Verständnis. Vgl. dazu Stauss 1991, S. 18 f.

362 Vgl. dazu Abschnitt 2.3.2.1.

Die Ausrichtung der Verhaltensspielräume einzelner Mitarbeiter an den übergeordneten Unternehmenszielen besitzt aufgrund der Bedeutung des Personals im Dienstleistungsbereich einen großen Stellenwert. Dienstleistungsmitarbeiter müssen nicht nur die Fähigkeit in Form einer geeigneten Qualifikation, sondern auch eine Leistungsbereitschaft aufweisen, um eine Dienstleistung im Sinne des Kunden zu erbringen.[363] Die Organisation von Dienstleistungsprozessen muss sich somit durch eine motivationsfördernde Struktur auszeichnen.[364] Im Zusammenhang damit steht die Vermeidung vom Burnout-Syndrom bzw. Job-Stress, die gerade bei Dienstleistungen von essentieller Bedeutung ist. Kundenkontaktmitarbeiter stehen oftmals im Spannungsfeld zwischen Kunden und Unternehmen. Widersprüchliche Anweisungen von der Unternehmensseite bzw. unterschiedliche Erwartungen vom Unternehmen und Kunden können dann zum Burnout-Syndrom führen.[365] Kundenkontaktmitarbeitern, die unter Burnout-Syndrom leiden, ist es jedoch nur unzureichend möglich, eine ausreichende Leistungsbereitschaft bereitzustellen. Eine wesentliche Anforderung an die Organisationsstrukturen für Dienstleistungsprozesse muss demnach die sein, dass Job-Stress bzw. das Burnout-Syndrom proaktiv reduziert bzw. vermieden werden können. Eine wesentliche Grundlage dafür bildet eine klare und transparente Definition des Aufgabenbereichs für den Mitarbeiter. Es muss klar umrissen sein, welche Aufgaben mit welchen Verantwortlichkeiten der Mitarbeiter übernehmen muss und was ein Kunde von ihm erwarten kann.

Eng verbunden mit einer adäquaten Motivation von Kundenkontaktmitarbeitern ist die entsprechende Qualifikation der Mitarbeiter.[366] Aufgrund der Umweltdynamik ist eine lebenslange Anpassung der Qualifikationen eines jeden Mitarbeiters an die sich verändernden Gegebenheiten erforderlich.[367] Das Qualifikationsniveau eines Mitarbeiters bildet als Potenzialfaktor ein wichtiges Element für die weitere Unternehmensentwicklung. Dies ist für den Dienstleistungsbereich umso wichtiger, da ein Kunde Unwissenheit bzw. mangelnde Qualifikation eines Mitarbeiters im direkten Kontakt oftmals wahrnehmen kann und dies unmittelbar auf das Unternehmen zurückfällt.[368] Mitarbeiter bilden aufgrund der Immaterialität restlicher Bestandteile den zentralen Qualitätsindikator und müssen somit in Bezug auf alle Unternehmensbelange qualifiziert sein. Als Anforderung für das Erreichen einer hohen

---

[363] Vgl. dazu ebenfalls die Ausführungen zum Leistungspotenzial im vorherigen Abschnitt.

[364] Vgl. zur Steigerung der Mitarbeitermotivation die Ausführungen zur Motivationseffizienz im nachfolgenden Abschnitt.

[365] Vgl. dazu die Ausführungen zu Rollenkonflikten und Rollenambiguität unter Abschnitt 4.2.4.2.

[366] Vgl. Coenen 2001, S. 359 f.; zur Bereitschaft einer kontinuierlichen Weiterbildung Kennedy et al. 2001, S. 76 ff.

[367] Vgl. dazu ebenfalls Kapitel 1.

[368] Ausgenommen sind dabei Dienstleistungen mit einem hohen Anteil an Vertrauenseigenschaften. Vgl. vertiefend zu Such-, Erfahrungs- und Vertrauenseigenschaften Nelson 1970 und Darby/Karni 1973; ebenfalls Fließ 2004, S. 33.

Motivationseffizienz im Rahmen einer Dienstleistungsorganisation sind damit strategische Qualifikationsmaßnahmen in Abstimmung mit Umwelt- und Unternehmensveränderungen zu definieren. An dieser Stelle ist darauf hinzuweisen, dass die Anforderung der Installation strategischer Qualifikationsmaßnahmen stark von der Art der Dienstleistung abhängt. Dieser Umstand wird im späteren Verlauf des Abschnitts thematisiert.

Neben der Motivationseffizienz begründet sich in der Integrativität das Ziel zur Erreichung einer hohen Prozesseffizienz in Dienstleistungsorganisationen.[369] Eine hohe Prozesseffizienz ist insbesondere für Dienstleistungsproduktionen von großer Bedeutung, da die Mitarbeiter im Leistungserstellungsprozess eine hohe Prozessevidenz aufweisen sollten. Aufgrund der Integrationsunsicherheit hängt die optimale Integration eines Kunden in den Leistungserstellungsprozess im hohen Maße vom Mitarbeiter ab. Kundenkontaktmitarbeiter müssen sich auf unterschiedliche Bedarfsfälle und Problemlösungsansätze einstellen können. Dies ist jedoch nur möglich, wenn dem Mitarbeiter der ganzheitliche Prozessverlauf bewusst ist. Anforderung an eine Organisation von Dienstleistungsprozessen ist demnach eine hohe Prozessevidenz, mit der sichergestellt wird, dass der Mitarbeiter nicht nur seinen eigenen Arbeitsbereich, sondern den gesamten Prozessverlauf überblicken kann. Schnittstellen zu vor- oder nachgelagerten Arbeitsbereichen bzw. Abteilungen sind zu visualisieren. Dem Mitarbeiter muss zum einen klar sein, wann der Kunde, wie und unter welchen Bedingungen in den Prozess eingebunden werden muss, und zum anderen, welche Möglichkeiten der Prozessumgestaltung bei plötzlich auftretenden Anforderungsänderungen seitens des Kunden bestehen.

Als dritter Baustein sollte mit einer Organisation von Dienstleistungsprozessen das Ziel verfolgt werden, eine hohe Anpassungseffizienz zu erreichen. Eine Organisation im Dienstleitungsbereich sollte eine Flexibilität für die räumliche, zeitliche und/oder mengenmäßige Anpassung der Kapazität an die Nachfragerstruktur gewährleisten. Die Organisation muss in der Lage sein, flexibel auf Nachfrageschwankungen, die sich in der Nichtlagerbarkeit und der Simultanität von Produktion und Absatz begründen, bzw. auf längerfristige Umweltveränderungen reagieren zu können. Als Anforderungen an eine Organisation von Dienstleistungsprozessen ist somit festzuhalten, dass Mechanismen bereitgestellt werden, die eine flexible Anpassung des Prozessverlaufs bzw. einen Wechsel von Mitarbeitern innerhalb des Prozesses erlauben.

Neben der Flexibilität für die Anpassung der Kapazität an die Nachfrage ist aufgrund der Individualität von Dienstleistungen eine gewisse Eigenverantwortung bzw. Selbstorganisation von Mitarbeitern zu gewährleisten. Die mangelnde Standardisierbarkeit von Dienstleistungen

---

[369] Vgl. zur Prozesseffizienz Abschnitt 2.3.2.1.

führt immer wieder zu Situationen, in denen spezielle Kundenanforderungen von Mitarbeitern berücksichtigt werden müssen. Demnach ist es erforderlich, dass Mitarbeiter im Rahmen ihres definierten Aufgabenbereichs selbstständig und auf ihre eigene Art und Weise Probleme lösen können. Eine Anforderung an die Organisation von Dienstleistungsprozessen liegt damit darin, ein eigenverantwortliches Denken und Handeln der Mitarbeiter zu ermöglichen und zu fördern.[370]

Die Ausführungen zeigen, dass das Ziel einer Organisation von Dienstleistungsprozessen in der Gewährleistung einer hohen Motivations-, Prozess- und Anpassungseffizienz liegen sollte. Die abgeleiteten Anforderungen sollen dabei im weiteren Verlauf nach dem Integrativitätsgrad von Dienstleistungen differenziert werden. Die Integrativität wird im weiteren Verlauf der Arbeit als die zentrale Eigenschaft von Dienstleistungsprozessen angesehen, an der sich ebenfalls die Ausgestaltung der später vorzustellenden Rollenorganisation orientieren soll. Die Festlegung des Integrativitätsgrades wird sich dabei an Kriterien von Mills und Margulies orientieren, die diese für die Entwicklung einer Typologie herangezogen haben.[371] Hier ist zu unterstreichen, dass lediglich diese Kriterien für die Festlegung des Integrativitätsgrades benutzt werden sollen, da sie im Gegensatz zur Typologie von Engelhardt, Kleinaltenkamp und Reckenfelderbäumer umfassender sind und eine konkreten Bezug zur Organisation von Dienstleistungen aufweisen.[372] Die konkrete Typologie von Mills und Margulies soll hingegen nicht Gegenstand der Betrachtung sein. Die nachfolgende Abbildung konkretisiert den Integrativitätsgrad anhand einzelner Kriterien.

---

[370] Diese Anforderung hängt stark von der Art der Dienstleistung ab. Vgl. dazu die nachfolgenden Ausführungen.

[371] Vgl. Mills/Margulies 1980, S. 260 ff.

[372] Für die spätere Ableitung von Anwendungsempfehlungen wird wiederum auf die Typologie von Engelhardt, Kleinaltenkamp und Reckenfelderbäumer zurückgegriffen. Vgl. dazu Abschnitt 5.2.2.2.

Dimensionen / Beispiele	Integrativitätsgrad		
	Banken, Versicherungen	Werbung, Ingenieurwesen	Beratung, Professionals
Information			
Umfang der Information	Niedrig	Mittel	Hoch
Qualität der Information	Hoch	Mittel	Niedrig
Vertraulichkeit	Niedrig	Mittel	Hoch
Entscheidung			
Mitarbeiterentscheidungen	Einfach	Komplex	Komplex
Wichtigkeit	Niedrig	Mittel	Hoch
Feedback (vom Kunden zum Mitarbeiter)	Sofort	Langsam	Langsam
Zeit			
Dauer des Kontakts	Kurz	Mittel	Hoch
Gesamtzeit des Direktkontakts	Hoch	Mittel	Hoch
Problembewusstsein			
Problemkenntnis des Kunden	Hoch	Mittel	Niedrig
Urteilskraft des Kunden über Dienstleistung	Hoch	Mittel	Niedrig
Kundenerwartung ggü. Lösungsumfang der Dienstleistung	Hoch	Mittel	Niedrig
Übertragbarkeit			
Austauschbarkeit des Mitarbeiters	Hoch	Mittel	Niedrig
Macht			
Im Hinblick auf Kunden wahrgenommene Macht des Mitarbeiters	Niedrig	Mittel	Hoch
Status des Mitarbeiters beim Kunden	Niedrig	Hoch	Hoch
Autorität des Mitarbeiters beim Kunden	Niedrig	Hoch	Hoch
Bindung			
Identifikation des Mitarbeiters mit dem Kunden	Niedrig	Mittel	Hoch
Konfliktpotential	Niedrig	Mittel	Hoch

Abbildung 12: Eine Typologie der Service-Organisationen
In Anlehnung an Mills/Margulies 1980, S. 262.

Im Zusammenhang mit der Motivation und damit der Leistungsbereitschaft von Mitarbeitern ist festzuhalten, dass diese unabhängig von dem Integrativitätsgrad für alle Dienstleistungen erforderlich ist. Nach dem Integrativitätsgrad ist jedoch zu differenzieren, auf welche Weise die Motivation gesteigert bzw. aufrecht erhalten werden kann. Bei wenig integrativen Dienstleistungen steht im Mittelpunkt, motivationsverschlechternde Arbeitsbedingungen zu vermeiden. Damit verbundnen ist die proaktive Reduzierung von Job-Stress bzw. des Bunrout-Syndroms. Für Dienstleistungen mit einem geringen Integrativitätsgrad ist die Organisationsstruktur in der Hinsicht zu gestalten, dass Konflikte im Spannungsfeld zwischen Kunde und Unternehmen vermieden werden, die neben dem Burnout-Syndrom zu einer Vielzahl weiterer negativer Auswirkungen, wie beispielsweise schlechter Unternehmensperformance, erhöhter Fluktuation, erhöhtem Krankenstand usw., führen kann.[373] In diesem Zusammenhang muss dem Kundenmitarbeiter transparent verdeutlicht werden, welche Erwartungen ein Kunde und sein Unternehmen an ihn richten kann. Der Arbeitsbereich, Arbeitsschritte, Verantwortlich-

[373] Vgl. in diesem Zusammenhang die negativen Auswirkungen durch Rollenstress unter Abschnitt 4.2.4.3.

keiten oder Ergebnisse müssen klar und explizit definiert sein, um Konflikten gegenüber Kunden und anderen Mitarbeitern des Unternehmens vorbeugen zu können.

Bei hoch integrativen Dienstleistungen sind diese Aspekte zweifelsohne auch relevant, jedoch treten neue Gesichtspunkte in den Vordergrund. Mit steigendem Integrativitätsgrad ist eine explizite Definition von Arbeitsschritten im Zweifel nicht mehr erforderlich bzw. auch nicht mehr möglich. Vielmehr müssen die Mitarbeiter Eigenverantwortung übernehmen und sich selbst organisieren, um flexibel auf Kundenwünsche reagieren zu können. Das bedeutet jedoch nicht, dass Aufgabenbereiche an sich nicht abgegrenzt werden müssen. Eine mangelnde Definition von Aufgaben und Verantwortlichkeiten würde auch hier zu Konflikten im Prozess führen. Mitarbeiter sollten jedoch innerhalb ihres Arbeitsbereichs die Gestaltung der einzelnen Arbeitsschritte selbst übernehmen können. Zusätzlich werden mit einem steigenden Integrativitätsgrad Aspekte der intrinsischen Motivation relevant.[374] Steht bei Dienstleistungen mit einem niedrigen Integrativitätsgrad eine extrinsische Motivation im Vordergrund (z.B. Call Center), tritt bei hoch integrativen Dienstleistungen eine intrinsische Motivation hinzu.[375] Intrinsische Motivation bedeutet in diesem Zusammenhang, dass eine Handlung um ihrer selbst willen ausgeübt wird, weil sie einen Zustand von Zufriedenheit bzw. ein „Flow"-Gefühl hervorruft.[376] Für hoch integrative Dienstleistungen ist es demnach wichtig, dass die Organisation neben der extrinsischen die intrinsische Motivation aufrechterhält bzw. fördert. In diesem Zusammenhang kann ein Qualifizierungskonzept als Motivationsinstrument herangezogen werden. Strategische Weiterbildungsmaßnahmen verdeutlichen die Qualifikationen, die für eine weitere Karriere notwendig sind, und fördern damit die Motivation der Mitarbeiter.

Ein Qualifikationskonzept in Dienstleistungsunternehmen ist ebenfalls abhängig von dem jeweiligen Integrativitätsgrad der Dienstleistung zu gestalten. Liegt ein niedriger Integrativitätsgrad vor, muss mit den Weiterbildungsmaßnahmen lediglich sichergestellt werden, dass die Mitarbeiter alle Fähigkeiten zur Erfüllung der Dienstleistung aufweisen. Da sich die Komplexität bei wenig integrativen Dienstleistungen eher gering gestalten,[377] reduziert sich die Weiterbildung in diesem Bereich auf ein einwandfreies Beherrschen der Abläufe und der technischen Gegebenheiten. Als Ausnahme sind hier Qualifikationen in Bezug auf die soziale Kompetenz der Mitarbeiter zu nennen. Da sich die Mitarbeiter im direkten Kundenkontakt befinden, sind Maßnahmen, die die soziale Kompetenz der Mitarbeiter fördern, von großer Bedeutung. Als Beispiel sei hier ein Callcenter genannt. Die Mitarbeiter

374 Vgl. zur intrinsischen und extrinsischen Motivation Osterloh/Boss 2001, S. 791.

375 Vgl. Osterloh/Boss 2001, S. 797 f.

376 Csikszentmihalyi 2003, S. 18.

377 Vgl. Mills/Margulies 1980, S. 262 f.

müssen bei dieser Dienstleistung alle Abläufe beherrschen und gleichzeitig eine gewisse Freundlichkeit bzw. soziale Kompetenz aufweisen. Die Wettbewerbsfähigkeit bzw. die Innovationskraft des Unternehmens hängen jedoch nur im geringen Maße vom einzelnen Mitarbeiter ab. Daher tritt ein strategisches Qualifikationskonzept bei Dienstleistungen mit einem niedrigen Integrativitätsgrad tendenziell in den Hintergrund.

Im Gegensatz dazu muss sich ein Qualifikationskonzept bei hoch integrativen Dienstleistungen umfassend gestalten. Die Wettbewerbsfähigkeit und Innovationsstärke hängt hier in sehr hohem Maße von dem Wissen und den Fähigkeiten jedes einzelnen Mitarbeiters ab. Diese professionellen Mitarbeiter benötigen laufende Weiterbildungsmaßnahmen, um im Rahmen einer hohen Umweltdynamik entsprechende Dienstleistungen erbringen zu können. Zudem muss hier ein strategisches Qualifikationskonzept integriert werden, um Mitarbeiter in speziellen Arbeitsbereichen bzw. auf konkreten Stellen weiterzubilden. Diese zielgerichtete Qualifikation erhöht die Anpassungseffizienz und Flexibilität der Organisation. Gleichzeitig sind die Qualifikationsmaßnahmen ein Instrument zur Motivationssteigerung. Qualifikationsmaßnahmen können dem Mitarbeiter Karriereperspektiven verdeutlichen und damit zusätzliche Motivationsanreize schaffen. Aspekte der Steigerung der Flexibilität und der Motivation durch Qualifikationsmaßnahmen sollen in den nachfolgenden Absätzen noch einmal aufgegriffen werden. Insgesamt ist festzuhalten, dass ein strategisches Qualifikationskonzept für hoch integrative Dienstleistungen eine wesentlich bedeutendere Rolle spielt als für Dienstleistungen mit einem niedrigen Integrativitätsgrad.

Eine hohe Prozessevidenz bzw. eine ganzheitliche Prozesssicht ist unabhängig vom Integrativitätsgrad für alle Dienstleistungen erforderlich. Sowohl Mitarbeiter im Callcenter als auch von Beratungsprojekten müssen den Prozessverlauf verinnerlicht haben. Abstimmungsprobleme im Prozessverlauf können bei hoch und niedrig integrativen Dienstleistungen zu einer qualitativ minderwertigen Leistungserstellung führen. Eine Organisation von Dienstleistungsprozessen muss damit gewährleisten, dass Mitarbeiter den Verlauf von Prozessen transparent verfolgen können und Schnittstellen zu vor- oder nachgelagterten Abteilungen abgebaut werden.

Der letzte zu überprüfende Aspekt in Hinblick auf den Integrativitätsgrad ist die Flexibilität der eigentlichen Organisationsstruktur in Bezug auf die Veränderungen der Umwelt. Wie bereits erläutert, muss die Organisation selber - nicht nur die Mitarbeiter - aufgrund der Individualität und der Umweltdynamik eine Flexibilität aufweisen. Diese Flexibilität muss jedoch umso höher sein, desto höher sich der Integrativitätsgrad der entsprechenden Dienstleistung gestaltet. Wenig integrative Dienstleistungen benötigen nur eine geringe Flexibilität, da Leistungen oftmals standardisiert sind und auf Kundenwünsche nur in sehr geringem Maße eingegangen werden muss. Zudem sind die Abläufe fest vorgegeben und Änderungen durch Umweltveränderungen treten nur selten auf. Bei Dienstleistungen mit einem hohen

Integrativitätsgrad hingegen müssen individuelle Kundenwünsche beachtete werden, was eine hohe Flexibilität der Organisation impliziert. Daneben können kleinste Veränderungen der Umwelt schnell zu kompletten Umgestaltungen von Prozessen führen. Demnach ist festzuhalten, dass sich die Flexibilität bzw. Anpassungseffizienz mit steigendem Integrativitätsgrad erhöhen muss.

Die Anforderungen an eine Prozessorganisation im Dienstleistungsbereich in Abhängigkeit zum Integrativitätsgrad sollen in der nachfolgenden Abbildung noch einmal zusammengefasst werden.

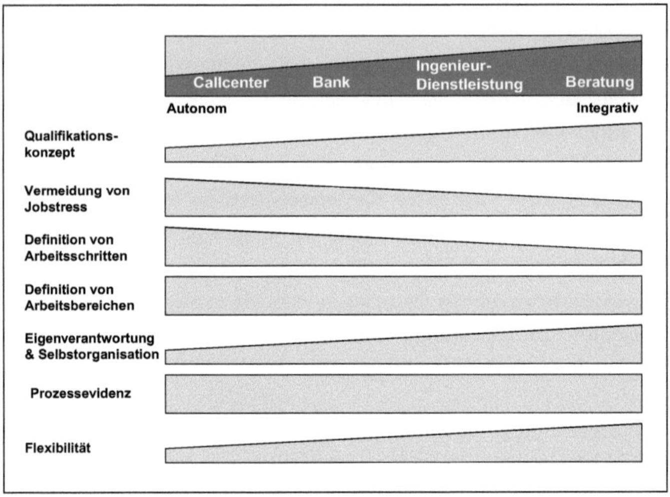

Abbildung 13: Anforderungen an eine Organisation von Dienstleistungsprozessen in Abhängigkeit zum Integrativitätsgrad.

2.3.2.3 Integrationsproblematik bei der Organisation von Dienstleistungsprozessen

Im Mittelpunkt des nachfolgenden Abschnitts steht die Problematik der Integration von Dienstleistungsprozessen in bestehende Organisationsstrukturen. Für die Darstellung der Integrationsproblematik wird auf die bereits in Abschnitt 2.2 herausgearbeiteten Ergebnisse zurückgegriffen. Im Verlauf des Abschnitts wird zunächst die Prozessorganisation hinsichtlich der organisatorischen Effizienz mit der funktionalen Aufbauorganisation in allgemeiner Form verglichen, um darauf aufbauend Defizite prozessorientierter Organisationsstrukturen darzustellen. Diese Ausführungen werden sich bis dahin noch nicht auf Dienstleistungsprozesse beziehen. Erst im Anschluss werden die dargestellten Ergebnisse auf Dienstleistungsprozesse übertragen.

Vergleicht man unterschiedliche Organisationsformen, so steht die Prozesseffizienz bei prozessorientierten Strukturen im Gegensatz zu klassischen Organisationsformen im Vordergrund.[378] Waren besonders bei einer funktionalen Organisationsstruktur die Spezialisierungsvorteile und damit Ressourceneffizienzen unter Vernachlässigung aller anderen Effizienzkriterien von Interesse, so liegen die Prioritäten einer Prozessorganisation in der Minimierung von aufbauorganisatorischen Schnittstellen, um einen reibungslosen Ablauf des Leistungserstellungsprozesses zu gewährleisten und damit prozessorientierte Ziele (Zeit, Kosten und Qualität) simultan zu realisieren.[379] Die unterschiedliche Ausrichtung der Organisationsstrukturen verdeutlicht die Interdependenz, die zwischen der Prozess- und Ressourceneffizienz besteht.[380] Eine Fokussierung auf den Abbau organisatorischer Schnittstellen kann der effizienten Nutzung knapper Ressourcen entgegenstehen. Die Ressourceneffizienz darf demnach auch bei einer Prozessorganisation nicht vernachlässigt werden. Eine prozessorientierte Organisationsstruktur ist nur dann zu implementieren, wenn die Vorteile aus der Prozesseffizienz hinsichtlich des obersten Unternehmensziels (z.B. Gewinn) nicht durch die Nachteile einer verschlechterten Ressourceneffizienz überkompensiert werden.[381]

Einen weiteren Fokus der Prozessorientierung bildet die Delegationseffizienz.[382] Durch ein angewandtes Subsidiaritätsprinzip werden nur die Entscheidungen nicht delegiert, die auf einer unteren Hierarchieebene nicht kompetent entschieden werden können. Dadurch entstehen kurze Entscheidungswege, da ein informationeller Austausch mit übergeordneten Ebenen zur Entscheidungsfindung entfällt.[383] Aspekte der Markteffizienz werden bei einer Prozessorganisation durch die prozessorientierte Denk- und Handlungsweise verfolgt.[384] Die Berücksichtigung der Kunde-zu-Kunde-Beziehung auf der Absatzseite unterstützt die Kundenorientierung und damit auch die Markteffizienz.

---

[378] Vgl. Theuvsen 1996, S, 76.; von der Oelsnitz 2000, S. 134; Kugeler/Vieting 2003, S. 245; Kugeler 2000, S. 77. Zu einem Vergleich prozessorientierter Organisationen mit der divisionalen Aufbauorganisation und der Projektorganisation vgl. Kugeler 2000, S. 81 ff. Zugunsten inhaltlicher Fragestellungen der Arbeit sollen weitere Vergleiche nicht betrachtet werden.

[379] Vgl. von Werder 1996, S. 213 ff.; Heppner 1996, S. 352; Arbeitskreis Organisation 1996, S. 627; Hammer 1990, S. 104

[380] Vgl. Reiß 1997, S. 112; Mertens 1997, S. 110; Horvath 1997, S. 114; Kugeler 2000, S. 55. Der Zielkonflikt zwischen Prozess- und Ressourceneffizienz ist ebenfalls in der Produktionstheorie unter der Bezeichnung „Dilemma der Ablaufplanung" bekannt. Vgl. dazu Adam 1998; S. 33 und 120.

[381] Vgl. Theuvsen 1996, S. 77; Heppner 1996, S. 358 f.; 1995, S. 69; ähnlich Kugeler/Vieting 2003, S. 245 f.

[382] Vgl. Theuvsen 1996, S. 76; Kugeler/Vieting 2003, S. 246. Diese Aussage steht im Widerspruch zu den Ausführungen von Kugeler, der bei der Delegationseffizienz funktionalen und prozessorientierten Organisationsstrukturen gleich hohe Ausprägungen einräumt. Vgl. dazu Kugeler 2000, S. 81. Im Folgenden soll von einer höheren Delegationseffizienz bei prozessorientierten Strukturen ausgegangen werden.

[383] Vgl. Kugeler/Vieting 2003, S. 246.

Die Auswirkungen der Organisationsgestaltung auf die Motivationseffizienz sind schwer zu operationalisieren.[385] Die Wirkung einer prozessorientierten Organisationsgestaltung wird in der wissenschaftlichen Literatur kontrovers diskutiert. Grundlegend geht die Mehrheit der Veröffentlichungen von einem positiven Motivationseffekt aus.[386] Die positive Motivationswirkung begründet sich hier durch die Aufgabenerweiterung, die mit dem prozessorientierten Denken und Handeln einhergeht. Viele Autoren sprechen der Prozessorganisation jedoch in Bezug auf die Motivation eine negative Wirkung zu. So betonen Osterloh/Frost, dass Prozessbeteiligte oft vielfältigere, aber nicht zwingend anspruchsvollere Tätigkeiten zu verrichten haben.[387] Demnach führt eine prozessorientierten Organisationsgestaltung eher zu einem Job-Enlargement statt einem Job-Enrichments. Ebenso kann die Implementierung einer Prozessorganisation in Form eines Case-Mangements eine soziale Isolation innerhalb des Unternehmens hervorrufen, was zum Burn-Out-Syndrom führen kann und dadurch u.U. mit einer höheren Fluktuation verbunden ist.[388] Der Begriff Burn-Out-Syndrom beschreibt in diesem Zusammenhang ein Syndrom aus emotionaler Erschöpfung, Depersonalisierung und reduzierter Leistungsfähigkeit.[389] Das Syndrom resultiert dabei aus wiederholter emotionaler Belastung im Zusammenhang mit intensiven Einsätzen für andere.[390] Kann die Wirkung der Organisationsform auf die Motivation hier nicht eindeutig geklärt werden, so ist doch grundlegend festzuhalten, dass die Koordinationseffizienz bei einer prozessorientierten Organisationsgestaltung höher gewichtet wird als die Motivationseffizienz.[391]

Im Gegensatz zu Kugeler/Vieting soll bei einer Prozessorientierung nicht grundlegend von einer hohen Anpassungseffizienz ausgegangen werden.[392] Kugeler /Vieting begründen die hohe Anpassungseffizienz mit einem Einsatz von Generalisten für eine ganzheitliche Prozessdurchführung. Der Einsatz von Generalisten würde jedoch auch in jeder anderen Organisationsform zu einer hohen Anpassungseffizienz führen. Darüber hinaus werden kurze

---

[384] Vgl. Kugeler/Vieting 2003, S. 246. Vgl. ausführlich zur prozessorientierten Denk- und Handelsweise und der damit verbunden Kundenorientierung Abschnitt 2.2.1.1.

[385] Vgl. Frese 2000, S. 273.

[386] Vgl. Heppner 1995, S. 68; Kugeler 2000, S. 57 und 80; auch Kieser/Walgenbach 2003, S. 83.

[387] Vgl. Osterloh/Frost 1994b, S. 28.

[388] Vgl. von der Oelsnitz 2000, S.134.

[389] Vgl. Brehm 2001, S. 352.

[390] Vgl. Pines et al. 1993, S. 13 ff.

[391] Vgl. Kugeler/Vieting 2003, S. 246.

[392] Vgl. Kugeler/Vieting 2003, S. 246.

Entscheidungswege als Grund für eine hohe Anpassungseffizienz angeführt. Kurze und klare Entscheidungswege erhöhen jedoch die Delegations- und nicht die Anpassungseffizienz.[393]

Die Ausführungen zu den Organisationseffizienzen zeigen, dass eine Prozessorganisation im Gegensatz zu einer funktionalen Organisationsgestaltung nicht nur im Bereich der Prozess-, sondern ebenfalls bei der Delegations-, Kunden- und Motivationseffizienz in der Lage ist, Vorteile zu generieren. Gleichwohl kann die Integrationsproblematik, die in Abschnitt 2.2.1.2.2 herausgearbeitet werden konnte, zu einer Überkompensation der Vorteile führen.

Als problematisch gilt die Integration des Prozessgedankens selbst, sprich die Integration von konkreten Prozessen in eine bestehende Organisationsstruktur. Außer bei einer Priorisierung von Prozessen in Form eines Case-Mangements werden bei allen anderen Ausprägungen einer Prozessorganisation wiederum Stellen gebildet[394], die u.U. in funktionalen Abteilungen des Unternehmens verankert sind. Die Schnittstellen der Aufbauorganisation bleiben innerhalb des Prozesses durch die Bearbeitung von unterschiedlichen Abteilungen bestehen. Mitarbeiter sind geneigt, eine stellenzentrierte Sichtweise einzunehmen, in der Wechselbeziehungen nicht betrachtet werden.[395] Transparenz bezüglich der Aufgaben, der Beziehungen und Interdependenzen des Prozesses, die den grundlegenden Prozessgedanken der Ganzheitlichkeit sicherstellen, können dann verloren gehen, da der zuvor gebildete Prozess durch eine Stellenbildung zerteilt wurde. Das Aufbrechen funktionaler Vorstellungen von Mitarbeitern hin zu einer prozessorientierten Unternehmenskultur wird dabei in Restrukturierungsprojekten oftmals nicht berücksichtigt.[396] Der Grundgedanke der Prozessorientierung, das ganzheitliche Denken und Handeln,[397] geht jedoch bei dieser unzureichenden Integration verloren. Es bleibt festzuhalten, dass eine höhere Prozesseffizienz bei prozessorientierten Organisationsformen oftmals nicht durchgesetzt werden kann, da die Prozesse in eine bestehende Organisation nicht integriert werden können.

Die mangelhafte Umsetzung von Prozessen in Strukturen im Rahmen einer Prozessorganisation bzw. eines Prozessmanagements führt nicht nur bei der Prozess-, sondern ebenfalls bei der Motivations-, Anpassungs- und Delegationseffizienz zu Nachteilen. Stellenzentriertheit und die damit verbundenen Schnittstellen zwischen einzelnen Aktivitäten verhindern Kommunikation und Kooperation zwischen den Mitarbeitern des Prozesses. Aufgrund

[393] Vgl. dazu die Ausführungen zur Delegationseffizienz in Abschnitt 2.3.2.1.

[394] Vgl. zu den Ausprägungen einer Prozessorganisation Abschnitt 2.2.1.2.2.

[395] Vgl. Majchrzak/Wang 1996, S: 93.

[396] Vgl. Majchrzak/Wang 1996, S: 93 f.

[397] Vgl. ausführlich zur ganzheitlichen Denk- und Handelsweise im Rahmen des Prozessmanagements Abschnitt 2.2.1.1.

der fehlenden Prozesstransparenz kann der einzelne Mitarbeiter die Beziehungen und Interdependenzen im gesamten Prozess und besonders zu seinen vor- und nachgelagerten Prozessschritten nicht überblicken. Welche Aufgaben und damit Ergebnisse von anderen Prozessteilnehmern erbracht werden müssen und welche Erwartungen andere Teilnehmer an den betroffenen Mitarbeiter richten, bleibt oftmals unklar. In aufwändigen Interaktionsprozessen müssen diese Erwartungen zwischen den Mitarbeitern im Prozess und zu Vorgesetzten eingespielt werden. Im Rahmen dieser Interaktionsprozesse kommt es oftmals zu Konflikten,[398] die zu beträchtlichen Ineffizienzen im Prozessablauf führen. Unzureichende Transparenz hinsichtlich der Aufgaben, Verantwortlichkeiten und Beziehungen innerhalb des Prozesses, umfangreiche Interaktionsprozesse sowie innerhalb dieser Interaktionsprozesse entstehende Konflikte beeinträchtigen im erheblichen Maße die Motivation der Mitarbeiter und damit die organisatorische Motivationseffizienz. Folge sind Unzufriedenheit mit dem Arbeitsplatz, Job-Stress, Burnout-Syndrome oder schließlich eine erhöhte Fluktuationsrate im Unternehmen.[399]

In sich schnell verändernden Umweltkontexten wirken sich die umständlichen Interaktionsprozesse zur Erlernung des Prozessablaufs zudem negativ auf die Flexibilität des Unternehmens und damit auf die Anpassungseffizienz aus. Müssen Prozesse modifiziert oder gar komplett neu gestaltet werden, sind die Interaktionsprozesse zwischen den beteiligten Personen am Prozess erneut zu durchlaufen. Jede Beziehung innerhalb des Prozesses muss neu erlernt und eingespielt werden. Welches Mitglied des Prozesses übernimmt jetzt welche Aufgaben und welche Erwartungen werden nun an die betroffene Person gestellt? Zudem erhöhen die bereits eingespielten Vorgänge im Prozess den mikropolitischen Widerstand bei Veränderungen.[400] Mitarbeiter wehren sich gegen Umgestaltungen aufgrund der fehlenden inneren Flexibilität der Organisationsstruktur. Die unzureichende Umsetzung von Prozessen in Strukturen hat somit auch einen negativen Einfluss auf die Anpassungseffizienz.

Eine mangelhafte Umsetzung von Prozessen in Strukturen beeinträchtigt ebenfalls die Delegationseffizienz. Aufgrund von fehlender Transparenz bei den Prozessbeteiligten hinsichtlich der Aufgabenverteilung usw., muss ein großer Teil von Entscheidungen auf höher gelegenen Hierarchieebenen getroffen werden. Zudem besteht die Gefahr, dass untere Hierarchieebenen, die den Prozess und damit die Konsequenzen der Entscheidungen nicht überblicken können, risikoreiche Entscheidungen treffen.[401]

---

[398] Im Verlauf der Darstellung zur Rollentheorie wird dieser Zusammenhang im Rahmen der Rollenepisode und der Rollenkonflikte dargestellt. Vgl. dazu Abschnitt 4.2.4.1 und 4.2.4.2.

[399] Vgl. dazu ausführlich die Auswirkungen von Rollenkonflikten und Rollenambiguität in Abschnitt 4.2.4.3.

[400] Vgl. zum Widerstand im Rahmen des Change Management Doppler/Lauterburg 2005, S.324 ff.

[401] Vgl. Frese 2000, S. 272 f.

Die Ausführungen des Abschnitts zeigen, dass das organisatorische Effizienzpotential einer Prozessorganisation bzw. eines Prozessmanagements oftmals nicht erschlossen werden kann, da eine Integration von Prozessen in bestehende Organisationsstrukturen nicht vollzogen wird. Nachfolgend soll dargestellt werden, dass die Problematik der Prozessintegration in besonderer Weise für Dienstleistungsprozesse von Bedeutung ist. An dieser Stelle sei noch mal explizit darauf hingewiesen, dass in diesem Abschnitt ausschließlich die Integrationsproblematik bei Dienstleistungsprozessen behandelt wird. Herausforderungen in der Organisation von Dienstleistungsprozessen aufgrund der Integrativität, insbesondere personalpolitische Anforderungen und die Bedeutung der Flexibilität, sind im vorherigen Abschnitt thematisiert worden.

Wie bereits betont, hat eine unzureichende Integration von Prozessen gerade für den Dienstleistungsbereich eine hohe Bedeutung. Bei Dienstleistungen ist die Einbeziehung von Kunden in den Leistungserstellungsprozess aufgrund der Integrativität zwingend erforderlich. Durch eine mangelhafte Integration wird nicht nur eine geringe Prozesseffizienz in dem Sinne hervorgerufen, dass ineffiziente Prozesse zu Terminüberschreitungen bzw. verlängerten Prozessen führen,[402] sondern dass zusätzlich eine unzureichende Integration von externen Faktoren in den Leistungserstellungsprozess hervorgerufen wird. Durch Schnittstellen im Prozessverlauf wird möglicherweise die Integration des externen Faktors in den Aufgabenbereich unterschiedlicher Stellen gelegt, welche eine stellenzentrierte Sichtweise einnehmen und sich nicht abstimmen bzw. aufgrund der organisatorischen Gestaltung nicht in der Lage sind, sich zu koordinieren. Welche Erwartungen Kunden in diesem Zusammenhang gegenüber einzelnen Mitarbeitern haben, bleibt damit oft unklar. Eine mangelhafte Prozesseffizienz, hervorgerufen durch die unzureichende Integration eines Dienstleistungsprozesses, hat somit großen Einfluss auf die Kundenintegration und damit auf die Kundenorientierung. Zudem ist eine unzureichende Integration gerade für Dienstleistungen in Hinblick auf die Prozesseffizienz schwerwiegend, da Schnittstellen die Kommunikation und Kooperation zwischen Mitarbeitern verhindern und aufgrund der fehlenden Prozesstransparenz einzelne Mitarbeiter die Beziehungen und Interdependenzen im gesamten Prozess nicht überblicken können. Damit geht die für Dienstleistungen enorm bedeutende Prozessevidenz verloren.[403]

Ebenso kann es durch die unzureichende Transparenz hinsichtlich Aufgaben Verantwortlichkeiten und Beziehungen innerhalb des Prozesses sowie durch umfangreiche Interaktionsprozesse zur Einspielung des Prozesses zu Konflikten kommen, die die für Dienstleistung extrem wichtige Motivation der Mitarbeiter und damit die organisatorische Motivationseffizienz erheblich beeinträchtigen können. Mögliche Folgen der geringen Motivation-

[402] Vgl. dazu Abschnitt 2.3.2.1.

[403] Vgl. dazu den vorherigen Abschnitt.

seffizeinz wie z.B. Unzufriedenheit mit dem Arbeitsplatz, Job-Stress oder Burnout-Syndrome[404] sind gerade für Dienstleistungsprozesse schwerwiegend, da sich Erfolge in Dienstleistungsbereich oftmals durch Verhaltenserfolge einstellen.

Eine fehlende Flexibilität des Unternehmens bzw. einzelner Mitarbeiter aufgrund komplexer Interaktionsprozesse zur Erlernung des Prozessablaufs oder mikropolitischer Widerstände ist insbesondere für Dienstleistungsprozesse nachteilig. Gerade Dienstleistungsunternehmen sind auf eine Flexibilität angewiesen, um Nachfrageschwankungen zu begegnen und individuelle Kundenwünsche zu erfüllen.

Für eine erfolgreiche Dienstleistungsproduktion ist somit eine effiziente und effektive Integration des Dienstleistungsprozesses in bestehende Organisationsstrukturen des Unternehmens eine unabdingbare Voraussetzung. Es stellt sich die Frage, wie die Umsetzung zuvor gebildeter Prozesse in konkrete Strukturen erfolgen kann. Wie bereits in Abschnitt 2.2.1.2.2 erläutert, ist der Schritt der Prozessintegration in bestehende Organisationsstrukturen in der Vielzahl von Prozessmodellen nicht vorgesehen. Es fehlt ein Medium, das die Prozesse in Organisationsstrukturen einbettet. Erste Ansätze zur Überwindung der Implementierungsprobleme bieten Rollenkonzepte. Im weiteren Verlauf der Arbeit soll nun analysiert werden, ob auf der sozialpsychologischen Rollentheorie basierende Rollenkonzepte eine Methode darstellen, die Integrationsproblematik zu lösen, und darüber hinaus weitere Effizienzpotenziale in Bezug auf die Organisation von Dienstleistungsprozessen bieten. Dafür werden nachfolgend zunächst kurz mögliche Effizienzpotenziale von Rollenkonzepten erläutert, um im dritten Kapitel der Arbeit die konkrete Struktur einer Rollenorganisation vorzustellen. Im vierten Kapitel soll dann schließlich die theoretische Grundlage der Rollenorganisation mittels der sozial-psychologischen Rollentheorie erarbeitet werden.

2.3.2.4 Effizienzpotenziale der Rollenorganisation hinsichtlich der Organisation von Dienstleistungsprozessen

Wie bereits im vorangegangenen Abschnitt erläutert wurde, können die organisatorischen Effizienzpotenziale einer Prozessorganisation bzw. eines Prozessmanagements oftmals nicht genutzt werden, da eine Einbindung von Prozessen in eine bestehende Struktur nicht vorgenommen wird bzw. nicht hinreichend funktioniert. Primäres Ziel der Rollenorganisation ist es nun, ein geeignetes Instrument für die Implementierung von Prozessen in Organisationsstrukturen zu liefern und darüber hinaus geeignete Effizienzpotenziale für die Organisation von Dienstleistungsprozessen zur Verfügung zu stellen. Hier ist daruaf hinzuweisen, dass das Erreichen der nachfolgend dargestellten Ziele einer Rollenorganisation im weiteren Verlauf der Arbeit noch zu prüfen ist.

---

[404] Vgl. dazu ausführlich die Auswirkungen von Rollenkonflikten und Rollenambiguität in Abschnitt 4.2.4.3.

Ziel des Rollenkonzepts ist, dass Rollen als Schnittstelle zwischen der Prozessgestaltung von Dienstleistungen und dem Mitarbeiter als Mittelpunkt des Unternehmens fungieren.[405] Im dem Konzept bilden Rollen den strukturellen Hintergrund für die Integration des ganzheitlichen Gedankens eines Prozessmanagements in die Aufbauorganisation. Jedem Mitarbeiter soll die gerade wahrgenommene Rolle mit seinen Interdependenzen und den damit verbundenen Ergebnisse bewusst werden. Die einzelnen Rollen könnten demnach möglicherweise ein Medium darstellen, mit deren Hilfe eine Implementierung von Prozessen in bestehende Organisationsstrukturen erfolgen kann.

Durch die Einbindung von Prozessen in Strukturen soll eine hohe Prozesseffizienz gewährleistet werden. Die Rollenorganisation will erreichen, dass Schnittstellen zwischen verschiedenen Abteilungen im Prozessablauf, die zuvor einen effizienten Verlauf von Prozessen verhinderten, durch Rollen überwunden werden. Gleichzeitig soll dadurch die Ressourceneffizienz erhöht werden. Der Zielkonflikt zwischen der Ressourcen- und Prozesseffizienz könnte in einem bestimmten Rahmen aufgebrochen werden.[406] Die Rollenorganisation soll bei einer funktional bestehenden Aufbauorganisation bzw. bei einer Arbeitsteilung innerhalb des Prozesses ebenfalls ein hohes Maß an Prozesseffizienz ermöglichen. Die Transparenz der Beziehungen zu anderen Rollen, der Verantwortlichkeiten, Aufgaben und Erwartungen würde die Integration des Prozessgedankens fördern. Durch eine funktionale Arbeitsteilung könnte die Ressourceneffizienz dabei jedoch simultan erhöht werden, worunter die Prozesseffizienz nicht leidet.

Ebenso hat die Rollenorganisation das Ziel, die Motivationseffizienz einer Organisation zu erhöhen. Durch die Definition einer Rolle über Aufgaben, Kompetenzen und Verantwortlichkeiten sind die Erwartungen für Mitarbeiter transparent und leicht ableitbar. Die Interaktionsprozesse, in denen die Erwartungen zwischen den Prozessbeteiligten eingespielt werden müssen, wären nicht mehr oder nur abgeschwächt notwendig, da die Rollen selbst Interaktionsstrukturen beinhalten und eine Determinationsleistung vorwegnehmen. Jedem Mitarbeiter soll die gerade wahrgenommene Rolle mit seinen Interdependenzen und den damit verbundenen Ergebnissen bewusst werden. Rollenkonflikten, Rollenambiguität und dem Burn-Out-Syndrom könnte damit entgegengewirkt und durch die transparente Definition der Rolle könnten eine Identifizierung des Mitarbeiters mit der Rolle und daraus folgend Motivationssteigerungen erzeugt werden.

---

[405] Vgl. ausführlich zum Konzept der Rollenorganisation Kapitel 3

[406] Vgl. zum Zielkonflikt zwischen Ressourcen- und Prozesseffizienz Mertens 1997; Reiß 1997 und Abschnitt 2.3.2.1.

Gleichzeitig soll die Rollenorganisation die Motivationseffizienz durch eine Vernetzung der Personalwirtschaft mit der Organisationsgestaltung erhöhen. Über Qualifikationsprofile, die jeder Rolle zugeordnet werden, entsteht ein direkter Zusammenhang zur Personalentwicklung. Jeder Mitarbeiter besitzt ebenfalls ein Qualifikationsprofil, das mit den Anforderungen des Prozesses abgeglichen werden kann. Dadurch könnten gegebenenfalls Qualifizierungsmaßnahmen schneller erkannt und in Job-Enlargement bzw. -Enrichment-Maßnahmen umgesetzt werden. Folge der gezielten Weiterbildung von Mitarbeitern und der damit verbundenen strategischen Personalentwicklung wäre eine erhöhte Personalbindung. Darüber hinaus könnte jeder Mitarbeiter aufgrund der Transparenz seiner Qualifikationen die eigene Entwicklung fördern. Der betreffenden Person werden Qualifikationsdefizite aufgezeigt und damit Anreize geschaffen, die Lücken aus eigenem Antrieb zu schließen.

Neben der Motivationseffizienz will die Rollenorganisation im Bereich der Anpassungseffizienz Vorteile generieren. Die Rollen eines Prozesses sollen die flexible Anpassung an sich verändernde Umweltbedingungen ermöglichen. Ressourcenanforderungen könnten über einen Abgleich der Rollenprofile mit den Qualifikationen eines potenziellen Rolleninhabers geplant werden. Durch die Einrichtung einer Datenbank, die die einzelnen Qualifikationspotentiale aller Mitarbeiter aufnimmt, würde sich die Möglichkeit einer höchst flexiblen Einsatzplanung von Mitarbeitern ergeben. Job-Rotation-Maßnahmen könnten - sofern die entsprechenden Qualifikationen vorhanden sind - ohne größeren Aufwand durchgeführt werden. Ergeben sich Umweltveränderungen, die eine Anpassung des jeweiligen Prozesses erforderlich machen, könnten entsprechende Mitarbeiter qualifiziert, ausgetauscht oder neu integriert werden. In diesem Fall würde die Rollenorganisation mit der Transparenz zu allen anderen Schnittstellen im Prozess eine schnelle Anpassung gewährleisten, ohne Interaktionsprozesse in Gang zu setzen, die ein erneutes Erlernen bzw. Einspielen des neuen Prozessablaufs beinhalten. Daneben könnten Personalengpässe frühzeitig aufgedeckt werden.

Insgesamt ist festzuhalten, dass die Rollenorganisation neben dem primären Ziel der Bereitstellung eines Instrumentes zur ganzheitlichen Implementierung von Prozessen in Organisationsstrukturen ebenfalls Vorteile im Bereich der Motivations-, Prozess- und Anpassungseffizienz generieren will. Im weiteren Verlauf der Arbeit ist nun zu untersuchen, ob das Konzept der Rollenorganisation diese Ziele erfüllen kann. Nachfolgend sind die Ziele der Rollenorganisation noch einmal stichwortartig und in einer Abbildung zusammengefasst:

- Bereitstellung eines Mediums, das die Integration von Prozessen in bestehende Organisationsstrukturen gewährleistet.

- Steigerung der Prozesseffizienz aufgrund der Überwindung von Schnittstellen innerhalb von Prozessen bei gleichzeitig hoher Ressourceneffizienz in arbeitsteiligen Organisationen.

- Erhöhung der Anpassungseffizienz.

- Aufgrund der Vermeidung von Rollenkonflikten und Rollenambiguität durch die Explikation der implizit im organisatorischen Umfeld bestehenden Erwartungen Erhöhung der Motivationseffizienz.

- Zunahme der Motivationseffizienz durch die Integration eines Personalentwicklungssystems auf der Basis von Rollen.

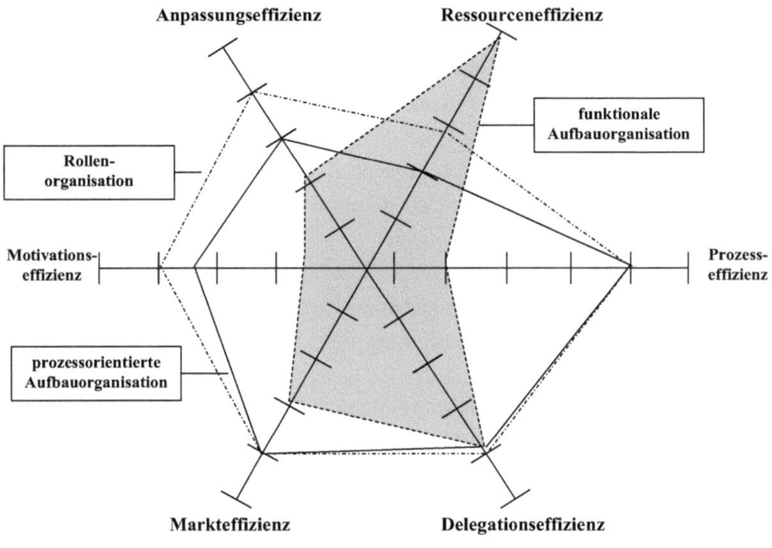

Abbildung 14: Zielgewichtung der Rollenorganisation gegenüber anderen Organisationsformen.

3 Rollenorganisation in Dienstleistungsprozessen

Ausgehend von den im vorherigen Abschnitt dargestellten Zielen der Rollenorganisation, stehen der konkrete Aufbau und die Vorgehensweise des Konzepts sowie die Bildung einer Forschungsgrundlage für eine empirische Überprüfung in Form einer explorativen Fallstudie im Mittelpunkt des 3. Kapitels. Ziel des 3. Kapitels ist es damit, eine für die Organisation von Dienstleistungsprozessen umfassende und ganzheitliche Rollenorganisation zu entwickeln. Dafür werden in Abschnitt 3.1 zunächst erste Ansätze bereits bestehender Rollenkonzepte erläutert, um in Abschnitt 3.2 schließlich den Aufbau der Rollenorganisation innerhalb von Unternehmen darzulegen. Bei der hier vorgestellten Rollenorganisation handelt es sich dabei um eine Kombination praxisorientierter Rollenkonzepte und einer Weiterentwicklung hinsichtlich des Managements von Dienstleistungsprozessen. Die Ausführungen zum Aufbau der Rollenorganisation gliedern sich dabei in drei Teile: In einem ersten Abschnitt wird das ServiceBlueprint als Methode zur Prozessmodellierung erklärt, um anschließend den strukturellen Aufbau der Rollenorganisation (3.2.2) zu erläutern. Den dritten Teil des rollenorganisatorischen Aufbaus bildet die Rollensynthese (3.2.3), die den Zusammenhang zur Personalwirtschaft herstellt. Im Rahmen einer empirischen Untersuchung sollen schließlich in Kapitel 5 die Potenziale und Grenzen der hier vorgestellten Rollenorganisation aufgedeckt werden. Es gilt zu überprüfen, ob die unter Abschnitt 2.3.2.3 angeführten Ziele mit der Rollenorganisation zu realisieren sind und unter welchen Kontextbedingungen die Einführung einer Rollenorganisation ermöglicht werden kann.

3.1 Rollenkonzepte im Dienstleistungsbereich

Im folgenden Konzept sollen nun Rollen herangezogen werden, um eine Organisation für Dienstleistungsprozesse zu schaffen, die im weiteren Verlauf der Abhandlung als Rollenorganisation bezeichnet werden soll. Grundlage der Rollenorganisation bildet die Explikation der implizit in sozialpsychologischen Rollen enthaltenen Informationen.[407] Eine Organisationsgestaltung basiert nicht mehr auf funktionalen Beschreibungen, sog. Stellenbeschreibungen, sondern auf Rollen. Im Konzept der Rollenorganisation dienen Rollen als Schnittstelle zwischen der Prozessgestaltung von Dienstleistungen und dem Mitarbeiter als Mittelpunkt des Unternehmens. Nachfolgend sollen zunächst bereits bestehende Rollenkonzepte betrachtet werden, um darauf aufbauend eine Rollenorganisation für Dienstleistungsprozesse zu entwickeln.

Der Begriff Rolle wird in einer Vielzahl von wissenschaftlichen Veröffentlichungen und in Business Process Management Tools verwendet, wobei der Zusammenhang zu ganzheitlichen

---

[407] Vgl. ausführlich zur sozialpsychologischen Rollentheorie Kapitel 4.

Konzepten fehlt.[408] Im weiteren Verlauf soll die Entwicklung der Rollenorganisation nur auf solchen Konzepten basieren, die Rollen in einen umfassenden Kontext setzen. Es existieren bereits erste Ansätze, die sogenannte Rollenkonzepte als Instrumentarium einsetzen, um eine Organisation von Prozessen hinsichtlich der zu erfüllenden Aufgaben und Funktionen vorzunehmen. Die vorliegenden Konzepte weisen dabei einen sehr starken Bezug zur Praxis auf und lassen einen theoretischen Hintergrund vermissen. Deshalb sollen sie im weiteren Verlauf der Arbeit als „praxisorientierte Rollenkonzepte" bezeichnet werden. Erste Erfahrungen mit dem Rollenkonzept wurden im Rahmen von Software-Engineering-Projekten gesammelt. Aus dem vom Fraunhofer Institut für Arbeitswirtschaft und Organisation durchgeführten Forschungsprojekt PROMPT, das sich mit dem Qualifizierungsbedarf und der Prozessverbesserung im Bereich des Software-Engineering auseinandersetzt, resultierte ein umfassendes Rollenkonzept.[409] Einen entsprechenden Hintergrund weist das von Geier et al. durchgeführte Projekt auf, das das Human-Ressource-Management innerhalb von Customer-Care-Centern thematisiert.[410] Ebenfalls aufgegriffen wird das Rollenkonzept von Bullinger/Meiren, um es im Rahmen von Service-Engineering-Prozessen anzuwenden.[411] Weiterhin hat die CSC Akademie GmbH das Rollenkonzept im Bereich der Personalentwicklung sowohl im eigenen als auch in Kundenunternehmen integriert.[412]

In den Konzepten im Service-Engineering- und Customer-Care-Center-Bereich beschreiben Rollenkonzepte das Zusammenspiel aller Rollen in relevanten Prozessen. Sie spiegeln das Zusammenspiel von „in Rollen zusammengefassten Aktivitäten und deren Integration in die Organisation wider".[413] Rollen werden dabei durch die Erfahrungen, Kenntnisse und Fähigkeiten, die für die Erfüllung der mit einzelnen Rollen verbundenen Aufgaben notwendig sind, definiert.[414] Die dadurch generierten Rollen sagen jedoch nichts über die Personen aus, die die Rollen übernehmen. Sie sind personenungebunden.[415] Rollen sind Verantwortlichkeiten und Tätigkeiten bzw. Aktivitäten zugeordnet.[416] Dabei kann eine Rolle mit nur einer Aktivität oder

---

408 Vgl. dazu exemplarisch Ulmer 2001, S. 30 ff; Schein 1994. Vgl. zur Verwendung von Rollen im Rahmen von Business Management Tools Bullinger/Schreiner 2001, exemplarisch S. 189, 199 und 303. Vgl. in ausführlicher Weise zu Forschungsansätzen, die sich die Rollentheorie zu Nutze gemacht haben: Abschnitt 4.1 und die dort angegebene Literatur.

409 Vgl. Weisbecker/Groh, 1998; dazu ebenfalls Frings/Weisbecker, 1999, Frings/Weisbecker 1998a; 1998b.

410 Vgl. Geier et al. 2001; dazu auch Groh/Geier 2002.

411 Vgl. Bullinger/Meiren 2001.

412 Vgl. Lau 2002; 2003.

413 Geier et al. 2001, S. 7.

414 Vgl. Weisbecker/Groh 1998, S. 194; Bullinger/Meiren 2001, S. 167; Frings/Weisbecker 1998b, S. 118; Frings/Weisbecker 1998a, S. 19; Geier at al. 2001, S. 7; Groh Geier 2002, S. 180.

415 Vgl. Bullinger/Meiren 2001, S. 167.

416 Vgl. Weisbecker/Groh 1998, S. 45 f.; Frings/Weisbecker 1998a, S. 19; Groh/Geier 2002, S. 180.

mehreren Tätigkeiten verbunden sein. Ebenso können jedoch auch mehrere Rollen für ein und dieselbe Aktivität zuständig sein.[417] Welche Zuordnung von Aktivitäten zu Rollen angewandt wird, ist situationsspezifisch zu entscheiden und hängt von der Gesamtaufgabe ab.[418] Jede Rolle wird von einem Rolleninhaber übernommen, der die spezifischen Qualifikationsanforderungen aufweist und die Aktivitäten der Rolle verantwortlich umsetzt.[419] Der Rolleninhaber kann dabei eine oder mehrere Rollen in einem Prozess sowie verschiedene Rollen in unterschiedlichen Prozessen übernehmen.[420] Besonders zu kennzeichnen ist hier die Entkopplung von Aufgaben und direkter Personenzuordnung, die eine Flexibilisierung innerhalb der Organisationsstruktur ermöglichen soll.

In dem Ansatz der CSC Akademie GmbH werden Rollen differenzierter aufgefasst. Lau, dessen Konzept eher die Personalentwicklung fokussiert, versteht Rollen folgendermaßen:[421] Rollen

- sind Aufgabenbündel in Projekten und Prozessen,
- ermöglichen flexible Anpassungen an Geschäftsnotwendigkeiten und sind nicht zwingend langfristig stabil,
- werden definiert durch Orientierungsprofile mit Prozessen, Ergebnissen und Kompetenzen und
- dienen als Berufsbilder zur Definition für konkrete Qualifizierungsmaßnahmen.

Vergleicht man die Konzepte aus dem Service-Engineering und Customer-Care-Center-Bereich mit dem der CSC Akademie GmbH, so wird deutlich, dass bei der CSC eher die personalwirtschaftlichen Aspekte im Mittelpunkt der Betrachtung stehen. Die Einbettung der Rollen in eine Organisationsstruktur wird nur am Rande diskutiert. Fokussiert wird in diesem Konzept die Personalentwicklung in einem lernenden Unternehmen.[422] Es wird herausgearbeitet, dass die Entwicklung der Humanressourcen künftig eine Entwicklung von Kompetenzen sein muss. An die Stelle eines homogenen Karrierekonzepts müssen Modelle des individuellen Werdegangs treten und zu einer Kompetenz-Karriere führen[423] Im Gegensatz

[417] Vgl. ausführlich zum sog. „Rollenspiel“ Abschnitt 3.2.2.

[418] Vgl. Weisbecker/Groh 1998, S. 194; Bullinger/Meiren 2001, S. 167; Frings/Weisbecker 1998b; S. 118; Frings/Weisbecker 1998a, S. 19; Geier at al. 2001, S. 7.

[419] Vgl. Weisbecker/Groh 1998, S. 46 ff.; Frings/Weisbecker 1998a, S. 19; 1998 b, S.118.

[420] Vgl. ausführlich zum sog. „Rollenspiel“ Abschnitt 3.2.2.

[421] Vgl. Lau 2002, S. 18.

[422] Vgl. Lau 2002, S. 12 ff.

[423] Vgl. Lau 2002, S. 15 f.

dazu fokussieren die Konzepte aus dem Service-Engineering und Customer-Care-Center Bereich im Zusammenhang mit Rollen zunächst Prozesse, um darauf aufbauend die für die Erfüllung einer Rolle notwendigen Kompetenzen und daraus resultierend Qualifikationen zu betrachten.[424] Für die zu entwickelnde Rollenorganisation ist die Sichtweise von Rollen im Konzept der CSC Akademie GmbH jedoch von Bedeutung, da gerade für die Organisation von Dienstleistungsprozessen die personalwirtschaftliche Komponente wichtig ist.[425] Im vorzustellenden Konzept soll diesen Anforderungen durch Rollenprofile begegnet werden, die eine Schnittstelle zur Personalwirtschaft herstellen.

Für die Entwicklung einer Rollenorganisation von Dienstleistungsprozessen sollen die bereits bestehenden Konzepte herangezogen, aber auch weiterentwickelt werden, da sie für eine Anwendung im Dienstleistungsbereich Anpassungsbedarf aufweisen. Abweichend von der Perspektive im Service- und Software-Engineering -Bereich soll im Rahmen der vorliegenden Arbeit ein regelmäßig zu durchlaufender Dienstleistungsprozess zugrunde gelegt werden. Im PROMPT-Konzept steht insbesondere die Software-Entwicklung in Form eines Projekts im Vordergrund, wodurch sich die Prozesse auf ein Projekt beziehen. Das Rollenkonzept des PROMPT-Projekts weist demnach einen Schwerpunkt im Bereich Projektmanagement auf.[426] Diese Sichtweise soll komplett verlassen und durch eine Prozesssicht ersetzt werden, die sich durch regelmäßig zu durchlaufende Dienstleistungsprozesse auszeichnet. In diesem Zusammenhang impliziert die Fokussierung auf einen stets zu durchlaufenden Dienstleistungsprozess im Gegensatz zum Konzept der CSC Akademie einen Schwerpunkt auf dem Prozessmanagement. Das hier vorzustellende Konzept wird sich nicht auf den Personalbereich beschränken, sondern die Organisationsstruktur eines Unternehmens mit umschließen. Gleichzeitig soll der Schwerpunkt Personalentwicklung des CSC-Konzepts in der Rollenorganisation für Dienstleistungsprozesse Berücksichtigung finden. Die Adaption begründet sich in der Bedeutung des Personals für Dienstleistungsprozesse.[427]

In Bezug auf eine Weiterentwicklung weisen beide Grundkonzepte Defizite in der Berücksichtigung der Integrativität von Dienstleistungsprozessen auf. Um diese Anforderungen in das Konzept der Rollenorganisation mit einfließen zu lassen, wird zunächst das für den Dienstleistungsbereich entwickelte Prozessmodellierungs-Tool Blueprint in die Rollenorganisation integriert. Das Blueprinting berücksichtigt die Kundenintegration in der Prozess-

[424] Vgl. Weisbecker/Groh, 1998; dazu ebenfalls Frings/Weisbecker, 1999, Frings/Weisbecker 1998 a; 1998 b.

[425] Vgl. dazu ausführlich die Erläuterungen in Abschnitt 2.3.

[426] Vgl. dazu Weisbecker/Groh 1998, S. 193.

[427] Vgl. dazu ausführlich Abschnitt 2.3.2.2.

visualisierung, -dokumentation und -gestaltung. Damit ist gleichzeitig eine Änderung des kompletten Aufbaus gegenüber den bestehenden Rollenkonzepten verbunden.[428]

Zudem sollen bei der Rollendefinition im Rahmen der Rollenstruktur die Erwartungen von Kunden und Vorgesetzten mit einfließen. Dies ist für den Dienstleistungsbereich von besonderer Bedeutung, da für eine erfolgreiche Dienstleistungsproduktion einzelnen Mitarbeitern nicht nur die Erwartungen von anderen Mitarbeitern in Bezug auf die Prozessevidenz transparent sein müssen, sondern insbesondere die Erwartungen der Kunden, mit denen die Mitarbeiter im direkten Kontakt stehen.

3.2 Aufbau der Rollenorganisation

Im nun folgenden Abschnitt soll der grundlegende Aufbau der Rollenorganisation dargestellt werden. Wie bereits zuvor erläutert handelt, es sich bei der vorzustellenden Rollenorganisation sowohl um eine Kombination der oben genannten Konzepte als auch um eine Weiterentwicklung der bestehenden Entwürfe hinsichtlich der Organisation von Dienstleistungsprozessen. Das neu entwickelte Gesamtkonzept der Rollenorganisation besteht dabei aus drei Teilbereichen (vgl. Abbildung 15):

- Prozessmodellierung: Prozessvisualisierung, -dokumentation und -gestaltung durch Blueprinting[429]
- Rollenstruktur: Definition und Integration von konkreten Rollen
- Rollensynthese: Zuordnung von Mitarbeitern zu Rollen im Rahmen eines Qualifizierungskonzeptes.

Die Teilbereiche Rollenstruktur und Rollensynthese bilden dabei die Rollenorganisation im engeren Sinne, während die zwei Teilbereiche zusammengenommen mit der Prozessmodellierung die Rollenorganisation im weiteren Sinne darstellen. Bei der Prozessmodellierung handelt es sich eher um einen unabhängigen Teilbereich der Rollenorganisation. Eine Prozessmodellierung ist für die Integration des Rollenkonzeptes nicht zwingend erforderlich. Es kann bereits eine bestimmte Organisationsstruktur vorliegen und muss nicht erst mit Hilfe der Prozessmodellierung gestaltet werden. Darüber hinaus kann eine Prozessorganisation auch mit einer anderen Methodik als das Blueprint geschaffen worden sein. Die Rollenorganisation ist ein flexibles Organisationsstrukturkonzept und passt sich den jeweiligen Gegebenheiten an.

---

[428] Vgl. dazu die Ausführungen im nachfolgenden Abschnitt.

[429] Vgl. zum Blueprinting Abschnitt 3.2.1.

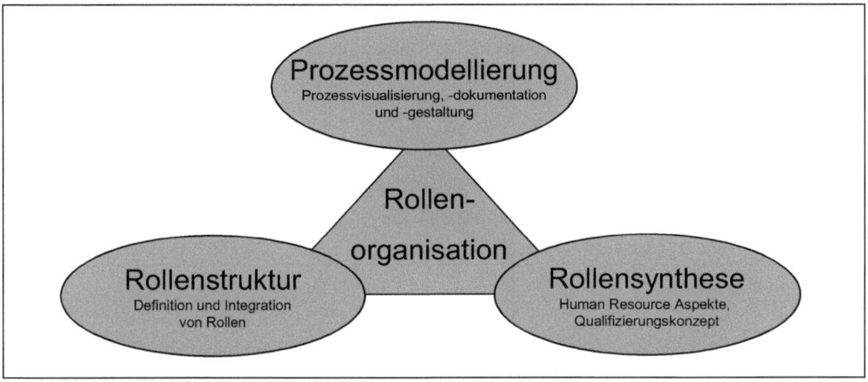

Abbildung 15: Teilbereiche der Rollenorganisation

Im Rahmen der vorliegenden Arbeit soll jedoch die Rollenorganisation im weiteren Sinne, sprich mit dem Teilbereich Prozessmodellierung durch Blueprinting, erläutert werden. Die Thematisierung begründet sich in den Charakteristika von Dienstleistungsprozessen. Das Blueprinting ist nicht nur eine Methode, um Prozesse zu visualisieren, dokumentieren und optimieren, sondern es wird ebenfalls den Besonderheiten von Dienstleistungen gerecht.[430] Durch die Berücksichtigung der Integration des Kunden in den Leistungserstellungsprozess stellt es ein optimales Instrument dar, um Dienstleistungsprozesse zu gestalten. Zudem soll im Rahmen der zu generierenden Anwendungsempfehlungen ein Entwurf für die Integration des Rollenkonzepts in die Methodik des Blueprinting vorgestellt werden.[431] Durch die Zusammenführung von Rollenorganisation und Blueprinting steht damit ein umfassendes Instrument zur Verfügung, um Dienstleistungsprozesse zu gestalten und gleichzeitig eine optimale Einbindung in die Organisationsstruktur zu gewährleisten. Nachfolgend wird somit zunächst die Prozessmodellierung durch Blueprinting erläutert.

3.2.1 Prozessmodellierung: Das ServiceBlueprint als Methode zur Analyse und Gestaltung von Dienstleistungsprozessen

Ein Blueprint visualisiert und strukturiert den Leistungserstellungsprozess eines Anbieters und stellt dessen Teilaktivitäten detailliert dar.[432] Die Methode des Blueprinting geht auf die Arbeiten von Shostack und Kingman-Brundage zurück[433] und hat im Verlauf der letzten 20

[430] Vgl. ausführlich zu den Besonderheiten von Dienstleistungen Abschnitt 2.3.1.

[431] Vgl. dazu Abschnitt 5.3.

[432] Vgl. Fließ/Völker-Albert 2002, S. 272.

[433] Vgl. Shostack 1984a; 1984b 1987; Kingman Brundage 1989, 1991, 1993, 1995.

Jahre erweiternde Modifikationen erfahren.[434] Die letzten Entwicklungsstufen zugrunde legend, zeigt ein Blueprint im Allgemeinen den folgenden Aufbau (vgl. Abbildung 16): In der horizontalen Ebene werden die Aktivitäten des Leistungserstellungsprozesses zunächst chronologisch abgetragen. Anschließend werden diese Aktivitäten in vertikaler Richtung unterschiedlichen Ebenen zugeordnet.[435] Grundsätzlich lassen sich fünf Ebenen voneinander unterscheiden,[436] die sich, von oben nach unten betrachtet, zuerst den Nachfrageraktivitäten und dann den Bereichen und Funktionseinheiten des Anbieters zuordnen lassen.

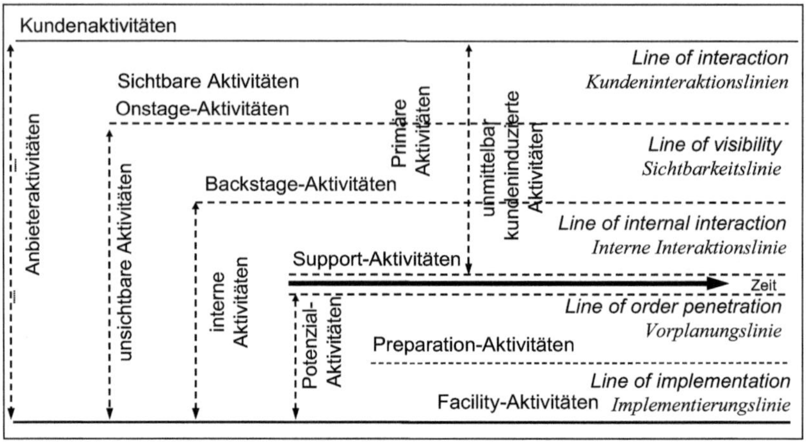

Abbildung 16: Die Struktur des Blueprints
Quelle: Fließ 2001, S. 45.

Die einzelnen Ebenen sollen im Folgenden kurz dargestellt werden:

Die Line of Interaktion trennt die Nachfragerprozesse von den Anbieterprozessen.[437] Interaktionsaktivitäten zwischen Anbieter und Nachfrager werden auf der Line of Interaction dargestellt. Handelt es sich um reine Kundenaktivitäten, sind diese oberhalb der Line of Interaction anzusiedeln.

---

434 Vgl. zu den Entwicklungsstufen des Blueprinting Kleinaltenkamp 2000a, S. 344 ff., Fließ 2001, S. 43 f.; Fließ/Kleinaltenkamp 2004, S. 396.

435 Vgl. Shostack 1984a; 1984b; 1987; Kingman Brundage 1989, 1991, 1993, 1995; Allert/Fließ 1998, S. 199; Zeithaml/Bitner 2000, S. 205 ff.

436 Vgl. Kleinaltenkamp 1999, 2000a, S. 346 f.; 2000c; Fließ 2001, S. 45 f.; Fließ/Völker-Albert 2002, S. 272 ff.

437 Vgl. Shostack 1984a; 1984b 1987; Kingman Brundage 1989, 1991, 1993, 1995.

Die Line of Visibility unterscheidet die sichtbaren und die für den Nachfrager nicht sichtbaren Anbieterprozesse.[438] Oberhalb der Line of Visibility sind die für den Kunden sichtbaren Anbieteraktivitäten, die Onstage-Aktivitäten, abzutragen. Unterhalb der Line sind dagegen diejenigen Aktivitäten einzuordnen, die für den Kunden nicht sichtbar sind. Hierbei handelt es sich um so genante Backstage-Aktivitäten.

Die Line of Internal Interaction bildet die Schnittstelle zwischen Kundenkontakt- und Backoffice-Mitarbeitern, an der eine interne Interaktion auftritt. Sie trennt damit unterstützende bzw. Supportaktivitäten von den nicht sichtbaren, kundenbezogenen Aktivitäten der Kundenkontaktmitarbeiter.[439]

Die Line of order penetration unterscheidet zwischen dem Leistungspotenzial und dem Leistungserstellungsprozess. Damit werden die integrativ und die autonom disponierten Prozesse voneinander getrennt.[440] Aufgrund dessen wird sie auch als Vorplanungslinie bezeichnet.[441]

Die Line of Implementation unterscheidet schließlich die Prozesse des Leistungspotenzials in Preparation- und Facility-Aktivitäten.[442] Preparation-Aktivitäten dienen dazu, den Leistungserstellungsprozess vorzubereiten, und können damit autonom vom Anbieter disponiert werden. Facility-Aktivitäen umfassen hingegen die Aktivitäten, die den Preparation-Aktivitäten logisch und zeitlich vorgelagert sind. Inhalt der Facility-Aktivitäten ist die Beschaffung von Potenzial- und Verbrauchsfaktoren für den Erstellungsprozess. Die Facility-Aktivitäten sind ebenfalls autonom disponierbar.

Um einen Prozess mit Hilfe des ServiceBlueprints modifizieren und optimieren zu können, sind grundsätzlich drei Schritte notwendig:[443]

- Zunächst wird der bestehende Prozess in Form eines Ist-Blueprints aufgenommen bzw. dokumentiert. Dazu werden die Aktivitäten wie oben beschrieben den einzelnen Ebenen zugeordnet.
- Der dokumentierte Prozess wird anschließend in einem zweiten Schritt im Hinblick auf Verbesserungsmöglichkeiten untersucht. Die Analyse des aufgenommenen Pro-

[438] Vgl. Shostack 1984a; 1984b 1987; Kingman Brundage 1989, 1991, 1993, 1995.

[439] Vgl. Kingman Brundage 1989, 1991, 1993, 1995.

[440] Vgl. Fließ 2001, S. 46; Kleinaltenkamp 2000b, S. 219 ff.

[441] Vgl. Fließ 2001, S. 47; Fließ/Völker-Albert 2001, S. 274.

[442] Vgl. Fließ/Völker-Albert 2002, S. 274.

[443] Vgl. Fließ et al. 2004, S. 182 f.

zesses kann einerseits auf einen höheren Kundennutzen, andererseits auf eine effizientere Durchführung des Prozesses abzielen.

- Schließlich wird ein neuer (modifizierter bzw. optimierter) Dienstleistungsprozess in Form eines Soll-Blueprints entwickelt.

Handelt es sich bei dem betrachteten Prozess um ein komplettes Neudesign, so wird zunächst die Entwicklung eines Soll-Blueprints durchgeführt. Der entstandene Prozess wird dann mit allen betroffenen Mitarbeitern analysiert und gegebenenfalls modifiziert, bis alle Einwände und Anmerkungen in das Neudesign eingeflossen sind.[444]

Ist eine Visualisierung und Dokumentation des Prozesses durchgeführt worden, kann eine Modifikation grundsätzlich an allen Linien des Service-Blueprint ansetzen.[445] An der Line of Interaction können folgenden Modifikationen überprüft werden:

- Anzahl der Kundenkontaktpunkte erhöhen bzw. senken/zusammenlegen
- Kundenkontaktpunkte durch zusätzliche Aktivitäten anreichern
- Übernahme von Leistungen durch den Anbieter bzw. durch den Kunden.

Eine Modifikation des Prozesses seitens des Anbieters muss dabei immer vor dem Hintergrund eines Wettbewerbsvorteils durchgeführt werden. Ein Wettbewerbsvorteil kann in einen Kunden- und einen Anbietervorteil unterschieden werden.[446] Der Kundenvorteil beschreibt einen Vorteil für den Nachfrager in Form eines höheren Nutzens und/oder von niedrigeren Kosten gegenüber den Wettbewerbern, während sich ein Anbietervorteil in einer günstigeren Kostensituation gegenüber den Konkurrenten widerspiegelt. Eine Nutzenerhöhung für den Kunden - und damit auch ein Kundenvorteil - kann beispielsweise dadurch hervorgerufen werden, dass die Line of Interaction in Richtung des Kunden verschoben wird. Der Anbieter erhöht dadurch seinen Anteil am Wertschöpfungsprozess, was im Allgemeinen jedoch auch eine Erhöhung der Kosten nach sich zieht.[447] Die Erweiterung des Leistungsspektrums kann somit nur dann gerechtfertigt werden, wenn eine entsprechende Erlössteigerung und daraus folgend ein Wettbewerbsvorteil eintritt. Umgekehrt kann durch die Verschiebung der Line of Interaction in Richtung des Anbieters ein Anbietervorteil generiert werden. Kunden übernehmen in diesem Fall die Durchführung von Teilprozessen und entlasten damit den Anbieter.

---

[444] Vgl. Fließ et al. 2004, S. 183.

[445] Vgl. ausführlich zur Modifikation von Prozessen durch Verschiebung einzelner Lines Fließ/Völker-Albert 2002, S. 278 ff.; Fließ et al. 2004, S. 184 ff.

[446] Vgl. Plinke 2000, S. 74 ff.

[447] Vgl. Freiling/Reckenfelderbäumer 2000, S. 510.

Die Erhöhung der Kundenaktivitäten muss aber nicht nur zu einem Anbietervorteil führen. Auch Kunden können von der Auslagerung profitieren. Dies gilt insbesondere dann, wenn der Nachfrager in dem Bereich, der die Auslagerung betrifft, Know-how- oder Kostenvorteile besitzt. Damit kann die Verschiebung der Line aber auch zu Nachteilen für den Anbieter führen, wenn beispielsweise für den Wettbewerbsvorteil wichtiges Know-how an den Kunden abfließt. Die Überlegungen hinsichtlich des Wettbewerbsvorteils müssen im Folgenden bei allen Modifikationen durch Verschiebung einzelner Linien berücksichtigt werden. Der Anbieter muss letztlich im Spannungsfeld zwischen Effektivität und Effizienz die Modifikationen vornehmen.

Durch die Verschiebung der Line of Visibility besteht für den Anbieter die Möglichkeit, die Sichtbarkeit des Prozesses zu erhöhen oder zu verringern. Folgende Modifikationen können vorgenommen werden:

- Sichtbarmachung bisher unsichtbarer Aktivitäten
- Verbergen bisher sichtbarer Aktivitäten
- Umgestaltung des sichtbaren Bereichs.

Im Bereich der Line of Internal Interaction sind es vor allem Maßnahmen, die die Prozesseffizienz betreffen. Damit handelt es sich um die im Rahmen des Prozessmanagements vorgestellte Problematik (vgl. Abschnitt 2.2.1.2.2). Aktivitäten, die ursprünglich von unterschiedlichen Mitarbeitern erfüllt worden sind, werden nun zu ganzheitlichen Aufgaben zusammengezogen. Die Verschiebung der Line of Order Penetration kann schließlich zu folgenden Modifikationen führen:

- Die Verschiebung der Line in Richtung des Kunden führt zu einer Verlagerung von Aktivitäten aus dem kundeninduzierten in den autonomen Bereich. Die Aktivitäten können somit vorgeplant werden. Der Dienstleistungsprozess ist durch eine höhere Standardisierung gekennzeichnet. Vorteil ist u.U. ein Kostenvorteil, worunter die Flexibilität des Unternehmens jedoch leidet.
- Die Verschiebung der Line of Order Penetration in Richtung des Anbieters führt zu einer erhöhten Aktivitätenanzahl im kundeninduzierten Bereich. Diese Modifikation ist mit einer höheren Individualisierung gleichzusetzen. Vorteil ist vice versa eine erhöhte Flexibilität gegenüber den Kundenwünschen, wobei sich jedoch die erhöhten Kosten negativ auswirken können.

- Qutsourcing von Teilleistungen an Zulieferer.[448]

Neben den Vorteilen im Management von Dienstleistungsprozessen bleiben beim Blueprint ebenso wesentliche Punkte in Bezug auf ein Prozessmanagement unbeachtet. Zunächst weist die Methode keine Mechanismen auf, die für eine effiziente und effektive Gestaltung von Dienstleistungsprozessen herangezogen werden könnte. Das Blueprint liefert keine Implikationen oder Vorgaben, nach denen ein Dienstleistungsprozess optimal zu gestalten ist. Vielmehr bietet die Verschiebung der einzelnen Lines einen großen subjektiven Spielraum. Anwender müssen ohne Unterstützung der Methode entscheiden, welche Maßnahmene sie ergreifen.

Zudem lässt das Blueprinting organisatorische Aspekte unbeachtet. Die Funktionsfähigkeit, die Effizienz und Effektivität der Prozesse hängt nicht nur von der Gestaltung der Aktivitäten, sondern auch von der Organisation des Prozesses, d.h. der Zuordnung von Aktivitäten zu Personen und Stellen oder Abteilungen ab. Kritisch ist beim Blueprint anzumerken, dass organisatorische Aspekte mit Ausnahme der Line of Internal Interaction (Trennung unterstützender Aktivitäten von Aktivitäten der Kundenkontaktmitarbeiter) gar nicht betrachtet werden. Zudem stellt die Line of Internal Interaction durch die Überlappung von Prozess und Stelle selbst ein Problem dar. Hier werden zwar die Aktivitäten des Front-Offices von den Aktivitäten des Back-Offices getrennt. Doch welche Personen, Stellen oder Abteilungen welche Aktivitäten im Back-Office durchführen, bleibt ungeklärt. Grundlegend kann demnach die fehlende organisatorische Dimension im Blueprinting kritisch angemerkt werden. Für die Integration von organisatorischen Aspekten in das SERVICEBLUEPRINT™ soll in den weiteren Ausführungen die Rollenorganisation in die Methodik integriert werden (vgl. Abschnitt 5.3).

3.2.2 Rollenstruktur

Der Teilbereich Rollenstruktur bildet den Schwerpunkt der Rollenorganisation und ist für die Definition[449] von konkreten Rollen eines Prozesses zuständig. Die Rollenstruktur ist dabei eine dem Prozessdesign überlagerte und aus ihr nicht direkt ableitbare Struktur. Die Rollen werden im Kontext der Rollenorganisation einerseits durch die mit ihr verbundenen Aktivitäten, andererseits durch die an sie gerichteten Erwartungen definiert.[450] Damit gilt die Rolle

---

[448] Vgl. vertiefend dazu Kleinaltenkamp 2000a, S. 353; Picot et al. 2001, S. 417 ff.

[449] Im weiteren Verlauf der Ausführungen ist die Formulierung der Definition von Rollen nicht mit der Definition des Rollenbegriffs im Rahmen der Rollenorganisation gleichzusetzen. Die Definition von Rollen im Kontext der Rollenstruktur bedeutet eine konkrete Festlegung von Rollen in Bezug auf einen Prozess. Bei der Definition des Rollenbegriffs im Rahmen der Rollentheorie handelt es sich hingegen um die Bestimmung eines allgemeinen Rollenverständnisses vor dem Hintergrund der Theorie. Vgl. dazu Abschnitt 4.4.

[450] Vgl. Fließ et al. 2004, S. 193.

in der Rollenorganisation als prozessorientiertes Abbild der Zuordnung von Aktivitäten und Erwartungen zu konkreten organisatorischen Einheiten und Stellen.[451] Bei der Rollendefinition durch Erwartungen, die an die Rolle gerichtet sind, handelt es sich um eine Weiterentwicklung der bereits bestehenden Konzepte. Diese Weiterentwicklung wurde aufgrund der Besonderheiten von Dienstleistungsprozessen vorgenommen, die sich in der Integrativität begründen. Mitarbeitern müssen für eine erfolgreiche Dienstleistungsproduktion die Erwartungen der Kunden transparent sein, mit denen sie im direkten Kontakt stehen.[452] Abbildung 17 verdeutlicht die Rollendefinition durch Aktivitäten und Erwartungen. Im weiteren Verlauf soll zunächst die Rollenstruktur durch die Aktivitätenzuordnung erläutert werden, um anschließend im Rahmen der Rollenbeschreibung die Definition durch Explikation der mit Rollen implizit verbundenen Erwartungen zu vervollständigen.

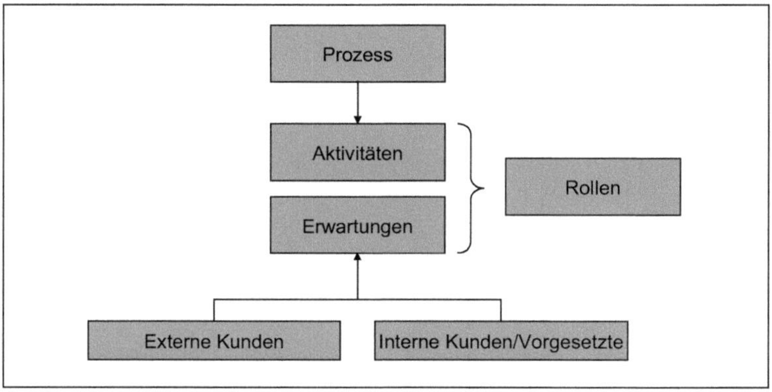

Abbildung 17: Rollendefinition durch Aktivitäten und Erwartungen
Quelle: Fließ et al 2004, S. 193.

3.2.2.1 Bildung der Rollenstruktur durch Prozessaktivitäten

Für die Bildung der Rollenstruktur und damit der konkreten Rollen erfolgt zunächst eine Zerlegung des Prozesses in einzelne Aktivitäten, welche dann wiederum in Rollen überführt werden.[453] Der Ausgangspunkt der Rollendefinition bildet das Prozessdesign, das im Rahmen dieser Arbeit mit Hilfe des SERVICEBLUEPRINT™ durchgeführt werden soll. Die Rollen wiederum werden durch das Konzept des Rolleninhabers zu organisatorischen Einheiten zu-

[451] Vgl. Weisbecker/Groh, 1998, S. 45.

[452] Vgl. dazu auch die Ausführungen in Abschnitt 2.3.2.2.

[453] Vgl. Weisbecker/Groh 1998, S. 41 ff.; Bullinger/Meiren 2001, S. 167.

geordnet.[454] Die Abbildung 18 verdeutlicht die Vorgehensweise innerhalb des Teilbereichs Rollenstruktur.

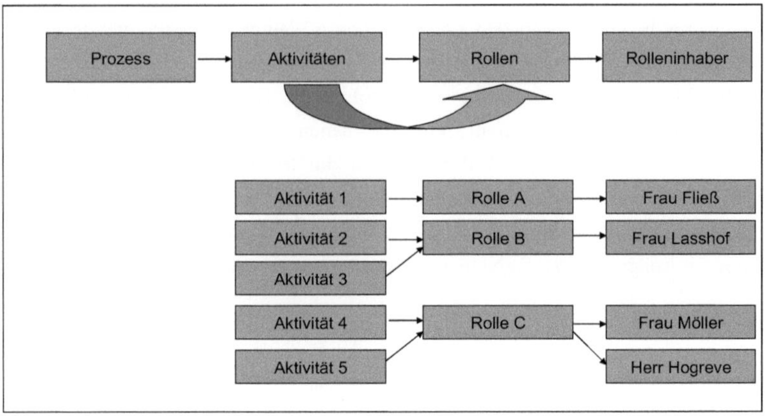

Abbildung 18: Rollenstruktur im Kontext der Rollenorganisation
Quelle: in Anlehnung an Bullinger/Meiren 2001, S. 168.

Zur Veranschaulichung der Rollenstruktursystematik zeigt die folgende Abbildung schematisch einen fiktiven Gesamtprozess, der sich aus mehreren Einzelaktivitäten zusammensetzt. In der Abbildung sind die Aktivitäten durch Flussrelationen miteinander verbunden, die Ströme von Ereignissen und/oder Objekten symbolisieren. Der Gesamtprozess tritt als gerichteter Graph auf.[455] Die einzelnen Aktivitäten wiederum bilden unterschiedliche Prozesse, die eine bestimmte Menge von Aktivitäten umschließen.[456] Der Definition aus Abschnitt 2.2.1.1 folgend, werden Prozesse in diesem Zusammenhang als inhaltlich abgeschlossene Abfolge von Aktivitäten angesehen, die in einem sach- und zeitlogischen inneren Zusammenhang stehen und als Ergebnis eines Transformationsvorganges zu einer Leistung führen, dessen Ausgangspunkt die Bedürfnisse interner oder externer Kunden sind.[457]

[454] Vgl. Weisbecker/Groh 1998, S. 46; Frings/Weisbecker 1998b, S. 118; 1998a, S. 19.

[455] Vgl. zu dieser Vorgehensweise Weisbecker/Groh 1998, S. 41 ff.

[456] Je nach den Ausmaßen des Gesamtprozesses kann an dieser Stelle zwischen Kern- und Subprozessen unterschieden werden. Vgl. dazu Weibecker/Groh 1998, S. 42 ff.

[457] Vgl. ausführlich zur Definition des Prozessbegriffs Abschnitt 2.2.1.1.

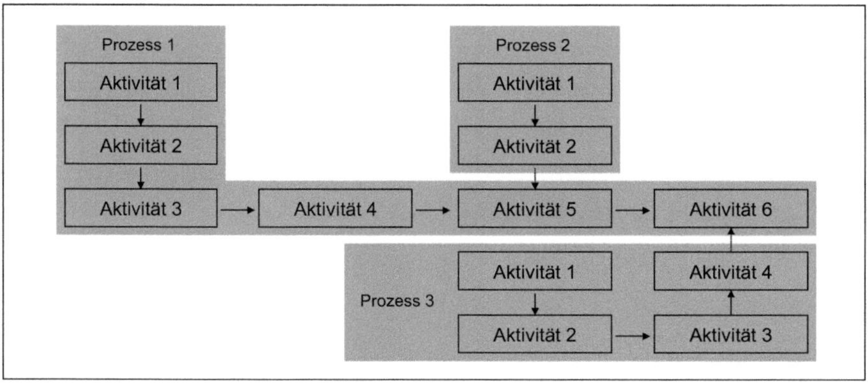

Abbildung 19: Aktivitäten als Prozessbestandteile
Quelle: In Anlehnung an Weisbecker/Groh 1998, S. 43.

Um eine Rollenstruktur bilden zu können, werden die Aktivitäten der einzelnen Prozesse zu Rollen zusammengefasst. Wie bereits erwähnt sind die Rollen damit der Prozessmodellierung überlagert und aus ihr nicht ableitbar.[458] Die Abbildung 20 zeigt die Vorgehensweise der Rollenbildung. Eine Rolle kann aus nur einer Aktivität bestehen, jedoch kann sie sich ebenfalls aus mehreren Aktivitäten zusammensetzen. Gleichzeitig ist damit jede Aktivität eines Gesamtprozesses genau einer Rolle zugeordnet.[459] Die gebildeten Rollen sagen jedoch nichts über die Personen aus, die diese übernehmen.[460] Es erfolgt eine Entkopplung von Aktivitäten und direkter Personenzuordnung. Die Bildung der Rollen muss dabei situationsspezifisch erfolgen. Bei der Bildung ist darauf zu achten, dass diese sinnvoll zu prozessorientierten und ganzheitlichen Aktivitätenstrukturen zusammengestellt werden und keinen Bezug zu bestehenden Berufsbildern aufweisen. Diese Thematik wird in den nachfolgenden Abschnitten näher betrachtet.[461]

---

458 Vgl. Weisbecker/Groh 1998, S. 45.

459 Vgl. Weisbecker/Groh 1998, S. 45.

460 Vgl. Frings/Weisbecker 1998 a, S. 19; 1998 b, S. 118; Bullinger/Meiren 2001, S. 167.

461 Vgl. dazu insbesondere das Beispiel in Abschnitt 3.2.3.

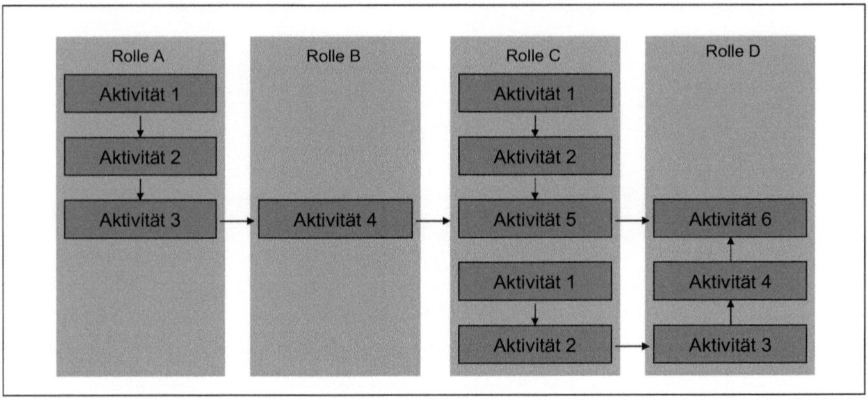

Abbildung 20: Aktivitäten und ihre Zuordnung zu Rollen
Quelle: In Anlehnung an Weisbecker/Groh 1998 S. 45.

Die Zuordnung von Rollen zu konkreten organisatorischen Einheiten resultiert über das Konzept der Rolleninhaber. Eine Stelle bzw. Person kann somit mehrere Rollen innehaben. Ebenso kann sie jedoch auch nur eine Rolle übernehmen.[462] Die Abbildung 21 verdeutlicht die Konzeption des Rolleninhabers. Die Einteilung in Rollen wird durch die Systematik der Rolleninhaber unabhängig von der organisatorischen Struktur der Einheit und soll so die Überwindung von Schnittstellen innerhalb eines Prozesses und die Integration eines ganzheitlichen Prozessgedankens in eine organisatorische Struktur ermöglichen. Zudem soll die Rolleninhaberkonzeption eine Anpassung an verschiedene Unternehmensgrößen erleichtern. Das Konzept verfolgt dadurch eine erhöhte Flexibilität.

462 Vgl. Weibecker/Groh 1998, S. 46.

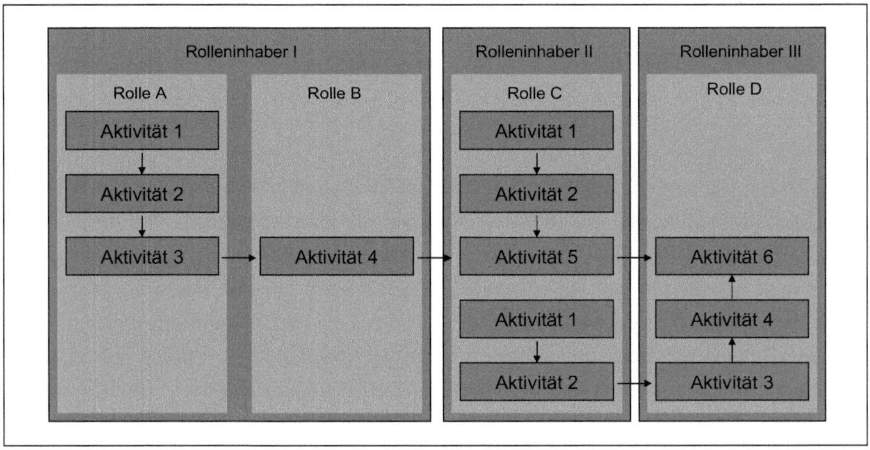

Abbildung 21: Das Prinzip der Rolleninhaber
Quelle: In Anlehnung an Weisbecker/Groh 1998, S. 46.

Anhand der abgeleiteten Rollen können grundsätzlich drei verschiedene Arten von Rollen unterschieden werden. Die Rollenarten beziehen sich auf die Personen, welche die Rollen später ausführen werden. Sie lassen sich in leitende bzw. unterstützende, fachliche und externe Rollen unterscheiden:[463]

- Leitende oder unterstützende Rollen: Verantwortliche, Leiter, Assistenten, Berater oder Trainer
- Fachliche Rollen: beispielsweise Entwickler, Programmierer, Qualitätsmanager oder Tester
- Externe Rollen: Kunden, Benutzer, Lieferanten.

Neben der Art der Rollen kann aus Sicht des Prozesses zwischen

- phasenabhängigen Rollen
- phasenunabhängigen Rollen und
- domänenspezifischen Rollen

[463] Vgl. Frings/Weisbecker 1998a, S. 19 ; Weisbecker/Groh 1998, S. 197 f.

unterschieden werden.[464] Die Einteilung ermöglicht eine Zuordnung von Rollen zu den zeitlichen Phasen im Prozess.

Dadurch, dass einzelne Rolleninhaber eine oder mehrere Rollen in nur einem Prozess oder aber auch eine oder mehrere Rollen in unterschiedlichen Prozessen übernehmen können, ergibt sich ein „Rollenspiel“. Es entstehen verschiedene Kombinationsmöglichkeiten, die durch die Determinanten Anzahl der Rollen und Anzahl der unterschiedlichen Prozesse definiert sind.[465] Die Abbildung 22 veranschaulicht die Kombinationsmöglichkeiten. Im einfachsten Fall nimmt eine Person eine Rolle in einem Prozess wahr. Dies ist beispielsweise bei sehr komplexen Rollen (process owner) der Fall. Daneben kann ein Rolleninhaber mehrere Rollen in einem Prozess wahrnehmen. Ein Spezialfall dieser Möglichkeit ist das Case Management, in dem ein Mitarbeiter alle Aufgaben eines Prozesses übernimmt.[466] Ebenso kann ein Rolleninhaber als Spezialist ein und dieselbe Rolle in mehreren Prozessen ausführen oder - wie beispielsweise in kleinen Unternehmen möglich - mehrere Rollen in mehreren Prozessen wahrnehmen. Daneben besteht natürlich ebenfalls die Möglichkeit, dass mehrere Rolleninhaber eine Rolle innehaben. Dies ist vor allem in großen und umfangreichen Prozessen der Fall.

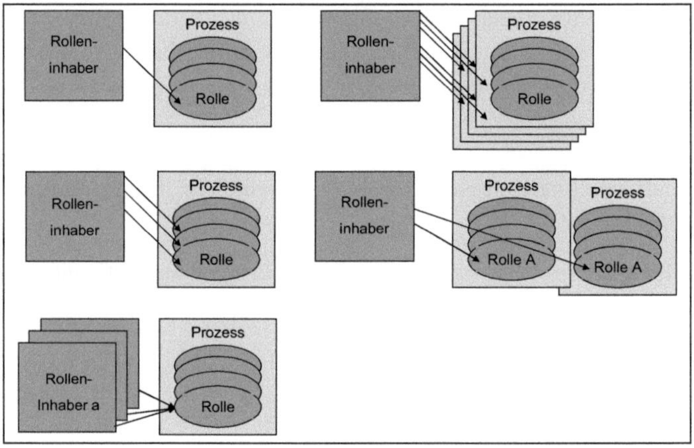

Abbildung 22: Rollenspiel

[464] Vgl. Weisbecker/Groh 1998, S. 198.

[465] Vgl. Weicbecker/Groh 1998, S. 224 ff.; Frings/Weisbecker 1998a, S. 24; 1998b, S. 118.

[466] Vgl. ausführlich zum Case Management Abschnitt 2.2.1.2.2.

3.2.2.2 Definition von Rollen durch die Explikation der impliziten Erwartungen im Rollenumfeld

Neben der aufgezeigten Rollendefinition durch die Einteilung der Aktivitäten eines Prozesses werden Rollen ebenfalls durch die mit ihr verbundenen Erwartungen festgelegt. Nach dem organisationalen Rollenkonzept von Katz und Kahn werden vom Umfeld der organisatorischen Einheit unterschiedliche Erwartungen an eine Zielperson gerichtet.[467] Diese Erwartungen können dabei von externen oder internen Kunden bzw. Vorgesetzten an eine Zielperson gerichtet werden.[468] Für die effiziente und effektive Ausführung einer Rolle ist es nun von wesentlicher Bedeutung, die implizit an eine Rolle gerichteten Erwartungen zu explizieren. Die Grundlage dafür bildet die Rollenbeschreibung.[469]

Damit eine Rolle möglichst verständlich und eindeutig definiert werden kann, müssen Beschreibungskriterien festgelegt werden.[470] Grundsätzlich setzt sich die Rollenbeschreibung aus einem Rollennamen, einer Auflistung der Aufgaben, den erforderlichen Qualitätsanforderungen für die Durchführung der Aufgaben, einer Beschreibung der Interdependenzen zu anderen Rollen und den an die Rolle gerichteten Erwartungen zusammen. Die Rollenbeschreibung ordnet jedoch nicht der Rolle eine bestimmte Person zu. Eine Rolle wird nur mit Aufgaben, Kompetenzen, Verantwortlichkeiten und Erwartungen verbunden.[471]

Die Rollenbeschreibung sollte leicht verständlich sein und einen im Unternehmen gebräuchlichen Namen als Bezeichnung für die Rolle besitzen. Neben der stichwortartigen Auflistung der Aufgaben sollten auch möglichst die mit der Rolle verbundenen Ergebnisse in der Rollenbeschreibung enthalten sein.[472] Gleichzeitig zeigt dies die Verantwortlichkeiten auf, die mit der Rolle verbunden sind. Neben den Aufgaben und Ergebnissen bilden die Qualifikationsanforderungen, die an eine Rolle gestellt werden, einen wesentlichen Bestandteil der Rollenbeschreibung. Die Qualifikationsanforderungen werden in verschieden Kompetenzarten untergliedert. Die Kompetenzarten der Rollenbeschreibung sind folgendermaßen definiert:[473]

---

[467] Vgl. zur organisationalen Rollentheorie nach Katz/Kahn Abschnitt 4.2.4.1.

[468] Vgl. dazu auch Abbildung 30.

[469] Vgl. Frings/Weisbecker 1998a, S. 20; Weisbecker/Groh 1998, S. 204ff.; Bullinger/Meieren 2001, S. 167f.

[470] Vgl. in ähnlicher Form Weisbecker/Groh 1998, S. 204.

[471] Vgl. in ähnlicher Form Bullinger/Meiren 2001, S. 168.

[472] Vgl. Fings/Weisbecker 1999 S. 77; Groh/Geier 2002, S. 183.

[473] Vgl. Frings/Weisbecker, 1998b, S. 118; 1998a, S. 20; Weisbecker/Groh, 1998, S. 207 ff; Bullinger/Meiren 2001, S. 168. In den praxisorientierten Konzepten wird zusätzlich die Medienkompetenz unterschieden. Im Rahmen der Rollenorganisation soll diese jedoch vernachlässigt werden, da es sich um eine sehr spezielle Kompetenz handelt, die sich der fachlichen oder methodischen Kompetenz zuordnen lässt. Zusätzlich soll jedoch die Persönlichkeitskompetenz mit berücksichtigt werden. Vgl. dazu Lau 2002, S. 16.

- Fachliche Kompetenz: Die fachliche Kompetenz umfasst die berufsbedingt erworbenen Qualifikationen und Erfahrungen sowie das fachspezifische und fachübergreifende Wissen. Dazu zählt beispielsweise das Wissen zur Durchführung eines Jahresabschlusses.

- Methodische Kompetenz: Unter der Methodenkompetenz versteht man die Fähigkeit, das erworbene Fachwissen zu nutzen, zu kombinieren, zu ergänzen und zu visualisieren bzw. zu präsentieren. Z.B. muss der Rolleninhaber Verfahren und Tools anwenden können, um den Jahresabschluss durchführen zu können.

- Soziale Kompetenz: Unter den sozialen Kompetenzen sind die Fähigkeiten im Umgang mit anderen Personen zusammenzufassen. Dazu gehört beispielsweise die Teamfähigkeit, die Integrationsfähigkeit oder die Kooperationsbereitschaft.

- Persönlichkeitskompetenz: Die Persönlichkeitskompetenzen schließlich sind die auf die eigene Person bezogenen Anlagen und Fertigkeiten, die sich z.B. in der Flexibilität, der Auffassungsgabe oder dem Erscheinungsbild offenbaren.

Jeder Rolle werden schließlich Ausprägungen der einzelnen Kompetenzen zur Ausführung der mit der Rolle verbundenen Aufgaben zugewiesen. Es entsteht ein Rollenprofil.[474] Um die unterschiedlichen Qualifikationsanforderungen eines Rollenprofils darzustellen, bestehen grundsätzlich drei Möglichkeiten:[475]

- Es werden alle Kompetenzen mit allen fachlichen und methodischen Themengebieten bei jeder Rolle eines Prozesses aufgeführt und es werden nur dort die Ausprägungen angegeben, wo die Themen relevant sind.

- Bei jeder Rolle eines Prozesses werden nur die individuellen Themen der Kompetenzen aufgelistet.

- Es wird ein Bündel von allgemeinen Anforderungen gebildet, das für jede Rolle des Prozesses mit angeführt wird. Zusätzlich werden jedoch spezielle Kompetenzanforderungen der individuellen Rolle mit aufgeführt.

Die unterschiedlichen Möglichkeiten der Rollenprofildarstellung haben Ihre Vor- und Nachteile. So sind zwar bei der ersten Variante alle Anforderungen auf einen Blick zu sehen und es existieren sehr gute Vergleichsmöglichkeiten, jedoch handelt es sich dann um eine

---

474 Vgl. ausführlich zum Rollenprofil Abschnitt 3.2.3.

große Anzahl an Anforderungen und es liegen viele irrelevante Informationen vor. Die zweite Möglichkeit hat den Vorteil, dass nur relevante Informationen aufgelistet sind, jedoch existieren kaum Vergleichsmöglichkeiten zwischen den Rollen. Demnach stellt sich nach Weisbecker und Groh die dritte Alternative als die beste Darstellung der Kompetenzanforderungen dar.[476] Es werden nur relevante Informationen mit guten Vergleichsmöglichkeiten übersichtlich aufgelistet. Zusätzlich werden individuelle, domänenspezifische Anforderungen hervorgehoben.

Als weiteren Baustein der Rollenbeschreibung sind die Interdependenzen zwischen unterschiedlichen Rollen eines Prozesses zu nennen. Die Auflistung der Interdependenzen soll das Zusammenspiel der Rollen darstellen und somit möglichen Konflikten vorbeugen. Dem einzelnen Rolleninhaber sind durch die Nennung der Interdependenzen alle anderen Rollen des Prozesses transparent, d.h. er kann die Interdependenzen zwischen seiner und den anderen Rollen besser verstehen. Zudem wird durch diese Maßnahme die Kommunikation und Kooperation zwischen den verschiednen Rollen verstärkt.

Als letzter Teil sind schließlich die Erwartungen von externen und internen Kunden bzw. Vorgesetzten in die Rollenbeschreibung aufzunehmen.[477] Wie bereits zuvor angedeutet, kann eine effektive und effiziente Ausführung einer Rolle nur dann erfolgen, wenn alle impliziten Erwartungen expliziert worden sind. Die Erwartungen müssen dafür ausführlich in Interviews mit allen Rolleninhabern eines Prozesses in Bezug auf jede einzelne Rolle erhoben werden.[478] Nur durch diese Vorgehensweise lässt sich ein „Erwartungsprofil“ für jede Rolle verdichten, die dem Rolleninhaber Transparenz über die implizit an ihn gestellten Erwartungen ermöglicht.

Durch die Rollenbeschreibung und den damit verbundenen Vorgang der Explizierung von Erwartungen sollen Rollen schließlich als Modi der Vermittlung angesehen werden können.[479] Rollen erhalten damit die Funktion, Interaktionsstrukturen zu bewahren und beinhalten eine Determinationsleistung. Dem Rolleninhaber sind nicht nur die Aufgaben mit seinen Verantwortlichkeiten und den Interdependenzen bewusst, sondern ebenfalls die Erwartungen der restlichen Mitarbeiter des Prozesses. Da alle Erwartungen transparent sind, sollen Rollenkonflikte und alle weiteren Konsequenzen von Rollenkonflikten, wie z.B. Job-Stress oder

---

475 Vgl. Weisbecker/Groh 1998, S. 206.

476 Vgl. Weisbecker/Groh 1998, S. 206.

477 Vgl. Fließ et al. 2004, S. 193 f.

478 Vgl. dazu auch Abschnitt 5.2.1.1.2.

479 Vgl. dazu ausführlich Abschnitt 4.3.

dem Burnout-Syndrom, abgeschwächt bzw. ganz vermieden werden.[480] Die Sichtweise, Rollen als Modi der Vermittlung zu verstehen, wird im Rahmen der Rollentheorie unter Abschnitt 4.3 noch ausführlich erläutert und diskutiert.

Die Ausführungen des Abschnitts zeigen, dass sich Rollen von Stellen in mehrfacher Hinsicht unterscheiden. Rollen werden einem Rolleinhaber aufgrund von Erfahrungen, Kompetenzen und Kenntnissen übertragen, während sich Stellen an konventionellen Berufsbildern orientieren. Rollen basieren eben nicht auf formalen Anforderungsprofilen wie die einer dauerhaft in der Organisationsstruktur eingerichteten Stelle. Grundlage der Rollenbildung ist die Prozessorientierung. Während sich Rollen bedarfsgerecht an prozessualen Anforderungen orientieren, basieren Stellenprofile auf dem Gedanken von funktionalen Abteilungen. Eine Stelle fungiert im Gegensatz zur Rolle als Ordnungskriterium und reglementiert formale Zuständigkeiten. Gleichsam ist eine Stelle statisch geprägt und ordnet dem Mitarbeiter genau eine Position im Unternehmen dauerhaft zu. Im Gegensatz dazu repräsentieren Rollen eher eine temporäre, variable und multiple Zuschreibung. Zudem werden bei Rollen die impliziten Erwartungen berücksichtigt, während diese bei Stellen völlig unbeachtet bleiben. Durch die Integration der Erwartungen in die Rollenbeschreibung unterscheidet sich die Rollenorganisation von einer reinen Aufbauorganisation, die aus zu Stellen zusammengefassten Aufgabenbündeln entsteht. Die Abbildung 23 fasst die Unterschiede noch einmal zusammen.

Rolle vs.	Stelle
• Übertragung auf Basis von Erfahrungen, Kompetenzen und Erwartungen	• Übertragung auf Basis von Berufsbildern
• Prozessorientiert	• Funktional
• Dynamisch, temporär	• Statisch, dauerhaft
• Anforderungs- und bedarfsgerecht	• Ordnungskriterium, reglementiert formale Zuständigkeiten
• Flexible, multiple Zuweisung	• Zuweisung genau an eine Position
• Aufnahme von impliziten Erwartungen	• Keine Aufnahme von impliziten Erwartungen

Abbildung 23: Unterschiede zwischen Stelle und Rolle

Bei der Bildung von Rollen ist demnach darauf zu achten, dass diese sinnvoll zu prozessorientierten und ganzheitlichen Aktivitätenstrukturen zusammengestellt werden. Hier ist der Bezug zu existierenden Berufsbildern zu vermeiden, da diese bereits eine Kombination von Aufgaben und Fähigkeiten beinhalten und wiederum den funktionalen Gedanken innerhalb

---

480 Vgl. zu den Auswirkungen von Rollenkonflikten und Rollenambiguität Abschnitt 4.2.4.2.

der Organisation unterstützen.[481] Beispielsweise muss die Rolle „Ergebnis-Controller" eines Angebotserstellungsprozesses nicht durch einen Mitarbeiter aus der Controlling-Abteilung eingenommen werden. Der Rolleninhaber muss nur die Kompetenzen aufweisen, die für die Ausführung der Aufgaben der Rolle „Ergebnis-Controller" notwendig sind.[482]

Sind im Rahmen des Teilbereichs „Rollenstruktur" Rollen im Zusammenhang mit einem Prozess definiert und integriert worden, werden in der nun folgenden Rollensynthese die zuvor gebildeten Rollen konkreten Mitarbeitern zugeordnet. Die Zuordnung der Rollen vollzieht sich dabei über ein Qualifizierungskonzept und die damit verbundenen Rollenprofile.

3.2.3 Rollensynthese

In der Rollensynthese werden im Rahmen eines Qualifizierungskonzeptes die einzelnen Rollen den Mitarbeitern zugeordnet. Hier sei nochmals betont, dass bis zum Schritt der Rollensynthese die Rollen komplett personenungebunden zu behandeln sind. Eine Verbindung von Rollen mit konkreten Personen einer Organisation würde eine Beziehung zu bestehenden Berufsbildern herstellen, die wiederum den funktionalen Aspekt einer Organisation unterstützt. Erst im Schritt der Rollensynthese wird eine Zuordnung von Rollen zu konkreten Personen und damit zu Stellen innerhalb der Organisationsstruktur vorgenommen. Die Abbildung 24 verdeutlicht die Abgrenzung zwischen Rollenstruktur und Rollensynthese.

---

481 Vgl. Kugeler/Vieting 2003, S. 261.

482 Vgl. dazu Bullinger/Meiren 2001, S. 168 und das Bespiel im nachfolgenden Abschnitt.

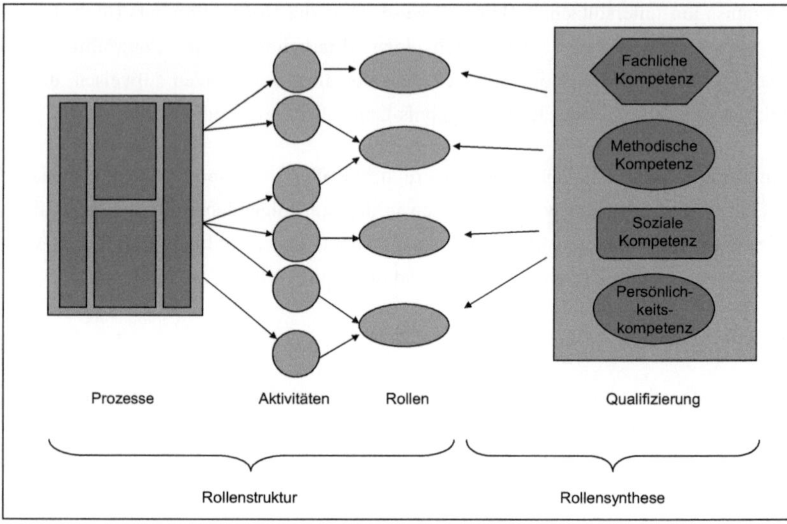

Abbildung 24: Zusammenhang zwischen den Treibereichen Rollenstruktur und Rollensynthese der Rollen-organisation.
Quelle: In Anlehnung an Frings/Weisbecker 1998b, S. 118.

Für die Zuordnung von Mitarbeitern zu Rollen greift die Rollenorganisation auf die in der Rollenbeschreibung enthaltenen Qualifikationsanforderungen zurück. Wie bereits im vorherigen Abschnitt angedeutet, lässt sich aus den Qualifikationsanforderungen einer Rolle jeweils ein Anforderungsprofil ableiten.[483] Dieses Rollenprofil ergibt sich aus der Obermenge der mit den zugeordneten Aktivitäten und Verantwortlichkeiten verbundenen Qualifikations-anforderungen.[484] Abbildung 25 illustriert die Ableitung von Rollenprofilen.

[483] Vgl. Abschnitt 3.2.2.2.

[484] Vgl. Weisbecker/Groh, 1998, S. 47.

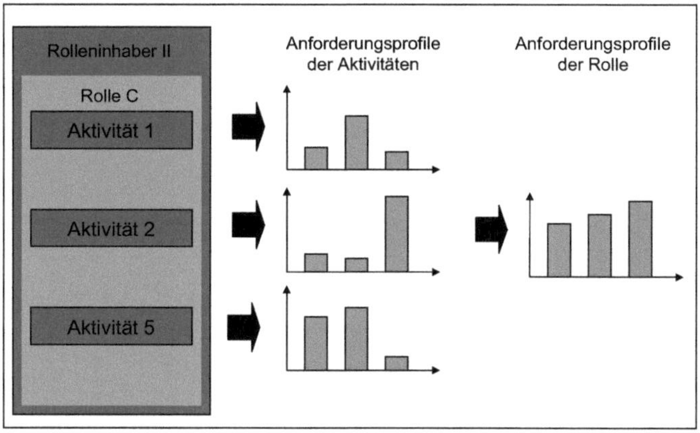

Abbildung 25: Ableitung von Anforderungsprofilen einer Rolle
Quelle: Weisbecker/Groh 1998, S. 47.

Die Qualifikationsanforderungen an eine Rolle werden in fachliche, methodische, soziale und in die Persönlichkeitskompetenz unterteilt.[485] Die einzelnen Kompetenzarten können dabei unter Beachtung der einzelnen Aktivitäten der Rolle weiter spezifiziert werden. Über einen Abgleich der Rollenprofile mit den Qualifikationen eines potenziellen Rolleninhabers können schließlich die Rollen zugeordnet werden. Mit Hilfe des Abgleichs zwischen Anforderungen und der tatsächlichen Qualifikation lassen sich darüber hinaus Qualifizierungsbedarfe ableiten.[486] Die Abbildung 26 zeigt den Soll-Ist-Vergleich zwischen den Anforderungen einer bestimmten Rolle, den Qualifikationen eines Rolleninhabers und dem daraus resultierenden Qualifikationsbedarf. Durch diese Form der Rollenbesetzung sollen Qualifizierungsmaßnahmen schneller erkannt und in Job-Enlargement- bzw. -Enrichment-Maßnahmen umgesetzt werden können.

[485] Vgl. vertiefend zu den vier Kompetenzarten Abschnitt 3.2.2.2.

[486] Vgl. Weisbecker/Groh 1998, S. 48.

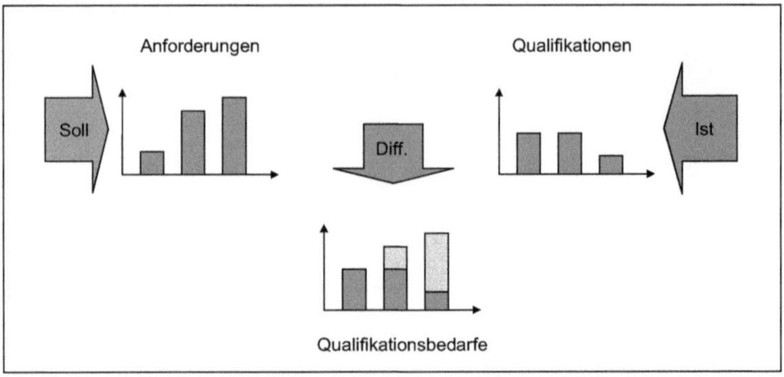

Abbildung 26: Soll-Ist Vergleich zwischen Anforderungen einer Rolle und den Qualifikationen eines Mitarbeiters
Quelle: Weisbecker/Groh, 1998, S. 48.

Zudem sollen mit Hilfe der Rollenprofile Ressourcenanforderungen umfassender und einfacher geplant werden. Durch die Einrichtung eines „Rollenkataloges", der sowohl die einzelnen Qualifikationspotentiale aller Mitarbeiter als auch alle Rollenprofile einzelner Prozesse beinhaltet, soll sich die Möglichkeit einer höchst flexiblen Einsatzplanung von Mitarbeitern ergeben. Job-Rotation-Maßnahmen können - sofern die entsprechenden Qualifikationen vorhanden sind - ohne größeren Aufwand durchgeführt werden. Daneben sollen „Rollen-Engpässe", sprich die Notwendigkeit für neue Rollen innerhalb eines Prozesses, und Personalengpässe frühzeitig aufgedeckt werden.[487] Der Komplexitätsgrad einer Stellenbesetzung gestaltet sich in der Summe durch die Rollenprofile wesentlich niedriger und die Ressourcen können unabhängig von den Rolleninhabern bestimmt werden.

Die prozessorientierte Vorgehensweise bei der Besetzung einer Rollen und die damit möglicherweise verbundenen Vorteile verdeutlicht ein nachfolgendes Beispiel: Im Rahmen einer Beratungsdienstleistung sind für den Angebotserstellungsprozess unter anderem Kenntnisse aus dem Bereich Controlling erforderlich. Eine Controllingstelle könnte in diesem Zusammenhang aber nur zu 10% ausgelastet werden. Das bedeutet, dass der Controller auch nicht in diesem Prozess liegende Aufgaben mit abwickeln oder die Stelle in einer anderen Organisationseinheit angesiedelt werden müsste. Beide Optionen, sowohl das Verbleiben der Stelle im Prozess als auch die Umsiedlung in eine andere Organisationseinheit, führen wiederum zu Schnittstellen im Unternehmen. In diesem Zusammenhang kann es sinnvoll sein, einen Teilnehmer des Prozesses Angebotserstellung im Themenbereich Controlling weiter zu qualifizieren. Der Inhaber einer Rolle „Controller" des Angebotserstellungs-

[487] Vgl. Weisbecker/Groh 1998, S. 196 f.

prozesses muss demnach nicht zwangsläufig aus dem Controllingbereich des Unternehmens kommen. Der Rolleninhaber muss nur die Kompetenzen zur Erfüllung der mit der Rolle verbundenen Aufgaben aufweisen. Das bedeutet, dass unter Umständen fachspezifisches Know-how durch Qualifizierungsmaßnahmen von Rolleninhabern erworben und somit Schnittstellen im Laufe des Prozesses vermieden werden können.[488] Die Rollenorganisation bietet hierfür durch das mit jeder Rolle verbundene Kompetenzkonzept die idealen Vorraussetzungen. Im Rahmen der empirischen Untersuchung muss überprüft werden, ob die nachfolgend dargestellten Vorteile erreicht werden können: Anhand der Rollenprofile sollen Weiterbildungs- bzw. Qualifizierungspotenziale abgelesen werden können, die zu einer ganzheitlichen Aufgabengestaltung im Prozess führen. Maßnahmen des Job-Enlargements sollen einfacher durchführbar werden und sich damit gleichzeitig die Flexibilität und die Anpassungseffizienz des Unternehmens erhöhen. Mit den Rollenprofilen wird das Ziel verfolgt, in einfacher Art und Weise geeignete Mitarbeiter innerhalb des Unternehmens zu finden, die aufgrund ihrer Kompetenzen in der Lage sind, eine bestimme Rolle zu erfüllen bzw. nur eine geringe Weiterqualifikation benötigen. Zudem sollen die Rollenprofile Formen des Job-Rotating ermöglichen bzw. unterstützen. Durch die in einer Datenbank gespeicherten Rollenprofile sollen Mitarbeiter des Unternehmens flexibel Stellen in verschiedenen Prozessen übernehmen.

Für die Einrichtung eines Rollenkataloges sollte eine computergestützte Datenbank gewählt werden, die eine flexible, leicht erweiter- und änderbare Struktur garantiert. Solche computergestützten Datenbanksysteme sind bereits im weiteren Sinne unter dem Namen „Skill-Management-System" bekannt. Skill-Management-Systeme bestehen aus einer unternehmensweiten Datenbank, die verschiedenste Informationen zu Mitarbeitern, Stellenbeschreibungen oder der gesamten Organisation enthalten.[489] Ziel eines Skill-Management-Systems ist es unter anderem, Qualifikationen von Mitarbeitern transparent zu machen, um geeignet qualifizierte Mitarbeiter für Projekte oder Stellen auszuwählen. Die grundlegende Idee eines solchen Systems kann ebenfalls für die Rollensynthese herangezogen werden. Für die Verwaltung des Rollenkataloges werden alle Rollenbeschreibungen in der computergestützten Datenbank gespeichert. Die einzelnen Rollenbeschreibungen können dabei durch Änderungs- oder Updatemöglichkeiten einfach verändert werden. Dafür müssen sämtliche Rollenprofile, die im Rollenkatalog des Unternehmens hinterlegt werden, laufend aktualisiert, erweitert oder neu geschaffen werden.[490]

Im Rahmen einer empirischen Untersuchung sollen im weiteren Verlauf der Arbeit das Potenzial und die Grenzen des hier vorgestellten Konzepts aufgedeckt werden. Es gilt zu über-

---

[488] Vgl. Ausführlich zur Thematik des Qualifizierungskonzeptes Abschnitt 3.2.2.2.

[489] Vgl. Weisbecker/Groh, 1998, S. 238.

[490] Vgl. Lau 2002, S. 19.

prüfen, im welchem Umfang die unter Abschnitt 2.3.2.4 angeführten Ziele mit der Rollenorganisation zu realisieren sind und unter welchen Kontextbedingen die Einführung einer Rollenorganisation möglich ist. Bevor die Arbeit diesen Fragen nachgeht, soll jedoch zuvor im folgenden Kapitel eine grundlegende theoretische Basis für die Rollenorganisation erarbeitet werden.

4 Die sozial-psychologische Rollentheorie

Nachdem im dritten Kapitel das Konzept der Rollenorganisation erörtert wurde, wird im folgenden vierten Kapitel mit der sozial-psychologischen Rollentheorie die theoretische Grundlage für das Rollenkonzept erarbeitet. Ziel des Kapitels ist es, das Konzept der Rollenorganisation auf eine theoretische Basis zu stellen und die grundlegende Funktionsweise der Rollenorganisation zu verdeutlichen. Alle bereits bestehenden Konzepte thematisieren diese Grundlagen nicht. Die Ausführungen zur Rollentheorie sollen schließlich im weiteren Verlauf der Arbeit herangezogen werden, um zusammen mit den Ergebnissen der Fallstudie einen grundlegenden Entwurf für die Ausgestaltung einer Rollenorganisation in Dienstleistungsunternehmen herauszuarbeiten.

Dafür werden zunächst im folgenden Abschnitt die verschiedenen Perspektiven der Rollentheorie erklärt und gegeneinander abgegrenzt. Zu den dargestellten Sichtweisen gehören die funktionalistische und symbolisch-interaktionistische Perspektive, integrierende Konzepte sowie die organisationale Rollentheorie. Im Rahmen der orgnanisationalen Rollentheorie wird schließlich auf die Rollen- und Systemtheorie von Katz und Kahn und die damit verbundenen Rollenkonflikte bzw. die Rollenambiguität eingegangen. Daneben werden im Verlauf des Abschnittes ebenfalls die Folgen von Rollenkonflikten und Rollenambiguität erläutert. Schwerpunkt des vierten Kapitels bildet der Abschnitt 4.3, in dem eine für den Betrachtungsgegenstand der Arbeit zweckmäßige Definition des Rollenbegriffs bzw. Sichtweise der Rollentheorie vorgestellt wird. Auf der herausgearbeiteten Perspektive wird schließlich das Konzept der Rollenorganisation basieren. Dafür wird in Abschnitt 4.4 der rollentheoretische Hintergrund der Rollenorganisation dargestellt, um darauf aufbauend eine zweckmäßige Definition von Rollen im Konzept der Rollenorganisation herauszuarbeiten. Die Definition bildet gleichzeitig den Ausgangspunkt für die Ableitung von Forschungsfragen im Rahmen der Fallstudienforschung.

4.1 Grundlagen der Rollentheorie

Seit Sarbin 1954 den Begriff der Rollentheorie in seinem Handbuchartikel prägte, haben sich eine Vielzahl unüberschaubarer Forschungsansätze mit breit gestreuten inhaltlichen Schwerpunkten aus den Bereichen der Soziologie, Psychologie, Kulturanthropologie oder der Psychiatrie die Rollentheorie zu Nutze gemacht.[491] Rollentheoretische Konzepte sind beispielsweise in so unterschiedlichen Thematiken wie der psychometrischen Theorie, der Psychotherapie[492], in Studien über Kindesentwicklung,[493] Hypnose[494], Familiendynamik[495] oder

[491] Vgl. Sarbin 1968, S. 488; Wiswede 1977, S. 7.

[492] Vgl. Spiegel 1954.

der Konsumentenverhaltensforschung[496] angewendet worden. Daneben bildete die Rollentheorie ebenfalls die Basis für Studien im Kontext von Unternehmen.[497] Die Anwendung der Rollentheorie im Rahmen unternehmerischer Fragestellungen bildet ebenfalls den Schwerpunkt der folgenden Ausführungen.

Nach Biddle befasst sich die Rollentheorie mit dem wichtigsten Merkmal des sozialen Lebens, den charakteristischen Verhaltensmustern von Menschen.[498] Grundgedanke und Ausgangspunkt der Rollentheorie ist es, dass jedes Mitglied der Gesellschaft Inhaber verschiedener Rollen ist.[499] Der Begriff „Rolle" wird dabei in der sozialpsychologischen, soziologischen, pädagogischen, aber auch in der organisationspsychologischen Literatur uneinheitlich benutzt.[500] Coulson hält in diesem Zusammenhang fest: „Sometimes role is used to refer to a social position, somtimes to the behaviour associated with a position. (…) Alternatively role is used to denote individual behaviour or to refer to typical behaviour."[501] Dem Großteil der wissenschaftlichen Autoren folgend, beziehen sich Rollen jedoch nicht auf Verhalten, sondern auf Erwartungen an den Rolleninhaber. Unter einer Rolle soll somit allgemein ein konsistentes Bündel normativer Erwartungen verstanden werden, die an den Inhaber der Rolle gerichtet sind.[502] So erwartet man von einem Lehrer, dass er Schülern Wissen und Werte vermitteln kann, dass ein Richter sich mit dem Gesetz auskennt oder dass ein Zahnarzt nach dem aktuellen Stand der medizinischen Forschung Zahnschmerzen behandeln kann. Es werden jedoch nicht nur Berufsrollen unterschieden. Ebenso kann zwischen Altersrollen, Geschlechterrollen, Rollen in der Familie und Rollen in geschäftlichen Transaktionen differenziert werden.[503] Von Frauen erwartet man beispielsweise in bestimmten Situationen ein anderes Verhalten als von Männern oder von Eltern wird ein fürsorgliches Verhalten gegenüber dem Kind voraus-

---

493 Vgl. Brim 1960.

494 Vgl. Sarbin/Andersen 1967.

495 Vgl. Henry 1956.

496 Vgl. Kroeber-Riel/Weinberg 2003, S. 457 ff.

497 Vgl. dazu exemplarisch Kahn et al. 1964.

498 Vgl. Biddle, 1986, S. 67.

499 Vgl. Coser, 1991, S. 13; Fichter 1970, S. 122 f.

500 Vgl. Heiss 1981, S. 94; Sader 2000, S. 81. Sargent 1951, S. 355 ff.; Coulson 1972, S. 108 f.; Jackson 1972, S. 1 ff.; Neiman/Huges 1951, S. 141 ff.; Coutu 1951, S. 180; Gross et al. 1958, S. 11 ff.; Cleassens 1974, S. 17 ff.

501 Coulson 1972 S. 108 f. Zur verwirrenden Verwendung und Definition des Rollenbegriffs auch Biddle 1979 S. 13 ff.

502 Vgl. dazu Joas, 1975, S. 17;Graen, 1983, S. 1201; Wiswede, 1998, S. 179; Nerdinger, 1998b, S. 1180; Rizzo et al. 1970, S. 155; Meyer-Fehr 1986, S. 33; Heiss 1981, S. 95; Fischer 1992, Sp. 2224; Mayntz 1980, Sp. 2044; Fischer/Wiswede 2002, S. 455; Solomon et al. 1985, S. 103.

503 Vgl. Wiswede 1998, S. 179 f.; 2000, S. 101 f.; Fichter 1970, S. 123.

gesetzt.[504] Als zentraler Aspekt der Rollentheorie ist dabei festzuhalten, dass die betrachtete Rolle als abhebbar vom konkreten Rolleninhaber anzusehen ist.[505] Wie unabhängig eine Rolle vom Inhaber jedoch tatsächlich ist, wird in den unterschiedlichen Perspektiven der Rollentheorie kontrovers diskutiert.

Der Begriff Rollentheorie scheint in diesem Zusammenhang zudem sehr voreilig gewählt, da ein einheitliches rollentheoretisches Konzept bis heute nicht existiert.[506] Unter dem Begriff der Rollentheorie sind eine Fülle von Konzeptionalisierungen zu finden, die in eine Vielzahl von Subtheorien mittlerer Reichweite überführt worden sind. In seiner kritischen Bestandsaufnahme von 1986 stellt Biddle zudem fest, dass viele Rollentheoretiker mit zu primitiven Grundkonzepten arbeiten, der Kontakt zwischen empirischer Forschung und Theorie unterentwickelt sei und es bis heute an einer empirischen Grundlagenforschung fehle.[507]

Im Allgemeinen werden Mead und Linton als die eigentlichen „Väter“ der Rollentheorie genannt.[508] Mit den beiden Wissenschaftlern wird der Ausgangspunkt, aber gleichzeitig auch eine unterschiedliche Perspektive der Rollentheorie verbunden. Während Linton mit der klassischen Unterscheidung von Status und Rolle den funktionalistischen Rollenbegriff prägte,[509] liegt dem symbolisch interaktionistischen Rollenverständnis von Mead eine wechselseitige und dynamische Perspektive zugrunde.[510] Ausgehend von Lintons und Meads Arbeiten entwickelte sich in den folgenden 30 Jahren ein fruchtbarer Diskurs über Rollen und die Rollentheorie. In der Bundesrepublik setzte die Diskussion zeitlich versetzt ein und gewann dort durch die Arbeiten von Dahrendorf an Popularität.[511] Nach den intensiven Diskussionen der 60er und 70er Jahre stagnierten jedoch die rollentheoretischen Erörterungen und mündeten in ein „gegenwärtiges Desinteresse“[512]. Fischer und Wiswede begründen das Desinteresse mit einer Korrespondenz zwischen der Rollentheorieentwicklung und dem gesellschaftlichen

---

[504] Vgl. Wiswede 1998, S. 179.

[505] Vgl. Mayntz 1980, Sp. 2045; Meyer-Fehr 1986, S. 33.

[506] Vgl. Wiswede, 1977, S. 7; Biddle, 1986, S. 67f.

[507] Vgl. Biddle, 1986, S. 67; dazu ebenfalls Schülein 1989, S. 482 f.; Fischer/Wiswede 2002, S. 462.

[508] Vgl. Schülein, 1989, S. 491; Kirchhoff-Hund 1978; S. 86; Heiss 1968, S. 4; dazu auch Claessens 1974, S. 14 ff und Biddle/Thomas, die jedoch auch Moreno als Begründer der Rollentheorie ansehen. Vgl. dazu Biddle/Thomas 1966, S. 7.

[509] Vgl. Kirchhoff-Hund 1978, S. 95 ff.; Wiswede 1998, S. 181; Joas 1975, S. 30.

[510] Vgl. Wiswede 1998, S. 182; Fischer/Wiswede 2002, S. 458; auch Kirchhoff-Hund 1978, S. 90 ff.

[511] Vgl. Haug 1994, S. 24; Claessens 1974, S. 20; Joas 1975, S. 17.

[512] Fischer/Wiswede 2002, S. 455. Vgl. dazu ebenfalls Schülein 1989, S. 482 ff.; Das Desinteresse gilt jedoch nicht für die Subtheorien mittlerer Reichweite, die in rollenanalytischer Sprache formulierbar sind. Dazu gehören die Subtheorien des Rollenkonfliktes, des Rollentransfers, des Rollenstresses oder ähnliche Konzepte. Vgl. dazu in besonderer Weise die Ausführungen unter Abschnitt 4.2.4.3.

Wandel.[513] Der gegenwärtige Zeitgeist der Gesellschaft lässt die Rollentheorie, die sich mit der gesellschaftlichen Verpflichtung des Individuums auseinandersetzt, nicht mehr aktuell erscheinen. Während in den 60er und 70er Jahren die Rollentheorie mit der Vorstellung des durch die Gesellschaft seiner Freiheit beraubten Individuums im Einklang stand, untergräbt die Rollentheorie aufgrund der konservativen Implikationen die Kontrollillusion der heutigen Gesellschaft.[514] Für die hier vorliegende Arbeit scheint die Rollentheorie jedoch eine fruchtbare Grundlage zu sein. Rollen sind in der Lage, Erwartungen zu vermitteln, und eignen sich deshalb womöglich für einen Einsatz in der Organisation von Unternehmen. Für die Untersuchung dieser Forschungsfrage und ein besseres Verständnis der Rollentheorie sollen dafür zunächst die einzelnen Perspektiven der Rollentheorie dargestellt werden.

Ebenso wie bei dem Rollenbegriff werden die einzelnen Perspektiven der Rollentheorie in der Literatur nicht einheitlich verwendet und partiell die gleichen Theorieperspektiven mit unterschiedlichen Namen bezeichnet.[515] Im Weiteren soll der Bezeichnung von Biddle gefolgt werden, da seine Bestandsaufnahme am umfassendsten erscheint. Neben der durch Linton und Mead geprägten funktionalistischen und symbolisch-interaktionistischen Perspektive unterscheidet Biddle drei weitere Formen der Rollentheorie, die er als strukturelle, organisationale und kognitive Rollentheorie bezeichnet.[516] Aufgrund der starken therapeutischen Ausrichtung wird im weiteren Verlauf der Ausführung die kognitive Perspektive, der Biddle die Untersuchungen von Moreno und Sherif zuordnet, nicht weiter beachtet.[517] Zudem soll das axiomische Konzept der strukturellen Rollentheorie[518] im Folgenden nicht thematisiert werden, da es u.a. aufgrund seiner mathematischen Ausrichtung allgemein auf wenig Beachtung stößt[519] und für eine Anwendung im organisationalen Kontext unbrauchbar erscheint. Zusätzlich werden jedoch integrierende Konzepte der Rollentheorie in die Darstellung der einzelnen Perspektiven aufgenommen, da sie die grundlegenden Unterschiede zwischen der

---

513 Fischer/Wiswede 2002, S. 455.

514 Vgl. Fischer/Wiswede 2002, S. 455 f. Fischer und Wiswede begründen das Desinteresse gegenüber der Rollentheorie mit der schrumpfenden Seitenzahl über die Thematik in modernen Lehrbüchern. So erstreckt sich die Rollentheorie bei Secord/Backman über 70 Seiten, während sie in neuen Lehrbüchern nicht vorhanden ist. Vgl. als Beispiel dazu Secord/Backman 1976, S. 502 ff.; Herkner 1991.

515 Kieser/Kubicek bezeichnen beispielsweise die funktionale Sichtweise als strukturalistische Rollentheorie und die symbolisch-interaktionistische Perspektive als interpretative Rollentheorie. Vgl. dazu Kieser/Kubicek 1992 S. 455 ff.; Stryker und Statham bezeichnen ebenfalls die funktionale Sichtweise als strukturelle Rollentheorie, benutzen aber wie Biddel die Bezeichnung symbolischer Interaktionismus. Vgl. Stryker/Statham 1985 S. 332. Dazu ebenfalls Stokes/Hewitt 1976, S. 839, insbesondere Fußnote Nr. 1.

516 Vgl. Biddle, 1986, S. 70 ff.

517 Vgl. zur ausführlichen Würdigung von Morenos Arbeit Petzold/Mathias 1982.

518 Vgl. Biddle 1986, S. 42.

519 Vgl. Biddle 1986, S. 73.

funktionalistischen und symbolisch-interaktionistischen Sichtweise zu überbrücken versuchen und eine Grundlage für ein übergreifendes Rollenverständnis bilden.

4.2 Perspektiven der Rollentheorie

4.2.1 Funktionalistische Perspektive

Der funktionalistische Rollenbegriff stammt aus der amerikanischen Kulturanthropologie[520] und tauchte zum ersten Mal in den Arbeiten von Linton auf.[521] Linton definierte den Rollenbegriff als „(the) sum total of the culture patterns associated with a particular status. It thus includes the attitudes, values and behavior ascribed by the society to any and all persons occupying this status.“[522]. Bezeichnend für den kulturanthropologischen Rollenbegriff „ist die Identifizierung sozialer Rollen mit einem ganz bestimmten Verhalten, welches zum einen bestimmte Rechte und zum anderen gewisse Pflichten des Rolleninhabers berücksichtigt“[523]. Diese Strukturierung von Rechten und Pflichten gleicht sich auf der Ebene der Gesellschaft bilanzmäßig aus.

Betont wird in dieser Sichtweise die Unabhängigkeit gesellschaftlicher Strukturen von den Individuen.[524] Die Individuen, die in einem System eine Position einnehmen, sind austauschbar, während das System weiter fortbesteht.[525] Die Systemstabilität basiert auf einem vorgegebenen Satz gesellschaftlicher Positionen, die in geregelten Beziehungen zueinander stehen und das Rollensystem bilden.[526] Jede Position, die im Rollensystem mindestens einer weiteren komplementären oder reziproken Position zugeordnet ist,[527] wird mit einem Bündel von Verhaltenserwartungen verknüpft, die das Rollenhandeln bestimmen (vgl. Abbildung 27).[528]

---

[520] Vgl. Fischer/Wiswede 2002, S. 456;Wiswede 1977, S. 11.

[521] Vgl. Kirchhoff-Hund 1978, S. 95 ff.; Claessens 1974, S. 15f. Die erste Arbeit veröffentlichte Linton 1936 unter dem Titel „Study of Man“.

[522] Linton 1945, S. 77.

[523] Wiswede 1977, S.11.

[524] Vgl. Joas 1982, S. 150; Joas 1975, S. 30 f.; Fischer/Wiswede 2002, S. 456.

[525] Vgl. Fischer/Wiswede 2002, S. 456.

[526] In der englischsprachigen Literatur wird die Gesamtheit des Rollenumfeldes auch als „Role Set“ bezeichnet. Vgl. dazu exemplarisch Pfeffer 1985, S. 398; Katz/Kahn 1978, S. 189.

[527] Vgl. Nerdinger 1998a, S. 199; Solomon et al. 1985, S. 103; Mohr/Bitner 1991, S. 614.

[528] Vgl. Wilson 1970, S. 698 f.; Fischer/Wiswede 2002; Fischer 1992, Sp. 2226.

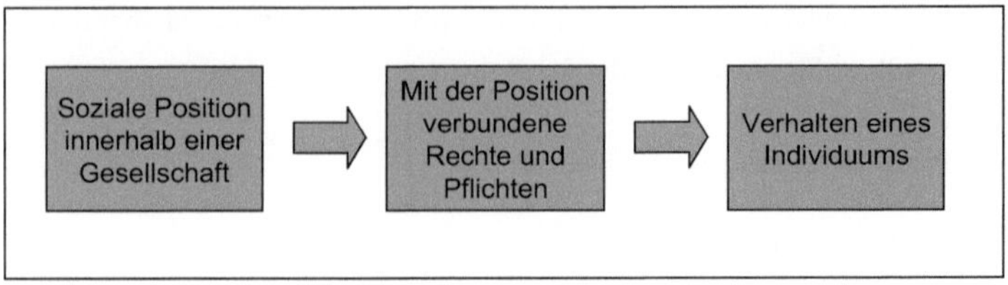

Abbildung 27: Rollenhandeln im Rahmen der funktionalen Rollentheorie

Die Arbeiten von Linton markieren zwar den Beginn der funktionalen Rollentheorie, formalisiert wurde der Ansatz jedoch erst durch die Arbeiten von Parsons, der den kulturanthropologischen Rollenbegriff aufgriff und weiterentwickelte.[529] Für Parsons ist die Rolle als Verbindungsstück zwischen Individuum und Gesellschaft zu sehen.[530] In den Arbeiten Parsons wird der Rollenbegriff jedoch gleich mehrfach definiert: Als organisierter Sektor der Handlungsorientierung eines Akteurs, als Menge der Erwartungen von Interaktionspartnern, als für die Stabilität des Wertesystems funktionale spezifische Verhaltensanforderung und als der funktionale Aspekt des stabilen Elements des sozialen Systems.[531] Diese auf den ersten Blick verwirrenden Begriffsdefinitionen basieren auf der von Parsons entwickelten sozialwissenschaftlichen Theorie und weisen auf unterschiedliche Funktionen der Rolle hin. Zum Verständnis des Rollenbegriffs und der später nachfolgenden Abgrenzung zum symbolischen Interaktionismus soll die Theorie von Parsons knapp erläutert werden.[532]

In Parsons Theorie existieren drei simultan vorhandene und den unterschiedlichen Rollenbegriffen zuzuordnende Systeme: personality system, social system und cultural system.[533] Das personality system bezieht sich auf den einzelnen Akteur und beschreibt dessen Organisation der Wertorientierung und Handlungsmotivation.[534] Im Mittelpunkt des zweiten

---

[529] Vgl. Fischer/Wiswede 2002, S. 457. Die erste Arbeit veröffentlichte Parsons 1951 unter dem Titel „The Social System“. Zur Einordnung Parsons in die funktionale Perspektive Biddle 1986, S. 70; Stryker/Statham 1985, S. 332 f.

[530] Vgl. Stryker/Stratham 1985, S. 333.

[531] Vgl. dazu Joas 1982; 1975.

[532] Bei der nachfolgenden Darstellung der sozialwissenschaftlichen Theorie Parsons handelt es sich um eine sehr starke Vereinfachung. Die Ausführungen lehnen sich dabei an die Arbeiten von Joas an. Vgl. dazu Joas 1982; 1975.

[533] Vgl. Parsons et al. 1951, S. 6 ff.

[534] Der Handelnde wird von Parsons in diesem Zusammenhang als eine gegen seine Umwelt isolierte Einheit definiert: „...(T)he orientation of action of any one given actor and its attendant motivational processes becomes a differentiated and integrated system. This system will be called the personality, and will define it as the organized system of the orientation and motivation of action of one individual actor" Parsons et al. 1951, S. 7.

Systems, dem social system, steht die Interaktion zweier Handelnder untereinander.[535] Die Akteure interagieren, um ihre Bedürfnisse zu befriedigen. Die Bedürfnisbefriedigung führt zu einem Interesse an der Aufrechterhaltung der Beziehung und damit zur Stabilisierung. Den Akteuren eröffnet dies ein festes Muster für die Orientierung. Nun leitet Parsons Beziehungsmuster aber gerade nicht aus der Interaktion ab, sondern fasst diese als Folge des dritten Systems, des cultural system, auf.[536] Das cultural system umfasst alle verbindlichen Werte und Normen für Akteure eines sozialen Systems.[537] Es existiert bereits vorgängig und wird in die beiden anderen Systeme integriert. Nach Parsons ermöglicht erst diese gesellschaftliche Institutionalisierung von Normen, über den Rahmen von nur zwei Interaktionspartnern hinauszugehen. Eine Beschränkung auf wechselseitige Bedürfnisbefriedigungen zwischen nur zwei Akteuren ist nicht mehr nötig, da die Konformität zum gemeinsamen Wertesystem die gleichmäßige Verteilung von Vergütungen gewährleistet. Rolleninhaber haben die Normen des Rollensystems erlernt und es wird erwartet, dass sie sich nach diesen richten und sich dementsprechend verhalten.[538] Damit ersetzten Konventionen und Normenkonformität die unmittelbare Rückkopplung durch den Interaktionspartner.[539] Das Wertesystem ist somit nicht aus Interaktionen, sondern die Interaktion aus dem Wertesystem abzuleiten. Hierauf beruht der entscheidende Unterschied zur Perspektive des symbolischen Interaktionismus, die im nachfolgenden Abschnitt erklärt werden soll. Gleichzeitig ist die Frage nach dem Primat von Wertesystem oder Interaktion auch der zentrale Punkt, an dem sich die Theorie Parsons kritisieren lässt.

Zusammenfassend lässt sich festhalten, dass die funktionalistische Perspektive der Rollentheorie das charakteristische Verhalten von Personen fokussiert, die in einem stabilen sozialen System Positionen einnehmen.[540] Rollen sind damit als geteilte normative Erwartungen anzusehen, die das Verhalten vorschreiben und erklären.[541] In dieser Sichtweise haben Rollen für den Handelnden eine Orientierungs- und Motivationsfunktion und für das soziale System eine

[535] Handeln gilt in diesem Zusammenhang als eingebunden in ein soziales System: „...(T)he action of a plurality of actors in a common situation is process of interaction...This interaction also becomes differentiated and integrated and as such forms a social system" Parsons et al. 1951, S. 7.

[536] Bei dieser Aussage handelt es sich um eine unzulässige Summation. Aufgrund der Komplexitätsreduktion und der besseren Verständlichkeit soll diese hier jedoch angewendet werden. Vgl. dazu Joas 1975, S. 28.

[537] Vgl. Parsons et al. 1951, S. 7 f. Das kulturelle System ist in diesem Zusammenhang nicht als selbstständiges System organisiert, sondern es tritt nur in der Handlungsorientierung der Akteure als deren Objekt auf. Vgl. dazu Joas 1975, S. 28, insbesondere Anmerkung Nr. 23.

[538] Vgl. Biddle 1986, S. 70.

[539] Vgl. Fischer 1992 Sp. 2226.

[540] Vgl. Stryker/Stratham 1985, S. 333; Biddle 1986, S. 70.

[541] Vgl. Biddle 1986, S. 70.

Integrationsfunktion.[542] Rollen reduzieren die Unsicherheit im Umgang miteinander und helfen Individuen aufgrund der Normen des Rollensystems, sich in unbekannten Situationen zurechtzufinden.[543]

Der funktionalistischen Perspektive standen umfangreiche Kritiken gegenüber. So wird vor allem das Primat des Wertesystems gegenüber der Interaktion kritisiert. In der funktionalistischen Sichtweise gewährleisten Normen die Stabilität des sozialen Systems, sie thematisiert jedoch nicht, wie Normen zustande kommen.[544] Nach der Argumentation von Kritikern wird der Zusammenhang zwischen der die Normen und Werte konstituierenden Interaktion und den Normen und Werten selbst zerschnitten. Zudem impliziert die Sichtweise einen „übersozialisierten" Menschen, der ausschließlich von Vorschriften und Pflichten geleitet wird.[545] In diesem Zusammenhang kritisiert Znaniecka Lopata, dass in der Theorie das aktuelle Verhalten nicht fokussiert wird und damit eine Analyse von sozialem Leben schwierig, wenn nicht sogar unmöglich macht.[546] Weiterhin wird bemängelt, dass Verhalten aufgrund von vielen Beziehungen zustande kommt und somit eine isolierte Sichtweise der Person als Inhaber einer sozialen Position unzureichend ist, dass viele Rollen nicht zwangsläufig mit sozialen Positionen und Funktionen verbunden und soziale Systeme nicht stabil sind.[547] Hinzu kommt eine Entstrukturierung der Gesellschaft, die für eine Anwendung interpretativer Regeln spricht.[548] Aufgrund dieser Kritikpunkte hat die funktionalistische Sichtweise in den 60er und 70er Jahren ihre Dominanz verloren,[549] jedoch stellt sich im Rahmen dieser Arbeit die Frage, ob eine grundsätzliche Negierung der Perspektive richtig ist. In diesem Zusammenhang betonen Wilson und Fischer/Wiswede, dass das normative Paradigma sehr wohl zulässig ist, es jedoch nur für solche Rollen gelten dürfte, die weitgehend verpflichtend sind und von unverrückbaren Normen ausgehen.[550] Solche verpflichtenden Rollen sind am wahrscheinlichsten im Bereich formalisierter Organisationen zu finden.[551] Im weiteren Verlauf der Ausführungen soll nun die Perspektive des symbolischen Interaktionismus betrachtet werden, dessen theoretische Grundlagen im Widerspruch zu denen der funktionalen Sichtweise stehen.

---

[542] Vgl. Joas 1982, S. 150.

[543] Vgl. Fließ 2000, S. 312.

[544] Vgl. Wiswede 1998, S. 182; Fischer/Wiswede 2002, S. 457; Fischer 1992, Sp. 2226.

[545] Vgl. Wrong 1961, S. 191 f.; im Sinne der konformen Persönlichkeit Crutchfield 1955; dazu auch Stokes/Hewitt 1976, S. 838 f.; Fischer 1992, Sp. 2226.

[546] Vgl. Znaniecka Lopata 1991, S 1.

[547] Vgl. Biddle 1986, S. 71.

[548] Vgl. Wiswede 1998, S. 182; Berger 1986, S. 1 ff.; Beck 1986, S. 121 ff.

[549] Vgl. Biddle 1986, S. 71.

[550] Vgl. Fischer/Wiswede 2002, S. 457; Wilson 1970, S. 699 f.

[551] Vgl. Fischer/Wiswede 2002, S. 457.

4.2.2 Symbolisch-Interaktionistische Perspektive

Im Gegensatz zur funktionalen Sichtweise liegt dem symbolischen Interaktionismus eine wechselseitige und dynamische Perspektive zugrunde, in der Rollen nicht an soziale Positionen gekoppelt sind und die normative Bedeutung in den Hintergrund tritt.[552] Rollen sind nicht a priori vorgegeben und in einem hohen Maße gestaltbar, so dass von einem interpretativen Paradigma gesprochen werden kann.[553] Als Begründer des symbolischen Interaktionismus gilt Mead,[554] wobei der Begriff von Blumer, einem Schüler Meads, geprägt wurde.[555] Als weitere wichtige Vertreter des symbolischen Interaktionismus gelten Turner, Goffman und Stryker und in der Bundesrepublik Dreitzel und Krappman.[556]

Der symbolische Interaktionismus basiert auf dem Verständnis, dass Rollenbeziehungen durch Komplementarität bestimmt sind. Damit eine erfolgreiche soziale Interaktion zustande kommt, müssen die Erwartungen und Handlungen optimal aufeinander abgestimmt sein. Diese Abstimmung kann nur durch eine Kommunikation über signifikante Symbole erfolgen. Mead definierte signifikante Symbole als menschliche Gesten, die gegenüber den tierischen Gesten (Laute und Gebärden) zusätzlich den Sprachgebrauch umfassen. Die menschliche Interaktion ist nach Mead sprachlich vermittelt. Zusätzlich zeichnet sie sich durch Selbstwahrnehmung und Verhaltensantizipation aus. Individuen nehmen nicht nur sich selbst wahr, sondern sehen sich auch mit den Augen eines oder einer anderen. Sie können die Perspektive wechseln, das Verhalten von Interaktionspartnern antizipieren und sich selbst entsprechend den Erwartungen verhalten. Diesen Prozess bezeichnet Mead als „role-taking". „Taking the role of the other ist die Antizipation des situationsspezifischen Verhaltens des Anderen."[557] Eine Kommunikation durch die innere Repräsentation des Verhaltens anderer führt nun nach Mead zu drei Ebenen des Individuums:[558]

[552] Vgl. Wiswede 1998, S. 181 f.; Wilson 1970, S. 700; Biddle 1986, S. 71; Fischer 1992, Sp. 2227.

[553] Vgl. Wilson 1970, S. 700 ff.; Fischer 1992, Sp. 2226; Wiswede 1977, S. 17.

[554] Vgl. Biddle 1986 S. 71, Wiswede 1977, S. 17; Joas 1980, S. 148, Treibel 1993, S. 110; Stryker 1980, S. 15; Stryker 1981, S. 5. Erste zentrale Gedanken gehen jedoch bis auf Baldwin 1895; Cooley 1902 und Simmel 1920 zurück. Vgl. dazu Rose 1962 S. 3; Loewenfeld/Herrmann 2004, S. 654; Fischer/Wiswede 2002, S. 458; Biddle/Thomas 1966, S. 5.

[555] Vgl. Treibel 1993, S. 114, auch Stryker 1980, S. 15; Wilson 1970, S. 700; Loewenfeld/Herrmann 2004, S. 654.

[556] Vgl. dazu Fischer 1992, Sp. 2226.

[557] Joas 1982, S. 148.

[558] Vgl. Mead 1978, S. 216 ff.; Joas 1982, S. 148 f.; Treibel 1993, S. 112 f.

- „I“: bezeichnet das Individuum im aktuellen Moment als Subjekt. Es steht für das Prinzip der Spontaneität und Kreativität und die Triebausstattung des Menschen. Diese Triebausstattung kann von Normierungen nur kanalisiert werden.
- „me“: bezeichnet die Vorstellungen des „I“ von dem Bild, das „Andere“ vom „I“ haben. Es handelt sich um die Verinnerlichung der Erwartungen „Anderer“ an das „I“.
- „self“: bezeichnet die Synthese von mehreren „me's“ zu einem Selbstbild. Es entsteht die Ich-Identität als einheitliche und doch gegenüber „Anderen“ flexible Selbstbewertung und Handlungsorientierung.

Der Organismus reagiert demnach mit dem „I“ auf die Haltung Anderer, die Haltung Anderer bilden wiederum das organisierte „me“.[559] Die Ausführungen zeigen, dass Individuen in der symbolisch interaktionistischen Perspektive aufgrund der Fähigkeit von Verhaltensantizipationen, der Rollenübernahme, aktiv und dynamisch und nicht passiv und determiniert gesehen werden.[560] Mead bezieht die Rollenübernahme dabei nicht nur auf kommunikative Fähigkeiten, sondern führt eine kognitive, motivationale und moralische Entwicklung auf das „role-taking“ zurück.[561] Erst die Rollenübernahme ermöglicht eine Reflexion von Akteuren. Da die Reflexion auch Voraussetzung für kognitive Leistungen ist, wird die Entwicklung kommunikativer Fähigkeiten auch zur Bedingung kognitiver Fortschritte.[562]

Die Analysen Meads gestalteten sich jedoch begrifflich unscharf und führten somit zu einer Vielzahl falscher Wiedergaben. Transparenz brachten erst die Arbeiten der sich herausbildenden Schule des symbolischen Interaktionismus. In diesem Zusammenhang sind vor allem die Ausführungen Turners zu nennen.[563] In Abhebung zum Begriff des „role-taking“ hat Turner den Begriff des „role-making“ eingeführt.[564] Bedeutet das „role-taking“ der Arbeit Meads folgend die rezeptive Übernahme einer fremden Rolle, verdeutlicht Turner mit dem „role-making“ die aktiv gestaltende Komponente des Rollenspiels.[565] In diesem Ansatz fallen Rollenübernahme und Identifikation nicht mehr zusammen. Ohne dass Rollenspieler Normen und Werte von Interaktionspartnern übernehmen müssen, können sie das Verhalten ihrer Partner adäquat antizipieren. Die Rollen werden erst in Interaktionsprozessen eingespielt, an-

---

[559] Vgl. Mead 1978, S. 218.

[560] Vgl. Treibel 1993, S. 113.

[561] Vgl. Joas 1982, S. 149.

[562] Vgl. Joas 1982, S. 149.

[563] Vgl. Turner 1962; 1956 dazu auch Wiswede 1977, S. 17; Krappmann 1971, S. 142 f.

[564] Entgegen weitläufiger Meinung hat Turner den Begriff des „role-making“ nicht in Abhebung von der funktionalistischen Sichtweise, sondern in Abgrenzung zur Perspektive Meads eingeführt. Vgl. dazu Turner 1962 S. 22.

geeignet oder ausgehandelt.[566] Kommt es in einer Interaktion zu einer Übereinstimmung, werden die Rollen bestätigt, anderenfalls abgelehnt, verändert oder neu kreiert.[567] Aus den konstitutiven Interpretations- und Deutungsprozessen entsteht eine Rollenselbstgestaltung.[568] Die Abbildung 28 illustriert das Paradigma des symbolischen Interaktionismus.

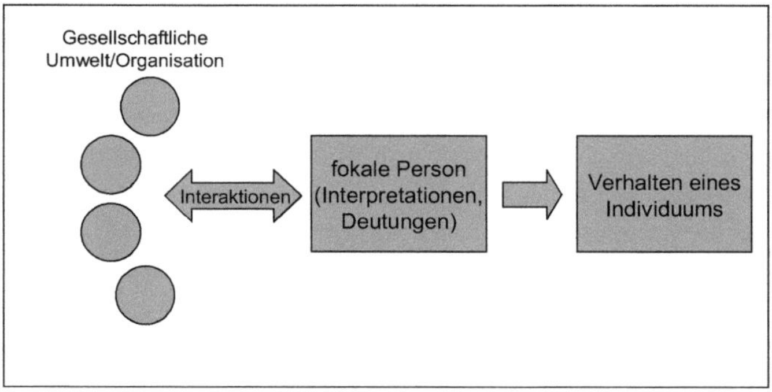

Abbildung 28: Paradigma des symbolischen Interaktionismus

Die Arbeiten Turners verdeutlichen die grundlegenden Differenzen zwischen den Anhängern des symbolischen Interaktionismus und den Funktionalisten.[569] Im symbolischen Interaktionismus werden die Rollen erst in der Interaktion zwischen zwei Beziehungspartnern erzeugt und sind ständig modifizierbar. Rollenhandeln ist nicht wie bei den Funktionalisten als Umsetzung festgelegter Vorschriften zu verstehen, sondern die Rollen werden immer wieder neu ausgehandelt, wodurch eine Beziehung nie endgültig stabilisiert ist und als offen gilt.

Der Rollenbegriff des symbolischen Interaktionismus erscheint dem des Funktionalismus in einer Reihe von Punkten überlegen. Vor allem klärt er die Frage nach der Herkunft von

565 Vgl. Fischer/Wiswede 2002, S. 459; Joas 1975, S. 40; Fischer 1992, Sp. 2226 f.

566 Vgl. Kirchhoff-Hund 1978, S. 90 ff.; Fischer 1992, Sp. 2226 f.; Wiswede 1998, S. 182; Fischer/Wiswede 2002, S. 458 f.

567 Der Begriff des „role-making“ von Turner umfasst neben der Neudefinition einer Rollenbeziehung ebenfalls die Aktualisierung vorgegebener Rollen oder eine Wahl zwischen mehreren. Vgl. dazu Joas 1975, S. 41.

568 Vgl. Dreitzel 1980, S. 63.

569 Ein weiterer Unterschied, der hier aufgrund des Betrachtungsgegenstandes der Arbeit nicht weiter erläutert werden soll, ist darin zu sehen, dass der symbolische Interaktionismus die Rolle nicht an positionalen Erwartungen festmacht, sondern als soziales Typisierungsschema begreift. Komplexe Sachverhalte werden unter ein simplifizierendes Interpretationsschema subsumiert, was wir als stereotype Systeme bezeichnen (Bsp.: Rolle des Obdachlosen, des Aufsteigers usw.). Vgl. dazu Wiswede 1998, S. 183; Fischer/Wiswede 2002, S. 460.

Werten und Normen. Werte und Normen werden nicht einfach als gegeben hingenommen,[570] sondern auf eine erfolgreiche Interaktion zwischen verschiedenen Partnern zurückgeführt. Auf dieser transparenteren Kausalität zwischen Interaktionen, Interpretationen und dem Rollenverhalten begründet sich auch die Ablösung der funktionalistischen Perspektive durch den symbolischen Interaktionismus und die überschaubare Kritik gegenüber dieser Sichtweise. Doch auch die symbolisch interaktionistische Perspektive hat Schwachstellen, die die Grenzen des Ansatzes sichtbar werden lassen.[571] Völlig unberücksichtigt bleibt die Thematik von Macht, Herrschaft und Zwang.[572] So sind Rollen nicht zwangsläufig modifizierbar, sondern widersetzen sich einer eigenen Definition durch Interaktion und besitzen einen vorgegebenen und überdauernden Charakter.[573] Am eindruckvollsten verdeutlicht diese Thematik die Rollenverteilung beim Militär. Jeder Person einer Einheit ist eine bestimmte Rolle zugeteilt, die nicht durch Aushandeln mit dem Vorgesetzten eingespielt wird, sondern zuvor exakt definiert worden ist. Eine Modifikation oder gar Neudefinition beispielsweise der Rolle „Grenadier“ erscheint in dem formalisierten System des Militärs unmöglich. Die Annahmen einer Gesellschaft mit „herrschaftsfreier Kommunikation“[574] des symbolischen Interaktionismus erscheint demnach ebenso wie die Determiniertheit von Werten und Normen der funktionalen Perspektive unrealistisch und weltfremd.[575] Angesichts dieser Problematik gibt es eine Reihe von Ansätzen, die die Einseitigkeit der beiden Perspektiven zu überwinden versuchen.[576] Diese integrierenden Konzepte sollen im folgenden Abschnitt dargestellt werden.

4.2.3 Integrierende Konzepte

Als Versuch, die Makroanalyse der funktionalen Perspektive und die Mikroanalyse des symbolischen Interaktionismus miteinander zu verbinden,[577] kann die Rollensystematik von Dreitzel angesehen werden.[578] Dreitzel klassifiziert in seinem Ansatz die Herkunft der für eine Rolle wichtigen Normen nach kulturellen, organisations- und situationsbezogenen Aspekten. Je nach Herkunft der relevanten Normen kann ein eher funktionalistisches bzw. symbolisch interaktionistisches Paradigma angewendet werden. Rollen, die sich durch das kulturelle

---

[570] Vgl. dazu die Ausführungen zur funktionalistischen Sichtweise im vorherigen Abschnitt.

[571] Vgl. zu den folgenden Aussagen Joas 1975, S. 43 f.

[572] Zur Thematik der Rollenmacht und dem damit verbunden Rollenverhalten vgl. Wiswede 1977, S. 57 ff.

[573] Vgl. Stokes/Hewitt 1976, S. 841 f.; Wiswede 1977 S. 58 f.; Biddle 1986, S. 72.

[574] Joas 1975, S. 44.

[575] Vgl. dazu ausführlich Stokes/Hewitt 1976, S. 838 ff.

[576] Vgl. Fischer 1992, Sp. 2227.

[577] Vgl. Heiss 1981, S. 101. Makroanalyse meint hier die Betrachtung des Systems oder der Gesellschaft, während die Mikroanalyse die Interpretations- und Gestaltungsmöglichkeiten des Individuums fokussiert.

[578] Vgl. Dreitzel 1980.

System einer Gesellschaft begründen, sind vom Individuum stark verinnerlicht und lassen kaum einen interpretativen Spielraum erkennen. Beispielsweise lässt sich hier die Patientenrolle anführen, die einem Individuum primär Gehorsam und Konformität abverlangt. Die Rollenselbstgestaltung ist in dieser Situation stark beschränkt. Ebenso wie kulturelle Normen schränken Normen, die auf Machtstrukturen basieren, den Interpretationsspielraum eines Individuums erheblich ein. Zu den Normen, die durch Macht, Zwang oder Herrschaft begründet sind, gehören beispielsweise die einer Organisation. Mitarbeiter müssen sich bei der Ausführung ihrer Arbeit oder der Länge ihrer Arbeitszeit nach dem Management des Unternehmens richten, ohne diese Vorstellungen beeinflussen zu können.[579] Demnach sind Rollen, die auf kulturellen oder organisationalen Normen beruhen, eher mit dem funktionalistischen Paradigma zu erklären.

Wenn jedoch überwiegend situationsspezifische Normen wirksam sind, lassen sich Rollen besser durch die symbolisch interaktionistische Perspektive interpretieren.[580] Den Individuen bieten diese Situationen große Gestaltungsspielräume, fordern aber gleichzeitig auch eine hohe Interpretationskraft der Akteure.[581]

Ein weiterer Ansatz, die beiden rollentheoretischen Perspektiven zu integrieren, ist in der Unterscheidung nach dem Ausmaß der Gestaltungsfähigkeit von Rollen durch Individuen zu sehen. So hat innerhalb einer Unternehmensorganisation ein Mitglied des Vorstandes einen wesentlich höheren interpretativen Gestaltungsspielraum als ein Sachbearbeiter des Unternehmens. Wie stark sich die Gestaltungsfähigkeit und damit der Interpretationsspielraum zwischen verschiedenen Akteuren unterscheiden, hängt von unterschiedlichen Kriterien ab. So formuliert Wiswede die Hypothese, dass der Interpretationsspielraum umso größer ist, je „positiver das Selbstbild eines Individuums ist, je mehr Rollenerfahrungen hinsichtlich dieser oder ähnlicher Rollen vorliegen, je weniger das Individuum auf diese eine Rollenalternative angewiesen ist, je mehr Macht (...) zur Verfügung steht, je eher das Individuum negativen Sanktionen ausweichen kann und je mehr sich das Individuum zur autonomen Rollengestaltung legitimiert glaubt.“[582] Im Zusammenhang mit diesen Ausführungen lässt sich festhalten, dass in Abhängigkeit vom einzelnen Individuum grundlegend in jeder Situation Interpretationsspielräume vorliegen. So stellen Fischer/Wiswede fest, dass bestimmte Menschen in

[579] Zu berücksichtigen ist hier natürlich, dass ein Fließbandarbeiter gegenüber dem Mitarbeiter einer Unternehmensberatung einen geringeren Interpretationsspielraum besitzt. Vgl. zu dieser Thematik den nachfolgenden Abschnitt.

[580] Vgl. Fischer 1992, Sp. 2227.

[581] Vgl. Fischer/Wiswede 2002, S. 460.

[582] Wiswede 1977, S. 162.

totalitären Systemen Akte der Humanität realisieren können, wozu andere aufgrund der Furcht vor Repressalien nicht bereit sind.[583]

Neben diesen beiden Ansätzen existieren weitere Versuche bzw. Ausführungen zur Integration von interaktionistischer und funktionalistischer Perspektive.[584] Fischer/Wiswede kritisieren jedoch, dass diese Konzepte eine empirische Überprüfung und den Brückenschlag zu neueren sozialpsychologischen Entwicklungen vermissen lassen.[585] Grundsätzlich kann jedoch festgehalten werden, dass eine Kombination beider Perspektiven den Erklärungsgehalt der Rollentheorien erhöht.[586] So plädieren auch Stryker/Stratham für eine Integration, da zum einen Individuen die jeweilige Rolle gestalten, zum anderen sich die Sozialstruktur in einem permanenten Verhandlungsprozess immer wieder verändert.[587] Eine Integration beider Perspektiven trägt somit auch dem Wandel von sozialen Strukturen Rechnung.

4.2.4 Organisationale Rollentheorie

Im nachfolgenden Abschnitt soll die Organisationale Perspektive, die formale Organisationen als vorgeplante, aufgabenorientierte und hierarchische soziale Systeme fokussiert,[588] als weitere Sichtweise der Rollentheorie erläutert werden.[589] Die darauf aufbauende Darstellung von Rollenkonflikten bildet gleichzeitig einen Schwerpunkt der grundlegenden rollentheoretischen Ausführungen.

Ihren Ursprung findet die Organisationale Rollentheorie in den Arbeiten von Gross et al. und Kahn et al,[590] jedoch wurde die organisationale Perspektive erst durch das Buch „The Social Psychology of Organizations“ von Katz/Kahn weltweit populär.[591] Mit Hilfe der organisationalen Rollentheorie werden Erklärungsansätze für das Verhalten und die Beziehungen von Akteuren innerhalb einer Organisation generiert. Eine Organisation kann dabei aus Sicht

---

583 Vgl. Fischer/Wiswede 2002, S. 460.

584 Vgl. dazu exemplarisch Biddle/Thomas 1966; Gross et al. 1958; Biddle 1979, 1986; Styker/Strtham 1985.

585 Vgl. Fischer/Wiswede 2002, S. 462.

586 Vgl. Heiss 1981, S. 101.

587 Vgl. Stryker/Stratham 1985, S. 345.

588 Vgl. Biddel 1986, S. 73.

589 Einige Autoren sehen den organisatorischen Aspekt nicht als eigenständige Perspektive der Rollentheorie. Vgl. dazu beispielhaft Fischer/Wiswede, die Rollen in Organisationen als Anwendungsbereich der Rollentheorie ansehen. Fischer/Wiswede 2002, S. 481. Hier soll der Meinung von Biddle gefolgt werden, der die Organisationale Rollentheorie als eigenständige Perspektive ansieht. Vgl. Biddle 1986, S. 73.

590 Vgl. Gross et al. 1958; Kahn et al. 1964; dazu ebenfalls Biddle 1986, S. 73.

591 Vgl. Katz/Kahn 1978. Die Popularität bezieht sich dabei nicht nur auf die organisationale Rollentheorie, sondern ebenfalls auf die gesamte Organisationspsychologie. Vgl. dazu Greif 1983, S. 123 und der folgende Abschnitt.

der Soziologie als Gefüge von Positionsrollen beschrieben werden.[592] Die Rollen innerhalb einer formalen Organisation zeichnen sich größtenteils durch eine klare Struktur, formale Regeln, ausgeprägte Hierarchie und eine genaue Abgrenzung zu anderen Rollen aus.[593] Das Grundprinzip der organisationalen Rollentheorie geht davon aus, dass Rollenerwartungen an eine fokale Person gesendet werden, welche die fokale Person wahrnimmt und danach sein Rollenverhalten ausrichtet.[594] Die Erwartungen an die Verhaltensweisen sind dabei unabhängig von einer bestimmten Person. So erwarten Vorgesetzte von einem Mitarbeiter Pünktlichkeit, Loyalität oder Einhalten der Kompetenzen, während umgekehrt Mitarbeiter von ihren Vorgesetzten Fairness oder Motivation erwarten. Wie bestimmte Erwartungen das Verhalten von Akteuren in einer Organisation beeinflussen, soll anhand des Rollenepisodenkonzepts von Katz/Kahn im folgenden Abschnitt erläutert werden. Zuvor werden jedoch die Grundlagen der Rollen- und Systemtheorie nach Katz/Kahn dargestellt, die für das Verständnis der Rollenepisode notwendig sind.

4.2.4.1 Die Rollen- und Systemtheorie nach Katz und Kahn

Das Ziel der Arbeiten von Katz und Kahn war es, einen umfassenden Ansatz in der Organisationspsychologie zu entwerfen, der theoretische Erkenntnisse, empirische Untersuchungsergebnisse und praktische Überlegungen integriert.[595] Ausgangspunkt dieser Überlegungen war die Erkenntnis, dass weder die Psychologie noch die soziologische Theorie angemessene Konzepte zur Erklärung und Veränderung sozialen Verhaltens und sozialer Strukturen entwickelt hat. Während die Psychologie Individuen in einem sozialen Vakuum betrachtet, vernachlässigt die Soziologie individuelle Strukturen.

Einen Lösungsversuch der aufgeworfenen Problematik haben Katz/Kahn durch die Übertragung der Theorie offener Systeme in die Sozialwissenschaften unternommen.[596] Systeme werden nach der Systemtheorie[597] als eine Menge von Elementen mit jeweiligen Eigenschaften und Beziehungen zwischen den Elementen, die ein Strukturierungsraster für System-

592 Vgl. Mayntz 1980, Sp. 2049.

593 Vgl. Biddle 1986, S. 73; Wiswede 1977, S. 100 f.

594 Vgl. dazu ausführlich das Rollenepisodenkonzept nach Katz/Kahn im folgenden Abschnitt.

595 Vgl. Greif 1983, S. 123.

596 Neben der allgemein Theorie offener Systeme integrierten Katz/Kahn weitere vorausgegangene Forschungsarbeiten, wie z.B. die Systemtheorie von Parsons, gruppen- und organisationspsychologische (Lewin, Mc Gregor, Likert) sowie organisationssoziologische Ansätze (Etzioni). Aufgrund des Betrachtungsgegenstandes der Arbeit sollen diese Aspekte nicht weiter ausgeführt werden. Den Schwerpunkt bildet die Theorie offener Systeme.

597 Vgl. ausführlich zur Systemtheorie Woratschek 1995 Sp. 2436 ff.

analysen bilden, aufgefasst.[598] Während in offenen Systemen Randelemente existieren, welche Relationen zu Elementen anderer Systeme aufweisen, besitzen geschlossene Systeme keine derartigen Randelemente. Wird nun der Energieaustausch zwischen den Systemelementen als Grundlage aller natürlichen Systeme aufgefasst, erfolgt dieser Austausch in geschlossenen Systemen nur innerhalb des Systems. Offene Systeme stehen dagegen über ihre Randelemente mit anderen Systemen in Beziehung und tauschen Energie mit ihrer Umgebung aus.[599]

In diesem Zusammenhang sehen Katz/Kahn alle sozialen Systeme, einschließlich der Organisationen, als offene Systeme an.[600] Diese Feststellung ist von grundsätzlicher Bedeutung, reicht aber für eine Erklärung spezifischer Prozesse innerhalb einer sozialen Organisation nicht aus.[601] An dieser Stelle greifen Katz/Kahn auf die sozialpsychologische Rollentheorie zurück. Nach Katz/Kahn machen rückgekoppelte, sich wiederholende Interaktionsprozesse ein System aus. Die Struktur eines Systems besteht demnach aus den zyklischen Aktivitäten der Systemmitglieder.[602] Um diese Prozesse zu beschreiben, ziehen Katz/Kahn die Rollentheorie heran. Nach dieser Vorstellung sind alle wiederkehrenden Aktivitäten der Organisationsmitglieder als komplexes System von Rollen zu interpretieren.[603] Die einzelnen Rollen werden als standardisierte Verhaltensmuster definiert, die von Personen innerhalb eines funktionalen Netzes gefordert werden.[604] Jede einzelne Rolle einer Organisation steht in funktionaler Beziehung zu anderen Rollen, die zusammengenommen die organisatorische Gesamtheit bilden und den Output der Organisation erbringen.[605] Im einfachsten Fall ist eine Rolle innerhalb der betrachteten Organisation direkt mit einem Arbeitsplatz verbunden. Beispielsweise montiert ein Fließbandarbeiter in der Autoproduktion die Bremsleitungen an die zu produzierenden Autos. Die Montage stellt die alleinige Aufgabe und damit die einzige Rolle des Fließbanderbeiters dar. Ein Arbeitsplatz kann aber auch mit mehreren Rollen verbunden sein, da der Arbeitsplatz den gesamten Tätigkeitsbereich eines Organisationsmitgliedes umfasst. Ein Kundenbetreuer einer Bank muss beispielsweise neue Kunden akquirieren, bestehende Kunden betreuen, Ergebnisberichte erstellen oder Prognosen ausarbeiten. Er übernimmt damit mehrere Rollen.

---

598 Vgl. Wortschek 1995 Sp. 2436.

599 Vgl. Greif 1983, S. 124 f.

600 Vgl. Katz/Kahn 1978, S. 15 f. zu den Charakteristika von offenen Systemen, S. 23 ff.

601 Vgl. Greif 1983, S. 127.

602 Vgl. Katz/Kahn 1978, S. 24.

603 Vgl. Katz/Kahn 1978, S. 187 ff.

604 Vgl. Katz/Kahn 1978, S. 186.

605 Vgl. Greif 1983, S. 128.

Um die Gesamtaufgabe der Organisation zu bewältigen, ist ein koordiniertes Zusammenarbeiten der Rolleninhaber (zumindest partiell) notwendig. Die Ausrichtung der einzelnen Rolleninhaber auf die Ziele der Organisation erklären Katz/Kahn mit dem Vorgang des „Rollen-Sendens“ und der „Rollen-Übernahme“.[606] Die nachfolgende Abbildung 29 zeigt das Prinzip in vereinfachter Form.

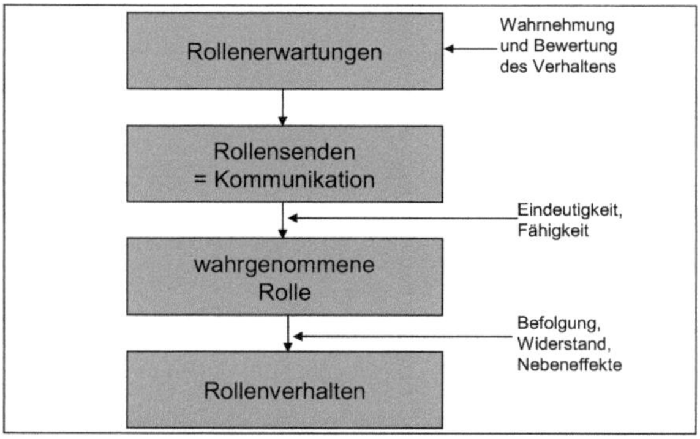

Abbildung 29: Rollen-Senden und Rollen-Übernahme in Organisationen

Die Anforderungen an eine fokale Person bilden die Rollenerwartungen, die durch Kommunikation an den Rolleninhaber gesendet werden. Dieser nimmt die gesendet Rolle wahr und gestaltet nach seiner Interpretation das Rollenverhalten. Die Summe der Rollenerwartungen an eine fokale Person bildet die Rollenmenge bzw. das „role-set“.[607] Der Ansatz von Katz/Kahn erläutert den Zusammenhang zwischen den Rollenerwartungen des Umfeldes und dem resultierenden Rollenverhalten der Zielperson als einen immer wieder zu durchlaufenden Kreislauf. Die Erwartungen führen letztlich über gesendete und empfangene Rollen zu einer Beeinflussung des Rollenverhaltens der Zielperson. Die aufeinander folgenden Abschnitte stellen eine Rollenepisode dar, die nachfolgend näher betrachtet werden soll (vgl. Abbildung 30):[608]

---

606 Vgl. Katz/Kahn 1978, S. 188; dazu .auch Tosi 1971, S. 7 f.

607 Vgl. Katz/Kahn 1978, S. 190 ff. und 192 ff.; Tosi 1971, S. 7 f.

608 Vgl. zum folgenden Abschnitt Katz/Kahn 1978, S. 194 ff. und 201 ff.

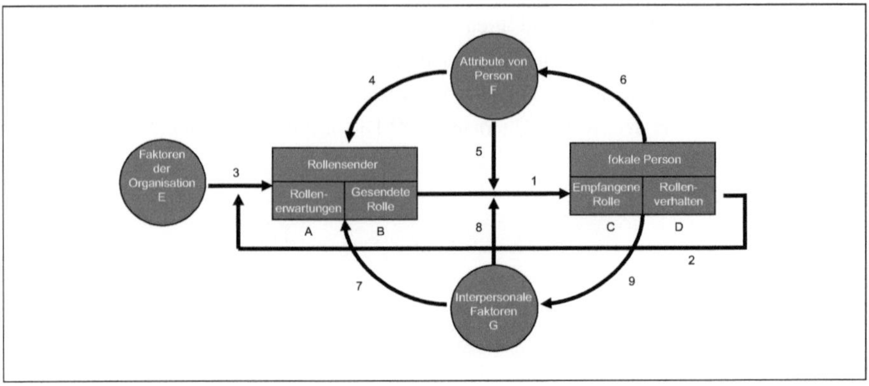

Abbildung 30: Rollenepisode nach Katz und Kahn
Quelle: Katz/Kahn 1978, S. 196.

Der Rollensender hegt bestimmte Erwartungen (A) gegenüber einer Zielperson (fokale Person). Die Rollenerwartungen des Rollensenders werden dabei durch die Position der fokalen Person in der Organisation (E/3) beeinflusst. So unterscheiden sich beispielsweise die Erwartungen eines Verkaufsdirektors gegenüber einem regionalen Verkaufsleiter und einem „normalen" Verkäufer. Die Erwartungen des Rollensenders werden mittels der gesendeten Rolle (B) auf die fokale Person übertragen. Die Übertragung der Rolle (1) erfolgt durch Kommunikation mit der Absicht, das Verhalten der Zielperson den Erwartungen des Rollensenders anzugleichen. Dies kann auf vielfältige Weise geschehen. Beispielsweise kann der Rollensender der fokalen Person bei Nichtbeachtung von bestimmten Vorgaben eine Beschwerde bei deren gemeinsamen Vorgesetzen androhen. Die fokale Person empfängt schließlich die gesendete Rolle (C) und interpretiert diese. Inwieweit die gesendete Rolle der empfangenen entspricht, hängt von mehreren Faktoren ab. Zunächst wird der Übertragungsprozess vom Charakter der beteiligten Personen beeinflusst (F). Die Attribute der Personen haben Auswirkungen auf das Senden und Empfangen der Rolle (5), auf die Erwartungen des Rollensenders (4) und letztlich wird die Persönlichkeit der fokalen Person durch seine Rolle beeinflusst (6). Weiterhin hat die bereits bestehende bzw. erlebte zwischenmenschliche Beziehung (G) (z.B. Meinung über die Kompetenz der Zielperson) einen Einfluss auf die Festlegung der Rollenerwartung (7) und deren Interpretation (8). Die interpersonalen Faktoren (G) werden hauptsächlich durch das Verhalten der Zielperson beeinflusst (9).

Dennoch wird das resultierende Rollenverhalten der fokalen Person (D) weitgehend durch die gesendete Rolle hervorgerufen. Die Zielperson kann nun im Rahmen ihres Interpretationsspielraums die Erwartungen des Senders erfüllen, ihnen nur teilweise oder gar nicht entsprechen. Dies ist von der Persönlichkeit der fokalen Person und den interpersonalen Beziehungen abhängig. Schließlich wird das Rollenverhalten der Zielperson (D) durch den Rollensender in zweierlei Hinsicht beurteilt (2): 1. Erfolg der Handlungen der Zielperson und 2. Konformität zu den Erwartungen des Rollensenders. Stimmen die Erwartungen des Rollensenders und das Rollenhandeln der fokalen Person nicht überein, wird das Rollensenden im nächsten Zyklus des Kreislaufs beeinflusst. In einem weiteren Vorgang der Rollenübertragung versucht der Sender das Verhalten der Zielperson an seine Erwartungen anzunähern. Gleichzeitig kontrolliert der Rollensender die Zielperson verstärkt.[609]

Fokussiert das Modell von Katz/Kahn in erster Linie die spezifischen Prozesse innerhalb einer Organisation, erscheint eine Übertragung auf andere Situationen ebenfalls möglich. Das Modell weist demnach einen allgemeingültigen Charakter in Bezug auf Rollenerwartungen und Rollenverhalten bei Interaktionen auf. Zudem kann der Ansatz als integratives Konzept angesehen werden. Die Erwartungen und daraus folgend das Rollenhandeln werden stark durch die Position innerhalb der Organisation beeinflusst. Gleichzeitig besitzt die Zielperson jedoch einen Interpretationsspielraum, bei dem sich die fokale Person entscheiden kann, ob sie den Erwartungen entsprechen soll oder eben nicht. Die Perspektiven der funktionalistischen und der symbolisch interaktionistischen Rollentheorie werden demnach miteinander vereint. Diese Feststellung bildet im weiteren Verlauf der Arbeit eine Grundlage für das Verständnis von Rollen als Modi der Vermittlung und damit für die Rollendefinition im Rahmen des Konzeptes der Rollenorganisation.[610]

Die hier beschriebenen Abläufe basieren auf der Annahme, dass die fokale Person die ihr übertragenen Rollen konfliktfrei ausfüllen kann. Kommt die Zielperson den Rollenerwartungen des Umfeldes nicht nach, so ist dies häufig in der mangelnden Eindeutigkeit der Erwartungen oder in unterschiedlichen Erwartungen, die an die Zielperson gerichtet werden, begründet.[611] Es entstehen sog. Rollenkonflikte sowie Rollenambiguität, die im folgenden Abschnitt erläutert werden sollen.

4.2.4.2 Rollenkonflikte und Rollenambiguität

Die Analyse von Rollenkonflikten bildet ein zentrales Thema der Rollentheorie[612] und ist im Gegensatz zur Diskussion über die allgemeine Rollentheorie in der Vergangenheit in einer Vielzahl von wissenschaftlichen Veröffentlichungen aufgegriffen worden.[613] Erste Ansätze

[609] Vgl. Katz/Kahn 1978, S. 208.

[610] Vgl. dazu Abschnitt 4.3.

[611] Vgl. exemplarisch Katz et al. 1964; speziell auf das Episodenmodell bezogen Elovainio/Kivimäki 2001, S. 366.

[612] Vgl. Wiswede 1977, S. 115.

[613] Vgl. dazu in besonderer Weise Abschnitt 4.2.4.3.

einer Theorie des Rollenkonfliktes finden sich bei Parsons und Merton,[614] explizite Formulierungen stammen jedoch von Gross et al., Perry/Wynne, Kahn et al. und Simmons.[615]

Rollenkonflikte entstehen immer dann, wenn die Erwartungen, die an eine Zielperson gerichtet sind, nicht eindeutig sind, von mehreren Rollensendern unterschiedliche Erwartungen übertragen werden oder gesendete Erwartungen mit den Ansichten der fokalen Person nicht in Einklang stehen.[616] Davon abzugrenzen ist die Rollenambiguität[617], die einen Sonderfall des Rollenkonflikts beschreibt und auf unzureichende Informationen bezüglich der Erwartungen basiert.[618] Einzelne Veröffentlichungen fassen Rollenkonflikte und Rollenambiguität unter dem Oberbegriff „Rollenkonflikte" zusammen.[619] In der nachfolgenden Darstellung soll jedoch zwischen Rollenkonflikten und Rollenambiguität explizit differenziert und damit der Mehrzahl der Autoren gefolgt werden.[620] Rollenkonflikte und Rollenambiguität sollen wiederum unter dem Begriff „Rollenstress" zusammengefasst werden.[621]

Grundsätzlich lassen sich vier Formen von Rollenkonflikten unterscheiden:[622]

- Intra-Sender-Konflikte entstehen immer dann, wenn verschiedene Erwartungen eines Rollensenders an die fokale Person unvereinbar sind (z.B. ein Vorgesetzter gibt zwei widersprüchliche Anweisungen).
- Inter-Sender-Konflikte treten dann auf, wenn mehrere Rollensender inkompatible Rollenerwartungen an die Zielperson übertragen (z.B. ein Kunde und der Abteilungs-

---

614 Vgl. Parsons 1951, Merton 1957, dazu auch Wiswede 1977, S. 115 und die dort angegebene Literatur.

615 Vgl. Gross et al. 1958; Perry/Wynne 1959; Kahn et al. 1964; Simmons 1968.

616 Vgl. Nerdinger 1998a, S. 207; Kahn et al. 1964, S. 19 ff.; Oliver/Brief 1977/1978, S. 48 f.; Rizzo et al. 1970, S. 155; Michaels et al. 1987, S. 30; Fisher 2001, S. 144; Singh 2000, S. 18; Hammer/Tosi 1974, S. 497.

617 Rollenambiguität wird in der wissenschaftlichen Literatur synonym mit dem Begriff Rollenklarheit verwendet. Vgl. dazu Lyons 1971, S. 99; Kelly et al. 1981, S. 27; Donnelly/Ivancevich 1975, S. 71; Busch/Busch 1978, S. 438; Teas et al. 1979, S. 355; Miles/Petty 1975, S. 877.

618 Vgl. Kahn et al. 1964, S. 21 ff.; Michaels 1987, S. 31; Singh 1993, S. 12; Oliver/Brief 1977/78, S. 50; Dubinsky/Mattson 1979, S. 72; Senatra 1980, S. 595; Singh 2000, S. 18; Rizzo et al. 1970, S. 155 f.; House/Rizzo 1972, S. 474; Hammer/Tosi 1974, S. 497; French/Caplan, 1972, S. 33 f. und die später folgenden Ausführungen in diesem Abschnitt.

619 Vgl. Pfeffer 1985, S. 398.

620 Vgl. Kahn 1964, S. 19 ff.; Katz/Kahn 1978, S. 204 ff.: Rizzo 1970, S. 150 ff.; Michaels et al. 1987, S. 30 f.; Singh/Rhoads 1991, S. 329; Dubinsky et al. 1992, S. 80; Walker et al. 1975, S. 32 ff.; Fisher 2001, S. 143 f.

621 Vgl. Kahn 1964, S. 53 ff.; Behrman/Perreault 1984, S. 12.

622 Vgl. Kahn et al. 1964, S. 19 ff.; Nerdinger 1998a, S. 207 f.; Wiswede 1977, S. 117; Fischer/Wiswede 2002, S. 466 ff. In der Literatur wird der „Role Overload" als fünfter Konflikttyp unterschieden. Vgl. dazu Michaels et al. 1987, S. 31; Pfeffer 1985, S. 398. Der „Role Overload" soll hier jedoch als Unterart der vier Basistypen betrachtet werden. Vgl. dazu Kahn et al. 1964, S. 20 und die folgenden Ausführungen.

leiter einer Bank senden widersprüchliche Rollen an den Kundenbetreuer).[623] Shamir bezeichnet dies auch als „Two-Bosses-Dilemma".[624]

- Ein Inter-Rollen-Konfikt entsteht, wenn mehrerer Rollenerwartungen, die an die Zielperson gerichtet sind, zu Konflikten führen (z.B. die mit der Rolle des Direktors erwarteten Überstunden kollidieren mit der Rolle des Familienvaters).
- Personen-Rollen-Konflikte treten dann auf, wenn die Rollenerwartungen mit den moralischen Wertvorstellungen der fokalen Person unvereinbar sind oder die Rollenerwartungen aufgrund der zur Verfügung stehenden Zeit der Zielperson nicht erfüllt werden können (z.B. wird vom Kundenbetreuer immer ein freundliches Auftreten erwartet, auch wenn Käufer unverschämt sind).

Die nachfolgende Abbildung verdeutlicht noch einmal die einzelnen Rollenkonflikte und ihre Zusammenhänge.

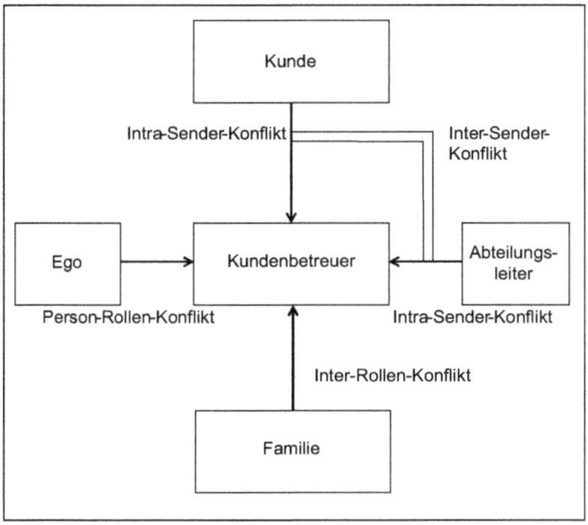

Abbildung 31: Formen von Rollenkonflikten dargestellt am Beispiel eines Kundenbetreuers in einer Bank. Quelle: in Anlehnung an Nerdinger 1994, S. 154.

Während die ersten drei Konflikte durch die gesendete Rolle verursacht werden, handelt es sich bei dem Personen-Rollen-Konflikt um eine Störung, die durch eine Kombination von gesendeter Rolle und internen Einflüssen hervorgerufen wird.[625] Letztlich werden jedoch alle Konflikte durch das Rollenumfeld erzeugt, das durch die Sendung der Erwartungen eine

623 Kelly et al. bezeichnen nur den Inter-Sender-Konflikt als Rollenkonflikt. Vgl. dazu Kelly et al. 1981, S. 28.

624 Vgl. Shamir 1980, S. 748.

625 Vgl. Kahn et al. 1964, S. 20.

Verhaltensbeeinflussung verfolgt.[626] Im Rahmen der Arbeit soll somit zwischen subjektiven und objektiven Konflikten unterscheiden werden.[627] Handelt es sich bei objektiven Konflikten um gesendete Rollenkonflikte, die aufgrund der Spannungen im Umfeld entstehen, beruhen subjektive Konflikte auf der individuellen psychischen Verfassung der Zielperson. Die subjektiven Konflikte beschreiben demnach die im „Inneren" der fokalen Person auftretenden Konflikte und sind im hohen Maße von der Persönlichkeit der Zielperson abhängig.

Neben den vier grundlegenden Konfliktarten lassen sich weitere Unterarten ableiten.[628] Zu einer Unterart von Rollenkonflikten gehört beispielsweise die Rollenüberlastung, bei der zwar alle an die fokale Person gerichteten Erwartungen kompatibel sind, die Zielperson aus Zeitgründen jedoch nicht in der Lage, ist alle Erwartungen zu erfüllen.[629] Demnach handelt es sich bei der Rollenüberlastung um eine Kombination aus Inter-Sender-Konflikt und Personen-Rollen-Konflikt.[630] Da alle weiteren Unterarten aus den vier grundlegenden Konflikttypen kombinierbar sind, sollen sie im weiteren Verlauf der Ausführungen nicht näher betrachtet werden.

Wie bereits dargestellt, soll von den Rollenkonflikten die Rollenambiguität abgegrenzt werden. Bei der Rollenambiguität handelt es sich ebenfalls um eine Störung, die auf inadäquat gesendete Rollen beruht. Der Unterschied liegt jedoch darin begründet, dass nicht genügend Informationen über die gesendete Rolle vorhanden sind. Das eigentlich erwartete Verhalten ist unklar, da der Zielperson nicht ausreichende Informationen über die mit der Rolle verbundenen Erwartungen oder zu wenige Rückkopplungen zur Verfügung gestellt werden.[631] Dabei kann es sich beispielsweise um Unsicherheiten bezüglich des Aufgabenumfangs oder der zugesprochenen Kompetenzen handeln, die mit der jeweiligen Rolle verbunden sind.[632]

Rollenkonflikte und -ambiguität sind in besonderer Weise für Dienstleistungen relevant. Aufgrund der Integrativität von Dienstleistungen steht der Anbieter im direkten Kontakt mit dem

626 Vgl. Kahn et al. 1964, S. 21.

627 Vgl. zum Begriff des objektiven Rollenkonfliktes auch Kahn et al. 1964, S. 19.

628 Vgl. Kahn et al. 1964, S. 20.

629 Vgl. Kahn et al. 1964, S. 20; Michaels et al. 1987, S. 31.

630 Vgl. Kahn et al. 1964, S. 20.

631 Vgl. Kahn et al 1964, S. 21 f. Michaels 1987, S. 31; Singh 1993, S. 12; Oliver/Brief 1977/78, S. 50; Churchill et al. 1976, S. 330; Dubinsky/Mattson 1979, S. 72; Senatra 1980, S. 595; Singh 2000, S. 18; Rizzo et al. 1970, S. 155 f.; House/Rizzo 1972, S. 474; Hammer/Tosi 1974, S. 497.

632 Neben den oben dargestellten Gründen für die Rollenambiguität führt Nerdinger zusätzlich widersprüchliche Erwartungen von einem Rollensender an. Dieser Umstand ist jedoch eindeutig als Intra-Sender-Konflikt zu bezeichnen. Nerdingers Rollenambigutäts-Definition soll demnach hier keine Beachtung finden. Vgl. dazu Nerdinger 1998a, S. 208.

Nachfrager.[633] Damit sind Kundenkontaktmitarbeiter gleichzeitig den gesendeten Rollen der Organisation (z.B. Vorgesetzter) und dem Rollensenden der Kunden ausgesetzt (vgl. dazu ebenfalls Abbildung 31). Die Mitarbeiter im Kundenkontakt stehen somit im Spannungsfeld zwischen den Erwartungen der legitimen Autorität, dem Unternehmen in Form des Vorgesetzten, und den Erwartungen des Kunden.[634] Kundenkontaktmitarbeiter sind damit sehr häufig von Rollenstress und hier speziell vom Inter-Sender-Konflikt bzw. dem „Two-Bosses-Dilemma" betroffen.[635]

Die besondere Bedeutung von Rollenkonflikten und Rollenambiguität für Kundenkontaktmitarbeiter hat zu einer Fülle von Veröffentlichungen bezüglicher dieser Problematik geführt. Dabei fokussieren die Veröffentlichungen oftmals nicht direkt den Dienstleistungsbereich, sondern speziell die Rolle des Verkäufers in verschiedenen Branchen.[636] Im Mittelpunkt des Interesses der Vielzahl an Veröffentlichungen zur Thematik von Rollenkonflikten bzw. Rollenambiguitäten stehen jedoch nicht die Konflikte bzw. die Ambiguität an sich, sondern die Auswirkungen von Rollenstress auf die fokale Person und das Unternehmen. Die Auswirkungen von Rollenstress sollen auch im weiteren Verlauf der Arbeit fokussiert werden, da dem Personal bzw. Kundenkontaktmitarbeitern bei der Erstellung von Dienstleistungen eine wesentliche Bedeutung[637] zukommt und Rollenstress damit einen erheblichen Einfluss auf eine erfolgreiche Produktion von Dienstleistungen hat. Dafür werden nachfolgend zunächst die Auswirkungen von Rollenkonflikten und Rollenambigiuität allgemein betrachtet, um die Ergebnisse im Anschluss auf Dienstleistungen zu beziehen.

4.2.4.3 Die Auswirkungen von Rollenkonflikten und Rollenambiguität

Rollenkonflikte und Rollenambiguität sind wichtige Dimensionen im Einnehmen von Rollen. Sie bilden Implikationen für das Wohlsein und die Leistung von Individuen und haben damit

---

[633] Vgl. ausführlich zur Integrativität 2.3.1.

[634] Vgl. Weatherly/Tansik 1993, S. 283. Dazu ebenfalls das sehr anschauliche Beispiel eines Einzelhandelsmitarbeiters. Weatherly/Tansik 1993, S. 281 ff.

[635] Vgl. Parkington/Schneider 1979, S. 270 f.; Weatherly/Tansik, 1993, S. 280 ff. Zum "Two-Bosses-Dilemma" vgl. Shamir 1980, S. 748. Ebenfalls dazu zwei Meta-Analysen zum Rollenstress, die feststellen konnten, dass Grenzpositionen zwischen Unternehmen und Kunden sehr stark mit Rollenkonflikten und Rollenambiguitäten korrelieren. Vgl. dazu Fisher/Gitelson 1983; Jackson/Schuler 1985.

[636] Vgl. exemplarisch dazu Donnelly/Ivancevich 1975; Churchill et al. 1976; Parkington/Schneider 1979; Oliver/Brief 1977/78; Bush/Bush 1978; Dubinsky/Mattson 1979; Teas et al. 1979; Behrman et al. 1981; Teas 1983; Behrman/Perreault 1984; Kohli 1985; Fry et al. 1986; Lusch/Jaworski 1991; Dubinsky et al. 1992; Singh 1998. Vgl. Studien mit explizitem Dienstleistungshintergrund Singh et al. 1994; Hartline/Ferrell 1996; Singh 2000. Ebenfalls dazu der nachfolgende Abschnitt.

[637] Vgl. ausführlich zur Bedeutung des Personals bei Dienstleistungen Abschnitt 2.3.2.2.

ebenfalls einen großen Einfluss auf die Effizienz und die Effektivität von Organisationen.[638] Erste Studien zu den Auswirkungen von Rollenkonflikten und Rollenambiguität stammen von Gross et a. und Kahn et al.[639] Ausgehend von diesen grundlegenden Studien haben sich bis heute eine große Anzahl von wissenschaftlichen Veröffentlichungen mit der Thematik beschäftigt. Die nachfolgende Tabelle 2 zeigt die wichtigsten Analysen im Zusammenhang mit den Auswirkungen von Rollenkonflikten und -ambiguität.

[638] Vgl. dazu exemplarisch Kelly et al. 1981, S. 27.

[639] Vgl. Kahn et al. 1964; Gross et al. 1958.

Autor	Jahr	Untersuchungsgegenstand	Ergebnisse
Rizzo, House, Lirtzman	1970	Rollenkonflikt und -ambiguität	Sowohl Rollenkonflikte als auch Rollenambiguität haben einen positiven Einfluss auf Angst und den Hang zum Arbeitsplatzwechsel und negative Auswirkungen auf die Bedürfnisbefriedigung.
Lyons	1971	Rollenambiguität	Rollenambiguität hat einen positiven Einfluss auf den Hang zum Arbeitsplatzwechsel und auf den Arbeitsdruck sowie einen negativen Einfluss auf die Arbeitszufriedenheit.
Tosi	1971	Rollenkonflikt	Rollenkonflikte weisen einen positiven Zusammenhang zu arbeitsbezogenen Ängsten und Drohungen sowie einen negativen Zusammenhang zur Arbeitzufriedenheit auf.
Ivancevich, Donnelly	1974	Rollenambiguität	Rollenambiguität verringert bei Verkäufern, Vorgesetzten und Fachmitarbeitern das Arbeitsinteresse und die Innovationsbereitschaft (außer Vorgesetzte), erhöht den Arbeitsdruck, den physischem Stress (außer Verkäufer) und die Wechselabsichten. Bei Verkäufern führt Ambiguität ebenfalls zu einer geringeren Arbeitszufriedenheit.
Hammer; Tosi	1974	Rollenkonflikt und -ambiguität	Rollenkonflikte haben einen negativen Einfluss auf den Einfluss in der Organisation und einen positiven auf wahrgenommene Drohungen und Angst. Rollenambiguität beeinflusst die Arbeitszufriedenheit negativ und arbeitsbezogene Drohungen und Angst positiv.
Donnelly, Ivancevich	1975	Rollenambiguität	Rollenambiguität weist einen negativen Zusammenhang zu Arbeitsinteresse, Innovationsbereitschaft und Arbeitszufriedenheit auf. Ein positiver Einfluss besteht zur Wechselbereitschaft des Arbeitsplatzes und zum Arbeitsdruck.
Miles, Petty	1975	Rollenambiguität	Rollenkonflikte und –ambiguität verringern die Arbeitszufriednehit und erhöhen den Arbeitsdruck.
Churchill, Ford, Walker	1976	Rollenkonflikt und -ambiguität	Rollenambiguität verringert die Zufriedenheit eines Mitarbeiters mit dem Arbeitsplatz an sich, der Unternehmenspolitik, den Kunden, den Kollegen und der Bezahlung. Rollenkonflikte vermindern die Zufriedenheit mit den Vorgesetzten, der Unternehmenspolitik und den Kunden. Zudem reduzieren Rollenkonflikte die Erwartungen auf eine Beförderung.
Brief, Aldag	1976	Rollenkonflikt und -ambiguität	Rollenkonflikte und –ambiguität weisen einen positiven Zusammenhang zu Angst, Arbeitsdruck und beabsichtigtem Arbeitsplatzwechsel auf. Negativ beeinflussen Rollenkonflikte die Arbeitszufriedenheit, die Zufriedenheit mit dem Vorgesetzten und die Wahrnehmung der Arbeitsqualität. Rollenambiguität beeinflusst die Performancebewertung durch den Vorgestzten negativ.

Miles	1976	Rollenkonflikt und -ambiguität	Rollenkonflikt und –ambiguität erhöhen die arbeitsbezogene Angst und verringern die Arbeitszufriedenheit. Ambiguität hat zusätzlich einen negativen Einfluss auf die wahrgenommene Performance. Rollenambiguität hat insgesamt einen stärkeren Einfluss als Rollenkonflikte.
Oliver, Brief	1977-78	Rollenkonflikt und -ambiguität	Beide Konstrukte verringern die Arbeitszufriedenheit.
Bagozzi	1978	Rollenkonflikt und -ambiguität	Rollenkonflikte und –ambiguität weisen einen negativen Zusammenhang zur Performance und Arbeitszufriedenheit auf.
Busch, Busch	1978	Rolleambiguität	Rollenambiguität ist mit der Unternehmensperformance negativ assoziiert. Ebenso weist Ambiguität einen negativen Zusammenhang zur Zufriedenheit mit den Kunden (nur für Frauen), der Arbeit und den Vorgesetzten auf.
Dubinsky, Mattson	1979	Rollenkonflikt und -ambiguität	Rollenkonflikt und –ambiguität verringern die Performance, die Arbeitszufriedenheit und das Unternehmenscommitment.
Teas, Wacker, Hughes	1979	Rollenambiguität	Rollenambiguität verringert die Bedürfnisbefriedigung.
Bagozzi	1980	Rollenkonflikt und -ambiguität	Rollenambiguität weist eine negativen Zusammenhang zum Unternehmenserfolg und der Arbeitszufriedenheit auf.
Berkowitz	1980	Rollenkonflikt und -ambiguität	Rollenkonflikte und –ambiguität vermindern die Arbeitszufriedenheit.
Kelly, Gable, Hise	1981	Rollenkonflikt und -ambiguität	Rollenambiguität weist einen negativen Zusammenhang zur Arbeitszufriedenheit auf. Zwischen Rollenkonflikten bzw. -ambiguität und der Performance eines Unternehmens besteht kein Zusammenhang.
Behrman, Biogoness, Perreault	1981	Rollenambiguität	Rollenambiguität verringert sowohl die Arbeitszufriedenheit als auch die Performance.
Teas	1983	Rollenkonflikt und -ambiguität	Rollenkonflikte verringern die Arbeitszufriedenheit. Zwischen Ambiguität und Zufriedenheit besteht kein signifikanter Zusammenhang.
Behrman, Perreault	1984	Rollenkonflikt und -ambiguität	Rollenambiguität verringert und Konflikte erhöhen die Leistung. Beide Konstrukte verringern die Arbeitszufriedenheit.
Kohli	1985	Rollenambiguität	Rollenambiguität verringert die Zufriedenheit am Arbeitsplatz.

Chonko, Howell, Bellenger	1986	Rollenkonflikt und -ambiguität	Rollenambiguität beeinflusst die Übereinstimmung von Erfolgsbewertungen zwischen Verkaufsmitarbeitern und -leitern negativ. Rollenambiguität hat einen größeren Einfluss auf den Erfolg als Rollenkonflikte.
Fry et al.	1986	Rollenkonflikt und -ambiguität	Rollenambiguität verringert die Arbeits-, Unternehmens- und Kundenzufriedenheit. Außer der Kundenzufriedenheit beeinflussen Rollenkonflikte alle internen Beziehungen negativ.
Michaels, Day, Joachimsthaler	1987	Rollenkonflikt und -ambiguität	Beide Konstrukte verringern die Arbeitszufriedenheit. Rollenambiguität verringert den Arbeitserfolg, während Rollenkonflikte ihn erhöhen.
Yammarino, Dubinsky	1990	Rollenkonflikt und -ambiguität	Rollenkonflikte und- ambiguität beeinflussen den Unternehmenserfolg negativ.
Lusch; Jaworski	1991	Rollenstress	Rollenstress verringert die Unternehmensperformance.
Singh, Rhoads	1991	Rollenambiguität	In allen getesteten Dimensionen (Unternehmen, Chef, Kunden, andere Manager, Coworker und Familie) weist die Rollenambiguität einen negativen Zusammenhang zur Performance und zur Zufriedenheit auf.
Dubinsky et al. und Singh	1991 1995	Rollenstress Cross-National	Rollenambiguität vermindert die Performance. Rollenkonflikt und –ambiguität verringert die Zufriedenheit (nur in Japan).
Singh	1993	Rollenambiguität	„Marketing Executives“: Kundenbasierte Ambiguität verringert die Performance, Ambiguität hinsichtlich des Unternehmens und der Vorgesetzten vermindert die Zufriedenheit. „Marketing and Support Representatives“: Unternehmens-, Kunden- oder andere Ambiguitäten verringern die Performance. Ambiguität in Bezug auf den Vorgesetzten senkt die Zufriedenheit.
Singh, Goolsby, Rhoads	1994	Rollenkonflikt und –ambiguität	Direkte Effekte von Rollenkonflikten oder Ambiguität sind nicht signifikant. Das Burnout-Syndrom ist ein Mediator des Stresseffektes auf die Performance und die Zufriedenheit.
Singh, Verbeke, Rhoads	1996	Rollenkonflikt und –ambiguität	Organisationale Praktiken bzw. Modelle (...) spielen in Entstehungsprozessen von Rollen-Stress einen entscheidenden Faktor. Rollenammbiguität vermindert die Performance, wobei der Effekt durch organisationale Modelle moderiert wird. Daneben verringert Rollenambiguität die Arbeitszufriedenheit. Rollenkonflikte verringern die Arbeitszufriedenheit im Fall von affektiven organisationalen Modellen.
Hartline, Ferell	1996	Rollenkonflikt und –	Rollenambiguität verringert die „Selbstwirksamkeit“ (Glaube eines Mitarbeiters, Unternehmensaufgaben erfüllen zu können), die Arbeitszufriedenheit und die Anpassungsfähigkeit eines

		ambiguität	Kundenkontaktmitarbeiters. Im Gegensatz dazu haben Rollenkonflikte einen positiven Einfluss auf die Selbstwirksamkeit. (Rollenkonflikte auf Arbeitszufriedenheit und Anpassungsfähigkeit keinen Einfluss).
Singh	1998	Rollenkonflikt und –ambiguität	Rollenkonflikte verringern die Job-Performance, die Arbeitszufriedenheit und das Commitment. Gleichzeitig erhöhen Rollenkonflikte die Wahrscheinlichkeit eines Arbeitsplatzwechsels und die Spannungen innerhalb des Arbeitsumfeldes. Rollenambiguität reduziert nur die Performance eines Unternehmens.
Singh	2000	Rollenkonflikt und –ambiguität	Kundenbasierte Rollenambiguität verringert die Produktivität und die Qualität. Ressourcenbasierte Rollenkonflikte vermindern die Produktivät. Zudem erhöhten kundenbasierte Rollenambiguität und Intersender-Rollenkonflikte Burnout-Tendenzen.
De Ruyter, Wetzels, Feinberg	2001	Rollenkonflikt und –ambiguität	Rollenambiguitätn und Rollenkonflikte haben einen direkten und negativen Einfluss auf die Arbeitszufriedenheit von Call-Center-Mitarbeitern. Rollenstress hat jedoch keinen negativen Einfluss auf das Commitment.
Boles, Wood, Johnson	2003	Rollenkonflikt und –ambiguität	Rollenkonflikt und Rollenambiguität haben bei Männern einen negativen Einfluss auf die Zufriedenheit mit der Arbeit, den Mitarbeitern, den Vorgesetzten, der Beförderung und der Unternehmenspolitik. Bei Frauen beeinflusst Rollenstress nur die Zufriedenheit mit Vorgesetzten, Kollegen, der Beförderung und der Unternehmenspolitik negativ. Für Frauen existiert daneben eine positive Beziehung zwischen der Rollenambiguität und der Zufriedenheit mit dem Vorgesetzten.
Avlonitis, Panagopoulos	2006	Rollenkonflikt und –ambiguität	Die Auswirkungen von Rollenkonflikt und Rolenambiguität sind abhängig von der jeweiligen Verkaufssituation. Z.B. haben Rollenkoflikte einen negativen Einfluss auf den Hang zum Wechsel des Arbeitsplatzes bei technischen Verkäufern, jedoch einen positiven bei Handelsverkäufern. Vgl. dazu ausführlich die Studie.

Tabelle 2: Empirische Untersuchungen zu den Auswirkungen von Rollenkonflikten und Rollenambiguität

Grundsätzlich zeigen die in Tabelle 2 aufgeführten Untersuchungen, dass Rollenkonflikte und Rollenambiguität einen negativen Einfluss auf eine Vielzahl von verschiedenen psychologischen und betriebswirtschaftlichen Faktoren haben. Jedoch können nicht alle Studien diese Zusammenhänge unterstützen. Beispielsweise konnten Kelly et al. und Singh et al. keine negative Beziehung zwischen Rollenstress und Effektivität feststellen.[640] Ebenso konnten Hartline/Ferell keine Folgen von Rollenkonflikten ermitteln.[641] Michaels et al. kommen sogar zu dem Ergebnis, dass Rollenkonflikte die Performance eines Unternehmens erhöhen.[642] Im Rahmen dieser Arbeit soll jedoch grundlegend von einem negativen Einfluss von Rollenkonflikten und Rollenambiguität ausgegangen werden, da die Mehrheit der Studien und darüber hinaus zwei Meta-Analysen zum Rollenstress diesen Schluss zulassen.[643] Mit Hilfe der in Tabelle 2 dargestellten Untersuchungen lassen sich grundlegende Korrelationen von Rollenkonflikten und Rollenambiguität bei den folgenden Phänomenen feststellen:

- Neigung zum Arbeitsplatzwechsel (positiv korreliert)
- Arbeitszufriedenheit (negativ korreliert)
- Leistung des Mitarbeiters bzw. Unternehmenserfolg (negativ korreliert)
- Zustimmung (Commitment) zum Unternehmen (negativ korreliert)
- Arbeitsinteresse, Motivation und Innovationsbereitschaft der Mitarbeiter (negativ korreliert)
- Arbeitsdruck, Angst und „Burnout-Syndrom“ (positiv korreliert).

Die Aufzählung zeigt in vereinfachter Form die unterschiedlichen Auswirkungen von Rollenkonflikten und -ambiguität, die jede für sich genommen die Effizienz und die Effektivität in Organisation beeinträchtigen. Angefangen bei Effekten, wie beispielsweise einem mangelnden Commitment zum Unternehmen bzw. einer geringen Innovationsbereitschaft[644], bis hin zu extremen Fällen in Form von psychosomatischen Krankheiten, Angstzuständen, Hysterien und dem so genannten „Burnout-Syndrom“.[645] Die Folgen von Rollenkonflikten sind dabei in hohem Maße von der Persönlichkeit des Betroffenen abhängig. So kann ein von zwei Individuen gleich empfundener Grad eines Rollenkonfliktes höchst unterschiedliche Ursachen be-

---

640 Vgl. Kelly et al. 1981; Singh, et al. 1996.

641 Vgl. Hartline/Ferell 1996.

642 Vgl. Michaels at al. 1987; Ebenso stellen Hartline/Ferell fest, dass Rollenkonflikte einen positiven Einfluss auf die Selbstwirksamkeit haben. Vgl. dazu Hartline/Ferell 1996 und Tabelle 2.

643 Vgl. zu den Meta-Analysen Fisher/Gitelson 1983; Jackson/Schuler 1985.

644 Vgl. dazu Dubinsky/Matson 1979; Donnelly/Ivanchevich 1975; Ivanbchevich/Donnelly 1974; Singh 1998.

sitzen.[646] Dabei korreliert der Grad an subjektiven Rollenkonflikten positiv mit dem Ausmaß an objektiven Rollenkonflikten.[647]

Wie bei der allgemeinen negativen Wirkung von Rollenkonflikten und -ambiguität soll im Rahmen der weiteren Ausführungen ebenfalls davon ausgegangen werden, dass die Folgen und die Vorzeichen der jeweiligen Korrelationseffizienten von Rollenkonflikten grundlegend denen der Rollenambiguität entsprechen.[648] Auch hier können nicht alle Studien diesen Zusammenhang feststellen.[649] Aufgrund der großen Mehrheit der Untersuchungen, die identische Auswirkungen von Rollenkonflikten und -ambiguität ermittelten, soll diese Beziehung jedoch angenommen werden.[650] Eine Ausnahme in Bezug auf diese Thematik soll eine Studie von Schuler bilden.[651] Die Ergebnisse Schulers zeigen, dass bei der Arbeitszufriedenheit in unteren Stellungen bzw. Hierarchieebenen eines Unternehmens eine stärkere negative Korrelation zu Rollenkonflikten als zur Rollenambiguität besteht. Im Gegensatz dazu findet sich in mittleren Ebenen eine stärker negative Korrelation zur Rollenambiguität. In oberen Ebenen eines Unternehmens konnte indes kein Zusammenhang festgestellt werden. Schuler folgert daraus, dass Rollenkonflikte in unteren Hierarchieebenen bedeutender sind, da Aufgaben hier eine höhere Determiniertheit besitzen.[652] In oberen Ebenen hingegen können die Konflikte aufgrund mit der Stellung verbundener Entscheidungsspielräume gelöst werden. Die Rollenambiguität nimmt hier jedoch eine bedeutendere Stellung ein, da Aufgaben allgemeiner definiert sind und einen Interpretationsspielraum beinhalten.[653]

Insgesamt zeigen die Ausführungen, dass Rollenkonflikte und Rollenambiguität negative Auswirkungen auf die Unternehmensorganisation hervorrufen. Wie bereits im vorherigen Abschnitt erwähnt, sind diese Auswirkungen insbesondere für Dienstleitungen relevant, da Kundenkontaktmitarbeiter sehr häufig von Rollenstress betroffen sind. In der vorliegenden Analyse ist dabei der Dienstleistungsbereich durch die untersuchten Studien explizit beachtet worden. Ein Großteil der Studien thematisiert dabei die Position des Verkäufers in unterschiedlichen Branchen. Da die Position des Verkäufers jedoch dem Kundenkontaktmitarbeiter

645 Vgl. dazu Tosi 1971; Hammer/Tosi 1974; Brief/Aldag 1976; Miles 1976; Singh 2000; Kahn1964 S. 66 f. Nerdinger 1998a S. 208; Nerdinger 1992 S. 77 ff.

646 Miles/Perreault 1976, S. 19f.

647 Vgl. Kahn et al. 1964, S. 65 f.

648 Vgl. Kahn et al. 1964, S. 85 f.

649 Vgl. Brief Aldag 1976; Miles 1976; Teas 1983; Singh 1998.

650 Vgl. in diesem Zusammenhang Tabelle 2.

651 Vgl. Schuler 1975, S. 685 f.; dazu auch Schuler 1977, S. 160 ff.

652 Vgl. Schuler 1975, S. 686 f.

653 Vgl. Schuler 1975, S. 686. Vgl. dazu ebenfalls Szilagyi 1977, S. 384 f.; Szilagyi et al. 1976, S. 273 f.

im Leistungserstellungsprozess teilweise entspricht bzw. sehr nahe kommt, sollen auch diese Studien eine Grundlage für die vorliegende Arbeit bilden.[654]

Die negativen Auswirkungen von Rollenstress sind gerade für Dienstleistungen fatal, da das Personal für eine erfolgreiche Produktion von Dienstleistungen eine große Bedeutung besitzt. Eine geringe Motivation bzw. Innovationsbereitschaft, ein unzureichendes Commitment oder eine hohe Arbeitsunzufriedenheit aufgrund von Konflikten und Ambiguitäten ist eher für Dienst- als für Sachleistungen ein Problem, da im Dienstleistungsbereich Verhaltenserfolge Unternehmenserfolge darstellen. Das Ziel einer Organisation von Dienstleistungsprozessen muss daher darin bestehen, Rollenkonflikte und -ambiguität zu vermeiden. Bevor in Kapitel 5 die Rollenorganisation als eine Möglichkeit zur Vermeidung von Rollenstress untersucht wird, soll im nachfolgenden Abschnitt die theoretische Grundlage bzw. ein einheitlicher Rollenbegriff für die Rollenorganisation erarbeitet werden.

4.3 Rollen als Modi der Vermittlung

Im weiteren Verlauf soll ein für den Betrachtungsgegenstand der Arbeit sinnvoller Rollenbegriff abgeleitet werden. Für die Herleitung des Rollenbegriffs werden dabei nur die funktionalistische und die symbolisch interaktionistische Perspektive als Ausgangspunkt herangezogen. Die beiden Perspektiven bilden den Ursprung und die gegensätzlichen Hauptströmungen der Rollentheorie. Von ihrem Verständnis ausgehend, soll ein übergeordnetes, die einzelnen Perspektiven der Rollentheorie nicht ersetzendes Verständnis generiert werden, das Rollen als Modi der Vermittlung auffasst.[655]

Wie durch den zuvor dargestellten Abschnitt deutlich wird, unterscheiden sich die Ansätze der Rollentheorien sowohl in der Art und Weise, wie sie ihr Thema behandeln, als auch in der Perspektive. Auf der einen Seite steht die Frage, wie sich makrosoziale Strukturen in Handlungen übersetzen. Der funktionalistische Ansatz fokussiert Positionen und Strukturen, um auf das Verhalten der Rolleninhaber schließen zu können.[656] Auf der andern Seite ist die interaktionistische Konzeption so angelegt, dass sie im mikrosozialen Bereich die Konstitution von Interaktionen als Ausgangspunkt vornimmt. Das Rollenhandeln besitzt einen inter-

---

[654] Nachfolgende Studien der Tabelle 2 thematisieren die Position des Verkäufers oder explizit den Dienstleistungsbereich: Donnelly/Ivancevich 1975; Churchill et al. 1976; Oliver/Brief 1977/78; Bagozzi 1978; Bush/Bush 1978; Dubinsky/Mattson 1979; Teas et al. 1979; Bagozzi 1980; Behrman et al. 1981; Teas 1983; Behrman/Perreault 1984; Kohli 1985; Chonko et al. 1986; Fry et al. 1986; Yammariono/ Dubinsky 1990; Lusch/Jaworski 1991; Dubinsky et al. 1992; Singh et al. 1994; Hartline/Ferrell 1996; Singh 1998; Singh 2000; De Ruyter et al. 2001; Boles et al. 2003; Avlonitis/Panagopoulos 2006.

[655] Vgl. zum Verständnis, dass Rollen als Modi der Vermittlung verstanden werden können, Schülein 1989; dazu ebenfalls Fischer/Wiswede 2002, S. 458; Wiswede 1998, S. 183.

[656] Vgl. dazu Abschnitt 4.2.1.

pretativen Charakter und kann in gewissen Grenzen ausgehandelt werden.[657] Daneben versuchen integrierende Konzepte die konträren Standpunkte zu vereinen und damit die Nachteile, die mit den einzelnen Perspektiven verbunden sind, zu beseitigen.[658]

So unterschiedlich die beiden Hauptströmungen der Rollentheorie aus perspektivischer Sicht zunächst erscheinen mögen, weisen sie bei genauer Analyse jedoch auch Gemeinsamkeiten auf. Beide Konzeptionen schließen eine „Generierungsperspektive"[659] ein: Handeln „ist" bzw. „entsteht" nicht einfach, sondern wird erzeugt. Die Ursache des Handelns von Individuen wird analysiert und auf die positionale Stellung oder den Interaktionsprozess, je nach Perspektive, zurückgeführt.

Erzeugt wird Rollenhandeln jedoch, ob es nun aus funktionalistischer oder interaktionistischer Perspektive betrachtet wird, durch unvermeidliche und notwendige Erfordernisse von Gesellschaft überhaupt: Eine Rolle ist ableitbar aus sozialer Normierung und sozialer Differenzierung und deren Zusammenspiel.[660] Gesellschaften sind geprägt durch ein Gefüge von Verhaltensnormierungen (Gleichförmigkeiten, Regelmäßigkeiten usw.). Gleichzeitig kann jede Gesellschaft als sozial differenziertes Gebilde betrachtet werden (sozial ungleichartige Teile). Von dieser sozialen Differenzierung ausgehend, kann festgehalten werden, dass in der Gesellschaft nicht alle Verhaltensdifferenzierungen verbindlich, aber einige normiert sind.[661] „Das Gefüge sozialer Ungleichheit hat stets einen normativen Kernbestand".[662] Verallgemeinert ausgedrückt bedeutet dies, dass eine ausdifferenzierte soziale Realität Unterschiede impliziert. Es existieren unterschiedliche Ebenen mit einer eigendynamischen Entwicklung, mehreren Alternativen und Spielräumen. Normierung und Differenzierung in der Gesellschaft erzeugen Unterschiede und Abstände, die das Problem der Integration und der Verständigung bilden. Es stellt sich die Frage nach der Verbindung zwischen den differenzierten Ebenen.[663] Einen Ansatz für die Lösung dieser Problemstellung hat Luhmann mit seiner Kommunikationstheorie symbolisch generalisierter Medien geleistet. Grundlage der Theorie ist eine Vermittlungsleistung durch Codes (wie z.B. Sprache). Das Komplexitätsgefälle zwischen sozial differenzierten Ebenen bleibt erhalten, wird aber erfolgreich koordiniert.

---

[657] Vgl. dazu Abschnitt 4.2.2.

[658] Vgl. dazu Abschnitt 4.2.3.

[659] Schülein 1989, S. 487.

[660] Vgl. Popitz 1967, S. 8.

[661] Vgl. Popitz 1967, S. 8.

[662] Popitz 1967, S. 9.

[663] Vgl. Schülein 1989, S. 488.

Fraglich ist jedoch, ob mit medialer Kommunikation diese Koordination gewährleistet und beschrieben werden kann. Der Begriff Medium wird in kommunikativer Hinsicht auf den Transport von Informationen und damit auf die Codierungsleistung reduziert. Ursprünglich meinte Medium jedoch mehr als das, was oftmals aus kommunikationstheoretischer Sicht darunter verstanden wird.[664] Der Begriff Medium umfasste physikalische, okkulte und grammatikalische Bedeutungen.[665] In der heute angewandeten Art und Weise verliert der Begriff die Beziehung zu den Eigenleistungen und zur Eigendynamik des Vermittelnden.[666] An dieser Stelle knüpft der Begriff der „Vermittlung" an: Was in der einen Relation Medium ist, kann in einer anderen das sein, was vermittelt wird. Medien können also selbst Thema von Vermittlungen sein, sie müssen selber substanzlogisch sein. Um der Verkürzung von Medien auf Codierungsleistungen entgegenzutreten, muss ebenfalls der Kontext von potenziellen medialen Leistungen in die Kommunikation mit einbezogen werden. Der real stattfindende Austausch verlangt, dass in die Vermittlung alles einbezogen wird, was im realen Kontext gegeben ist.[667]

Eine Möglichkeit, alle medialen Leistungen mit einzubeziehen, bietet das Rollenmodell. Es dient in diesem Zusammenhang als Modus der Vermittlung: Rollen können nicht nur eine Vermittlung in Form eines Transports von Informationen übernehmen, sondern sie können selbst Bestandteil der Vermittlung sein. Rollen dienen damit der effizienten und vereinfachten Interaktion zwischen Individuen und senden zusätzlich zur eigentlichen Information in Form von Codes (wie z.B. Sprache) Interaktionsstrukturen, die Determinationsleistungen vorwegnehmen und dadurch bestimmte Anteile von Situationen in ihrer Eigendynamik bremsen.[668] „Rollen sorgen dafür, dass Interaktionen nicht völlig bei Null beginnen, sondern dass von vorn herein mit „unwahrscheinlichen", stabilen Festlegungen gerechnet werden kann. Sie (...) entsubjektivieren das Handeln (...)."[669]

Rollen können dabei die vordeterminierten Interaktionsstrukturen sowohl personengebunden als auch -ungebunden transportieren. Besonders interessant ist in diesem Zusammenhang jene Vermittlungsleistung, die auf „unvollständigen Anschlussmöglichkeiten"[670] basiert. Unvollständige Anschlussmöglichkeiten bedeutet hier, dass nicht für alle denkbaren Ereignisse Vorkehrungen getroffen werden können. Treten beispielsweise in einer Organisation

---

[664] Vgl. Schülein1989, S. 189.

[665] Vgl. dazu exemplarisch Wahrig 1986, S. 873.

[666] Vgl. Schülein 1989, S. 489.

[667] Vgl. Schülein 1989, S. 490.

[668] Vgl. Fischer/Wiswede 2002, S. 458.

[669] Schülein, 1989, S. 491.

[670] Schülein 1989, S. 490.

unbekannte Situationen oder Ereignisse auf, entstehen unvollständige Anschlussmöglichkeiten, da für diesen spezifischen Kontext keine Anweisungen oder Regeln bereit stehen. An dieser Stelle können Rollen helfen, da sie vordeterminierte Interaktionsstrukturen übertragen und damit dazu beitragen, die unvollständigen Anschlussmöglichkeiten zu überbrücken.[671]

Aus den hier dargestellten Überlegungen ergibt sich jedoch keine neue Rollentheorie. Die Sichtweise, dass Rollen als Vermittlungsprozesse betrachtet werden können, stellt eine übergeordnete, abstrakte Perspektive dar, wodurch die verschiedenen Rollentheorien die jeweiligen Besonderheiten des Vermittlungsprozesses erfassen können. Die übergeordnete Ansicht soll demnach auch keiner Perspektive der Rollentheorie zu- oder untergeordnet werden.[672] Die unterschiedlichen Ansätze der Rollentheorie behalten auf ihre Perspektive bezogen ihr Recht. Aufgrund der Komplexität der Gesamtthematik ist es sogar erforderlich, dass unterschiedliche Perspektiven existieren.

In der hier vorgestellten Auffassung basiert die Rolle als Modus der Vermittlung sowohl auf der funktionalistischen als auch der symbolisch-interaktionistischen Perspektive. Rollen können mit diffuser Struktur aber auch als spezialisierte Verhaltensausschnitte definierbar und zuteilbar sein. Als Modi der Vermittlung sind sie daher in den nachfolgenden Ausführungen als ein integrierendes Konzept anzusehen, in dem Rollen einen unterschiedlichen Interpretationsspielraum aufweisen können.[673] Rollen gestalten sich damit als flexible und variable Form der Vermittlung. Den theoretischen Bezugsrahmen für den Ansatz, dass Rollen als Modi der Vermittlung anzusehen sind, bildet demnach die integrierende Perspektive der Rollentheorie, die auf den einzelnen Facetten des Symbolischen Interaktionismus und dem Funktionalismus basiert. Die integrierende Perspektive soll jedoch aufgrund des Betrachtungsgegenstandes der Arbeit durch das Rollenmodell von Katz und Kahn konkretisiert werden.

Wie bereits in Abschnitt 4.2.4.1 dargestellt, ist das Rollenepisodenmodell nach Katz/Kahn ebenfalls durch einen integrativen Charakter gekennzeichnet. Im Rahmen einer Rollenepisode besitzt die Zielperson einen Interpretationsspielraum, der die symbolisch-interaktionistische Perspektive kennzeichnet. Gleichzeitig wird ebenfalls die funktionalistische Sichtweise integriert, da die Erwartungen und daraus folgend das Rollenhandeln stark durch die Position innerhalb der Organisation beeinflusst werden.[674] Für die Spezifizierung des abstrakt de-

---

[671] Vgl. Schülein 1989, S. 491 f.

[672] Vgl. im Gegensatz dazu Fischer/Wiswede 2002, S. 458, die den Ansatz, dass Rollen als Modi der Vermittlung anzusehen sind, der funktionalistischen Perspektive unterordnen.

[673] Vgl. dazu Abschnitt 4.2.3.

[674] Vgl. dazu Abschnitt 4.2.4.1.

finierten Rollenbegriffs als Modus der Vermittlung bietet sich damit die organisationale Perspektive von Katz Kahn an, die den Zusammenhang von Rollenerwartung und Rollenverhalten und die Integration von Individuen über Rollen in organisatorische Systeme und Subsysteme darstellen soll. Das Rollenmodell von Katz und Kahn konkretisiert das integrierende Konzept, dem wiederum die symbolisch-interaktionistische und die funktionalistische Perspektive zu Grunde liegen. Die nachfolgende Abbildung 32 verdeutlicht den theoretischen Bezugsrahmen des Verständnisses, Rollen als Modi der Vermittlung anzusehen.

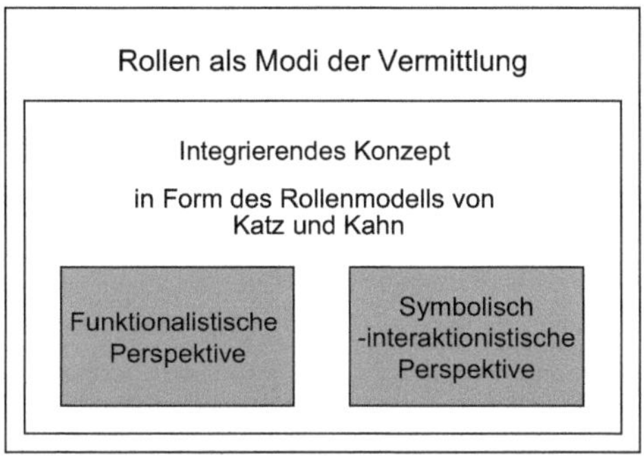

Abbildung 32: Rollen als Modi der Vermittlung – Theoretischer Bezugsrahmen

An dieser Stelle soll noch einmal explizit darauf verwiesen werden, dass das erarbeitete Verständnis von Rollen im Zusammenhang mit der Rollentheorie zu sehen ist. Erst im nachfolgenden Abschnitt wird diese Auffassung auf die Rollenorganisation bezogen. Unter Berücksichtigung der Anforderungen bereits bestehender, praxisorientierter Rollenkonzepte und dem Verständnis von Rollen als Modi der Vermittlung soll nachfolgend eine für die Rollenorganisation zweckmäßige Definition von Rollen vorgenommen werden. Dafür wird zunächst der rollentheoretische Hintergrund der Rollenorganisation dargestellt.

4.4 Der Rollenbegriff im Rahmen der Rollenorganisation

4.4.1 Theoretischer Hintergrund der Rollenorganisation

Rollen in formellen Organisationen werden aufgrund der Strukturiertheit, dem hohen Grad an Vorbestimmtheit und den eingeschränkten Verhaltensspielräumen meist der funktionalistischen Perspektive zugeordnet.[675] So betont auch Weibler die Zweckmäßigkeit einer funktionalistischen Sichtweise im organisationalen Kontext.[676] Insbesondere bei eingespielten

[675] Vgl. Fischer/Wiswede 2002, S. 481; Kieser/Kubicek 1992, S. 456.

[676] Vgl. Weibler 1994, S. 88 f.; 2001, S. 49.

Arbeitsabläufen und stabilen Beziehungsgeflechten scheinen Rollenerwartungen relativ gut vorstrukturiert zu sein.[677] Kieser/Kubicek führen folgende Gründe für eine Anwendung der funktionalistischen Rollenkonzeption auf Organisationen an:[678]

- „Organisatorische Regelungen zur Spezialisierung und Konfiguration bestimmen die Positionen der Organisationsmitglieder in der Organisation. Die Zuordnung zu bestimmten Funktionsbereichen und Hierarchieebenen führt zu bestimmten Rollenerwartungen."[679]
- „Indem organisatorische Regelungen Ziele, Handlungsprogramme, Kommunikationswege u.a. festlegen, bringen sie Verhaltenserwartungen an die Inhaber bestimmter Positionen zum Ausdruck."[680]
- „Organisatorische Regelungen ermächtigen schließlich andere Organisationsmitglieder dazu, offizielle und verbindliche Erwartungen zu formulieren, indem sie beispielsweise bestimmte Organisationsmitglieder zu Vorgesetzten anderer bestimmen und sie mit Weisungsbefugnissen ausstatten. Dadurch werden unzweideutig bestimmte Organisationsmitglieder als besonders relevante Rollensender ausgezeichnet."[681]

Diese Argumente treffen ebenfalls für die Rollenorganisation zu. Sowohl die Definition von Rollen durch Kenntnisse, Fähigkeiten und Erfahrungen als auch die Entkopplung von Aufgaben und direkter Personenzuordnung lassen die funktionalistische Perspektive in den praxisorientierten Konzepten erkennen. Weibler führt jedoch zudem an, dass die interaktionistische Perspektive bei instabilen Beziehungen konzeptionelle Vorteile besitzt.[682] „... wenn Fragen der erstmaligen Rollenbildung angesprochen sind, spezielle Situationen analysiert werden, die Verbindlichkeit der Erwartungen unsystematisch variiert oder „unplanmäßiges" Rollenverhalten auftritt"[683], erscheint die Berücksichtigung der interaktionistischen Perspektive angebracht. Insbesondere jedoch vor dem Hintergrund, dass Rollenerwartungen bei den fokalen Personen nur dann zu entsprechenden Handlungen führen, wenn sie auch tatsächlich als solche wahrgenommen werden, macht nach Weibler die Kombination der funktionalis-

---

677 Vgl. Weibler 1994, S. 88.

678 Vgl. Kieser/Kubicek 1992 S. 456. Kieser/Kubicek beschreiben die funktionalistische Sichtweise in ihren Ausführungen als strukturalistische Rollentheorie. Aus didaktischen Gründen soll hier jedoch der Begriff funktionalistische Sichtweise verwendet werden.

679 Kieser/Kubicek 1992, S. 456.

680 Kieser/Kubicek 1992, S. 456.

681 Kieser/Kubicek 1992, S. 456.

682 Vgl. Weibler 1994, S. 90.

tischen und interaktionistischen Sichtweise für einen methodischen Zugang zur Erfassung von Rollenerwartungen möglich und notwendig.[684]

Diese Situation ist in besonderer Weise bei der hier betrachteten Rollenorganisation von Relevanz. Im Gegensatz zu Stellen sind Rollen im Konzept der Rollenorganisation nicht langfristig stabil und können den jeweiligen Gegebenheiten flexibel angepasst werden. Sie weisen im Konzept eine diffuse, temporäre und veränderbare Struktur auf.[685] Damit sind Rollen im Konzept der Rollenorganisation von instabilen Beziehungsgeflechten betroffen und erfordern in besonderer Weise die Berücksichtigung der interaktionistischen Perspektive als theoretische Basis.

Neben der interaktionistischen und funktionalen Sichtweise soll zudem die organisationale Rollentheorie als theoretische Basis für die Rollenorganisation herangezogen werden. Im Verständnis des Rollenkonzepts werden Beziehungen innerhalb einer Organisation durch die unterschiedlichen Rollen festgelegt. Da sich das vorliegende Konzept ausschließlich mit dem organisationalen Kontext beschäftigen, kann die organisationale Rollentheorie, und hier besonders die Rollen- und Systemtheorie nach Katz/Kahn, als theoretische Grundlage für die Rollenansätze verstanden werden. Wie bereits im Abschnitt zur Rollentheorie nach Katz/Kahn erwähnt, kann der Ansatz als integratives Konzept angesehen werden.[686] Sowohl die funktionalistische als auch die symbolisch interaktionistische Perspektive werden in diesem Ansatz berücksichtigt. Erwartungen werden stark durch die Position innerhalb der Organisation beeinflusst, was den funktionalistischen Aspekt widerspiegelt. Gleichzeitig kann die Zielperson einen Interpretationsspielraum wahrnehmen, welcher der interaktionistischen Sichtweise entspricht. Ebenso wie in der Rollentheorie nach Katz/Kahn werden in den bereits bestehenden Konzepten somit beide Perspektiven miteinander vereint. Als übergeordnetes Konstrukt soll schließlich das Verständnis von Rollen als Modi der Vermittlung den weiteren Ausführungen und der Definition von Rollen im Rahmen der Rollenorganisation zu Grunde liegen.

4.4.2 Grundlegendes Rollenverständnis in der Rollenorganisation

Bezug nehmend auf den Abschnitt 4.3 und die Ausführungen zu den praxisorientierten Rollenkonzepten, soll im nachfolgenden Abschnitt eine für das Konzept der Rollenorganisation zweckmäßige Definition von Rollen abgeleitet werden. Grundlage der Definition

---

683 Weibler 1994, S. 90.

684 Vgl. Weibler 2004, S. 90. Zugleich betont Weibler jedoch auch, dass der interpretative Rollenspielraum als begrenzt einzustufen ist. Vgl. dazu die Freiraum bestimmenden Faktoren in Abbildung 29 auf S. 91.

685 Vgl. Lau 2003, S. 60 und Kapitel 3.

686 Vgl. Abschnitt 4.2.4.1 sowie die Ausführungen zu Rollen als Modi der Vermittlung in Abschnitt 4.3.

bilden auf der einen Seite die rollentheoretischen Ausführungen, auf der anderen die Konzeption bereits bestehender Rollenkonzepte.

Wie bereits im Rahmen der Begriffsbestimmung von Rollen in Abschnitt 4.3 dargestellt, können Rollen als Modi der Vermittlung angesehen werden. Sie übernehmen nicht nur eine Vermittlung in Form eines Transports von Informationen, sondern sind selbst Bestandteil der Vermittlung. Von großer Bedeutung im Zusammenhang mit der Organisationsgestaltung ist jene Vermittlungsleistung, die auf den zuvor dargestellten unvollständigen Anschlussleistungen basieren.[687] Rollen können die vordeterminierten Interaktionsstrukturen sowohl personengebunden als auch -ungebunden transportieren und damit dazu beitragen, die unvollständigen Anschlussmöglichkeiten zu überbrücken. In der Rollenorganisation dienen Rollen damit einer vereinfachten Interaktion zwischen Individuen. Rollen als Modi der Vermittlung sind bereits mit Interaktionsstrukturen verbunden.[688] Diese Sichtweise soll die Grundlage für eine Rollendefinition im Kontext der Rollenorganisation bilden.

Neben dem theoretischen Hintergrund muss der Rollenbegriff im Rahmen der Rollenorganisation den Anforderungen der neuen Organisationsstruktur gerecht werden. Nicht mehr funktionale Beschreibungen, sprich eine Stellenbeschreibung, sondern Rollen gestalten die Prozesse. Aufgrund der Substitution müssen die grundlegenden Aufgaben einer Stellenbeschreibung durch die neu zu bildende Rollenstruktur mit erfüllt werden. Aufgaben, Aktivitäten, Verantwortlichkeiten und Fähigkeiten sind demnach ebenfalls ein Bestandteil der Rollendefinition im Kontext der Rollenorganisation. Basis für diesen Bestandteil der Definition bilden die praxisorientierten Rollenkonzepte, die Rollen durch die Erfahrungen, Kenntnisse und Fähigkeiten, die für die Erfüllung der mit einzelnen Rollen verbundenen Aufgaben notwendig sind, definieren.

Im Konzept der Rollenorganisation bilden damit zum einen die theoretischen Grundlagen der Rollentheorie und darauf aufbauend das Verständnis von Rollen als Modi der Vermittlung und zum anderen die Konzepte der praxisorientierten Rollenkonzepte die Basis der Definition von Rollen (vgl. Abbildung 33). Somit werden Rollen in der Rollenorganisation folgendermaßen verstanden: Rollen gelten

- als Modi der Vermittlung zwischen Organisationsmitgliedern,
- die durch Fähigkeiten, Erfahrungen und Kenntnisse, die zur Erfüllung einzelner Aufgaben notwendig sind, abgegrenzt werden.

---

[687] Vgl. Schülein 1989, S. 490 und die Ausführungen in Abschnitt 4.3.

[688] Vgl. dazu ausführlich Abschnitt 4.3.

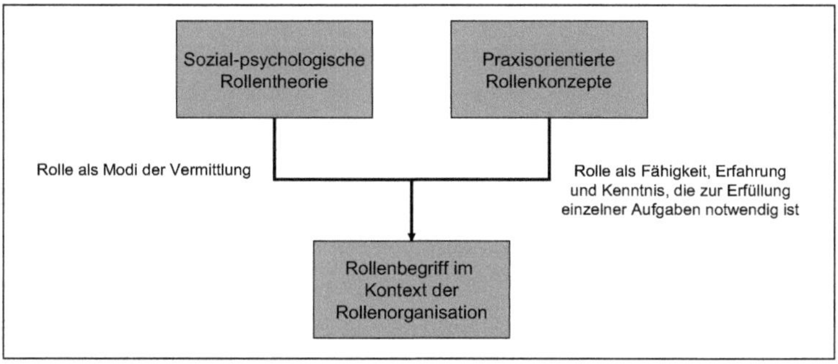

Abbildung 33: Rollenbegriff im Kontext der Rollenorganisation

Bezogen auf den theoretischen Hintergrund ergeben sich für Rollen im Rahmen der Rollenorganisation zwei Szenarien. In stabilen Situationen bzw. Beziehungsgeflechten sind aus Sicht der funktionalistischen Perspektive mehrfache Rollenepisoden nach dem Modell von Katz/Kahn nicht mehr zwingend notwendig. Durch die Definition einer Rolle, einerseits als Modus der Vermittlung, andererseits über Fähigkeiten, Erfahrungen und Kenntnisse, sollen die Erwartungen für Mitarbeiter transparent und leicht ableitbar sein. Ein Aushandeln der Rollen soll abgeschwächt werden, da die Rollen Interaktionsstrukturen beinhalten und eine Determinationsleistung vorwegnehmen.

Gleichzeitig können die Rollen im Konzept der Rollenorganisation jedoch auch flexibel verändert werden oder es kommt zu speziellen bzw. „unplanmäßigen" Situationen.[689] Diese unplanmäßigen Situationen sind gerade für den Dienstleistungsbereich aufgrund der Integrativität relevant.[690] Der interaktionistische Aspekt des Konzepts tritt in dieser Situation in den Vordergrund. Auch hier sollen Rollen einen Vorteil generieren, da sie die unvollständigen Anschlussmöglichkeiten durch vordeterminierte Interaktionsstrukturen überbrücken können und Rollenepisoden vermindern bzw. abschwächen.[691] Mit der Berücksichtigung der interaktionistischen Perspektive soll somit die Flexibilität des Konzepts sichergestellt werden. Diese Interdependenz zwischen der Vorgabe von Rollen im Sinne der funktionalistischen Perspektive und einer simultanen Flexibilität der Rollenorganisation im Rahmen der interaktionistischen Sichtweise wird im Rahmen der Fallstudienforschung aufgegriffen und die Zielerreichung beleuchtet.[692]

---

[689] Vgl. Weibler 1994, S. 90.

[690] Vgl. dazu Abschnitt 2.3.2.3.

[691] Vgl. dazu auch die Ausführungen in Abschnitt 4.3.

[692] Vgl. dazu Abschnitt 5.2.1.15.2.1.3.

Ebenso soll analysiert werden, ob jedem Mitarbeiter durch die gerade wahrgenommene Rolle die Interdependenzen und die damit verbundenen Ergebnisse bewusst werden. Rollenkonflikten, Rollenambiguität und dem Burn-Out-Syndrom könnte damit entgegengewirkt und durch die transparente Definition der Rolle könnten eine Identifizierung des Mitarbeiters mit der Rolle und daraus folgend Motivationssteigerungen erzeugt werden. Zusätzlich soll die Kommunikation und Kooperation zwischen den einzelnen Rolleninhabern verstärkt werden, wodurch die Prozessevidenz zwischen den einzelnen Prozessteilnehmern erhöht werden könnte. Im weiteren Verlauf der Arbeit sollen nun die Zielerreichung der Rollenorganisation sowie die Möglichkeiten und Grenzen des Konzepts unter verschiedenen Kontextbedingungen im Rahmen einer empirischen Fallstudie untersucht werden. Dabei bildet neben den in Abschnitt 2.3.2.4 definierten Zielen der in diesem Abschnitt herausgearbeitete Rollenbegriff eine Grundlage für die Ableitung von Forschungsfragen. Es gilt im folgenden Kapitel zu hinterfragen, ob Rollen als Modi der Vermittlung angesehen werden und Interaktionsstrukturen vermitteln können. Die Vermittlungsleistung bildet die notwendige Basis für das Konzept der Rollenorganisation.

Abzugrenzen von der Verminderung einzelner Rollenepisoden im Rahmen eines regelmäßig zu durchlaufenden Dienstleistungsprozesses ist die Implementierung einer Rollenorganisation bzw. die erstmalige Rollenbildung. In der Phase der Einführung ergibt sich durch die Erlernung des Konzeptes zunächst eine hohe Anzahl an Rollenepisoden. Die einzelnen Rollen und der Umgang mit ihnen müssen in dieser Situation erst erarbeitet werden. In dieser Situation tritt primär die interaktionistische Sichtweise in den Vordergrund. Im weiteren Verlauf der Ausführungen sollen jedoch die Auswirkungen der Rollenorganisation auf die Verminderung einzelner Rollenepisoden im Rahmen eines regelmäßig zu durchlaufenden Dienstleistungsprozesses im Mittelpunkt stehen.

5 Ein Entwurf der Rollenorganisation in Dienstleistungsunternehmen an konkreten Beispielen

Mit Hilfe der Ausführungen zur Rollentheorie und zwei durchgeführten Fallstudien soll im nachfolgenden Kapitel ein grundlegender Entwurf für die Ausgestaltung einer Rollenorganisation in Dienstleistungsunternehmen herausgearbeitet werden. Unter Berücksichtigung der rollentheoretischen Erkenntnisse und der empirischen Ergebnisse der Fallstudien werden Thesen erarbeitet, die schließlich in konkrete Anwendungsempfehlungen überführt werden. Dafür werden zunächst im Abschnitt 5.1 die Grundlagen zur Forschungsmethodik erläutert. Der Abschnitt enthält Ausführungen zu den grundlegenden Forschungsfragen, der Auswahl der Fallstudien sowie zur Erhebungsmethodik. Der nachfolgende Abschnitt stellt schließlich die generierten Thesen vor, die sich in die Bereiche Zielerreichung und situative Ausgestaltung unter Berücksichtigung von Kontextvariablen unterscheiden lassen. Abschnitt 5.3 fasst schließlich die Erkenntnisse der Fallstudie zusammen und stellt die aus den Thesen gebildeten Anwendungsempfehlungen dar.

5.1 Grundlagen zur Forschungsmethodik

5.1.1 Wissenschaftstheoretisches Grundkonzept

Die Anwendung einer Fallstudie und damit einer qualitativen Forschungsmethode zur Erkenntnisgewinnung im Rahmen einer wissenschaftlichen Untersuchung kann nicht ohne die Bestimmung einer wissenschaftstheoretischen Grundposition erfolgen. In der vorliegenden Arbeit wird die Betriebswirtschaftslehre als angewandte Wissenschaft verstanden, welche das Ziel verfolgt, empirisch vorgefundene Entscheidungsprozesse zu beschreiben und zu beurteilen, neue Entscheidungsgrundlagen zu entwickeln sowie Handlungsanweisungen zu geben.[693]

Ausgangspunkt der angewandten Forschung sind dabei in der Praxis wahrgenommene Probleme, nicht Theorien.[694] Diesem Verständnis der Betriebswirtschaftslehre steht jedoch der Kritische Rationalismus als gemeinhin anerkanntes wissenschaftstheoretisches Paradigma entgegen.[695] Der Kritische Rationalismus lehnt die Induktion ab, da davon ausgegangen wird, dass allgemeine Theorien nicht aus singulären Sätzen ableitbar sind.[696] Theorien sind demnach

---

[693] Vgl. Wöhe 1990, S. 34; zur wissenschaftstheoretischen Verständnis der Betriebswirtschaftslehre als angewandte Wissenschaft vgl. insbesondere Ulrich 1981. Dazu ebenfalls Reinecke 1996, S. 15 f.; Olbrich 1996, S. 7 ff.; Körfgen 1999, S. 7 f.; Tomczak 1992, S. 77 f.

[694] Vgl. Ulrich 1981, S. 5 f.; Olbrich 1996, S. 7; Reinecke 1996, S. 15.

[695] Der Kritische Rationalismus geht auf Karl R. Popper zurück. Vgl. dazu Popper 1994; 1997.

[696] Vgl. Specht et al. 2004, S. 547.

Mengen in sich logisch konsistenter Hypothesen, die dem Falsifizierbarkeitskriterium unterliegen. Sie sind vorläufig, bis zur Falsifizierung einer oder mehrerer ihrer Hypothesen gültig.[697] Eine Entwicklung von Hypothesen aus empirischen Beobachtungen lehnt der Kritische Rationalismus demnach ab.

Ist der Kritische Rationalismus für eine Realwissenschaft zweifelsohne die geeignetste Methode, steht jedoch die Relevanz ihrer Forschungsergebnisse für die wirtschaftliche Realität in Frage.[698] Ein hoher Abstraktionsgrad und Hypothesen, die aufgrund der verfügbaren Methodologien oftmals angepasst werden, lassen einen Praxisbezug und einen Fortschritt innerhalb des wissenschaftstheoretischen Paradigmas vermissen.[699] Entsprechend ist für die Betriebswirtschaft als angewandte Wissenschaft ein neues wissenschaftstheoretisches Paradigma anzuwenden, das sich gegenüber den Grundlagenwissenschaften in Bezug auf den Entstehungs-, Begründungs- und Anwendungszusammenhang unterscheidet.[700] Die nachfolgende Abbildung illustriert die Unterschiede.

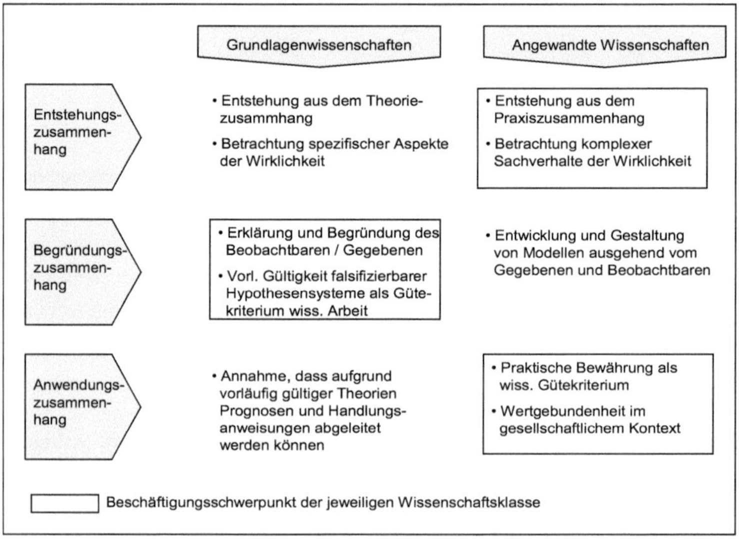

Abbildung 34: Merkmale von Grundlagenwissenschaften und angewandten Wissenschaften
Quelle: Olbrich 1996, S. 8.

---

[697] Vgl. Olbrich 1996, S. 7. Zur Frage nach der logischen Eindeutigkeit der Falsifikation vgl. Specht et al. 2004, S. 547 f. Zur Falsifikationsstrategie ebenfalls Müller-Böling 1992, Sp. 1494.

[698] Vgl. Tomczak 1992, S. 77.

[699] Vgl. Olbrich 1996, S. 7 ff. und die dort angegebene Literatur.

[700] Vgl. ausführlich zu den Unterschieden Ulrich 1981, S. 5 ff.; Olbrich 1996, S. 8 ff.

In der vorliegenden Arbeit wird ebenfalls keine Falsifikationsstrategie verfolgt, die durch eine Konfrontation theoretisch fundierter Hypothesen mit der Realität zu Erkenntnisfortschritten gelangt. Eine Hypothesenprüfung nach dem Paradigma des Kritischen Rationalismus ist nicht möglich, da das zu untersuchende Objekt der Rollenorganisation bisher kaum angewandt und demnach nicht bzw. zu wenig erforscht worden ist. Wissenschaftliche Arbeiten, die sich mit der Thematik von Rollenkonzepten bzw. der Rollenorganisation auseinandersetzen, befinden sich noch in den Anfängen.[701] Dies gilt ebenfalls für die Praxis, in der kaum Unternehmen existieren, die ein Rollenkonzept, geschweige denn die im 3. Kapitel vorgestellte Rollenorganisation implementiert haben. Oftmals sind es nur Teilbereiche von Rollenkonzepten, die in Unternehmen angewendet werden.[702] Im Zusammenhang mit der Erforschung von Rollenkonzepten kann demnach auf keine bewährte Theorie oder theoretische Ansätze zurückgegriffen werden. An diesem Tatbestand müssen sich Forschungsziel und Forschungsmethodik der vorliegenden Arbeit orientieren.

Im Mittelpunkt der Arbeit stehen die Entwicklung einer grundlegenden Konzeptionalisierung und die Entdeckung regelmäßiger Zusammenhänge zwischen Situationsmerkmalen und der Ausgestaltung einer Rollenorganisation. Die Forschungsmethodik ist demnach durch ein induktives, exploratives Vorgehen gekennzeichnet.[703] Im Zentrum dieser Explorationsstrategie steht die Gewinnung neuer Beziehungen, die das erstmalige Erkennen von Zusammenhängen gegenüber der für die Falsifikation notwendigen Repräsentativität betonen.[704] Aufgrund des geringen Erkenntnisstands stehen gehaltvolle Hypothesen mit einer ausreichenden Differenzierung der Variablen für eine stringente Überprüfung nicht zur Verfügung. Für Erkenntnisfortschritte im Bereich der Rollenkonzepte werden demnach zunächst Thesen generiert und in den Forschungsprozess eingebracht.[705]

Ausgangspunkt einer Forschung im Verständnis der angewandten Wissenschaft ist ein heuristischer Bezugsrahmen, der für die Steuerung des Forschungsprozesses einerseits auf bestehende theoretische Ansätze und andererseits auf empirisch ermitteltes Wissen zurück-

---

[701] Vgl. dazu die Ausführungen in Abschnitt 3.1.

[702] Vgl. dazu die Fallstudienausführungen in Abschnitt 5.1.4.

[703] Vgl. zu dieser Vorgehensweise Körfgen 1999, S. 8 ff.; Reinecke 1996, S. 17 ff.

[704] Vgl. Müller-Böling 1992, Sp. 1494.

[705] In diesem Zusammenhang sprechen Körfgen und Tomczak von der Gewinnung „neuer“ Hypothesen bzw. von Hypothesen. Vgl. dazu Körfgen 1999, S. 9; Tomczak 1992, S. 83. Der Begriff Hypothese soll in der vorliegenden Arbeit jedoch nicht verwendet werden, da die Generierung einer Hypothese nicht konsistent mit dem wissenschaftstheoretischen Verständnis der angewandeten Wissenschaft ist. Mit dem Begriff wird nach Ansicht des Verfassers wieder Bezug zum Kritischen Rationalismus genommen. Stattdessen soll der Begriff These benutzt werden.

greift.[706] „Ausgehend von einer bestimmten theoretischen Perspektive wird die Realität betrachtet und sowohl gedanklich als auch sprachlich strukturiert."[707] Der Bezugsrahmen dient in diesem Sinne einer realitätsorientierten Entscheidungsgrundlage.[708]

5.1.2 Fallstudienforschung im Erkenntnisprozess

Für die Bereitstellung des empirischen Erfahrungswissens im heuristischen Bezugsrahmen eignen sich insbesondere qualitative Forschungsmethoden. Qualitative Methoden erlauben es im Gegensatz zur quantitativen Forschung inhaltlich konkret und mit breiten, integrierten Fragen an die Problemstellung heranzutreten. Sie vermeiden einen abstrakten und analytischen Forschungsprozess, durch den quantitative Methoden gekennzeichnet sind.[709] Im Rahmen der qualitativen Forschungsmethoden eignet sich insbesondere die Fallstudienarbeit für eine Explorationsstrategie.[710] Speziell in frühen Forschungsstadien ist die Fallstudienforschung in der Lage, bedeutsame Variablen aufzudecken und erste Beziehungen zwischen den Variablen zu ermitteln.[711] Im Erkenntnisprozess konzentriert sich die Fallstudie dabei auf den Entstehungszusammenhang.[712] Aspekte des Begründungszusammenhangs, in dem Modelle durch Hypothesentests auf ihre Gültigkeit überprüft werden, sind nicht Gegenstand der Fallstudienforschung.[713] Die nachfolgende Abbildung verdeutlicht den Schwerpunkt einer Fallstudie im Verlauf eines Erkenntnisprozesses.

---

[706] Vgl. Körfgen 1999, S. 9; Tomczak 1992, S. 84.

[707] Tomczak 1992, S. 84.

[708] Vgl. ausführlich zum Bezugsrahmen der vorliegenden Arbeit Abschnitt 5.1.3.

[709] Vgl. hierzu die gegenüberstellende Darstellung der qualitativen und quantitativen Forschung bei Tomczak nach Belz. Vgl. Tomczak 1992, S. 82.

[710] Vgl. Müller-Böling 1992, Sp. 1495.

[711] Vgl. Müller-Böling 1992, Sp. 1495; Eisenhardt1989, S. 548.

[712] Vgl. Specht et al. 2004, S. 548 f.; Specht et al. sprechen in diesem Zusammenhang von Entdeckungszusammenhang. Hier soll der bereits oben eingeführten Terminologie gefolgt werden. Vgl. zur Zerlegung des Erkenntnisprozesses in den Entstehungs- und Begründungszusammenhang Schanz 1988, S. 7.

[713] Die Sonderform der widerlegenden Fallstudie ist allerdings dem Begründungszusammenhang zuzuordnen. Vgl. dazu Specht et al. 2004, S. 550. Zu der in der Arbeit angewandeten Form vgl. Abschnitt 5.1.5.

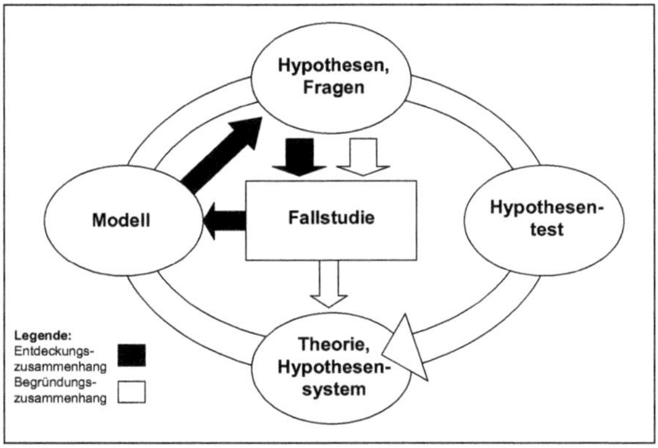

Abbildung 35: Die Fallstudie im Rahmen des Entdeckungs- und Begründungszusammenhangs
Quelle: Specht et al. 2004, S. 549.

Die Fallstudie ist demnach als Kreativtechnik zur Endeckung neuer Zusammenhänge anzusehen.[714] Die auf Induktion basierende Entdeckung ersetzt den kreativen „Einfall", der zu Beginn eines Forschungsprozesses im Paradigma des Kritischen Rationalismus steht.[715] Die Empirie dient damit als Ideengeber und nicht im Sinne quantitativer Forschung zu verifizierenden Zwecken.[716] Damit steht die Fallstudienforschung im Einklang mit der wissenschaftstheoretischen Grundposition, die Betriebswirtschaftslehre als angewandte Wissenschaft aufzufassen. Die Fallstudie bildet die Grundlage für die Explorationsstrategie und die Gewinnung erster Thesen, die einen Fortschritt im Erkenntnisprozess über Rollenorganisationen ermöglichen.

Als wesentlicher Nachteil der Fallstudienforschung und allgemein qualitativer Forschungsmethoden ist die fehlende externe Validität zu nennen.[717] Fallstudien besitzen aufgrund der Analyse von Einzelfällen keine Repräsentativität, d.h. nur die eingeschränkte Möglichkeit, von dem betrachteten Einzelfall auf eine größere Grundgesamtheit zu schließen.[718] Der gegenwärtige Stand der Forschung in Bezug auf Rollenkonzepte bzw. auf die Rollenorganisation lässt jedoch eine Fallstudienforschung im aktuellen Stadium des Erkenntnisprozesses nicht nur sinnvoll, sondern sogar notwendig erscheinen. Bis zum jetzigen Zeitpunkt fehlt jegliche

[714] Vgl. Specht et al. 2004, S. 549.

[715] Vgl. Popper 1971, S. 7. Vgl. ebenfalls zum „schöpferischen Einfall" im Forschungsprozess des Kritischen Rationalismus Specht et al. 2004, S. 547.

[716] Vgl. Körfgen 1999, S. 9 f.; Specht et al. 2004, S. 549.

[717] Vgl. Körfgen 1999, S. 10.

[718] Vgl. Specht et al. 2004, S. 552; Harrigan 1983, S. 398.

Grundlagenforschung zur Wahrnehmung von explizit definierten Rollen in Organisationen bzw. zu dem Verständnis, Rollen als Modi der Vermittlung zu verstehen.[719] Zudem erlaubt die geringe Durchdringung des Rollenkonzeptes in der Praxis keine klassische quantitative Methodik.[720] Die Anwendung einer Fallstudie ist demnach zum jetzigen Beginn des Erkenntnisprozesses über Rollenkonzepte in Organisation unumgänglich. Im Forschungsprozess im Rahmen einer Fallstudienforschung schließt sich nun die Formulierung von Forschungsfragen an, die aus den Grundlagen der Rollenorganisation und der Rollentheorie abgeleitet werden.

5.1.3 Formulierung von Forschungsfragen

Ausgehend von den Grundlagen der Rollenorganisation und der sozialpsychologischen Rollentheorie sollen im nachfolgenden Abschnitt Forschungsfragen abgeleitet werden, die im Rahmen der Fallstudie untersucht werden sollen. Ausgehend von den Forschungsfragen werden schließlich auf Basis der Rollentheorie und der empirischen Fallstudie erste Thesen abgeleitet,[721] die einen Erkenntnisfortschritt in Bezug auf die Wahrnehmung und Anwendung von Rollen in der Organisation von Dienstleitungsprozessen ermöglichen und in weiterführenden quantitativen Studien mit geeigneten Methoden im Begründungszusammenhang überprüft werden können. Die Abbildung 36 verdeutlicht noch einmal den Zusammenhang bei der Formulierung der Forschungsfragen.

[719] Vgl. zum Verständnis, Rollen als Modi der Vermittlung wahrzunehmen Abschnitt 4.3.

[720] Vgl. dazu auch die Ausführungen im vorherigen Abschnitt.

[721] Vgl. dazu ausführlich die Erklärungen in diesem Abschnitt und in Abschnitt 5.1.1.

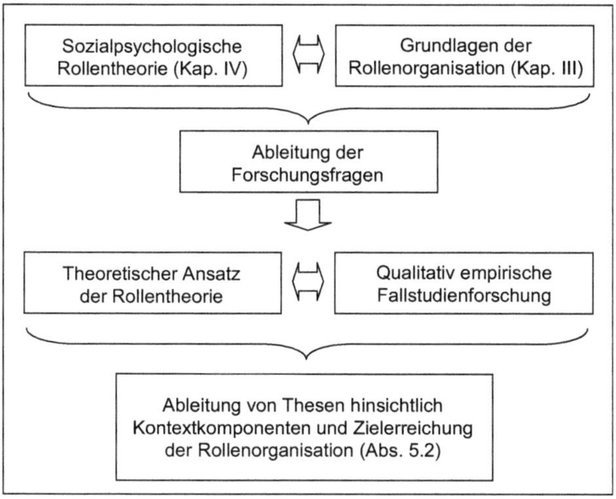

Abbildung 36: Ableitung der Forschungsfragen im Forschungskontext

Für die Ableitung der Forschungsfragen sollen nachfolgend zwei Teilbereiche gebildet werden, auf denen später die Struktur für die Thesenableitung basiert. Im Mittelpunkt des ersten Teilbereichs steht der Zielerreichungsgrad der im 3. Kapitel vorgestellten Rollenorganisation. Ausgehend von den in Abschnitt 2.3.2.4 global definierten, mit der Rollenorganisation zu verfolgenden Zielen, werden detailliertere Forschungsfragen entworfen, die sich sowohl auf die Rollentheorie als auch auf das Konzept der Rollenorganisation beziehen.[722] Schwerpunkt des zweiten Teilbereichs ist der Einfluss von Kontextkomponenten auf die Ausgestaltung der Rollenorganisation. Dabei handelt es sich um die unternehmensexterne Komponente Umwelt, aber auch weitere Einflussfaktoren, wie beispielsweise die Art der Dienstleistung.

Im Mittelpunkt des Untersuchungsbereichs der Zielerreichung steht zunächst die globale Forschungsfrage, ob Rollen in der Lage sind, ein Medium bereitzustellen, das die Integration von Prozessen in eine bestehende Organisationsstruktur gewährleistet. Ausgangspunkt der Forschungsfrage sind die Ausführungen über die Rollentheorie und das in Abschnitt 4.3 herausgearbeitete Verständnis, dass Rollen nicht nur eine Vermittlung in Form eines Transports von Informationen übernehmen, sondern selbst Bestandteil der Vermittlung sein können. Rollen werden nach dieser Ansicht nicht auf die Codierungsleistung von Medien reduziert, sondern sie können selbst als Thema der Vermittlung zusätzlich zur eigentlichen Information in Form

[722] Vgl. zur Ableitung der mit der Rollenorganisation zu verfolgenden Ziele das Konzept der organisatorischen Effizienz in Abschnitt 2.3.2.

von Codes (wie z.B. Sprache) Interaktionsstrukturen senden, die Determinationsleistungen vorwegnehmen und dadurch bestimmte Anteile von Situationen in ihrer Eigendynamik bremsen.[723]

Im Zusammenhang mit der Grundlage, Rollen als Modi der Vermittlung zu verstehen, ergibt sich die Frage, ob überhaupt und wie Mitarbeiter in Organisationen definierte Rollen wahrnehmen. Die Wahrnehmung von Rollen als Vermittlungsleistung ist eine wesentliche Grundlage für das Ziel, Prozesse über Rollen in bestehende oder neu zu gestaltende Organisationsstrukturen zu integrieren. Rollen müssen im Rahmen der Rollenorganisation diese Grundfunktion aufweisen, um eine ganzheitliche Abbildung des Prozesses im Unternehmen zu gewährleisten. Im Rahmen der Fallstudienforschung ist demnach zu klären, wie Rollen wahrgenommen werden und ob sie in der Lage sind, Erwartungen anderer Mitarbeiter, Aufgabenbereiche, Fähigkeiten und Verantwortlichkeit - somit das gesamte Rollenbild - zu vermitteln.[724]

Einen weiteren Schwerpunkt der Fallstudienforschung bildet das Ziel der Rollenorganisation, durch die Überwindung von Schnittstellen eine hohe Prozesseffizienz bei gleichzeitig hoher Ressourceneffizienz zu gewährleisten. Schnittstellen zwischen verschiedenen Abteilungen im Prozessablauf, die zuvor einen effizienten Verlauf von Prozessen verhinderten, sollen nun durch Rollen überwunden werden. Simultan soll durch den möglichen Fortbestand einer funktionalen Aufbauorganisation bzw. einer Arbeitsteilung durch die Rollenorganisation eine hohe Ressourceneffizienz ermöglicht werden. Grundlage für die Gewährleistung einer simultan hohen Prozess- und Ressourceneffizienz bildet nach dem Rollenkonzept die Vermeidung von Rollenkonflikten und -ambiguität, eine erhöhte Transparenz hinsichtlich des Verlaufs des Prozesses und Interdependenzen zwischen unterschiedlichen Schnittstellen oder eine klare Definition des Aufgabenbereichs durch die Rollen.

Das Konzept der Rollenorganisation unterstellt, dass durch eine explizite Rollendefinition das Auftreten von Rollenkonflikten und Rollenambiguität vermindert wird. Rollenkonflikte besagen in diesem Zusammenhang, das die Erwartungen, die an eine Zielperson gerichtet sind, nicht eindeutig sind, von mehreren Rollensendern unterschiedliche Erwartungen übertragen werden oder gesendete Erwartungen mit den Ansichten der fokalen Person nicht in Einklang stehen. Davon abzugrenzen ist die Rollenambiguität, die auf unzureichenden Informationen bezüglich der Erwartungen anderer Personen im Umfeld basiert.[725] Die Auswirkungen von Rollenkonflikten und Rollenambiguität in der Unternehmensorganisation sind vielfältig.

---

[723] Vgl. ausführlich zum Verständnis der Rollen als Modi der Vermittlung Abschnitt 4.3.

[724] Vgl. zur Rollendefinition und Rollenbeschreibung Abschnitt 3.2.2.

[725] Vgl. ausführlich zu Rollenkonflikten und Rollenambiguität Abschnitt 4.2.4.2.

Neben direkten Effekten wie z.B. Arbeitsunzufriedenheit und mangelndes Committment der betroffenen Mitarbeiter haben Rollenkonflikte und -ambiguität ebenso einen negativen Einfluss auf die Unternehmensperformance.[726] In der Fallstudie interessiert daher speziell die Frage, ob Rollen das Auftreten von Konflikten und Ambiguitäten verhindern und damit eine hohe Prozesseffizienz gewährleisten können.

Weiterhin soll eine erhöhte Prozesseffizienz durch die klare Abgrenzung des Aufgabenbereichs und die transparente Darstellung der mit einer Rolle verbundenen Erwartungen erfolgen. Die Rollenorganisation unterstellt, dass Aufgaben, Verantwortlichkeiten, Erwartungen und Kompetenzen durch eine Rolle eindeutig definiert werden und für die Mitarbeiter transparent und leicht ableitbar sind. Interdependenzen und Beziehungen zu anderen Rollen sind leicht verständlich dargestellt, wodurch Kommunikation und Kooperationen zwischen den Rollen verstärkt werden sollen. Die Transparenz der Beziehungen zu anderen Rollen, der Verantwortlichkeiten, Aufgaben und Erwartungen sollen schließlich die Integration des Prozessgedankens ermöglichen. Für die Fallstudienforschung stellt sich damit die Frage, ob Rollen tatsächlich helfen, die Erwartungen, Aufgaben und Verantwortlichkeiten zwischen Mitarbeitern der Organisation aufzuzeigen und somit Schnittstellen abzubauen. Konkret muss hinterfragt werden, wie ein Rolleninhaber durch die Rollenbeschreibung[727] seine Aufgaben, Verantwortlichkeiten oder Erwartungen von anderen Mitarbeitern usw. wahrnimmt und ob der fokalen Person dadurch der Prozess bzw. die Schnittstellen zu anderen Mitarbeitern im Prozessverlauf transparent verdeutlicht wird.

Den dritten thematischen Schwerpunkt der Fallstudienforschung bildet die Frage nach der Erhöhung der Anpassungseffizienz durch die Rollenorganisation. Anpassungseffizienz beschreibt in diesem Zusammenhang die Möglichkeiten eines Unternehmens, durch eine „innere Flexibilität" oder die Veränderung der Organisationsstruktur flexibel auf dynamische Umweltveränderungen reagieren zu können.[728] Die Rollenorganisation unterstellt, dass durch einen flexiblen Wechsel von Mitarbeitern zwischen unterschiedlichen Rollen innerhalb einer Organisationsstruktur eine erhöhte Anpassungseffizienz ermöglicht wird. Über den Abgleich der Rollenprofile eines Prozesses mit den Qualifikationen eines potenziellen Rolleninhabers sollen Ressourcenanforderungen anforderungsgerecht geplant werden können. Gleichzeitig soll die Einrichtung einer Datenbank, die die Qualifikationsprofile aller Mitarbeiter enthält, Job Rotating, -Enrichment und -Enlargement-Maßnahmen schnell und zielgenau ermöglichen. Werden schließlich Rolleninhaber innerhalb eines Prozesses gewechselt oder kommt es zu einer Neugestaltung eines Prozesses will die Rollenorganisation mit der Transparenz zu allen

---

[726] Vgl. zu den Auswirkungen von Rollenkonflikten und Rollenambiguität Abschnitt 4.2.4.3.

[727] Vgl. zu den Inhalten und Informationen, die eine Rollenbeschreibung enthält, Abschnitt 3.2.2.

[728] Vgl. zur Anpassungseffizienz Abschnitt 2.3.2.1.

anderen Schnittstellen im Prozess eine schnelle Anpassung ermöglichen, ohne Interaktionsprozesse in Gang zu setzen, die ein erneutes Erlernen bzw. Einspielen des neuen Prozessablaufs beinhalten.

Für die Untersuchung der Rollenorganisation hinsichtlich der Anpassungseffizienz steht wiederum die Wahrnehmung von Rollen durch die betroffenen Mitarbeiter im Mittelpunkt. Es gilt zu untersuchen, ob Rollen in der Lage sind, in dem Maße als Medium der Vermittlung zu gelten, um in Wechselprozessen umständliche Interaktionen für die Erlernung des Prozessablaufs zu vermeiden. Zu erforschen ist, ob Rollen tatsächlich dafür sorgen, „dass Interaktionen nicht völlig bei Null beginnen, sondern dass von vornherein mit „unwahrscheinlichen", stabilen Festlegungen gerechnet werden kann."[729] Im Zentrum steht damit die Frage, ob Rollen in der Lage sind, das Handeln innerhalb von Organisationen zu „entsubjektivieren".[730]

Zusätzlich zur Wahrnehmung von Rollen durch Mitarbeiter steht bei dieser Forschungsfrage insbesondere der Aspekt der Personenungebundenheit im Mittelpunkt. Im Grundlagenteil zur Rollentheorie wurde bereits festgehalten, dass ein zentraler Aspekt der Rollentheorie darin besteht, dass die betrachtete Rolle als abhebbar vom konkreten Rolleninhaber anzusehen ist.[731] Rollen können die vordeterminierten Interaktionsstrukturen sowohl personengebunden als auch -ungebunden transportieren.[732] Speziell für Wechselprozesse soll diese Eigenschaft von Rollen hilfreich sein. Wechselt ein Mitarbeiter innerhalb der Unternehmung, so kann er durch die Rollen, mit denen er im betreffenden Prozess konfrontiert ist, Erwartungen ableiten ohne dabei in einer direkten, personengebundenen Interaktion persönliche Aspekte zu berücksichtigen. Zu hinterfragen ist demnach, ob Rollen tatsächlich personenungebunden wahrgenommen oder doch mit einem konkreten Mitarbeiter verbunden werden.

Den letzten Betrachtungsgegenstand im Rahmen der Untersuchung über die Zielerreichung von Rollenorganisationen bildete die Annahme, dass die Implementierung einer Rollenorganisation die Motivationseffizienz innerhalb der Unternehmung erhöht. Gegenstand der Motivationseffizienz ist die Ausrichtung der Verhaltensspielräume einzelner Mitarbeiter an den übergeordneten Unternehmenszielen.[733] Hinsichtlich der Steigerung der Motivationseffizienz durch die Rollenorganisation müssen jedoch zwei Effekte voneinander unterschieden werden: Eine Steigerung der Motivationseffizienz durch Vermeidung von Rollen-

---

[729] Schülein, 1989, S. 491.

[730] Schülein, 1989, S. 491.

[731] Vgl. Mayntz 1980, Sp. 2045; Meyer-Fehr 1986, S. 33.

[732] Vgl. dazu Abschnitt 4.1.

[733] Vgl. dazu ausführlich Abschnitt 2.3.2.1.

konflikten und -ambiguität sowie durch die Implementierung eines Personalentwicklungssystems auf der Basis von Rollen.

Im ersten Effekt begründet sich die Steigerung der Motivationseffizienz in der Vermeidung von Rollenkonflikten und Rollenmabiguität. Wie bereits oben erläutert wurde, unterstellt die Rollenorganisation, dass durch eine explizite Rollenbeschreibung, die Aufgaben Verantwortlichkeiten, Beziehungen und Erwartungen der Rolle enthält, Rollenkonflikte und -ambiguität vermieden bzw. abgeschwächt werden.[734] Damit verbunden ist die Vermeidung der zumeist negativen Folgen von Rollenkonflikten und Rollenambiguität.[735] Eine Vermeidung bzw. Verminderung dieser Auswirkungen würde die organisatorische Motivationseffizienz einer Unternehmung erheblich steigern. Wie bereits bei der Prozesseffizienz stellt sich auch im Hinblick auf die Motivationseffizienz die Frage, ob eine Integration von Rollen in die Organisationsstruktur eine Vermeidung oder Verminderung von Rollenkonflikten und bzw. oder Rollenambiguität ermöglicht.

Neben der Vermeidung von Rollenkonflikten und Rollenambiguität kann ebenfalls die Integration eines Personalentwicklungssystems auf der Basis von Rollen zur Zunahme der Motivationseffizienz führen. Im Konzept der Rollenorganisation soll die Personalwirtschaft mit der Organisationsgestaltung vernetzt werden. Über Qualifikationsprofile, die jeder Rolle zugeordnet werden, entsteht ein direkter Zusammenhang zur Personalentwicklung. Jeder Mitarbeiter besitzt ebenfalls ein Qualifikationsprofil, das mit den Anforderungen des Prozesses abgeglichen werden kann. Durch die Transparenz seiner Qualifikationen soll jeder Mitarbeiter seine eigene Entwicklung fördern können. Der betreffenden Person werden Qualifikationsdefizite aufgezeigt und damit ein Anreiz geschaffen, die Lücke aus eigenem Antrieb zu schließen. Zudem kann eine Weiterbildung auf konkrete Rollen erfolgen. Dem Mitarbeiter wird in Bezug auf seine Karriere eine Perspektive geboten, die sich motivationsfördernd auswirken kann.[736]

Für die Fallstudie ergeben sich daraus zwei Betrachtungsgegenstände. Zunächst stellt sich die Frage, ob die Rollenorganisation in der Lage ist, die Basis für eine strategische Personalentwicklung zu bilden. Die Untersuchung konzentriert sich hier auf die Möglichkeiten von Rollen, notwendige Qualifikationen abzubilden und Mitarbeitern im Gegenzug zuzuordnen. Daneben muss untersucht werden, ob die Implementierung einer strategischen Personalentwicklung auch zu einer Steigerung der Motivationseffizienz führt.

---

[734] Vgl. zu Rollenkonflikten und Rollenambiguität die Ausführungen zu Beginn dieses Abschnitts sowie Abschnitt 4.2.4.2.

[735] Vgl. ausführlich zur Ableitung der einzelnen Korrelationen Abschnitt 4.2.4.3.

5.1.4 Auswahl der Fallstudie

Auf den im vorherigen Abschnitt abgeleiteten Forschungsfragen basiert die Durchführung der Fallstudien, in deren Verlauf ein ständiger Abgleich der gewonnenen Daten mit theoretischen Vorüberlegungen und Annahmen erfolgt. Die Ergebnisse der Untersuchung bilden schließlich Thesen, die sowohl den empirischen Beobachtungen als auch den theoretischen Aspekten entsprechen (vgl. dazu auch Abbildung 36).[737] Wie bereits unter Abschnitt 5.1.1 beschrieben, steht damit nicht die Falsifikation theoretisch abgeleiteter Hypothesen, sondern eine Explorationsstrategie im Mittelpunkt der Arbeit. Daher wird die Auswahl der Untersuchungsobjekte nicht als zufallsbasiertes „statistical sampling" durchgeführt, sondern in Hinblick auf die Fragestellung theoretisch begründet („theoretical sampling").[738]

Allgemein kann aufgrund der aufwendigen Untersuchungsmethodik mittels der halbstrukturierten Interviews aus forschungsökonomischen Gründen keine große Anzahl an Fallstudien realisiert werden. Gleichzeitig erfordert der geringe Kenntnisstand zur Rollenorganisation eine sehr enge und intensive Auseinandersetzung mit dem in der Fallstudie analysierten Unternehmen, die einer Ausweitung der Fallstudienanzahl ebenfalls entgegensteht. Zu diesen allgemeinen Problemen einer qualitativen Fallstudie kommen in der vorliegenden Studie spezifische Probleme, die die Anzahl der potenziell zu untersuchenden Unternehmen stark einschränken: Zunächst handelt es sich bei dem Betrachtungsgegenstand der Arbeit um eine sehr komplexe Form der Organisationsgestaltung. Eine Durchdringung der Thematik für externe Personen, in deren Organisation kein Rollenkonzept implementiert ist und die damit keine Erfahrung mit Rollen bzw. einer Rollenorganisation haben, ist nur unter Zuhilfenahme umfangreicher Erläuterungen möglich. Eine Befragung dieser Personen würde jedoch nur - wie so oft bei quantitativen Untersuchungen - eine Einschätzung bezüglich der Rollen und des Konzepts hervorbringen. Eine Analyse auf Basis von Erfahrungen, die eine Abschätzung des Erfolgspotenzials und die Ableitung erster Ausprägungen gegenüber Kontextkomponenten ermöglicht, wäre damit nicht gegeben. Deshalb kann eine explorative Studie über Rollen in Organisationen nur in solchen Unternehmen durchgeführt werden, die tatsächlich über ein entsprechendes Konzept verfügen. Neben der Erforschung von Unternehmen mit einer bereits implementierten Rollenorganisation bildet die Begleitung einer Konzepteinführung eine weitere Alternative im Rahmen der Fallstudie. Aufgrund des großen zeitlichen Aufwands, die eine Implementierung von Rollenkonzepten mit sich bringt,[739] konnte diese Alternative jedoch

[736] Vgl. neben Abschnitt 3.2.3 zum Personalentwicklungssystem im Konzept der Rollenorganisation den nachfolgenden Abschnitt.

[737] Vgl. zu dieser Vorgehensweise auch Körfgen 1999, S. 104 f.

[738] Vgl. Lamnek 1995, S. 193 ff.

[739] Vgl. zum zeitlichen Aufwand einer Implementierung von Rollenkonzepten die späteren Ausführungen in diesem Abschnitt über den Fallstudienpartner sowie Erläuterungen unter Abschnitt 5.3.

ebenfalls nicht durchgeführt werden. Damit verblieben für die Analyse nur solche Unternehmen, in deren Organisation ein Rollenkonzept bereits seit längerer Zeit eingeführt ist.

Aufgrund der relativen Neuartigkeit der Methode konnten jedoch kaum Unternehmen gefunden werden, die sich Rollen in Organisationen zu Nutze machen. In der Bundesrepublik arbeiten schätzungsweise 10 bis 20 Firmen meist nur mit Teilaspekten der unter Kapitel 3 vorgestellten Rollenorganisation. International ist dem Verfasser nur das analysierte Unternehmen der Fallstudie bekannt. Eine Blitzumfrage unter den 50 größten deutschen Banken ergab, dass keine Bank das Konzept anwendet und lediglich drei Unternehmen partielle Kenntnis über die Methode haben. Dieses Ergebnis unterstreicht die Neuartigkeit des Konzepts und damit die Probleme bei der Gewinnung von Kooperationspartnern. Bei der Auswahl der Untersuchungsobjekte kommt zudem erschwerend hinzu, dass die wenigen identifizierten Firmen aufgrund der Neuartigkeit und Innovativität des Konzepts sowie der mit einer Fallstudie verbundenen Offenlegung sensibler Daten kaum zu einer Kooperation bereit sind. Daneben stehen der hohe zeitliche Aufwand und die Ressourcenbeanspruchung, die sich in einer explorativen Fallstudienarbeit begründen, einer Zusammenarbeit entgegen. Daher konnten nur zwei Unternehmen für vorausgehende Expertengespräche und zwei Kooperationspartner für eine umfangreiche Fallstudie gewonnen werden. Insgesamt wurden im Rahmen des Forschungsprozesses 20 Interviews geführt, die die empirische Basis für eine Ableitung von Thesen bilden.[740]

Die untersuchten Unternehmen kommen zum einen aus der Banken-, zum anderen aus der Versorgungsbranche. Bei der analysierten Bank handelt es sich um die Landesbank Rheinland Pfalz International (LRI). Die LRI ist seit 1978 in Luxemburg tätig und hat sich auf das Privatkundengeschäft spezialisiert. Im Rahmen der Privatkunden-Betreuung bietet die LRI neben der eigentlichen Kapitalanlage zusätzliche Dienstleistungen wie Nachfolgeregelungen, Vorsorgelösungen, fondsgebundene Lebensversicherungen bis zum umfassenden Finanzplan an. Zusätzlich zum Privatkundengeschäft offeriert die LRI über die 100% Tochter LRI Invest S.A. institutionellen Kunden Angebote im Kreditbereich sowie in der Fonds Administration und im Fonds Management. Aufgrund der engen Zusammenarbeit und einer damit verbundenen hohen Eingriffstiefe und -intensität seitens der Kunden in den Leistungserstellungsprozess kann bei der LRI von professionellen Dienstleistungen mit einem hohen Integrativitätsgrad gesprochen werden. In Bezug auf die Leistungstypologie von Engelhardt et al. können die Dienstleistungen der LRI damit eindeutig in den Quadranten I eingeordnet werden (vgl. dazu Abbildung 11).

---

740 Vgl. ausführlich zur Forschungsmethode Abschnitt 5.1.5.

Bei dem untersuchten Unternehmen der Versorgungsbranche handelt es sich um einen Full Service IT Dienstleister.[741] Als Mitglied eines Konzernverbundes betreut das Unternehmen mit über 1500 Mitarbeitern überwiegend Einheiten der Gruppe, aber auch externe Kunden außerhalb des Konzerns. Die Dienstleistungen sind auf die spezifischen Bedürfnisse der Versorgungswirtschaft ausgerichtet und umfassen das komplette Spektrum eines IT-Dienstleisters: strategische Beratung und Konzeption von IT-Systemen, Entwicklung und Implementierung individueller und standardisierter IT-Lösungen sowie Anwenderbetreuung und Kundenservice am Arbeitsplatz. Zudem ist in das Unternehmen ebenfalls die zentrale Beschaffung des Konzerns integriert. In dieser Abteilung werden gebündelt standardisierte Hard- und Softwarekomponenten, individuelle IT-Komponenten, Dienstleistungen sowie weitere Betriebsmittel, wie beispielsweise Mobiltelefone oder Büromaterial, beschafft. Die Abteilung Beschaffung diente im Rahmen der empirischen Forschung als Untersuchungsobjekt. Im Gegensatz zur LRI handelt es sich bei dem Unternehmen der Versorgungsbranche eher um standardisierte Dienstleistungen, die keine hohe Eingriffsintensität und -tiefe seitens der Kunden in den Leistungserstellungsprozess aufweisen. Die Leistungen der Beschaffung weisen somit einen eher geringen Integrativitätsgrad auf und können in der Leistungstypologie nach Engelhardt et al. in den Quadranten IV eingeordnet werden (vgl. dazu Abbildung 11).

Da die Rollenkonzepte der Fallstudienpartner nicht der in Kapitel 3 vorgestellten Rollenorganisation entsprechen, sollen in den nachfolgenden Ausführungen die wesentlichen Unterschiede zwischen den beiden Vorgehensweisen erläutert werden. Ziel der Einführung eines Rollenkonzeptes bei der LRI war die Weiterentwicklung der Organisation, um dadurch die persönliche, fachliche und organisatorische Professionalisierung der Mitarbeiter zu ermöglichen. Organisations- und Personalentwicklung sollten miteinander verknüpft werden. Hintergrund der Implementierung des Rollenkonzeptes war einerseits das enorme Wachstum der Bank, andererseits die starke hierarchische Gliederung und die damit verbundene Entscheidungsfindung auf einer sehr hohen Leitungsebene. Das nachfolgende Zitat eines damaligen Entscheidungsträgers in Bezug auf das Rollenkonzept soll die Situation verdeutlichen:[742]

Zitat 1: GP.6 (35:50): Vor längerer Zeit wurde die Bank sehr hierarchisch geführt, d.h. es wusste kein Mitarbeiter über die gesamte Bank Bescheid. Jeder Mitarbeiter kannte nur sein direktes Arbeitsumfeld, die Entscheidungen wurden immer bis zur Geschäftleistung weitergereicht und alle Entscheidungen wurden von der Geschäftsleistung getroffen. Das ging so weit, dass die Geschäftsleitung entschieden hat, welche Position

[741] Aus Vertraulichkeitsgründen wurde für das untersuchte Unternehmen der Versorgungsbranche eine Anonymisierung vorgenommen.

[742] Im weiteren Verlauf der Arbeit werden wörtliche Zitate einzelner Gespräche mit in die Ausführungen aufgenommen. GP. steht in den Zitaten für den Gesprächspartner, N. steht für Nonnenmacher. Die Zahlen in der Klammer entsprechen den zitierten Zeiten aus dem jeweiligen Interview.

> im Treasury oder Geldhandel genommen wurde. Nach der Übernahme durch neue Geschäftsführer musste das geändert werden. Die Geschäftsführung konnte nicht Ansprechpartner für alle Entscheidungen sein. Also mussten wir ein Konzept entwickeln, in dem die Entscheidungen in den einzelnen Bereichen verbleiben, wo sie effizient und effektiv getroffen werden können. Ich behaupte immer, dass z.B. ein Händler besser entscheiden kann, was für eine Position er einnimmt, als die Geschäftsleitung. Dass die Geschäftsleitung sich um strategische Sachen kümmert und das Doing in den einzelnen Bereichen verbleibt, das war Ursprung der ganzen Geschichte. So sind wir auf das Rollenkonzept gekommen.

Das Projekt wurde Anfang 2000 initiiert und im Oktober 2000 offiziell gestartet. Eine erste Überarbeitung fand 2003 statt. Im Mittelpunkt des eingeführten Konzeptes steht das Kompetenz-Karriere-Modell (KKM). Hinter dem Begriff des KKM verbirgt sich eine neue Auffassung von Karriere. Karriere im Rahmen der Kompetenzkarriere bedeutet, dass Mitarbeiter durch eine ganzheitliche Kompetenzentwicklung wertvoller für Kunden und Kollegen werden, größere Komplexität durch die Übernahme verschiedener Rollen gestalten können und ein tiefes Wissen durch die Verbreiterung der fachlichen, methodischen, personalen und sozialen Kompetenzen entwickeln. Im Zentrum steht demnach das Know-how der Mitarbeiter, das in der dynamisierten und globalisierten Umwelt zum entscheidenden Wettbewerbsfaktor wird.[743] Mit dieser Vorstellung von Karriere geht eine Entkopplung von Hierarchie und Karriere einher. Fach- und Führungsaufgaben sind in diesem Modell gleichrangig. Karriere ist dabei an flexible Rollen und nicht an starre Positionen gebunden.

Ausgangspunkt der Karriere ist damit immer die einzelne Rolle. Rollen bilden dabei die grundlegenden Bestandteile von Organisationseinheiten, die wiederum in Leistungszentren eingeordnet werden. Die nachfolgende Abbildung verdeutlicht den Aufbau der Bank anhand der Leistungszentren. Das Leistungszentrum Steuerung enthält beispielsweise die Organisationseinheiten Rechnungswesen und Controlling.[744]

---

[743] Vgl. zum Aspekt des Mitarbeiters als Wettbewerbsfaktor ebenfalls die Einleitung dieser Arbeit.

[744] Aus Gründen der Vertraulichkeit können an dieser Stelle die einzelnen Organisationseinheiten leider nicht dargestellt werden.

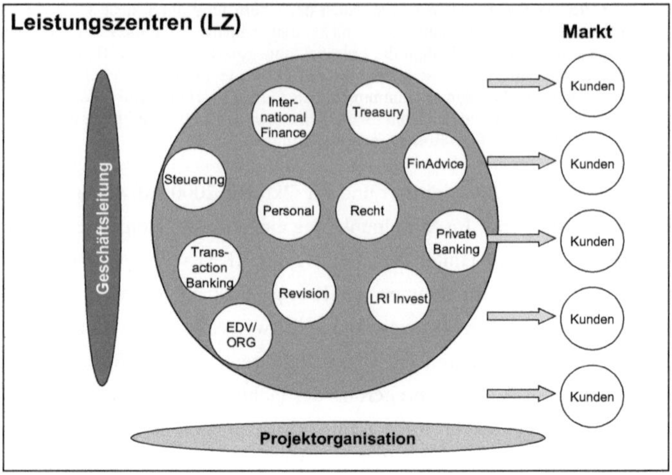

Abbildung 37: Grundlegender Aufbau der LRI

Im Konzept des KKM's sind Rollen Aufgabenbündel, die eine flexible Anpassung an Geschäftsnotwendigkeiten ermöglichen und nicht langfristig stabil sind. Definiert werden Rollen durch Orientierungsprofile, die die Kriterien Kunden, Hauptleistungen und Verantwortlichkeiten, Leistungskriterien, wesentliche Fähigkeiten sowie Aus- und Weiterbildungsempfehlungen enthalten. Die wesentlichen Fähigkeiten enthalten fachliche, methodische, persönlich/soziale und systemische Qualifikationen, die als Basiskenntnisse, fundierte Kenntnisse und Experten-Kenntnisse skaliert werden.[745] Eng verbunden mit dem KKM ist das Perspektivgruppen-Modell. Das Perspektivgruppen-Modell bildet den Rahmen für eine langfristige Berufsplanung und fasst Mitarbeiter mit vergleichbaren Verantwortungen, Erfahrungen und Kompetenzen zu einer Gruppe zusammen. In dem Modell werden die einzelnen Rollenbeschreibungen zueinander in Beziehung gesetzt. Damit wird die Wertigkeit der Rollen untereinander und die Wertigkeit der Fach- zu den Führungsrollen deutlich. Die einzelnen Perspektivgruppen beschreiben die langfristige Karriereperspektive und sind ein Abbild für die Wertigkeit. Beispielsweise ist mit einer bestimmten Perspektivgruppe die Bereitstellung eines Dienstwagens verbunden. Die einzelnen Gruppen beinhalten jedoch nicht starr abgegrenzte Gehaltskorridore. Ein wesentliches Ziel des Perspektivgruppenmodells ist, Fach- und Führungslaufbahnen in der Bank als gleichwertig zu positionieren. Auf diesen Aspekt des Rollenkonzepts soll in Abschnitt 5.2.1.5.4 ausführlich eingegangen werden. Die Abbildung 38 verdeutlicht die Einordnung von Rollen in ein Perspektivgruppen-Modell.

---

[745] Auf die genaue Ausgestaltung des KKM's soll an dieser Stelle aus Platzgründen verzichtet werden. Die jeweiligen Aspekte werden im Rahmen der Thesenableitung ab Abschnitt 5.2 wieder aufgegriffen.

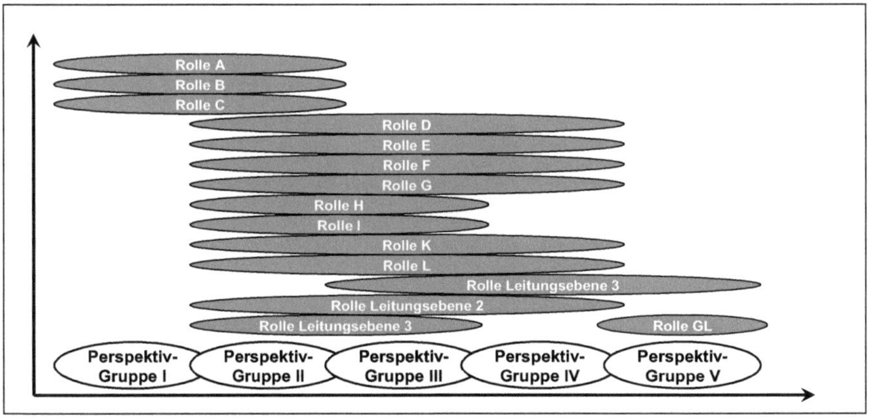

Abbildung 38: Perspektivgruppenmodell und die Einordnung von Rollen.

Neben der Anbindung eines Perspektivgruppen-Modells ist die Fokussierung des Personalbereiches im Rollenkonzept der LRI ein weiterer Unterschied zur in Kapitel 3 vorgestellten Rollenorganisation. Das Prozessmanagement wird in diesem Modell nicht explizit berücksichtigt, sondern die Rollen bilden die Grundlage für das Kompetenz-Karriere-Modell. Die Rollen werden zwar ebenfalls aus den grundlegenden Prozessen, aus dem sog. Unternehmenskompetenzrad,[746] des Unternehmens generiert. Eine explizite Verbindung der Rollen und einzelner Prozesse erfolgt jedoch nicht. Das Prozessmanagement der LRI wird unabhängig zum KKM geführt. Im Gegensatz dazu fokussiert die Rollenorganisation sowohl Prozesse aufgrund einer expliziten Verbindung mit Rollen als auch den Personalbereich aufgrund der Rollensynthese.[747] Implizit werden jedoch auch bei der LRI Prozesse mit Rollen verbunden, obwohl dies im Rollenkonzept nicht definiert ist. Dieser erste Hinweis auf eine Erhöhung der Prozesseffizienz durch die Implementierung von Rollen soll im Rahmen der Thesenableitung unter Abschnitt 5.2.1.2 aufgegriffen und ausführlich diskutiert werden. Fehlt eine Verbindung zwischen Rollen und Prozessen im Rollenkonzept der LRI, so ist jedoch der restliche Aufbau und die grundlegende Idee des Konzepts, die Einführung von Rollen, mit der Rollenorganisation vergleichbar. Damit bildet das Konzept der LRI eine Basis für die Durchführung einer Fallstudie. In diesem Zusammenhang ist die lange Zeitdauer, in der die LRI mit dem Konzept arbeitet, hervorzuheben. Die langjährigen Erfahrungen mit dem Rollenkonzept beeinflusst die Forschung im Hinblick auf Möglichkeiten und Grenzen von Rollen im Organisationskontext in positiver Weise.

---

[746] Das Unternehmenskompetenzrad bildet die für den Geschäftserfolg notwendigen fachlichen Kompetenzen ab, untergliedert in die Bereiche externe und interne Dienstleistungen, Basis Know-how sowie Kunde/Markt.

[747] Vgl. dazu ausführlich Abschnitt 3.2.

Im Gegensatz zum Rollenkonzept der LRI steht bei dem IT-Dienstleister die Einführung von Rollen mit der Implementierung eines Prozessmanagements in Verbindung. Das Konzept des IT-Dienstleisters fokussiert damit nicht die Personalwirtschaft, eine Professionalisierung der Mitarbeiter oder die Verbindung der Organisations- und Personalentwicklung, sondern konzentriert sich auf ein effektives und effizientes Prozessmanagement, das durch die Einführung von Rollen unterstützt werden soll. Der Teilbereich Rollensynthese der Rollenorganisation fehlt demnach vollständig im Konzept des IT-Dienstleisters.[748] Kernbestandteil bildet ein Prozessmanagement, das mit Hilfe des Software-Tools ARIS durchgeführt wurde. In mehreren Phasen wurde eine Prozessaufnahme, Optimierung/Standardisierung und Visualisierung mit ARIS vorgenommen.[749] Die einzelnen Prozesse stehen dabei jedem Mitarbeiter im Intranet zur Verfügung. Im Rahmen der Implementierung wurden nun Rollen herangezogen, um eine organisatorische Zuordnung von Aktivitäten zu bestimmten Stellen hervorzurufen. Jede Aktivität eines Prozesses ist mit verschiedenen Rollen verbunden, die wiederum von unterschiedlichen Mitarbeitern eingenommen werden. Die einzelnen Rollen können dabei auf einem gesonderten Sheet aufgerufen werden und enthalten die Aufgaben und Verantwortlichkeiten, nicht jedoch die für die Ausführung notwendigen Fähigkeiten wie im Konzept der Rollenorganisation. Die Bildung der Rollen hat in diesem Konzept damit primär das Ziel, eine organisatorische Zuordnung vorzunehmen.

Insgesamt stellt das angewandte Vorgehen des IT-Dienstleisters kein ganzheitliches Konzept im Sinne der Rollenorganisation dar. Durch das Fehlen des Teilbereichs Rollensynthese bzw. des Zusammenhangs zur Personalwirtschaft spiegelt das Konzept die Rollenorganisation in nur sehr rudimentärer Form wider. Die Verwendung von Rollen im Konzept des IT-Dienstleisters ähnelt zudem der Rollenanwendung in Business Process Management Tools, die ebenfalls den Zusammenhang zu ganzheitlichen Rollenkonzepten vermissen lassen.[750] Somit stellt das Konzept eine Art Vorläufer zur eigentlichen Rollenorganisation dar. Gleichwohl soll das Konzept in der vorliegenden Arbeit aus zwei Gründen für eine Fallstudie herangezogen werden: Zunächst setzt die Verwendung von Rollen im Prozessmanagement an der in Abschnitt 2.2.1.2.2 herausgearbeiteten Integrationsproblematik an. Rollen werden herangezogen, um eine Integration von Prozessen in bestehende Organisationsstrukturen zu gewährleisten. Damit ist die grundlegende Zielsetzung des Konzepts mit der einer Rollenorganisation identisch. Darüber hinaus fokussiert das Konzept im Gegensatz zur LRI ausschließlich das Prozessmanagement und lässt die Aspekte der Rollensynthese unbeachtet. Im

[748] Vgl. dazu Abschnitt 3.2.3.

[749] Aus Gründen der Vertraulichkeit können die untersuchten Prozesse an dieser Stelle leider nicht genauer dargestellt bzw. abgebildet werden.

[750] Vgl. dazu ebenfalls Abschnitt 3.1. Vgl. zur Verwendung von Rollen im Rahmen von Business Management Tools Bullinger/Schreiner 2001, exemplarisch S. 189, 199 und 303.

Mittelpunkt steht somit nur die Rollenstruktur. Im Rahmen der Studie ergab sich damit die Möglichkeit, die Notwendigkeit des Vorhandenseins aller Teilbereiche einer Rollenorganisation für eine Zielerreichung zu überprüfen. Grundsätzlich lässt sich jedoch festhalten, dass zwischen der in Kapitel 3 vorgestellten Rollenorganisation und dem Rollenkonzept des IT-Dienstleisters wesentliche Unterschiede bestehen. Deshalb sollen die Ergebnisse dieser Fallstudie auch nicht für eine Thesenableitung hinsichtlich der Zielerreichung in Abschnitt 5.2.1 herangezogen werden. Aufgrund der großen Differenzen zwischen den Konzepten würde es zu keiner einheitlichen Datengrundlage für eine Thesenableitung kommen. Vielmehr wird das Konzept des IT-Dienstleisters im Rahmen der Anwendungsempfehlungen unter Abschnitt 5.3 mit dem der LRI bzw. mit der Rollenorganisation verglichen. Die Fallstudie des IT-Dienstleisters dient damit einer Abgrenzung der Rollenorganisation gegenüber Vorläuferkonzepten bzw. Rollenanwendungen in Business Process Management Tools. Die Ableitung von Thesen hinsichtlich der Zielerreichung konzentriert sich somit ausschließlich auf die Ergebnisse der LRI Fallstudie.

Neben den oben genannten Gründen bildete ebenfalls der Integrativitätsgrad einen Faktor für die Einbeziehung des IT-Dienstleisters in die Studie. Im Gegensatz zur LRI sind die untersuchten Dienstleistungen des IT-Dienstleisters durch eine hohe Standardisierung und geringe Integrativität gekennzeichnet. Dadurch können erste Hinweise auf die Eignung des Konzepts in Bezug auf unterschiedliche Integrativitätsgrade herausgearbeitet werden, die in die Thesengenerierung hinsichtlich der Kontextkomponenten mit einfließen sollen.[751]

5.1.5 Auswahl der qualitativen Analysemethoden

Eine Fallstudienforschung gliedert sich grundsätzlich in die Phasen der Erhebung, die der Daten- bzw. Informationsgewinnung dient,[752] der Aufbereitung, in der eine Sicherung und Strukturierung der Daten vorgenommen wird, und der Auswertung, die eine Analyse und Interpretation beinhaltet.[753] Für die in der vorliegenden Fallstudie ausgewählten Erhebungs-, Aufbereitungs- und Auswertungstechniken stand im Mittelpunkt, dass sie ebenso wie quantitative Techniken vom Leser transparent nachvollziehbar und systematisierbar sein sollten.

Als Verfahren der Informationsgewinnung wurde im Rahmen der Fallstudie ein problemzentriertes Interview angewendet. Der sprachliche Zugang bildet in der Studie die Grundlage, um Fragestellungen vor dem Hintergrund subjektiver Bedeutungen der Probanden zu erforschen.

---

[751] Vgl. dazu Abschnitt 5.2.2.

[752] Im weiteren Verlauf sollen die Begriffe Daten und Informationen synonym verwendet werden, da Daten, die von einer Person im Rahmen einer Fallstudie aufgenommen werden, aufgrund der Relevanz für diese Person zu Informationen werden. Vgl. dazu Voß/Gutenschwager 2001, S. 9.

[753] Vgl. Mayring 1999, S. 48.

Unter dem Begriff des problemzentrierten Interviews sollen alle offenen, halbstrukturierten Befragungen zusammengefasst werden.[754] Ziel des problemzentrierten Interviews ist es, den Befragten möglichst frei zu Wort kommen zu lassen. Gleichzeitig soll sich das Interview auf eine bestimmte Problemstellung konzentrieren. Die Problemstellung wurde in diesem Zusammenhang bereits zuvor aufgearbeitet und die zu eruierenden Forschungsfragen in Form von unterschiedlichen Themenschwerpunkten in einem Interview-Leitfaden zusammengestellt.[755] Durch den Leitfaden werden die Probanden auf bestimmte Fragestellungen hingelenkt, sollen aber offen, ohne Antwortvorgaben darauf reagieren können.[756]

In der vorliegenden Arbeit wurde jedoch die Form des problemzentrierten, halbstrukturierten Interviews abgewandelt. Halbstrukturiert bedeutet in der durchgeführten Fallstudie, dass zur Strukturierung des Interview-Leitfadens theoriebasierte, feste Antworten vorgebende Fragekataloge zur Anwendung kamen, die bereits mehrfach empirisch verwendet worden sind. Die einzelnen Fragebatterien beziehen sich auf den theoretischen Hintergrund, der wiederum mit den zuvor definierten Fragestellungen im Zusammenhang steht. Den einzelnen Fragebatterien schließt sich ein offener Teil an, der meist eine Einschätzung zu bestimmten Gegebenheiten einforderte.[757]

Die jeweils fest vorgegebenen Fragen führten jedoch nicht zu einer vollkommenen Standardisierung bzw. zu einem geschlossenen Interview. Bereits bei den theoriegeleiteten, konkreten Fragekatalogen kam es zu offenen Antworten der Probanden. Es konnte frei, ohne Berücksichtigung der jeweiligen Antwortvorgaben das formuliert werden, was in Bezug auf die Thematik bedeutsam war. Die einzelnen Antwortkategorien gaben dabei immer wieder Anstöße für Diskussionen.

Das halbstrukturierte Interview verbindet grundsätzlich zwei Vorteile miteinander. Auf der einen Seite bietet es eine Struktur bei der Datenerhebung und Datenanalyse, die - in einem gewissen Umfang - die Vergleichbarkeit der Ergebnisse ermöglicht. Gleichzeitig gestattet der Leitfaden eine ausreichende Flexibilität, um auch Themen und Zusammenhänge aufnehmen zu können, die bei der Fragenkonzeption nicht antizipiert wurden.[758] Diese allgemeinen Vorteile eines halbstrukturierten Interviews wurden auch mit dem in der Studie angewandten Leitfaden verfolgt. Zudem konnten mit Hilfe der Fragekataloge theoriegeleitete Forschungs-

---

[754] Vgl. Mayring 1999, S. 50. Die hier angewendete Interviewform wird oftmals auch als Leitfaden-Interview subsumiert. Vgl. Bortz/Döring 2002, S. 315. Hier soll der Definition von Mayring gefolgt werden. Zu weiteren Varianten qualitativer Einzelbefragungen vgl. Bortz/Döring 2002, S. 314.

[755] Vgl. zum Gesprächsleitfaden Anhang B.

[756] Vgl. Mayring 1999, S. 51.

[757] Vgl. dazu den Gesprächsleitfaden in Anhang B.

fragen umfassender analysiert werden. Zum einem bieten die Fragenbatterien die Möglichkeit, das Vorliegen theoretischer Konstrukte, wie beispielsweise Rollenkonflikte oder Rollenambiguität, innerhalb der Unternehmung zu untersuchen. Zum anderen bilden die festen Antwortkategorien die Basis für einen Vergleich mit bereits durchgeführten empirischen Studien. Einschränkend muss hier natürlich festgehalten werden, dass eine quantitative Untersuchung der erhobenen Daten sowie ein Vergleich zwischen der vorliegenden und weiteren empirischen Studien nur in sehr bedingter Form möglich ist. Aufgrund der Untersuchungsmethodik mittels einer qualitativen Fallstudie konnte aus forschungs-ökonomischen Gründen keine großzahlige Stichprobe realisiert werden. Damit fehlt für ein quantitatives Vorgehen auch die notwendige Repräsentativität der erhobenen Daten. Da jedoch ohnehin keine Falsifikationsstrategie theoretischer Hypothesen, sondern eine Explorationsstrategie im Mittelpunkt der Fallstudienforschung lag, kann eine quantitative Auswertung der Fragenkataloge für die Ableitung erster, tendenzieller Aussagen herangezogen werden.[759]

Ziel der Untersuchung ist die Thesengenerierung einerseits hinsichtlich der Zielerreichung der Rollenorganisation, auf der anderen Seite in Bezug auf die der Ausgestaltung einer Rollenorganisation unter Berücksichtigung von Kontextkomponenten. Aus diesem Grund ist die Struktur der Fragen des Leitfadens vorrangig auf die damit verbundenen Forschungsfragen ausgerichtet. Der Leitfaden gliedert sich in die Bereiche Organisation, Selbstwirksamkeit, Rollenkonzept und Umweltkontext. Im ersten Teil des Gesprächs werden die Gegebenheiten der Unternehmensorganisation betrachtet. Thematik der Fragestellungen sind Rollenkonflikte und Rollenambiguität, organisationale Praktiken sowie Einschätzungen bezüglich des Rollenkonzeptes im Zusammenhang mit der Erwartungsbildung und dem Prozessverlauf. Schwerpunkt des Abschnitts Selbstwirksamkeit bilden Fragen zur Arbeitszufriedenheit, dem Commitment und dem Burnout-Syndrom. Der Teilbereich Rollenkonzept ging ausschließlich mit offenen Fragen auf die Möglichkeiten der Rollenorganisation in Bezug auf die Anpassungseffizienz, die Motivationseffizienz sowie Job-Enrichment, -Enlargement und -Rotation ein. Der letzte Teilbereich der Befragung beschäftigt sich schließlich mit den Kontextkomponenten, wie beispielsweise der Wettbewerbssituation oder der Umweltdynamik.[760] Die nachfolgende Tabelle verdeutlicht noch einmal die Zuordnung der übergeordneten Forschungsfragen zu den Bereichen und den einzelnen Fragenkomplexen des Leitfadens. Hier ist darauf hinzuweisen, dass die Zuordnung im Rahmen der Auswertung aufgrund der Forschungsmethodik in Form eines halbstrukturierten Interviews nicht strikt eingehalten

[758] Vgl. Bortz/Döring 2002, S. 315.

[759] Vgl. zur Anwendung einer qualitativen im Vergleich zu einer quantitativen Forschungsmethode und damit zum wissenschaftstheoretischen Grundkonzept Abschnitt 5.1.1. Zur Anwendung einer quantitativen Auswertung im Rahmen der Arbeit vgl. jeweils die Abschnitte unter 5.2.

[760] Vgl. zum Gesprächsleitfaden Anhang B.

wurde und Fragenkomplexe in Einzelfällen auch für andere Forschungsfragen herangezogen wurden.[761]

Forschungsfragen	Fragenkomlexe Nr.			
	Organisation	Selbst wirksamkeit	Rollenkonzept	Umweltkontext
Vermittlungsleistung von Rollen	2, 3,4			
Prozesseffizienz	1,2,4			
Anpassungseffizienz			1	
Motivationseffizienz durch Vermeidung von Rollenstress	1,2	1,2,3		
Motivationseffizienz durch Personalentwicklung		1,2,3	2	
Einfluss von Kontextkomponenten auf die Rollenorganisation				1

Tabelle 3: Zuordnung der Forschungsfragen zu den Bereichen und Fragekomplexen des Leitfadens.

Der Phase der Datenerhebung schließt sich die Aufbereitung an, die der Sicherung und Strukturierung des Materials dient. Als Aufbereitungstechnik wurde ein zusammenfassendes Protokoll gewählt.[762] Das zusammenfassende Protokoll hat das Ziel, die Materialfülle der Erhebung schon bei der Aufbereitung zu reduzieren. Als Basis für diese Reduzierung dienen eine Vereinheitlichung und eine schrittweise Erhöhung des Allgemeinheitsniveaus der Daten. Für die Verallgemeinerung des Materials werden sechs reduktive Prozesse angewendet, die sich auf der psychologischen Textverarbeitung begründen:[763]

- Auslassen: Bedeutungsgleiche Aussagen werden ausgelassen.
- Generalisation: Aussagen, die durch übergeordnete impliziert werden, werden durch diese ersetzt.
- Konstruktion: Aus mehreren spezifischen Aussagen wird eine globale Aussage konstruiert, die den Sachverhalt als Ganzes kennzeichnet.
- Integration: Eine Aussage, die in einer vorherigen Konstruktion enthalten ist, kann wegfallen.

---

761 Vgl. zu den einzelnen Fragen der Fragenkomplexe den Leitfaden in Anhang B.

762 Vgl. ausführlich zum Zusammenfassenden Protokoll Mayring 1999, S. 73 ff.

763 Vgl. Mayring 1999, S. 73. Ausführlich zur Psychologie der Textverarbeitung vgl. Mandl 1981.

- Selektion: Zentrale Aussagen werden beibehalten, da sie wesentliche Sachverhalte darstellen.
- Bündelung: Inhaltlich zusammenhängende, aber im Material verstreute Aussagen werden zusammengezogen

Der Zusammenfassung schließt sich die Auswertungsphase an, die sich mit der Materialanalyse und Interpretation beschäftigt. Im Rahmen der vorliegenden Arbeit soll die qualitative Inhaltsanalyse nach Mayring angewendet werden,[764] da sie auf dem zusammenfassenden Protokoll aufbaut.[765] Die qualitative Inhaltsanalyse stellt allgemein eine Anleitung zum „regelgeleiteten, intersubjektiv nachvollziehbaren Durcharbeiten umfangreichen Textmaterials" dar.[766] Die Inhaltsanalyse geht dabei streng methodisch vor und zergliedert die Daten in Einheiten, die dann schrittweise bearbeitet werden. Schwerpunkt der Analyse bildet ein Kategoriesystem, das die Analyseaspekte festlegt (vgl. Abbildung 39).[767]

Mayring unterscheidet die Grundformen der zusammenfassenden, der explizierenden und der strukturierenden Inhaltsanalyse.[768] Im Zentrum der vorliegenden Arbeit steht die zusammenfassende Inhaltsanalyse, die das zusammenfassende Protokoll verwendet, um darauf aufbauend eine induktive Kategoriebildung vorzunehmen.[769] Die nachfolgende Abbildung fasst den Analyseablauf zusammen.

---

[764] Mayring 1999, S. 91 ff.; Bortz/Döring 2002, S. 332 f. In diesem Zusammenhang sei darauf hingewiesen, dass der Begriff qualitative Inhaltsanalyse oftmals fälschlicherweise für sämtliche interpretativen Auswertungstechniken verwendet wird. Vgl. dazu Bortz/Döring 2002, S. 332.

[765] Vgl. Mayring 1999, S. 91 f.

[766] Botz/Döring 2002, S. 332 f.

[767] Vgl. Mayring 1999, S. 91; Bortz/Döring 2002, S. 332.

[768] Vgl. Mayring 1999, S. 91 f. Bortz/Döring sprechen in diesem Zusammenhang von drei Schritten der qualitativen Inhaltsanalyse. Hier soll der Argumentation von Mayring gefolgt werden.

[769] Vgl. Mayring 1999, S. 92.

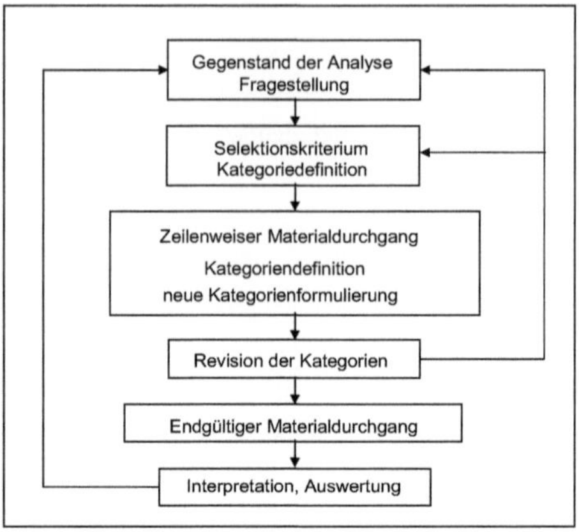

Abbildung 39: Ablaufmodell induktiver Kategoriebildung
Quelle: Mayring 1999, S. 93.

Die Kategorisierungsdimension und das Abstarktionsniveau müssen vorab definiert und ein Selektionskriterium für die Kategoriebildung festgelegt werden. Basis für die Definition sind dabei theoretische Überlegungen, die über das Ziel der Analyse begründet werden. Mit der Definition im Hintergrund werden schließlich die Daten schrittweise durchgearbeitet.[770] Entsprechende Textstellen werden in der Analyse unter die jeweilige Kategorie subsumiert. Nach einem Teil der Bearbeitung werden die Kategorien erneut überprüft und gegebenenfalls überarbeitet (vgl. auch Abbildung 39).[771]

Ergebnis der Inhaltsanalyse ist ein Set von Kategorien mit entsprechenden Texten, die einer bestimmten Thematik zugeordnet werden können. Das Erhebungsmaterial konnte damit so gekürzt werden, dass die wesentlichen Inhalte erhalten blieben. Es handelt sich um eine starke Abstraktion, aber immer noch um ein Abbild des Grundmaterials. Die Kategoriebildung und damit auch die zugeordneten Texte orientieren sich in der hier vorliegenden Arbeit an den zuvor abgeleiteten Forschungsfragen. Damit sind in den Kategorien sowohl Aspekte der Rollentheorie als auch Gegebenheiten der allgemeinen Rollenkonzepte berücksichtigt worden. Für die Ableitung der Thesen wurden in der Auswertung weitere Unterkategorien gebildet. Der Aufbau des Abschnitts 5.2 spiegelt damit den Aufbau des Kategoriesystems wieder. Hauptkategorien bilden die übergeordneten Forschungsfragen, von denen ausgehend das Kategoriesystem durch Unterkategorien weiter verfeinert wurde. Die genaue Einteilung der Ka-

[770] Vgl. Mayring 1999, S. 92.

[771] Vgl. ausführlich zur Vorgehensweise der Kategoriebildung im Rahmen der Qualitativen Inhaltsanalyse Mayring 1999, S. 92 ff.

tegorien und die Interpretation des Kategoriesystems in Bezug auf die Fragestellungen und der dahinter liegenden Theorie bzw. anderer Konzepte sollen in den einzelnen Abschnitten der Thesenableitung wieder aufgegriffen werden.

5.2 Ableitung von Thesen

Wie bereits verdeutlicht, wird nachfolgend die Bildung von ersten Beziehungen zwischen unterschiedlichen Variablen in Bezug auf die Rollenorganisation vorgenommen. Die Ableitung der Thesen richtet sich dabei auf zwei Teilbereiche, auf denen bereits die Struktur für die Bildung der Forschungsfragen basiert.[772] Im Mittelpunkt des ersten Teilbereichs steht der Zielerreichungsgrad der im 3. Kapitel vorgestellten Rollenorganisation. Ausgehend von den in Abschnitt 2.3.2.4 global definierten, mit der Rollenorganisation zu verfolgenden Zielen, wird jeweils der Versuch unternommen, die entdeckten Erkenntnisse in Form von Thesen zu formulieren. Schwerpunkt des zweiten Teilbereichs ist der Einfluss von Kontextkomponenten auf die Ausgestaltung der Rollenorganisation. Dabei handelt es sich um die unternehmensexterne Komponente Umwelt, aber auch um weitere Einflussfaktoren, wie beispielsweise die Art der Dienstleistung. Die Abbildung 40 illustriert noch einmal die Vorgehensweise zur Ableitung der Thesen.

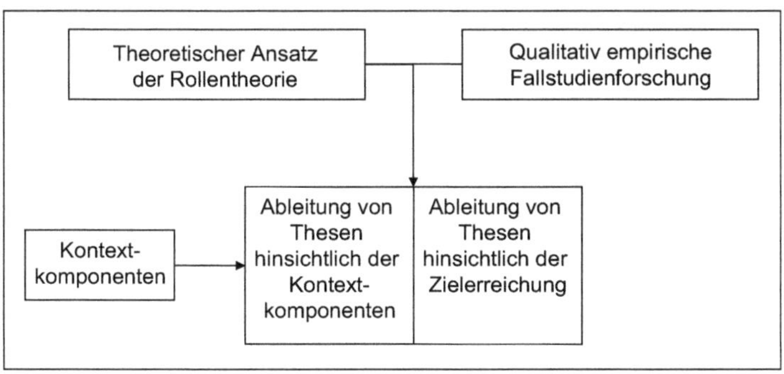

Abbildung 40: Vorgehensweise zur Ableitung von Thesen.

Die Abbildung verdeutlicht, dass für die Ableitung der Thesen sowohl die Erkenntnisse der Rollentheorie als auch die der Fallstudie herangezogen werden. Die in Abschnitt 5.1.3 abgeleiteten Forschungsfragen bilden dabei den Ausgangspunkt für die Hauptthesen, die in weiteren Unterthesen detaillierter dargestellt werden sollen. Für die Unterstützung der einzelnen Thesen sollen sowohl Zitate aus den Gesprächen als auch die Ergebnisse der Fragenkomplexe angeführt werden. Insgesamt wurden 20 Interviews durchgeführt. Dabei

[772] Vgl. zur Ableitung der Forschungsfragen Abschnitt 5.1.3.

verteilen sich 11 Interviews auf die LRI, 7 Gespräche auf den IT-Dienstleister und zwei weitere Expertengespräche auf eine Unternehmensberatung und einen Telekommunikationskonzern. Die halbstrukturierten Interviews wurden dabei aufgezeichnet und wesentliche Aussagen sowie die Angaben zu den geschlossenen Fragen schriftlich festgehalten.[773] Die Gespräche wurden im Fall der LRI mit Personen aus jeder Hierarchieebene, bei dem IT-Dienstleister mit Mitarbeitern der Beschaffungsabteilung und vor- bzw. nachgelagerten Abteilungen im Prozessablauf geführt. Die einzelnen Interviews weisen durchschnittlich eine Dauer von zwei Stunden auf. Wie bereits erwähnt, sind zur Unterstützung der einzelnen Thesenableitungen Transkriptionen der Gespräche mit angeführt. Die angeführten Transkriptionen sollen hier erläutert werden: Bei jedem angeführten Zitat wird zunächst eine laufende Ordnungsnummer vergeben (Zitat X). Weiterhin steht GP. für Gesprächspartner und N. für Nonnenmacher (Verfasser). Die Namen der Gesprächspartner sind durch den Verfasser anonymisiert worden. Die jeweilige Nummer des Gesprächspartners entspricht dabei der Nummerierung der transkribierten Interviews. Weiterhin ist jeweils der Zeitpunkt des Zitatbeginns von den aufgezeichneten Interviews festgehalten worden. Wie bereits dargestellt, werden für die Thesengenerierung hinsichtlich der Zielerreichung nur die Ergebnisse der LRI Fallstudie eingesetzt, da es sich bei der Fallstudie des IT-Dienstleisters um ein differenziertes Konzept handelt, das wesentliche Unterschiede zur eigentlichen Rollenorganisation aufweist. Die Ergebnisse der IT-Dienstleister-Fallstudie werden für eine Abgrenzung zwischen Vorläuferkonzepten und der Rollenorganisation unter Abschnitt 5.3 herangezogen.[774]

5.2.1 Thesenableitung hinsichtlich der Zielerreichung

5.2.1.1 Die Vermittlungsleistung von Rollen im Organisationskontext

Ausgehend von den globalen Forschungsfragen der Fallstudieuntersuchung steht im Mittelpunkt des ersten Thesenkomplexes die Frage nach der Vermittlungsleistung von Rollen im Organisationskontext. Es stellt sich die Frage, ob Rollen ein Medium darstellen können, das nicht nur eine Vermittlung in Form eines Transports von Informationen übernimmt, sondern selbst Bestandteil der Vermittlung ist. Über die Vermittlungsleistung als Medium soll schließlich eine Integration von Prozessen in bestehende Organisationsstrukturen gewährleistet werden. Rollen werden in diesem Verständnis nicht auf die Codierungsleistung von Medien reduziert, sondern sie können selbst als Thema der Vermittlung Interaktionsstrukturen senden.

[773] Vgl. zu den einzelnen geschlossenen Fragen den Leitfaden in Anhang B.

[774] Vgl. ausführlich dazu Abschnitt 5.1.4.

Grundlage dieses Thesenkomplexes bildet im Schwerpunkt die Rollentheorie und das damit herausgearbeitete Verständnis, Rollen als Modi der Vermittlung anzusehen.[775] Ursachen für empirisch beobachtete Gegebenheiten im Rahmen der Fallstudie sollen in diesem Abschnitt hauptsächlich mit Hilfe der Rollentheorie begründet werden. Im Zusammenhang mit der Vermittlungsleistung von Rollen steht zunächst die Frage nach der Wahrnehmung von Rollen in Organisationen im Mittelpunkt.

5.2.1.1.1 Die Wahrnehmung von Rollen in Organisationen

Rollen als Vermittlungsleistung im Organisationskontext aufzufassen und anzuwenden ist eine wesentliche Grundlage für das Ziel, Prozesse über Rollen in bestehende Organisationsstrukturen zu integrieren. Zwingende Voraussetzung dafür ist, dass explizit definierte Rollen von Mitarbeitern des Unternehmens auch wahrgenommen werden. Es gilt damit die Frage zu klären, ob und wie Mitarbeiter Rollen in Organisationen wahrnehmen.

Für eine Bewertung der Rollenwahrnehmung im Organisationskontext sind zunächst die Berührungspunkte zwischen Mitarbeitern und Rollen zu analysieren. Eine intensive Auseinandersetzung mit der einzunehmenden Rolle findet im Rahmen des KKM's im Mitarbeiterentwicklungsgespräch statt.[776] Deshalb soll nachfolgend zunächst das Mitarbeiterentwicklungsgespräch thematisiert werden, um in Abgrenzung dazu die Rollenwahrnehmung im Berufsalltag darzustellen. Damit soll untersucht werden, ob sich die Rollenwahrnehmung bei Mitarbeitern nur auf das Mitarbeiterentwicklungsgespräch und die damit verbundene Karriereplanung beschränkt. Das Entwicklungsgespräch erfolgt jährlich, hat eine Dauer von mindestens zwei Stunden und wird mit dem Vorgesetzen des jeweiligen Leistungszentrums durchgeführt. Wesentlicher Inhalt des Gesprächs ist die Beurteilung des Mitarbeiters für das abgelaufene Jahr, aber auch Möglichkeiten der Weiterentwicklung und der Karriereplanung. Die Einteilung in eine Perspektivgruppe wird beispielsweise ebenfalls in dem Gespräch vorgenommen.[777] Grundlage für die Entscheidung über Weiterbildungsmaßnahmen bzw. Entwicklungsschritten bilden dabei die Rollen. Die für die Ausübung einer Rolle notwendigen Kompetenzen werden als Fläche eines Kreises illustriert. Mit Hilfe von Weiterbildungsmaßnahmen gilt es dann die „Fläche" der Rolle zu vergrößern. Die nachfolgenden Zitate sollen das Mitarbeiterentwicklungsgespräch weiter verdeutlichen:

> Zitat 2, GP. 5 (27:47): …, weil da sieht man ja, was alles möglich ist. Das sind die Flächen einer Rolle. Da kann man dann sehr stark sehen, der Mitarbeiter hat den Bereich noch gemacht und da hat er das noch gelernt. Das hat was mit Karriere und den einzelnen Perspektivgruppen zu tun, so dass ein Mitarbeiter, der

---

[775] Vgl. ausführlich zum Verständnis der Rollen als Modi der Vermittlung Abschnitt 4.3.

[776] Vgl. zum KKM Abschnitt 5.1.4.

[777] Vgl. zu den Begriffen Leistungszentrum und Perspektivgruppe Abschnitt 5.1.4.

immer wertvoller für die LRI wird und immer mehr Fläche seiner Rolle bzw. seines Leistungszentrums ausfüllen kann, der macht auch Karriere über eine Perspektivgruppe.

Zitat 3, GP.6 (23:10): Ich glaube, dass man den Mitarbeitern einfach aufzeigt, wo sie noch besser werden müssen oder können. Also Karriere bedeutet ja eigentlich, dass man mehrere Gebiete hat, in denen man gut ist. Ich glaube das KKM und auch die Dienstleistungsräder,[778] die wir dann den Leuten zeigen, geben den Mitarbeitern einfach plastisch ein Gefühl, wo sie sich verbessern müssen bzw. zeigen Defizite auf, um sich dort zu verbessern und dann Karriere zu machen. Wir sehen das ja oft in unseren Mitarbeiterentwicklungsgesprächen, dass, wenn wir Mitarbeiter haben, bei denen das Dienstleistungsrad komplett ausgefüllt ist, das gibt ja für uns ein Indiz, auch optisch, dass da jetzt ein Karrieresprung notwendig ist, dass da jemand am Ende seiner Möglichkeiten in der Rolle ist, dass ein Sprung in eine andere Rolle ansteht.

Gegenstand des Entwicklungsgespräches ist ebenfalls eine genaue Analyse der Rolle im Kontext der Organisation. Falls sich Veränderungen von Aufgabeninhalten, Kompetenzanforderungen, Verantwortlichkeiten usw. ergeben haben, werden diese im Gespräch aufgenommen und die Rollen in Abstimmung mit der Personalabteilung geändert. Der Aspekt der Veränderlichkeit von Rollen wird in Abschnitt 5.2.1.1.4 nochmals aufgegriffen und diskutiert.

Die Ausführungen verdeutlichen, dass die Installation eines Mitabeiterentwicklungsgesprächs auf der Grundlage von Rollen eine feste Basis für eine intensive Auseinandersetzung zwischen Mitarbeiter und Rolle bildet. Mitarbeiter sind durch das Gespräch gezwungen, sich mindestens einmal im Jahr ausführlich und detailliert mit ihrer Rolle bzw. ihren Rollen auseinanderzusetzen. Daneben haben die Entwicklungsgespräche ebenfalls Auswirkungen auf die Motivation der Mitarbeiter, was in Abschnitt 5.2.1.5 näher betrachtet werden soll. Fraglich ist jedoch, ob nur mit Hilfe eines jährlichen Entwicklungsgesprächs die Wahrnehmung und Anwendung von Rollen im Verlauf eines Jahres hervorgerufen werden kann. Das nachfolgende Zitat verdeutlicht diese Fragestellung.

Zitat 4, GP. 5 (24:55): ..., aber ich erlebe, dass je mehr und je länger man mit dem Konzept gelebt hat, dass dann die Widerstände irgendwann weg sind. Es nutzt dem Mitarbeiter und dann macht er auch mit. Man muss es dann natürlich auch leben. Es kann nicht sein, dass ich mich nur einmal im Jahr mit dem Mitarbeiter 2 Stunden hinsetze und das war's dann. Nein, im Gegenteil, das ist eine ständige Begleitung. Man vereinbart dann auch Ziele. Das kann z.B. sein, deine Rolle wird sich erweitern, das kann sein, ich werde dich in den und den Dingen weiterbilden usw.

Da außer im Mitarbeiterentwicklungsgespräch ansonsten keine explizit definierten Berührungspunkte zwischen Rolle und Mitarbeiter existieren, stellt sich die Frage, ob die Rollen überhaupt im Alltag oder nur im Rahmen der Entwicklungsgespräche wahrgenommen werden. In Beobachtungen und Gesprächen konnte jedoch festgestellt werden, dass im Organisationskontext durchgängig Rollen wahrgenommen werden. Die Zitate sollen diese Aussage unterstreichen:

Zitat 5, GP. 1 (16:00): ... ja, nach meiner Ansicht können die Rollen dort sehr viel helfen. Weil, Kommunikation ist unabhängig von einer Stelle, natürlich ist sie eigentlich auch unabhängig von einer Rolle,

[778] Mit Dienstleistungsrädern sind hier die Kompetenzflächen der einzelnen Rollen gemeint.

aber in der Kommunikation geht man dann vor, „in meiner Rolle als" gehe ich auf diesen Anderen zu, der in seiner „Rolle als" wiederum dran beteiligt ist. Das ist eine ganz andere Geschichte.

Zitat 6, GP. 11 (8:00): ... ja, ich meine, wenn ich meine Rolle sehe: Ich bin ja von einer Beraterrolle in eine Führungsrolle gewechselt, es ist schon zwei bis drei Jahre her, aber es war eine Änderung und ich habe gemerkt, es ist ein Unterschied, aus welcher Rolle ich agiere. Ich habe diese Beraterrolle ja trotzdem noch, weil ich habe trotzdem Kunden, aber meine Rolle, die in der Bank wahrgenommen wird, ist natürlich die Führungsrolle. Und in der Führungsrolle habe ich ein stärkeres Gewicht von der Rolle her und kann eingreifen, als wenn ich aus der Beraterrolle raus agiere.

Zitat 7, GP. 2 (12:19) N: Die nächste organisationale Dimension ist professionell egozentrisch. ... Die LRI, ist die hier professionell oder egozentrisch ausgerichtet?[779]
GP. 2: Es ist definitiv nicht egozentrisch, aber auch nicht ganz professionell.
N. (12:40): Haben da die Rollen einen Einfluss auf die organisationale Dimension professionell/egozentrisch?
GP. 2: Ich denke schon, ja, weil man einfach weiß, wie die Rolle definiert ist, und man weiß, was man machen kann und von daher gibt das einem eine gewisse Sicherheit und auch wenig Diskussionsspielraum. Also von daher ja.

Die Ausführungen verdeutlichen, dass Rollen im alltäglichen Geschäftsleben nicht nur wahrgenommen, sondern auch genutzt werden. Die Mitarbeiter „leben" mit der Rolle und sind sich ihrer bewusst. Eine Eingrenzung der Rolle auf das Mitarbeiterentwicklungsgespräch und damit auf die Karriereplanung ist demnach nicht gegeben. Verdeutlicht wird ebenfalls, dass nicht nur die eigene Rolle, sondern auch die Rollen der anderen Mitarbeiter wahrgenommen werden. Rollen übertragen eine „gewisse Sicherheit" und verringern den „Diskussionsspielraum" mit anderen Schnittstellen im Unternehmen, mit anderen Mitarbeitern. Rollen werden damit über das Entwicklungsgespräch hinaus untereinander wahrgenommen. Das letzte Zitat verdeutlicht ebenfalls eine weitere Funktion der Rolle: Sie vermitteln eine „gewisse Sicherheit". Damit sind Erwartungen an andere Mitarbeiter über ihren Arbeitsinhalt verbunden. Nach den Grundlagen der Rollentheorie beziehen sich Rollen nicht auf Verhalten, sondern auf Erwartungen an den Rolleninhaber. Unter einer Rolle wird ein konsistentes Bündel normativer Erwartungen verstanden, die an den Inhaber der Rolle gerichtet sind.[780] Inwieweit Rollen nun in der Lage sind, diese Erwartungen innerhalb einer Organisation zu vermitteln, soll in nachfolgenden Abschnitt erläutert werden.

Aus den angeführten Gesprächsaufzeichnungen wird ein weiteres wichtiges Merkmal der Rollen hervorgehoben: Rollen werden in der Unternehmung differenziert wahrgenommen. Rolleninhaber kommunizieren ihre verschiedenen Rollen auf unterschiedliche Art und Weise im Unternehmenskontext. Je nach der Rollendefinition handeln die Mitarbeiter „in der Rolle als" und gehen auf andere Mitarbeiter in „seiner Rolle als" zu. Dieser Umstand gibt erste Hinweise auf einen weiteren zentralen Aspekt von Rollen, der ebenfalls in der Rollentheorie

---

[779] Vgl. zur Erläuterung von professionellen und egozentrischen organisationalen Praktiken Abschnitt 5.2.1.1.6.

thematisiert wird: Die betrachtete Rolle ist als abhebbar vom konkreten Rolleninhaber anzusehen.[781] In diesem Zusammenhang ist es möglich, dass Rollen nicht mit konkreten Personen verbunden sind, sondern nur mit einer Rollendefinition bzw. -beschreibung. Die Abhebbarkeit von Rolleninhabern wird im Rahmen der Erhöhung der Anpassungseffizienz erneut aufgegriffen.[782]

Die Fallstudienanalyse zeigt, dass Mitarbeiter sowohl die eigene Rolle als auch die Rollen von Kollegen im Unternehmen differenziert nach der jeweiligen Rollenbeschreibung wahrnehmen. Damit kann folgende These formuliert werden:

> Mitarbeiter nehmen als Rolleninhaber im Organisationskontext sowohl die eigene als auch die Rollen anderer Mitglieder einer Organisation differenziert nach ihrer Rollenbeschreibung wahr.

These 1.1

Im Rahmen der Fallstudienforschung war weiterhin zu klären, ob Rollen in der Lage sind, Erwartungen anderer Mitarbeiter, Aufgabenbereiche, Fähigkeiten und Verantwortlichkeit, sprich das gesamte Rollenbild, zu vermitteln.[783] Nachfolgend soll nun auf diesen Aspekt der Rollenorganisation eingegangen werden.

5.2.1.1.2 Die Erwartungsbildung durch Rollen

Wie bereits wiederholt betont, müssen Rollen im Organisationskontext neben der eigentlichen Wahrnehmung zusätzlich eine Vermittlungsfunktion aufweisen, um ein primäres Ziel der Rollenorganisation, die ganzheitliche Abbildung von Prozessen in Unternehmensorganisationen, zu gewährleisten. Die Vermittlung aller Bestandteile der Rollenbeschreibung - Erwartungen, Verantwortlichkeiten, Aufgaben und Qualifikationsanforderungen, Schnittstellen zu anderen Rollen - bildet eine zwingende Grundfunktion von Rollen im Rahmen der Rollenorganisation. Die folgenden Ausführungen betrachten dabei primär die Vermittlungsleistung von Rollen. Auswirkungen dieser Vermittlungsleistung auf die Prozesseffizienz sollen erst im nachfolgenden Abschnitt 5.2.1.2 analysiert werden. Zudem steht nachfolgend die Vermittlungsleistung in Bezug auf Erwartungen im Mittelpunkt. Aufgrund starker Überschneidungen wird die Vermittlung weiterer Bestandteile der Rollenbeschreibung in diesem

---

[780] Vgl. dazu Joas, 1975, S. 17;Graen, 1983, S. 1201; Wiswede, 1998, S. 179; Nerdinger, 1998b, S. 1180; Rizzo et al. 1970, S. 155; Meyer-Fehr 1986, S. 33; Heiss 1981, S. 95; Fischer 1992, Sp. 2224; Mayntz 1980, Sp. 2044; Fischer/Wiswede 2002, 455; Solomon et al. 1985, S. 103.

[781] Vgl. Mayntz 1980, Sp. 2045; Meyer-Fehr 1986, S. 33.

[782] Vgl. dazu Abschnitt 5.2.1.3.

Abschnitt nur angerissen und beispielsweise im Hinblick auf die Erhöhung der Prozesseffizienz oder im Rahmen der Auswirkungen von Rollen auf die Rollenambiguität später erörtert.[784] Entsprechend wird an den jeweiligen Textstellen auf den hier vorliegenden Betrachtungsgegenstand verwiesen.

Für die Analyse der Vermittlungsleistung von Rollen soll zunächst auf die Grundlagen der Rollentheorie zurückgegriffen werden.[785] Wie bereits im vorherigen Abschnitt genannt, wird unter einer Rolle ein konsistentes Bündel normativer Erwartungen an den Rolleninhaber verstanden. Bezug nehmend auf die organisationale Rollentheorie nach Katz/Kahn,[786] sind Rollen als standardisierte Verhaltensmuster definiert, die innerhalb eines Systems gefordert werden.[787] Jede Rolle der Organisation steht in funktionaler Beziehung zu anderen Rollen, die schließlich die organisatorische Gesamtheit bilden. Für die Bewältigung der Unternehmensaufgabe ist eine Koordination der Rollen notwenig, die Katz/Kahn mit dem Vorgang des „Rollen-Sendens" und der „Rollen-Übernahme" erklären.[788] Erwartungen an eine Rolle werden durch das Organisationsumfeld an den Rolleninhaber gesendet, der nach seiner Interpretation ein bestimmtes Rollenverhalten zeigt. Diese sog. Rollenepisode wird in einem immer wieder zu durchlaufenden Kreislauf wiederholt, bis die gesendeten Erwartungen letztlich zu einer Beeinflussung des Rollenverhaltens der Zielperson führen.[789] Die immer wieder zu durchlaufenden Episoden sind für alle Organisationen allgemeingültig, um die implizit an einen Mitarbeiter gerichteten Verhaltensmuster hervorzurufen.

Für die Analyse der Vermittlungsleistung von Rollen stellt sich nun die Frage, ob Rollen einer Rollenorganisation in der Lage sind, die implizit an eine Person gerichteten Erwartungen zu explizieren und damit mehrfache Rollenepisoden nach Katz/Kahn zu verringern. Hier sei noch mal darauf hingewiesen, dass es sich an dieser Stelle um Rollen im Verständnis der Rollenorganisation handelt. Im Gegensatz dazu ist im vorherigen Abschnitt der Rollenbegriff im Verständnis der sozialpsychologischen Rollentheorie thematisiert worden.

Grundsätzlich hat die Fallstudie ergeben, dass mit den Rollen eines Rollenkonzeptes durchaus Erwartungen gegenüber anderen Mitarbeitern der Organisation verbunden sind. Die Zitate sollen dies verdeutlichen:

---

[783] Vgl. zur Rollendefinition und Rollenbeschreibung Abschnitt 3.2.2.

[784] Vgl. dazu exemplarisch Abschnitt 5.2.1.2 und 5.2.1.4.

[785] Im nachfolgenden Abschnitt handelt es sich bei dem Begriff Rolle demnach um das Verständnis der Rollentheorie und nicht der Rollenorganisation.

[786] Vgl. ausführlich zur organisationalen Rollentheorie nach Katz/Kahn Abschnitt 4.2.4.1.

[787] Vgl. Katz/Kahn 1978, S. 186.

[788] Vgl. Katz/Kahn 1978, S. 188; dazu .auch Tosi 1971 S. 7 f.

Zitat 8, GP. 4 (26:35): ..., weil ich hatte ja eine sehr spannende Situation bei mir. Ein Mitarbeiter von mir war vorher die Führungskraft des Bereichs gewesen. Der hat dann in die Rolle des Fachspezialisten und ich von einer anderen Bank als Fachspezialist kommend in die Führungsrolle gewechselt. Von daher war das sehr spannend. Ich denk, die Rollen waren klar definiert und ich wusste, was von Mitarbeiterseite von mir erwartet wird, aber auch, was ich auf der anderen Seite von meinen Fachspezialisten und Mitarbeitern erwarten konnte. Das hat schon sehr geholfen.

Zitat 9, GP. 1 (8:00): ...wobei es schon sehr hilfreich ist, wenn ich jetzt gerade als Führungskraft agiere und ich mich da sehe und weiß, es sind auch Rollen definiert und es sind auch Anforderungen damit verbunden. Weil es macht aus meiner Sicht keinen Sinn, eine Rolle zu haben und die wunderbar auszustatten und aber damit keine Anforderungen zu verbinden.
N.: Sind da auch Erwartungen mit verbunden. Z.B. ich weiß, was ich von dem Mitarbeiter mit der entsprechenden Rolle erwarten kann?
GP.: Auf jeden Fall. Weil ... es ist natürlich richtig, da hat wahrscheinlich auch jeder eine andere Sichtweise, aber ich sage mir: Nehme ich eine Rolle „Berater" oder nehme ich eine Rolle fachspezifisch in einer Back-Office Situation oder wie auch immer. Ich hab andere Erwartungen an diese beiden Rollen.

Zitat 10, GP. 2 (20:09) N: .. dabei geht es um folgendes Statement: Rollen helfen, die Erwartungen zwischen anderen Mitarbeitern aufzuzeigen und somit die Schnittstellen abzubauen
GP.: Doch auf jeden Fall. Man kann sich auf jeden Fall an der Rolle orientieren.
N.: Machen die Rollen die einzelnen Aufgaben einzelner Mitarbeiter damit auch transparenter?
GP.: Ja, wenn ich mich mit den Rollen explizit beschäftige, selbstverständlich. Ich kann es ja überall nachlesen.

Die Ausführungen verdeutlichen, dass Rollen eine Vermittlungsleistung von Erwartungen zwischen Mitgliedern einer Organisation zugesprochen werden können. Die Aussage wird ebenfalls durch die Angaben bei der geschlossenen Frage I.4.1 gestützt, die einen Mittelwert von 2,18 aufweist. Die Probanden schätzen Rollen demzufolge so ein, dass sie helfen, Erwartungen zwischen anderen Mitarbeitern aufzuzeigen.[790] Rollen bieten demnach das Potenzial, Episoden nach Katz/Kahn abzukürzen. Die Erwartungen einer Rolle sind definiert und für die Mitarbeiter leicht ableitbar. Damit erfüllen Rollen eine wesentliche Grundfunktion, die für eine Implementierung von Prozessen in Organisationsstrukturen zwingend notwendig ist. Rollen sind in der Lage, eine Vermittlung von Informationen - in diesem Fall Erwartungen - an den Rolleninhaber bzw. an andere Rollen des Umfeldes vorzunehmen.

> Rollen sind in der Lage, Erwartungen zwischen Organisationsmitgliedern zu vermitteln, und bieten damit das Potenzial, die Anzahl von Rollenepisoden im Organisationskontext zu verringern.

These 1.2

Um den strukturellen Hintergrund für die Integration des ganzheitlichen Gedankens eines Prozessmanagements in eine Aufbauorganisation zu bilden, müssen jedoch nicht nur Erwartungen, sondern weitere Informationen vermittelt werden. Zudem ist zu hinterfragen, ob eine

---

[789] Vgl. ausführlich zum Modell der Rollenepisoden nach Katz/Kahn Abschnitt 4.2.4.1.

[790] Vgl. dazu den Gesprächsleitfaden in Anhang A.

Vermittlungsleistung von Rollen schließlich die Prozesseffizienz erhöht. Nachfolgend soll zunächst kurz die Vermittlungsleistung von weiteren Informationen dargestellt werden, um im Abschnitt 5.2.1.2 ausführlich auf die Auswirkungen von Rollen auf die Prozesseffizienz einzugehen.

5.2.1.1.3 Vermittlung von Aufgabeninhalten

Die Zitate im vorherigen Abschnitt geben bereits erste Hinweise, dass Rollen sich nicht nur auf eine Vermittlung von Erwartungen beschränken. Da mit jeder Rolle eine umfangreiche Rollenbeschreibung verbunden ist, sind weitere Informationen in die Vermittlungsleistung eingeschlossen. In der vorliegenden Fallstudie sind in der Rollenbeschreibung die Merkmale Kunden, Hauptleistungen und Verantwortlichkeiten, Leistungskriterien, wesentliche Fähigkeiten sowie Aus- und Weiterbildungsempfehlungen enthalten. Nachfolgend sollen Zitate angeführt werden, die die Vermittlungsleistungen weiterer Informationen unterstreichen:

> Zitat 11, GP. 2 (17:54) N:..., dass durch die Rollen Schnittstellen zu anderen Abteilungen klarer werden? Das man durch die Rollen dann weiß, das sind deine Aufgaben und das sind meine.
> GP.: Nicht unbedingt immer ad hoc. Dann müsste man schon immer nachschauen. Aber ich weiß schon anhand der Rollen, welcher Aufgabenbereich bzw. Aufgaben zu welcher Person gehören. Ob ich da jemandem zu viel zumute oder zu wenig. Aber man guckt natürlich nicht vorher immer, welche Rolle füllt der aus. Man redet ja schließlich auch noch miteinander und sagt nicht, aber das ist deine Rolle. Man macht das aufgrund der Rolle aus dem Gefühl.

> Zitat 12, GP. 5 (14:32) N: Ist es dann vielleicht auch so, dass die Aufgaben anderer Mitarbeiter transparenter werden?
> GP.: Ja auf jeden Fall, wenn ich gucken möchte, was macht der andere Mitarbeiter, dann kann ich mir diese Rollenbeschreibung holen und dann sehe ich sehr gut, was es alles an Aufgabe gibt, ja. Wobei, in der eigenen Rolle kennt man sich ja gut aus, einmal im Jahr beschäftigt man sich ja mit seiner Rolle, dann ist einem das klar. Die Schnittstelle, das ist vielleicht hilfreich, einfach zu gucken, bin ich eigentlich dafür noch da oder macht das schon der andere Fachbereich.

> Zitat 13, GP. 8 (4:20): Also ich kann das jetzt nur für meinen Beruf beantworten. Wenn man als Händler irgendwo eingestellt wird, dann sind die Voraussetzungen klar. Also man hat eine gewisse Aufgabe und man muss versuchen, für das Unternehmen Geld zu verdienen. Aber das ist ja nur ein Teil der Aufgabe. Man vertritt die Bank ja auch sehr oft nach außen, also Auftreten und Professionalität kommen da mit ins Spiel. Ich bräuchte jetzt keine Rollenbeschreibung. Für mich ist klar, was meine Aufgabe sein soll. Was aber nach meiner Meinung bei Rollen aber noch ganz sinnvoll ist, dass visuell dargestellt ist, was soll denn da passieren. Z.B. ein junger Kollege, der jetzt neu anfängt, für den ist das natürlich viel einfacher zu greifen, wenn der was vor sich hat, wo er sich einlesen kann und die Eckdaten umrissen sind. Dafür ist es mit Sicherheit sinnvoll. Oder jetzt jemand, der mit dem Bereich überhaupt nichts zu tun hat. Um sich ein grobes Bild zu machen, was machen die Leute denn da, was müssen die Leute denn können. Dafür ist es mit Sicherheit sinnvoll.

Hier sei ebenfalls auf Zitat Nr. 6 verwiesen. Insgesamt zeigen die Gespräche, dass nicht nur Erwartungen, sondern auch weitere Bestandteile der Rollenbeschreibung vermittelt werden. Insbesondere Zitat 11 veranschaulicht, dass Aufgaben vermittelt werden, ohne die Rollenbeschreibung in Anspruch nehmen zu müssen: „Man macht das aufgrund der Rolle aus dem Gefühl". Jedem Mitarbeiter ist natürlich nicht die gesamte Rollenbeschreibung einer mit ihm im Kontext stehenden Rolle bekannt. Aber die Mitarbeiter können aufgrund der Rolle zuordnen, welche grundlegenden Aufgaben von dem jeweiligen Rolleninhaber erfüllt werden müssen (Vgl. Zitat 11). An dieser Stelle werden zwei Ebenen der Rollenorganisation deutlich: zum einen die Rollenbeschreibung, die explizit Aufgaben, Verantwortungen usw. schriftlich vermittelt, zum anderen die „gelebten" Rollen im organisationalen Kontext, die implizit die Inhalte der Rollenbeschreibung zwischen einzelnen Rolleninhabern vermitteln. Diese Thematik wird im zusammenfassenden Abschnitt 5.2.1.1.7 wieder aufgegriffen. Grundsätzlich kann man jedoch festhalten, dass Rallen die Funktion der Informationsvermittlung leisten, womit eine zwingende Voraussetzung zur Integration von Prozessen in Organisationsstrukturen erfüllt ist.[791]

Rollen sind in der Lage, Informationen, wie beispielsweise Arbeitsaufgaben oder Verantwortlichkeiten zwischen Organisationsmitgliedern zu vermitteln.

These 1.3

Die Vermittlungsfunktion bildet die Grundlage für die weiterführenden Ziele der Rollenorganisation, die Erhöhung der Prozess-, Anpassungs- und Motivationseffizienz. Eng verbunden mit der Vermittlungsfunktion von Aufgabeninhalten ist die Vermeidung von Rollenkonflikten und -ambiguitäten. Rollenkonflikte entstehen dann, wenn gesendete Erwartungen nicht eindeutig sind, von mehreren Rollensendern unterschiedliche Erwartungen übertragen werden oder gesendete Erwartungen mit den Ansichten der fokalen Person nicht in Einklang stehen. Rollenambiguitäten basieren auf unzureichenden Informationen bezüglich der Erwartungen des Rollenumfeldes.[792] Mitarbeiter können bei Vorliegen von Konflikten oder Ambiguitäten ihre Arbeitsaufgaben nur suboptimal ausführen. Zudem wirken sich die beiden Elemente des Rollenstresses negativ auf die Arbeitszufriedenheit, Motivation usw. der Mitarbeiter aus.[793] Wie später noch genauer darzustellen ist, sind bei der LRI kaum Ambiguitäten oder Konflikte vorhanden. Das Fehlen von Konflikten und Ambiguität deutet auf eine klare Definition und Abgrenzung der Arbeitsaufgaben hin. Rollen der Rollenorganisation können in diesem Zusammenhang die Grundlage für eine klare Definition der Arbeitsinhalte und damit für eine Vermeidung von Rollenkonflikten und -ambiguitäten bilden. Diese Ergebnisse stützen die Thesen 1.2 und 1.3 hinsichtlich der Vermittlungsleistung von Rollen. Ausführlich sollen die Vermeidung von Rollenkonflikten und -ambiguität durch die Rollenorganisation und eine möglicherweise damit verbundenen Steigerung der Prozess- und Motivationseffizienz in Abschnitt 5.2.1.2.2 und 5.2.1.4 diskutiert werden.

[791] Dazu auch die Angaben bei der geschlossenen Frage I.4.2., die einen Mittelwert von 1,91 aufweist. Demnach hilft die Rollendefinition die Aufgaben anderer Mitarbeiter transparenter zu machen. Vgl. zur Frage den Gesprächsleitfaden in Anhang B. Gemessen wurde auf einer fünfer Skala.

[792] Vgl. ausführlich zu Rollenkonflikten und -ambiguitäten Abschnitt 4.2.4.2.

Im weiteren Verlauf der Arbeit werden die Dynamik und die Freiheitsgrade von Rollen im Kontext der Rollenorganisation untersucht, um nachfolgend den Einfluss von Rollen auf organisationale Praktiken darzustellen.

5.2.1.1.4 Rollendynamik im Kontext der Rollenorganisation

Wie unter Abschnitt 3.2.2.2 bereits erläutert, sollen sich Rollen gegenüber Stellen u.a. im Hinblick auf die Dynamik unterscheiden. Während eine Stelle statisch geprägt ist und dem Mitarbeiter genau eine Position im Unternehmen dauerhaft zuordnet, sollen Rollen im Gegensatz dazu eine temporäre, variable und multiple Zuschreibung repräsentieren.[794] Ziel einer dynamischen Zuschreibung von Aufgabeninhalten oder Verantwortlichkeiten ist die flexible Anpassung an eine sich immer schneller verändernde Umwelt. Ergeben sich Umweltveränderungen, die eine Anpassung von Prozessen erforderlich machen, können die mit dem Prozess verbundenen Rollen bzw. Rollenbeschreibungen entsprechend abgeändert werden. Rollen sollen hier eine schnelle Anpassung ermöglichen, ohne Interaktionsprozesse in Gang zu setzen, die ein erneutes Erlernen bzw. Einspielen des neuen Prozessablaufs beinhalten. Bei der Fragestellung nach der Dynamik von Rollen handelt es sich in erster Linie um einen Betrachtungsgegenstand der Anpassungseffizienz. Die Frage soll jedoch an dieser Stelle aufgegriffen werden, da von Interesse ist, wie - statisch oder dynamisch - die Rolleninhaber ihre Rolle wahrnehmen. Eine dynamische Wahrnehmung und Handhabung von Rollen bildet die Grundlage für eine hohe Flexibilität der Rollenorganisation. Nachfolgende Zitate veranschaulichen die Dynamik der Rolle:

Zitat 14, GP. 1 (9:58): Es ist mir klar, was meine Rolle beinhaltet. Was ich darf, ist natürlich auch klar, was ich machen soll, ist natürlich manchmal der Punkt, Ich glaub, da wächst auch eine Rolle. Die ist bestimmt von vornherein in einer Form definiert und es kann natürlich durch die Praxis sein, dass sich eine Rolle verändert, ohne dass ich jetzt dahinter her sein muss und den Prozess anstoßen muss. Aber zu sagen: o.k., es hat sich einfach herausgestellt, in der Situation x sollte ich das tun.

Zitat 15, GP. 11 (18:15) N.: Hat das Rollenkonzept Einfluss auf die Dimension Mitarbeiter-/Aufgabenorientiert? Fördern die Rollen das?
GP.: Ja schon. Durch das KKM-Konzept und die daraus abgeleiteten Aus- und Weiterbildungsmaßnahmen. Wir merken, dieses Konzept gibt es jetzt schon ein paar Jahre, aber es entwickelt sich jedes Jahr. Jetzt habe ich mit einer Mitarbeiterin gesprochen, die sagte entsetzt, da gibt es was Neues im KKM. Da habe ich gesagt, klar, das ist ja keine starre Einheit. So machen wir das jetzt. So etwas muss ja mit Leben gefüllt sein, weil sonst ist es sinnlos.
N.: Glauben Sie die Rolle ist eher was Dynamisches im Gegensatz zur Stelle?
GP.: Ja, so sehe ich es und so muss es auch sein.

Zitat 16, GP 5 (5:17).: Wir haben da gewisse Erfahrungen. Am Anfang haben wir die Rollen mit einer Momentaufnahme beschrieben, wo wir dachten, dass sie richtig ist. Und dann über die Mitarbeiterentwicklungsgespräche sind wir dann dahin gekommen, na ja, gut, hier ist vielleicht ein Defizit in der Beschreibung usw. Dass man sich dann einmal im Jahr die Rolle vornimmt und schaut, was können wir verändern, was können wir optimieren.

---

[793] Vgl. zu den Auswirkungen von Rollenkonflikten und -ambiguitäten Abschnitt 4.2.4.3.

[794] Vgl. zu den Unterschieden zwischen Rolle und Stelle insbesondere Abbildung 23.

N.: Die Rolle hat also auch einen dynamischen Aspekt?
GP.: Ja, auf jeden Fall. Sie bekommen eine Rolle nie so beschrieben, vor allem nicht in der Momentaufnahme, dass die Rolle dann Bestand hat. Noch nicht mal in der Hinsicht, dass sich was in der Rolle verändert, sondern in der Beschreibung an sich, die wird immer besser, so dass man keine statischen Sachen erzeugt.
N.: Ist das vielleicht ein Vorteil, dass sich die Rolle der Dynamik anpasst?
GP.: Ja, mit Sicherheit, das ist auch nötig.
N.: Also im Gegensatz zu einer Stelle?
GP.: Eine Rolle ist immer dynamischer, da können sie mehr reinpacken. Das ist schon wesentlich ordentlicher oder umfangreicher gemacht, als wenn man nur eine einfache Stellenbeschreibung nimmt.

Die Gesprächsausschnitte illustrieren den dynamischen Aspekt der Rolle. Ein wesentliches Merkmal für die Dynamik ist in diesem Zusammenhang das Mitarbeiterentwicklungsgespräch (vgl. Zitat 16). Mindestens einmal im Jahr wird die Rolle einer genauen Analyse unterzogen und optimiert. Daneben ist eine Rolle aber auch einer laufenden Optimierung ausgesetzt, die eine Anpassung jederzeit möglich macht. Die Dynamik einer Rolle bildet für die später zu untersuchende Anpassungseffizienz eine wesentliche Grundlage.[795] Zusammenfassend kann folgende These abgeleitet werden:

Rollen werden im Gegensatz zu Stellen von Mitarbeitern dynamisch bzw. temporär wahrgenommen.

These 1.4

5.2.1.1.5 Freiheitsgrade von Rollen

Es ist bereits ausgeführt worden, dass Rollen eine klare Abgrenzung des Aufgabenbereichs hervorrufen und damit möglicherweise Rollenkonflikte und -ambiguität vermeiden können.[796] In diesem Zusammenhang stellt sich die Frage, in welchem Rahmen Rollen Freiheitsgrade aufweisen. Sind Rollen ausschließlich als „hart" definiert anzusehen oder weisen sie auch einen gewissen Gestaltungs- und Interpretationsspielraum auf? Die nachfolgenden Zitate sollen die Freiheitsgrade von Rollen aufzeigen:

Zitat 17, GP. 3 (5:47): … Das hat viel mit Selbstverantwortung zu tun. Wie weit darf ich gehen und welche Kompetenzen habe ich. Gut, es gibt Kompetenzen im Hause, die sind geregelt, da muss man sich dran halten, aber andererseits hat man hier bei der LRI eine enorm hohe Selbstverantwortung. Wir haben sehr viel Freiheit. Jeder gestaltet sich seinen Arbeitsplatz. Jeder hat seine Rollenbeschreibung, aber jeder Mitarbeiter arbeitet sehr selbstständig und übernimmt viel Verantwortung. Man stimmt das ab und es gibt Feedback, das ist klar, man macht hier nichts alleine, aber man kann hier schon sehr selbstständig arbeiten.

Zitat 18, GP. 9 (8:21) N: Wie schätzen Sie die LRI im Hinblick auf die organisationale Praktik offen/geschlossen ein?[797] … Ist die eher offen oder geschlossen?
GP.: Also die LRI ist sehr offen.
N.: Glauben Sie, dass die Rollen da einen Einfluss haben.

---

[795] Vgl. dazu Abschnitt 5.2.1.3.

[796] Vgl. dazu Abschnitt 5.2.1.1.3.

[797] Vgl. zur Erläuterung von offenen und geschlossenen organisationalen Praktiken Abschnitt 5.2.1.1.6.

GP.: Auch ja. Dass genau definiert ist, was zu tun ist, das genau definiert ist welche Regeln befolgt werden müssen. Da spielt auch die Kultur wieder rein. Es gibt Regeln, an die hat man sich zu halten. Wir haben auch eine sehr saubere Organisationsbeschreibung, eine Prozessorganisation, Organisationsanweisungen, das ist sehr sauber, aber innerhalb dieser kann man sich sehr gut bewegen. Wir messen nicht mit dem Lineal, sondern gehen da sehr pragmatisch vor.

Die Aussagen zeigen, dass Rollen mit einer hohen Selbstverantwortung und Freiheit bezüglich der Arbeitsausgestaltung verbunden sein können, obwohl Rollen Arbeitsinhalte bzw. Aufgabenbereiche klar definieren und abgrenzen.[798] Eine Explizierung der impliziten Erwartungen und eine Vermittlung weiterer Informationen der Rollenbeschreibung lässt gleichzeitig damit die Möglichkeit offen, die konkrete Arbeitsdurchführung den Mitarbeitern in Selbstverantwortung zu überlassen. Eine klare Definition der Rollenbeschreibung steht damit nicht im Widerspruch zu bestimmten Freiheitsgraden der Rolle. Ganz im Gegenteil. Rollen scheinen gerade aufgrund ihrer klaren Definition die Grundlage für ein selbstverantwortliches Handeln zu bilden. Aufgaben und Verantwortlichkeiten sind abgesteckt und Mitarbeiter können in diesen Grenzen ihren Arbeitsinhalt selbstverantwortlich gestalten. Insbesondere Zitat Nr. 1 veranschaulicht noch mal den Aspekt der Selbstverantwortung.

Die Zitate unterstützen das Verständnis, Rollen als Modi der Vermittlung anzusehen. In diesem Verständnis stellt sich die Rollentheorie als ein Integrierendes Konzept dar, das sowohl Bestandteile der funktionalistischen als auch symbolisch-interaktionistischen Rollentheorie aufweist.[799] Die Rollen sind nicht nur nach der funktionalistischen Perspektive als hart anzusehen, sondern sie weisen im Verständnis der symbolisch-interaktionistischen Perspektive einen gewissen Gestaltungs- und Interpretationsspielraum auf. Zusammenfassend kann somit folgende These abgeleitet werden:

Rollen gewährleisten neben einer expliziten Definition der Arbeitsaufgabe auch gewisse Freiheitsgrade, die die Grundlage für ein selbstverantwortliches Handeln der Mitarbeiter bilden.

These 1.5

Hier ist anzumerken, dass Rollen nicht zwangsläufig mit Freiheitsgraden ausgestaltet sein müssen. Es handelt sich hier um die konkrete Rollenausgestaltung des Fallstudienpartners. Rollen können ebenso explizit und strikt definiert werden. Der Aspekt der optimalen Ausgestaltung von Rollen soll im Rahmen der Thesengenerierung hinsichtlich der Kontext-

[798] Vgl. hierzu ausführlich die Diskussion über die Vermittlung von Informationen in den Abschnitten 5.2.1.1.2 und 5.2.1.1.3 sowie die Ausführungen in Bezug auf die Rollenambiguität unter 5.2.1.2.2.

[799] Vgl. dazu Abschnitt 4.3 und 4.4, insbesondere Abbildung 32.

komponenten wieder aufgegriffen werden.[800] Im weiteren Verlauf sollen nun die Auswirkungen auf organisationale Praktiken analysiert werden.

5.2.1.1.6 Einfluss von Rollen auf organisationale Praktiken

In der Fallstudie wurde ebenfalls der Einfluss von Rollen auf organisationale Praktiken thematisiert. Es wurden die Praktiken offen/geschlossen, professionell/egozentrisch, aufgaben-/mitarbeiterorientiert, ergebnis-/prozessorientiert und intern-/kundenorientiert in Bezug auf das Unternehmen und die Auswirkungen von Rollen auf diese analysiert.[801] Die organisationalen Praktiken entstammten dabei einer bereits durchgeführten empirischen Studie.[802] Die Organisation wurde im Rahmen der geschlossenen Fragen (I.3.1 bis I.3.5) von den Probanden folgendermaßen angesehen: Die Organisation gilt eher als offen (Mittelwert 1,82), professionell (1,73), mitarbeiterorientiert (1,9)[803], prozessorientiert (1,82) und kundenorientiert (1,45).[804] Für den nachfolgenden Abschnitt sollen jedoch nur die Praktiken offen/geschlossen und professionell/egozentrisch betrachtet werden. Grundsätzlich konnten Zusammenhänge zwischen den einzelnen organisationalen Praktiken und der Rollenorganisation bei den Gesprächsteilnehmern nur in Ansätzen festgestellt werden. Lediglich bei den Gegensatzpaaren offen/geschlossen und professionell/egozentrisch konnten erste Thesen herausgearbeitet werden. Aus diesem Grund sollen nur diese beiden organisationalen Praktiken im weiteren Verlauf herangezogen werden, da nur sie einen Erkenntnisfortschritt hinsichtlich der Vermittlungsleistung von Rollen haben.

Offene Organisationspraktiken sind durch einen informativen Arbeitsstil sowie multiple und einfache Kommunikationswege gekennzeichnet. Im Gegensatz dazu sind geschlossene Praktiken durch einen formalen operativen Stil und hierarchische Informationswege charakterisiert. Professionelle Praktiken sind definiert durch ein hohes Maß an Arbeitsethik, Ernsthaftigkeit bei täglichen Aufgaben und ein hohes Maß an Vertrauen und Kooperation. Egozentrische Praktiken sind durch mangelnde Anerkennung, Gleichgültigkeit bei täglichen Aufgaben und auf persönlichen Präferenzen basierende Kooperationen gekennzeichnet. Nach einer Darstellung der Praktiken mussten die Gesprächsteilnehmer zunächst eine Einschätzung bezüglich der Organisationspraktiken ihres Unternehmens vornehmen. Danach folgte eine Beurtei-

---

[800] Vgl. dazu Abschnitt 5.2.2.

[801] Vgl. ausführlich zur Beschreibung der einzelnen organisationalen Praktiken im Rahmen der Fallstudie den Gesprächsleitfaden in Anhang B.

[802] Vgl. dazu Singh et al. 1996, S. 75 ff.

[803] Vgl. speziell zur organisationalen Praktik mitarbeiter-/aufgabenorientiert Abschnitt 5.2.1.5.1 insbesondere These 5.2.

[804] Vgl. zu den Fragen den Leitfaden im Anhang B. Gemessen wurde auf einer Fünferskala.

lung hinsichtlich des Einflusses von Rollen auf die von ihnen gewählte Ausprägung der Praktik.

Fast alle Interviewpartner der LRI bezeichneten ihre Organisation als „offen".[805] Nur in sehr seltenen Ausnahmefällen wurde die Unternehmung als eher geschlossen bezeichnet (vgl. Zitat Nr. 20). In diesen Fällen wurde eine geschlossene Bewertung durch das enorme Wachstum der Bank begründet (vgl. Zitat Nr. 19 und 20).

Zitat 19, GP 1. (15:15): Wir waren in einer Phase sehr offen, dann eher wieder geschlossener und jetzt wieder offener. Das begründet sich in dem starken Wachstum. Zunächst waren wir kleiner, mit 80 Mitarbeitern konnte man auf Zuruf arbeiten. Da weiß dann jeder, was der andere macht. Mit starkem Wachstum und wachsender Mitarbeiterzahl war dies nicht mehr möglich. Da ziehen sich dann auch hierarchische Ebenen ein. Und da zu sagen, wie läuft das denn jetzt. Wobei die Prozessanalyse auch hilft.[806] Die organisationale Praktik wurde zusehends geschlossener. Neue Abstimmung ist da erforderlich. Die Prozessanalyse soll dazu verhelfen, das auseinanderzuflechten.
N. (16:00): Glauben Sie, Rollen haben da das Potenzial, den Abstimmungsbedarf zu glätten, so dass man nicht immer über den Vorgesetzten gehen muss, sondern da gibt es eine Rolle und dadurch weiß ich, dass der das in dem Aufgabenbereich zu tun hat?
GP.: Ja, nach meiner Ansicht können die Rollen dort sehr viel helfen. Weil, Kommunikation ist unabhängig von einer Stelle, natürlich ist die eigentlich auch unabhängig von einer Rolle, aber in der Kommunikation geht man dann vor „in meiner Rolle als" gehe ich auf diesen Anderen zu, der in seiner „Rolle als" wiederum dran beteiligt ist. Das ist eine ganz andere Geschichte. Da brauche ich dann auch keine Führungskraft. Aus der Sicht der Führungskraft kann ich auch einen Prozess anstoßen, so dass die Mitarbeiter direkt kommunizieren und nicht über den Vorgesetzten gehen. Diesen Prozess kann ich als Führungskraft auch pflegen. Als Führungskraft kann man sagen, ich brauch da nicht jedes Mal eingeschaltet zu werden. Das hat letztlich was mit Vertrauen zu tun. Ja, für meine Rolle ist das schon wichtig.

Zitat 20, GP.7 (6:45): Wir waren mal sehr offen, tendieren jetzt aber zum Geschlossenen, aber nicht ganz geschlossen. Je größer man wird, desto mehr Regeln braucht man auch. Am Anfang konnte man noch alles über den kleinen Dienstweg machen. Und heute geht das aufgrund der Größe nicht mehr. Wenn alle das noch so machen würden, dann gäbe es ein großes Durcheinander. Früher hatte man einen Ansprechpartner. Heute hat man ein Team, das man anspricht und in dem Team ändern sich untereinander die Aufgabenbereiche. Von daher gibt es beispielsweise eine feste Regel, wie etwas weitergeleitet werden muss, damit es bei dem Richtigen ankommt und nicht durch fünf Hände geht. Damals hat jeder alles gemacht. Heute hat jeder drei Bereiche und wechselt sich mit den anderen Kollegen immer ab und man weiß nicht, welchen Ansprechpartner man direkt hat. Deshalb hat man einen klaren Weg, wie was zu machen ist, und dann kommt es auch dort an, wo es hin soll.

Das starke Wachstum und die dennoch mehrheitliche Bewertung als offene Organisation verdeutlichen, dass Rollen bei starken Wachstumsprozessen unter Umständen hilfreich sein können, ein offenes Klima in der Organisation zu bewahren bzw. zu ermöglichen. Neben den hier vorgestellten Aussagen ist auch das Zitat 18 zu berücksichtigen, das ebenso die offene Praktik der LRI und den positiven Einfluss der Rollen auf die Offenheit betont.[807] Rollen können

[805] Vgl. dazu auch den Mittelwert 1,82 bei der geschlossene Frage I.3.1.

[806] Auf den Aspekt der Prozessanalyse wird ausführlich in Abschnitt 5.2.1.2 eingegangen.

[807] Zudem sei hier auf das Zitat 28 verwiesen, das eine offene Praktik der Organisation und den positiven Einfluss von Rollen auf die Offenheit in dem Sinne betont, dass Mitarbeiter dazu aufgefordert sind, Missstände in Bezug auf ihre Arbeitsinhalte, Verantwortlichkeiten o.ä. mit dem Vorgesetzten anhand der Rollenbeschreibung zu diskutieren.

gegebenenfalls durch die Vermittlung von Erwartungen eine direkte Ansprache von Mitarbeitern ermöglichen und damit hierarchische Informationswege vermeiden. Dieser Gedanke zeigt erste Hinweise auf eine gesteigerte Prozesseffizienz durch Rollen auf. Dieser Aspekt soll später wieder aufgegriffen werden.

Wurde die Organisation von den Interviewpartnern fast ausschließlich als offen bewertet, konnte ein Zusammenhang zwischen offener Praktik und Rolle von den Gesprächsteilnehmern jedoch nur selten hergestellt werden (vgl. als Ausnahme Zitat 18 und 19). Als Begründung für die Offenheit der Organisation wurde von den Probanden oftmals die Unternehmenskultur oder die generelle Einstellung der Mitarbeiter angebracht. Es ist eindeutig, dass Rollen natürlich nicht im Sinne einer Monokausalität für eine offene organisationale Praktik verantwortlich gemacht werden können. Gleichwohl soll dieser Gedanke im weiteren Verlauf der Arbeit wieder aufgegriffen werden, da sich die Unternehmung durch das Wachstum zunehmend geschlossener gestaltete (vgl. Zitat 19), aber eine positive Unternehmenskultur schon vor der Einführung der Rollen vorhanden war und die abnehmende Offenheit der Organisation nicht verhindern konnte. Dennoch soll an dieser Stelle die Ableitung einer These über einen positiven Einfluss von Rollen auf die Offenheit einer Organisation unterbleiben, da nur wenige Interviewpartner diesen Zusammenhang sahen und die Unternehmenskultur in den Mittelpunkt rückten.

Das gleiche Bild ergibt sich bei der organisationalen Praktik professionell/egozentrisch. Die Mehrheit der Interviewpartner bewertet die Organisation der LRI als professionell bis sehr professionell.[808] Ein Zusammenhang zwischen dieser Ausprägung und Rollen konnte jedoch auch hier von den Probanden nur selten hergestellt werden (vgl. als Ausnahme Zitat 7). Grundsätzlich gilt auch hier, dass Rollen für eine professionelle Organisationspraktik nicht alleinverantwortlich sein können. Sie besitzen jedoch das Potenzial, eine professionelle Praktik zu unterstützen. An dieser Stelle soll jedoch auch hier die Ableitung einer These unterbleiben.

Im nachfolgenden Abschnitt werden nun die einzelnen Ergebnisse zusammengefasst und die Ursachen dafür aus rollentheoretischer Sicht betrachtet.

5.2.1.1.7 Rollen als Modi der Vermittlung

Ausgangspunkt des hier vorliegenden Abschnitts war die Frage nach der Vermittlungsleistung von Rollen im Organisationskontext: Können Rollen ein Medium darstellen, das nicht nur eine Vermittlung in Form eines Transports von Informationen übernimmt, sondern selbst Bestandteil der Vermittlung ist? Für die Analyse dieser Fragestellung wurden im Rahmen der

Fallstudie einzelne Unterkategorien gebildet, die Hinweise auf die Vermittlungsleistung an sich und die Art der Vermittlung liefern sollten. Untersucht wurden die allgemeine Wahrnehmung von Rollen, die Vermittlungsleistung in Bezug auf Erwartungen und weiterführende Informationen, wie z.B. die Arbeitsaufgaben, die Dynamik und die Freiheitsgrade von Rollen sowie der Einfluss von Rollen auf organisationale Praktiken. Abgesehen von dem Einfluss auf Organisationspraktiken konnten durchgängig Thesen gebildet werden, die ein Verständnis von Rollen als Modi der Vermittlung unterstützen. Die Ausführungen zeigen, dass Rollen nicht nur bestimmte Informationen wie Erwartungen oder Aufgaben vermitteln, sondern die Rolle selber, der Rollenname und die dahinter stehende Rollenbeschreibung, werden vermittelt. Man geht „in der Rolle als" auf andere in der Organisation „in seiner Rolle als" aufeinander zu.[809] Dabei hat sich gezeigt, dass die Rollenorganisation durch zwei Ebenen gekennzeichnet ist: zum einen die Rollenbeschreibung, die explizit Aufgaben, Verantwortlichkeiten usw. enthält, zum anderen die „gelebte" Rolle im Organisationskontext. Die Rolle im Kontext der Organisation kann sich dabei je nach den dynamischen Umfeldbedingungen verändern. Die Veränderung wird daraufhin in den Entwicklungsgesprächen reflektiert und bei generellen Änderungen entsprechend in der Rollenbeschreibung angepasst. Dadurch kommt es zu einem Kreislauf, der das Konzept zum „Leben" bringt. Die Rollenbeschreibung, die konkret alle Inhalte der Rolle enthält, wird in diesem Zusammenhang für eine Verhaltenssteuerung herangezogen. Es wird eine Führung der einzelnen Mitarbeiter durch die Entwicklungsgespräche und die Rollenbeschreibung vollzogen. Die Rollenbeschreibung stellt sich damit als Steuerungsinstrument dar, mit dessen Hilfe die Interessen des Unternehmens im Markt gewährleistet werden. In den Entwicklungsgesprächen werden dem jeweiligen Mitarbeiter die Inhalte der Rolle, wie z.B. Aufgaben, explizit vermittelt. Dies soll jedoch nicht bedeuten, dass die „gelebte" Rolle im Organisationskontext eine Vermittlung von Aufgabeninhalten nicht vollziehen kann. Grundsätzlich können auch Aufgaben vermittelt werden, ohne die Rolle in Anspruch nehmen zu müssen. Dabei können nicht jedem Rolleninhaber alle Rollenbeschreibungen der mit ihm im Kontext stehenden Rollen bekannt sein. Aber implizit sind ihnen die grundlegenden Aufgaben durch die jeweilige Rolle bekannt.[810]

Grundsätzlich kann damit festgehalten werden, dass Rollen zusätzlich zur eigentlichen Information in Form von Codes (wie z.B. Sprache) Interaktionsstrukturen senden, die Determinationsleistungen vorwegnehmen. Rollen dienen damit der effizienten und vereinfachten Interaktion zwischen Organisationsmitgliedern. Somit soll nachfolgend eine subsumierende Gesamtthese gebildet werden:

---

[808] Vgl. dazu auch den Mittelwert 1,73 bei der geschlossenen Frage I.3.2.

[809] Vgl. Zitat 5.

[810] Vgl. dazu Abschnitt 5.2.1.1.3.

Rollen der Rollenorganisation können als dynamische Modi der Vermittlung angesehen werden.

These 1.6

In diesem Zusammenhang stellt sich die Frage nach der Ursache für die Vermittlungsleistung und den Unterschied zu Stellen, die nicht als Modi der Vermittlung angesehen werden können. Einen wesentlichen Aspekt bildet die Tatsache, dass Rollen im Gegensatz zu Stellen „gelebt" werden. Aufgrund des Mitarbeiterentwicklungsgespräches ist die Rolle bei den Mitarbeitern fest verankert. Ergeben sich Veränderungen, werden diese im Rahmen des Gesprächs in der Rollenbeschreibung angepasst. Die Änderungen werden im täglichen Berufsalltag übernommen, wodurch das Konzept „lebt". Dabei werden Rollen aufgrund von Kompetenzen oder Erfahrungen übertragen, während sich Stellen an konventionellen Berufsbildern orientieren. Eine wesentlich detaillierter definierte Rolle basiert damit eben nicht auf formalen Anforderungsprofilen wie Stellen in einer dauerhaften Organisation. Eine Stelle fungiert als Ordnungskriterium und vermittelt keine zusätzlichen Inhalte, die über formale Zuständigkeiten hinausgehen. Rollen sind zusätzlich mit Erwartungen an andere Rollen und Erwartungen von anderen Mitarbeitern an die eigene Rolle verbunden. Durch die Integration der Erwartungen in die Rollenbeschreibung unterscheidet sich die Rollenorganisation von einer reinen Aufbauorganisation, die aus zu Stellen zusammengefassten Aufgabenbündeln entsteht. Die Rollen werden nach diesen Erwartungen wahrgenommen und danach bewusst gehandelt.[811]

Ein weiterer wichtiger Punkt in Bezug auf die Vermittlungsleistung ist die Dynamik von Rollen, sprich die temporäre Zuweisung von Arbeitsaufgaben.[812] Mitarbeiter übernehmen Rollen mit wechselnden Aufgaben, die sie sich zum Teil selbst zuweisen. In den Mitarbeiterentwicklungsgesprächen werden die Rollen zusammen von Vorgesetzten und Mitarbeitern analysiert und optimiert. Die Optimierung fördert gleichzeitig das Verständnis der Mitarbeiter für die Rolle. Damit haben Rollen einen positiven Einfluss auf die Selbstorganisation und -bestimmung der Mitarbeiter. Rollen stellen sich als klar definiert und abgegrenzt dar, besitzen jedoch gleichzeitig einen gewissen Gestaltungs- und Interpretationsspielraum.[813]

Ein weiterer Aspekt ist der, dass Rollen Interaktionsstrukturen sowohl personengebunden als auch -ungebunden senden können. Sie (...) entsubjektivieren das Handeln (...)."[814] Nicht eine

[811] Vgl. dazu Abschnitt 5.2.1.1.1 und Zitat 8-9.

[812] Vgl. dazu Abschnitt 5.2.1.1.4 und Zitat 14-15.

[813] Vgl. dazu Abschnitt 5.2.1.1.5 und Zitat 17-18.

[814] Schülein, 1989, S. 491.

bestimmte Person, sondern eine Rolle ist der jeweilige Ansprechpartner. Gegebenenfalls werden dadurch Emotionen in den Interaktionen vermieden bzw. reduziert.

Ein weiterer Unterschied ist in der Zentriertheit von Stellen auf die Arbeitsaufgaben des Stelleninhabers zu sehen. Stellen betrachten keine Wechselbeziehungen innerhalb der Organisation. Im Gegensatz dazu können Rollen Wirkungszusammenhänge aufzeigen, da sie prozessorientiert und nicht funktional definiert sind.[815] Dieser Betrachtungsgegenstand soll im nun nachfolgenden Abschnitt wieder aufgegriffen werden, da er eine enge Verbindung zur Steigerung der Prozesseffizienz aufweist.

5.2.1.2 Die Auswirkung der Rollenorganisation auf die Prozesseffizienz

Im Mittelpunkt der folgenden Abschnitten steht die Forschungsfrage, ob Rollen als Medium eine Integration von Prozessen in bestehende oder neu zu gestaltende Organisationsstrukturen ermöglichen und damit eine Steigerung der Prozesseffizienz hervorrufen können.[816] Wie in Abschnitt 2.3.2.3 dargestellt, können Effizienzpotenziale einer Prozessorganisation bzw. eines Prozessmanagements oftmals nicht genutzt werden, da eine Einbindung von Prozessen in eine bestehende Struktur nicht vorgenommen wird bzw. nicht hinreichend funktioniert und damit weiter bestehende Schnittstellen dem ganzheitlichen Gedanken des Prozessmanagements entgegenstehen. Die Rollenorganisation soll an dieser Stelle durch die Überwindung von Schnittstellen eine hohe Prozesseffizienz gewährleisten.

Eine Steigerung der Prozesseffizienz sollen Rollenorganisationen durch eine erhöhte Transparenz hinsichtlich des Prozessverlaufs und Interdependenzen sowie einer klaren Definition des Aufgabenbereichs gewährleisten. Damit verbunden ist die Vermeidung von Rollenkonflikten und -ambiguität in den Unternehmensprozessen. Nachfolgend sollen die einzelnen Punkte analysiert werden.

5.2.1.2.1 Überwindung von Schnittstellen im Prozessablauf

Die Rollenorganisation unterstellt, dass Schnittstellen zwischen verschiedenen Abteilungen im Prozessablauf, die zuvor einen effizienten Verlauf von Prozessen verhinderten, durch die Implementierung von Rollen überwunden werden können. Die Überwindung der Prozessschnittstellen begründet sich in der Vermittlungsleistung von Rollen und der damit verbundenen klaren Abgrenzung und transparenten Darstellung des eigenen und der im Prozessablauf vor- und nachgelagerten Arbeitsbereiche. Damit ist die zu untersuchende Fragestellung eng mit den Betrachtungsgegenständen der Abschnitte zur Erwartungsbildung und Vermitt-

[815] Vgl. dazu Abschnitt 3.2.2.2.

[816] Vgl. zur Prozesseffizienz Abschnitt 2.3.2.1.

lung von Aufgabeninhalten durch Rollen verbunden. Die weiteren Ausführungen sollen an diesen Ergebnissen anknüpfen.

Eine Untersuchung des Einflusses der Rollenorganisation auf die Prozesseffizienz gestaltete sich in der vorliegenden Fallstudie jedoch diffizil, da ein Prozessmanagement im Konzept der LRI nicht explizit berücksichtigt wird. Die Rollen des Modells werden zwar ebenfalls aus den grundlegenden Prozessen des Unternehmens generiert. Eine explizite Verbindung der Rollen und einzelner Prozesse erfolgt jedoch nicht.[817] Zudem gestaltet sich die Rollenbeschreibung im Konzept der LRI differenziert gegenüber der vorgestellten Rollenorganisation. In der unter Abschnitt 3.2.2.2 vorgestellten Rollenbeschreibung sollen neben Aufgaben, Verantwortlichkeiten oder Qualifikationen auch explizit die Interdependenzen zu anderen Rollen im Organisationskontext aufgeführt werden. Die Aufführung der Interdependenzen begründet sich in der Verbindung von Prozessen und Rollen im Rahmen der Rollenorganisation. Im Konzept der LRI fehlt die Auflistung der Interdependenzen und der Verbindung zwischen Rolle und Prozess vollständig. Dennoch konnte auch bei der LRI eine gewisse Vernetzung zwischen Prozessen und Rollen festgestellt werden. Im Zusammenhang mit den Ergebnissen der Abschnitte 5.2.1.1.2 und 5.2.1.1.3 sollen diese nachfolgend dargestellt werden. Gleichzeitig wurde mit den Gesprächsteilnehmern eine Verbindung des eingeführten Rollenkonzeptes mit dem Prozessmanagement der LRI diskutiert. Die Ergebnisse werden unter Abschnitt 5.2.1.2.3 erläutert.

In den Abschnitten 5.2.1.1.2 und 5.2.1.1.3 konnte bereits herausgearbeitet werden, dass Rollen sowohl Erwartungen als auch weitere Informationen, wie z.B. Aufgabeninhalte, Verantwortlichkeiten usw., zwischen Organisationsmitgliedern vermitteln können. Zudem konnte festgehalten werden, dass diese Vermittlung nicht nur auf einer Sendung von Informationen in Form von Codes basiert, sondern dass Rollen selber als Modi der Vermittlung angesehen werden und Interaktionsstrukturen senden können. Wie bereits ausgeführt, müssen Rollen für eine Steigerung der Prozesseffizienz diese Vermittlungsleistung als Grundfunktion gewährleisten. Die nachfolgenden Zitate sollen die Zusammenhänge zwischen Rollen, der Vermittlungsleistung und einer möglichen Überwindung von Schnittstellen im Prozessablauf aufzeigen:

> Zitat 21, GP. 1 (20:50) N: Die nächste Frage geht noch mal auf die Frage von vorhin ein. Es handelt sich um den Zusammenhang zwischen Rollenkonzept und Prozessverlauf der Dienstleistung. Dabei geht es um folgendes Statement: Rollen helfen, die Erwartungen zwischen anderen Mitarbeitern aufzuzeigen und somit die Schnittstellen abzubauen.
> GP.: Aus meiner Sicht könnte eine Rolle tatsächlich dazu geschaffen sein, die Schnittstellen weniger werden zu lassen. Es ist noch nicht sehr ausgeprägt, aber es soll in der LRI mehr werden.

[817] Vgl. dazu ebenfalls Abschnitt 5.1.4.

Zitat 22, GP. 3 (19:00) N: Die nächste Frage geht noch mal auf die Frage von vorhin ein. Es handelt sich um den Zusammenhang zwischen Rollenkonzept und Prozessverlauf der Dienstleistung. Dabei geht es um folgendes Statement: Rollen helfen, die Erwartungen zwischen anderen Mitarbeitern aufzuzeigen und somit die Schnittstellen abzubauen.
GP.: Die helfen, ja. Es ist nicht das Allheilmittel, aber die helfen.
N.: Wird die Prozessanalyse von den Mitarbeitern angenommen bzw. genutzt?[818]
GP.: Ja, immer öfter. Wobei ich das mit den Rollen zusammen komplementär sehe. Für mich ist die Rolle, was jeder Einzelne zu tun hat, und der Prozess auf das Dienstleistungsunternehmen bezogen. In Dienstleistungsprozessen sind immer viele Bereiche involviert und jeder weiß dann, was er im Rahmen seiner Rolle zu tun hat. Für mich ist das damit komplementär. Ich glaube nicht, dass man in diesem Fall eine Rollenbeschreibung ohne eine Prozessbeschreibung hat.

Zitat 23, GP. 6, (15:57) N: ... dabei geht es um folgendes Statement: Rollen helfen, die Erwartungen zwischen anderen Mitarbeitern aufzuzeigen und somit die Schnittstellen abzubauen.
GP.: Ja, doch, das hilft schon, weil man sich genau abgrenzen kann und sagen kann, das ist mein Gebiet, das ist dein Gebiet
N.: Also Aufgaben anderer Mitarbeiter werden da transparenter?
GP.: Ja, genau.
N.: Kann man da auch vielleicht den Prozess besser verfolgen?
GP. Kann man, ja.

Neben den hier ausgeführten Zitaten sind in diesem Zusammenhang die Zitate 9-12 und 28, insbesondere Zitat 12 und 28, zu beachten. Die Zitate veranschaulichen, dass mit der Vermittlungsleistung Auswirkungen auf die Überwindung von Schnittstellen verbunden sind (vgl. insbesondere Zitat 10, 12, 23 und 28). Die Aussagen werden durch die Ergebnisse der geschlossenen Fragen I.4.1 und I.4.2 unterstützt, die einen Mittelwert von 2,18 und 1,91 aufweisen. Die Probanden gaben damit an, dass Erwartungen bzw. Aufgaben durch Rollen aufgezeigt und damit Schnittstellen abgebaut bzw. ein Prozess besser verfolgt werden kann. Durch die Vermittlungsleistung von Rollen können somit Schnittstellen überwunden und auf diese Weise die Prozesseffizienz erhöht werden. Hervorzuheben ist an dieser Stelle Zitat 22, das Rollen und Prozesse komplementär zueinander beschreibt, obwohl diese Verbindung im Rollenmodell nicht explizit definiert ist. Rollen helfen demnach, Prozesse in ganzheitlicher Weise zu betrachten, ohne dass diese Funktion im Modell vorgesehen wurde.

Unterstützt wird die These, dass Rollen der Rollenorganisation eine Steigerung der Prozesseffizienz hervorrufen, durch die in Abschnitt 5.2.1.1.6 diskutierte Auswirkung von Rollen auf eine offene organisationale Praktik der Unternehmung. Die LRI wurde fast durchgängig von den Interviewpartnern als offene Organisation bezeichnet. Offene organisationale Praktiken sind mit einer einfachen und multiplen Kommunikation und der Vermeidung von hierarchischen Informationswegen verbunden. Eine Thesenableitung unterblieb jedoch an der Stelle, da die Gesprächspartner einen Zusammenhang zwischen Rollen und offener Praktik nicht herstellen konnten. Gleichwohl soll dieser Punkt hier angeführt werden, da zum einen die Probanden den Zusammenhang möglicherweise aufgrund eines mangelhaften Einschätzungs-

818 Vgl. zur Prozessanalyse bzw. zum -management der LRI Abschnitt 5.2.1.2.3. Im Mittelpunkt des Zitats soll hier die Komplementarität zwischen Rolle und Prozess stehen.

vermögens nicht aufzeigen konnten.[819] Zum anderen konnte die LRI trotz eines enormen Wachstums die offene Praktik bewahren. Gesprächsteilnehmer führten an, dass das Wachstum die Organisation zunächst zu geschlossenen Praktiken tendieren ließ, sich die Organisation heute jedoch wieder offener darstellt (vgl. Zitat 19 und 20). Einen wesentlichen Faktor könnten in diesem Zusammenhang Rollen spielen, da sie direkte Kommunikationswege durch die Übertragung von Interaktionsstrukturen fördern. Der Informationsweg über Vorgesetzte bzw. Abteilungsschnittstellen entfällt durch eine direkte Ansprache von Rollen. Diese direkte Ansprache wird durch die Vermittlungsleistung von Rollen möglich. Das nachfolgende Zitat soll die direkten Kommunikationswege noch einmal verdeutlichen:

Zitat 24, GP. 1 (16:00) N: Glauben Sie, Rollen haben da das Potenzial den Abstimmungsbedarf zu glätten. Ich muss dann nicht immer über den Vorgesetzten gehen, sondern da gibt es die Rolle und dadurch weiß ich, dass der Mitarbeiter das in dem Aufgabenbereich hat?
GP: Zum ersten Teil der Aussage vgl. Zitat 5. … Da brauche ich dann auch keine Führungskraft. Aus der Sicht der Führungskraft kann ich auch einen Prozess anstoßen, so dass Mitarbeiter direkt kommunizieren und nicht über den Vorgesetzten gehen. Diesen Prozess kann ich als Führungskraft auch pflegen. Als Führungskraft kann man sagen, ich brauch da nicht jedes Mal eingeschaltet werden. Das hat letztlich was mit Vertrauen zu tun. Ja, für meine Rolle ist das schon wichtig.

Eng verbunden mit der Vermittlungsleistung und den Auswirkungen auf die Prozesseffizienz ist die Transparenz von Rollen. Die Rollenorganisation unterstellt, dass Aufgaben, Verantwortlichkeiten, Erwartungen und Kompetenzen durch eine Rolle eindeutig definiert werden und damit für die Mitarbeiter transparent und leicht ableitbar sind. Interdependenzen und Beziehungen zu anderen Rollen sind leicht verständlich dargestellt, wodurch Kommunikation und Kooperationen zwischen den Rollen verstärkt werden sollen. Diese Transparenz soll schließlich die Integration des Prozessgedankens ermöglichen. Die Transparenz unterstützt damit die eigentliche Vermittlungsleistung von Rollen.

Die Transparenz von Rollen konnte bereits in einigen Zitaten herausgestellt werden (vgl. dazu insbesondere Zitat 7, 11-13, 23). Im engen Zusammenhang mit der Rollentransparenz steht die Vermeidung von Rollenkonflikten und -ambiguität durch Rollen der Rollenorganisation. Dieser Betrachtungsgegenstand soll jedoch in einem gesonderten Abschnitt erfolgen, da die Vermeidung von Rollenkonflikten und -ambiguität nicht nur einen Einfluss auf die Prozess-, sondern ebenfalls auf die Motivationseffizienz hat. Obwohl die weiteren Ausführungen die Aussage einer Steigerung der Prozesseffizienz durch Rollen weiter stützen würde, soll schon an dieser Stelle eine Thesenableitung erfolgen. Bis zu diesem Punkt konnten zahlreiche Hinweise gesammelt werden, die eine Überwindung von Schnittstellen im Prozessablauf durch Rollen untermauern. In Bezug auf die Überwindung von Schnittstellen und die damit verbundene Steigerung der Prozesseffizienz soll damit folgenden These gebildet werden:

[819] Zwei Gesprächsteilnehmer konnten diesen Zusammenhang jedoch erkennen. Vgl. dazu Zitat 18 und 19.

> Rollen der Rollenorganisation ermöglichen eine Überwindung von Schnittstellen im Prozessablauf und bieten damit ein Potenzial zur Steigerung der Prozesseffizienz.

These 2.1

5.2.1.2.2 Vermeidung von Rollenkonflikten und -ambiguität durch die Rollenorganisation

Das Konzept der Rollenorganisation unterstellt, dass durch eine explizite Rollendefinition das Auftreten von Rollenkonflikten und Rollenambiguität reduziert bzw. vermieden wird. Rollenkonflikte besagen in diesem Zusammenhang, dass die Erwartungen, die an eine Zielperson gerichtet sind, nicht eindeutig sind, von mehreren Rollensendern unterschiedliche Erwartungen übertragen werden oder gesendete Erwartungen mit den Ansichten der fokalen Person nicht in Einklang stehen. Davon abzugrenzen ist die Rollenambiguität, die auf unzureichenden Informationen bezüglich der Erwartungen anderer Personen im Umfeld basiert.[820] Die Auswirkungen von Rollenkonflikten und Rollenambiguität in der Unternehmensorganisation sind vielfältig. In Abschnitt 4.2.4.3 konnten die wichtigsten Auswirkungen mittels einer Desktop-Analyse herausgearbeitet werden. Es konnten negative Korrelationen von Rollenkonflikten und Rollenambiguität bei der Arbeitszufriedenheit, der Leistung des Mitarbeiters bzw. Unternehmenserfolg, der Zustimmung (Commitment) zum Unternehmen sowie bei der Motivation, Innovationsbereitschaft und beim Arbeitsinteresse der Mitarbeiter festgestellt werden. Positiv korrelieren die Neigung zum Arbeitsplatzwechsel sowie Arbeitsdruck, Angst und „Burnout-Syndrom" mit Rollenkonflikt und -ambiguität. Die Korrelationen konnten in umfangreichen und zahlreichen empirischen Studien nachgewiesen werden.[821] Abgesehen vom Unternehmenserfolg fokussieren die dargestellten Auswirkungen in erster Linie die Motivationseffizienz. Da Rollenkonflikte und ambiguität jedoch eine enge thematische Beziehung zur Transparenz und Abgrenzung von Arbeitsinhalten aufweisen, soll die Vermeidung des Rollenstresses für die Begründung einer Effizienzsteigerung im Prozessablauf herangezogen werden. Nachfolgend soll zunächst die Vermeidung von Rollenkonflikten und -ambiguität durch Rollen allgemein dargestellt werden, um im Anschluss den Zusammenhang zur Prozesseffizienz herzustellen. Die Auswirkungen auf die Motivationseffizienz werden in Abschnitt 5.2.1.4 behandelt.

Für die Untersuchung von Rollenkonflikten und -ambiguität wurde in den Fallstudiengesprächen auf konkrete empirische Fragenkomplexe zurückgegriffen, der sich eine offene Frage bzw. Diskussion über den Einfluss von Rollen auf die Bestandteile des Rollenstresses

---

[820] Vgl. ausführlich zu Rollenkonflikten und Rollenambiguität Abschnitt 4.2.4.2.

anschließt.[822] Ausgangspunkt für die Analyse von Rollenkonflikten und -ambiguität war die von Kelly/Gable/Hise entwickelte Skala,[823] die wiederum auf den Skalen von Rizzo/House/Lirtzman (Rollenkonflikt) und Lyons (Rollenambiguität) basiert.[824] Die Skalen haben sich bis heute in zahlreichen empirischen Studien bewährt und wurden deshalb auch in der vorliegenden Arbeit ins Deutsche übersetzt und in den Gesprächsleitfaden aufgenommen.[825]

Insgesamt zeigten die Bewertungen der Interviewpartner, dass bei der LRI kaum bis gar keine Rollenkonflikte vorliegen.[826] So kommt es im Organisationskontext der LRI selten vor, dass Mitarbeiter Regeln oder Unternehmensleitlinien missachten müssen oder von unterschiedlichen Personen bzw. Vorgesetzten inkompatible Aufgaben erhalten. Die Ergebnisse der Skala bestätigten sich durch die Angaben der Probanden in der nachfolgenden offenen Frage bzw. Diskussion:

> Zitat 25, GP. 2 (6:30) N: Glauben Sie, dass Rollen helfen, Rollenkonflikte zu vermeiden? Also, hat das Rollenkonzept einen Einfluss auf die Entstehung bzw. Vermeidung von Rollenkonflikten?
> GP.: Ja, sehr stark. Probleme innerhalb der Unternehmung haben oft mit Organisation zu tun oder mit nicht definierten Rollen. Das kommt vor, das kommt häufig vor. Aber man muss dafür das Bewusstsein haben, dass man Rolle zu definieren hat und wenn es nicht klappt, dass es an der Rolle liegt und nicht immer gleich ein zwischenmenschlicher Konflikt ist. Der Konflikt hängt vielleicht daran, dass die Rolle nicht richtig definiert ist.

> Zitat 26, GP. 4 (5:59) N: Glauben Sie, dass Rollen helfen, Rollenkonflikte zu vermeiden? Also, hat das Rollenkonzept einen Einfluss auf die Entstehung bzw. Vermeidung von Rollenkonflikten?
> GP.: Ja, auf jeden Fall.
> N.: Haben sie da auch ein Beispiel für?
> GP.: Konkretes Beispiel fällt mir jetzt nicht ein, aber generell, das Modell, das wir hier haben, fördert ja auf der einen Seite die Fachspezialisten genau bei diesen Dingen, wo man sagt, Fachspezilisten haben eine Selbstaufgabe und das Recht zu entscheiden: Wie verrichte ich die Aufgabe um selbst zu sehen, ob das im Zweifel überflüssig ist. Sie haben eine Selbstverantwortung und sie können selbst entscheiden, ich mach das nicht, auch wenn der Vorgesetzte sagt, wie das zu machen ist. Wenn ein Mitarbeiter in der Rolle als Führungskraft sagt, ich hätte die Aufgabe gerne bis dann und dann, kann man als Fachspezialist sagen, das bringt uns nicht weiter. Das ist das bei uns, was aktiv gelebt wird.
> N.: Liegt das allgemein an der Kultur des Unternehmens oder an der Rolle?
> GP.: Nein, ich denke das liegt auch an der Rolle. An der Kultur auch schon. Wir haben eine sehr offene Kultur. Auch eine Kultur, wo man sehr viel Verantwortung übernehmen kann, auch wenn man in der Rolle des Fachspezialisten ist. Mitarbeiter, der neu im Unternehmen ist, hat die gleichen Rechte und die gleichen Möglichkeiten, aber es ist ausgeprägter in den Rollen definiert. Die Rolle des Fachspezialisten, die Rolle der

---

[821] Vgl. ausführlich dazu Abschnitt 4.2.4.3.

[822] Vgl. dazu den Gesprächsleitfaden in Anhang B.

[823] Vgl. Kelly et al. 1981, S. 30 ff.

[824] Vgl. Rizzo et al. 1970, S. 155 f.; Lyons 1971, S. 103 f.

[825] Vgl. zu einer Zusammenstellung über die in Studien zum Rollenstress angewendeten Skalen Nygaard/Dahlstrom 2002, S. 63 ff.

[826] Vgl. dazu auch die Mittelwerte der geschlossenen Fragen zu Rollenkonflikten. Für die Fragen I.1.1 bis I.1.6 ergaben sich folgende Mittelwerte: 5; 4,36; 3,73; 3,81; 4,27; 4. Vgl. zu den Fragen den Leitfaden im Anhang B. Es wurde auf einer Fünferskala gemessen.

Führungskraft, Je mehr Verantwortung und je mehr Fachwissen der Mitarbeiter, desto mehr greift auch dieses KKM.

Zitat 27, GP. 5 (5:17) N: Glauben Sie, dass Rollen helfen, Rollenkonflikte zu vermeiden? Also, hat das Rollenkonzept einen Einfluss auf die Entstehung bzw. Vermeidung von Rollenkonflikten?
GP.: Wenn die Rolle ordentlich beschrieben ist, dann ist sie durchaus in der Lage zu sagen, das passt jetzt nicht in mein Rollenbild und das ist damit nicht mein Aufgabenbereich, auf jeden Fall..
N.: Was bedeutet, wenn Rollen ordentlich beschrieben sind, gibt es da auch Beispiele, bei denen das nicht der Fall ist?
GP.: Wir haben da gewisse Erfahrungen... Weiterer Verlauf des Zitat vgl. Zitat 16.

Zitat 28, GP. 6 (5:02) N: Glauben Sie, dass Rollen helfen, Rollenkonflikte zu vermeiden? Also, hat das Rollenkonzept einen Einfluss auf die Entstehung bzw. Vermeidung von Rollenkonflikten?
GP.: Das ist ja unser Ziel, das zu erreichen. Auch die Ehrlichkeit der Mitarbeiter, wenn Mitarbeiter z.B. missbraucht werden, sag ich jetzt mal, die Rollenbeschreibung hervorgeholt wird und dass man dann zum Vorgesetzten gehen kann und sagt, pass mal auf, das hier ist meine Rollenbeschreibung und das, was du von mir erwartest oder was du mir delegierst, ist nicht gemäß meiner Rollenbeschreibung. Das ist unser Ziel, das wir haben möchten. Deshalb arbeiten wir ja jedes Jahr die Rollen neu aus. Dass wir dann bei den einzelnen Rollenbeschreibungen schauen, was ist neu dazu gekommen, was ist weggefallen. Dass die Mitarbeiter auch den Mut haben auf ihren Vorgesetzten, Personalleitung oder Geschäftsleistung zuzugehen, um zu sagen, ich muss hier etwas machen, was nicht meiner Rollenbeschreibung entspricht. Das ist unser Ziel, aber ich gebe ihnen Recht, das gibt es bestimmt noch in unserem Hause.
N. (6:05): Dass Rollen ein Potenzial haben, Rollenkonflikte zu vermeiden?
GP.: Das glaube ich schon. Ich habe schon öfter Mitarbeiter erlebt, die mich auf ihre Rollenbeschreibung angesprochen haben und gesagt haben, das passt jetzt nicht zu meiner Rollenbeschreibung. Das war aber nie in dem Zusammenhang, dass ein Vorgesetzter oder eine Führungskraft Sachen verlangt haben, die nicht in der Rollenbeschreibung stehen, sondern das waren dann immer übergreifende Geschichten. Eine Tätigkeit aus der Abwicklung wurde in den Frontbereich oder umgekehrt von dem Frontbereich in die Abwicklung verlagert. Und dann hieß es, das passt nicht zu meiner Rollenbeschreibung.

Die Zitate veranschaulichen in eindeutiger Art und Wiese, dass Rollen der Rollenorganisation das Potenzial besitzen, Rollenkonflikte zu vermindern. Die Rollenbeschreibungen einzelner Rollen können herangezogen werden, um anderen Mitarbeitern bzw. Vorgesetzten aufzuzeigen, wie der entsprechende Arbeitsbereich definiert ist (vgl. Zitat 26 und 28). Inkompatible Anfragen bzw. Überschreitungen des Arbeitsbereichs können so verhindert werden. Die Arbeitsbereiche der einzelnen Mitarbeiter werden damit durch Rollen der Rollenorganisation klar definiert.

Ein identisches Bild zeigt sich im Fall der Rollenambiguität. Fast alle Gesprächsteilnehmer fühlten sich über die von ihnen zu erfüllenden Aufgaben absolut im Klaren (vgl. dazu exemplarisch Zitat 29).[827] Keiner der Probanden forderte in diesem Zusammenhang eine Ausweitung der Arbeitsbeschreibungen o.ä.[828] Die Antworten der sich anschließenden offenen Frage unterstützen die These, dass Rollen der Rollenorganisation Ambiguitäten vermeiden bzw. reduzieren. Neben dem hier angeführten Zitat 30 sind in diesem Zusammenhang die Zitate 7, 11-13 und 23 von Relevanz.

[827] Vgl. dazu ebenfalls die Ergebnisse der geschlossenen Fragen zur Rollenambiguität. Für die Fragen I.2.1 bis I.2.4 ergaben sich folgende Mittelwerte: 1,18; 1; 1,45; 1,09. Vgl. zu den einzelnen Fragen Den Leitfaden in Anhang B. Es wurde auf einer Fünferskala gemessen.

Zitat 29, GP. 1 (11:36) N: Fühlen Sie sich über die von Ihnen zu erfüllenden Aufgaben in dem Maße im Klaren, wie Sie gerne möchten? Oder würden Sie das noch gerne präzisieren?
GP.: Also, die Aufgaben, die ich im Moment zu erfüllen habe, sind absolut glasklar.
N.(21:38): Die nächste Frage geht noch mal in die gleiche Richtung: Die Rollendefinition macht die Aufgaben anderer Mitarbeiter transparenter und somit kann man den Prozess besser verfolgen.
GP. Das auf jeden Fall.

Zitat 30, GP. 8 (11:15) N: Inwieweit beeinflusst das eingeführte Rollenkonzept die von Ihnen zuvor getätigten Aussagen? Unterstützen die Rollen die Transparenz Ihres Aufgabenbereichs? Z.B. was man darf und was man soll.
GP.: Also die Rollen zurren das schon noch mal fest, weil mit der Rolle ja auch Organisationsanweisungen verbunden sind. Würde ich jetzt in die Kreditabteilung wechseln, würde ich ja meine Rolle hier abgeben und in eine neue wechseln. Und mit der Übernahme der Rolle übernehme ich auch automatisch neue Verpflichtungen. Und insofern ist es schon hilfreich. Mit der Rolle, die Organisationsanweisungen und die Struktur, die dahinter steht, Berichtsweg usw., das ist ja immer mit an die Rolle gekoppelt.

Die Ausführungen verdeutlichen, dass Rollen der Rollenorganisation einen positiven Einfluss auf die Vermeidung von Rollenkonflikten und -ambiguität haben. Damit kann folgende These abgeleitet werden:

> Rollen der Rollenorganisation haben einen positiven Einfluss auf die Vermeidung bzw. Reduzierung von Rollenkonflikten und Rollenambiguität.

These 2.2

Die gebildete These soll im weitern Verlauf für die Begründung einer Steigerung der Prozesseffizienz herangezogen werden. Die angeführten Zitate verdeutlichen bereits die Auswirkungen einer Vermeidung von Rollenkonflikten und -ambiguität auf die Prozesseffizienz. Eine Steigerung der Prozesseffizienz begründet sich im effizienten Verlauf eines Prozesses. An den Schnittstellen zu anderen Mitarbeitern oder Vorgesetzten im Prozessablauf kommt es aufgrund der klaren Definition der Aufgabenbereiche nicht zu Konflikten. Der Prozess kann störungsfrei ablaufen. Die Rollenbeschreibung verdeutlicht jedem Mitarbeiter seine einzelnen Aufgaben und die seiner vor- und nachgelagerten Schnittstellen im Prozess. Die Aufgaben können damit eindeutig zugeordnet werden. Inter- und Intra-Sender-Konflikte,[829] die einen effizienten Prozessablauf ebenfalls stören, können vermieden werden, da jeder Vorgesetzte bzw. Weisungsbefugte den Aufgabenbereich des entsprechenden Mitarbeiters transparent in Form der Rollenbeschreibung visualisiert bekommt. Störungen im Prozess aufgrund von differenzierten Anweisungen unterschiedlicher Vorgesetzter entfallen somit bzw. werden vermindert. Falls es zu Konflikten kommen sollte, können die Rollenbeschreibungen herangezogen werden, um Vorgesetzten oder anderen Mitarbeitern aufzuzeigen, worauf sich ein Rollenkonflikt begründet bzw. um den eigenen Aufgabenbereich zu verdeutlichen (vgl. dazu

[828] Vgl. Frage Nr. 2 unter dem Abschnitt Rollenambiguität des Gesprächsleitfadens.

[829] Vgl. zu den verschiednen Formen von Rollenkonflikten Abschnitt 4.2.4.2.

Zitat 26 und 28). Die Rollen bieten damit im Rahmen der Selbstverantwortung[830] ein großes Potenzial, vorherrschende bzw. durch Neugestaltung von Prozessen auftretende Konflikte schnell und ohne große emotionale Involvierung zu lösen. Damit soll in Bezug auf die Prozesseffizienz eine weitere These aufgestellt werden:

> Die Vermeidung von Rollenkonflikten und Rollenambiguität durch Rollen der Rollenorganisation ermöglicht eine Steigerung der Prozesseffizienz.

These 2.3

Die in diesem Abschnitt vorgestellten Ergebnisse sind in Verbindung mit den Ausführungen in Abschnitt 5.2.1.2.1 zu sehen. Die These 2.3 unterstützt und begründet die These 2.1. An dieser Stelle ist noch einmal darauf hinzuweisen, dass die Vermeidung von Rollenkonflikten und -amiguität nicht nur monokausal auf die Rollenorganisation zurückzuführen ist. Es existieren natürlich weitere Ausprägungen der Organisation, wie z.B. die Unternehmenskultur, die eine Vermeidung von Rollenstress positiv unterstützen. Jedoch kann in den Rollen ein wesentlicher Faktor für die Reduzierung von Rollenstress gesehen werden. Auf den Aspekt der Monokausalität soll im weiteren Verlauf noch einmal gesondert eingegangen werden. Im Mittelpunkt des nachfolgenden Abschnitts steht nun die Verbindung von Rollen und Prozessen.

5.2.1.2.3 Verbindung von Rollen und Prozessen im Rahmen der Rollenorganisation

Bis jetzt fokussierten die Ausführungen zur Steigerung der Prozesseffizienz das Rollenkonzept der LRI. Wie bereits erläutert, wird das Prozessmanagement der LRI in diesem Modell jedoch nicht explizit berücksichtigt. Eine Verbindung von Rollen und Prozessen, wie sie die Rollenorganisation vorsieht, ist im Konzept der LRI nicht definiert. Gleichwohl konnte in den vorherigen Abschnitten festgehalten werden, dass auch im Konzept der LRI im gewissen Maße eine implizite Verbindung von Rollen und Prozessen vorgenommen wird (vgl. insbesondere Zitat 22). Für einen Erkenntnisfortschritt in Bezug auf die Verbindung von Rollen und Prozessen in der Rollenorganisation wurde im Verlauf des Gesprächs von den Probanden eine Einschätzung abgefragt.[831] Diese Einschätzung kann nur schwer eine Fallstudie mit einer tatsächlich vorhandenen Verbindung von Rollen und Prozessen ersetzen. Durch diese Befragung konnten jedoch erste Hinweise auf die mögliche Struktur einer Rollenorganisation gewonnen werden.

---

[830] Vgl. zu Aspekten der Selbstverantwortung im Rahmen der Rollenorganisation Abschnitt 5.2.1.1.5.

[831] Die Einschätzung wurde von den Probanden immer an unterschiedlicher Stelle, je nach thematischem Zusammenhang, abgefordert. Aus diesem Grunde ist sie auch nicht im Gesprächsleitfaden vorhanden.

Für die Untersuchung der dargestellten Fragestellung soll zunächst die allgemeine Situation in Bezug auf das Prozessmanagement bei der LRI erläutert werden. Wie bereits erwähnt, ist auch bei der LRI ein Prozessmanagement vorhanden. Zum Zeitpunkt der Fallstudie war eine Prozessanalyse und -optimierung in den meisten Abteilungen vollzogen worden. Für jeden Prozess wurden Prozessverantwortliche bestimmt und die aufgenommenen Prozesse jedem Mitarbeiter in visualisierter Form zur Verfügung gestellt. Neben den visualisierten Prozessen existieren weiterhin Organisationsanweisungen, die Vorgehensweisen sehr detailliert, z.B. unter rechtlichen Aspekten, beschreiben. Die Organisationsanweisungen sind oftmals börsen- oder handelsrechtlich vorgeschrieben. Über die vorgeschriebenen Inhalte hinaus enthalten sie noch zusätzlich detailliert definierte Arbeitsanweisungen.

Im Rahmen der Fallstudie konnte insgesamt festgestellt werden, dass die Prozessanalyse von den meisten Mitarbeitern kaum bis gar nicht genutzt wird. In erster Linie wird das Prozessmanagement der LRI für eine Optimierung einzelner Prozesse herangezogen. Eine Verankerung des Prozessmanagements in dem Sinne, dass Mitarbeiter den Prozessverlauf nachvollziehen können und sich damit eine ganzheitliche Betrachtung des Prozessablaufs einstellt, ist im Fall der LRI nicht gegeben. Die vorliegende Situation illustriert die im 2. Kapitel vorgestellte grundlegende Problematik des Prozessmanagements.[832] Prozesse werden analysiert und optimiert, eine Integration des Prozessgedankens in die Organisation erfolgt jedoch nicht. Die Prozesse werden aufgrund der Arbeitsteilung und der damit verbundenen Ressourcenvorteile letztlich durch mehrere Abteilungen erbracht. Jede Abteilung übernimmt unterschiedliche Aktivitäten innerhalb eines Prozesses, den ganzheitlichen Prozessablauf kann der jeweilige Mitarbeiter jedoch nicht überblicken. Es stellt sich die Situation einer funktionalen Organisation ein, die den ganzheitlichen Gedanken einer Prozessorganisation vermissen lässt.[833]

In den vorherigen Abschnitten konnte bereits herausgestellt werden, dass im Fall der LRI keine mangelnde Prozesseffizienz vorherrscht. Aufgrund der Rollendefinition und der damit verbundenen Vermittlungsleistung sind die Interdependenzen zu vor- und nachgelagerten Prozessschnittstellen bekannt. In diesem Zusammenhang war zu hinterfragen, wie sich eine zusätzliche Verbindung von Rollen und Prozessen nach Ansicht der Gesprächspartner auswirken würde.

> Zitat 31, GP. 1 (13:07) N: Können Sie sich vorstellen, die Rollen mit dem Prozess zu verbinden (es erfolgte eine Erklärung der Rollenorganisation)?
> GP.: Wäre, glaube ich, eine gute Geschichte, wenn es so funktionieren würde, weil dann damit auch eine gewisse Qualität verbunden wäre. Jetzt haben wir Stellen, die damit verbunden sind, die natürlich wichtig sind,

---

832 Hier ist ausdrücklich zu betonen, dass es sich allgemein um das im 2. Kapitel vorgestellte Problem handelt. Die LRI kann in diesem Zusammenhang jedoch auf die Rollen zurückgreifen und damit eine hohe Prozesseffizienz gewährleisten. Vgl. dazu den nachfolgenden Absatz.

833 Vgl. ausführlich zu dieser Problematik Abschnitt 2.2.1.2.2 sowie die Einleitung der Arbeit.

weil wir sind am Anfang dieses Prozesses, alles noch mal aufzurollen und noch mal alles zu beleuchten.[834] Und dann zu sagen: O.K., da haben wir die Stelle X in dem Prozess und das Backoffice ist dabei und das Mitteloffice ist davon betroffen und zum Schluss noch vielleicht die Buchhaltung. Dann zu sagen O.K. – Es ist richtig, wir brauchen alle diese Stationen und der eine hat im Prozess die Rolle so und so und der andere hat die Rolle so und so und wirklich dann zu sagen, wir machen das an den Rollen fest. Da wollen wir hin, wir sind auf diesem Weg, aber wir sind noch nicht so weit. Es wäre schön.
N.: Aber theoretisch wäre das für Sie vorstellbar?
GP.: Ja.

Zitat 32, GP. 3 (20:14) N: Können Sie sich vorstellen, dass die Rollen direkt mit der Prozessanalyse verknüpft werden? Das bedeutet, man hat eine Prozessanalyse und verbindet mit dem Prozess direkt die Rollen (es erfolgte eine Erklärung zur Rollenorganisation)?
GP.: Wir haben das ja schon in diese Richtung definiert. Wir haben das nur nicht definiert, da übernimmt dann die Rolle, sondern da übernimmt dann diese Abteilung. Gut, in dem Bereich haben wir dann verschiedene Rollen, da müsste man dann sagen: z.B. der Analyst übernimmt dann den Prozess. Das ist schon dann verknüpft.
N: Dann gibt es ja noch bei Ihnen die Arbeitsanweisungen, die hauptsächlich durch die Handels- oder Börsenaufsicht getrieben werden. Es sind also drei Bausteine: Rollen, Prozesse und Arbeitsanweisungen. Wenn man diese drei Bausteine miteinander verquickt, damit man dann ein umfassendes System hat?
GP.: Ich denke, wir haben das alles. Für mich erfüllt das eine einen anderen Zweck als das andere. Die Arbeitsanweisungen sind natürlich für neue Mitarbeiter oder die Revision wichtig. Wenn die was prüfen müssen, schauen die, wie wird das in der Praxis gemacht. Für mich sind die Organisationsanweisungen eher rechtlich, wobei der Prozess mehr praktisch ist. Wie läuft der Prozess, wie können wir Synergien heben, damit das ordentlich abläuft. Die Rolle ist für mich sehr stark, was muss jemand mitbringen, um diese Rolle zu erfüllen, was macht er damit und wie muss er dies machen, sprich die Arbeitsanweisungen. Die drei Sachen müssen verknüpft sein. Jeder Baustein erfüllt für mich unterschiedliche Zwecke.

Zitat 33, GP. 5 (15:20) N: können Sie sich vorstellen, dass dem Prozess, wenn der beschrieben ist, einzelne Rollen zugeteilt werden, wodurch man dann sieht, welche Rolle in welchen Prozess welche Aufgabe übernimmt.
GP.: Das ist im Prinzip so. Eine Art Prozessorganisation haben wir in der Prozessanalyse beschrieben und dann sieht man ja sehr schön, Moment, das ist ja die Rolle von dem Fachbereich oder einem andern. Mit der Übergabe, wo man dann sieht, jetzt wird es übergeben und dann kommt das vielleicht auch irgendwann zurück.
N.: Ist das auch in die Prozesssicht integriert worden?
GP.: Es ist nicht in die Rollen integriert worden, sondern mit der Organisationseinheit bzw. dem Leistungszentrum beschrieben. Und dahinter steht dann die entsprechende Rolle. Aber das Prozessgebilde ist sehr stark fachlich orientiert, insofern gibt es da keine Schwierigkeiten, weil sie ja wissen wer für was zuständig ist, aber ob das jetzt viel mit der Rolle an sich zu tun hat, wie wir sie beschrieben haben, nein.

Zunächst zeigen die Zitate noch einmal auf, dass die Mitarbeiter Rollen mit Prozessen verbinden, obwohl eine explizite Beziehung in dem Konzept nicht definiert worden ist (vgl. Zitat 33). Die Beziehung wird im Prozessablauf zur jeweiligen Abteilung hergestellt, die in der Prozessvisualisierung dargestellt ist. Gleichzeitig stellen die Mitarbeiter aber auch implizit eine Verbindung zu einer Rolle in der entsprechenden Abteilung her (vgl. Zitat 33). Durch die Vermittlungsleistung der Rollen ist dem Mitarbeiter schon bekannt, welchen Rolleninhaber er in der Abteilung ansprechen muss. Wären in einer entsprechenden Organisationsstruktur ohne Rollenkonzept im Prozessmanagement nur die jeweiligen Abteilung bzw. Leistungszentren des Prozessablaufs definiert, könnten Mitarbeiter in dieser Situation keine Verbindung zu bestimmten Personen der Abteilung herstellen. Es existiert dann eine erhebliche Schnittstelle

[834] Damit ist die Prozessanalyse gemeint.

im Prozessverlauf. Aufgrund der mit der Rolle vermittelten Informationen entfällt diese Schnittstelle, da Rolleninhaber direkt angesprochen werden können. Rollen einer Rollenorganisation gestalten sich in diesem Zusammenhang präziser. Sie beziehen sich auf einen konkreten Prozess und nicht auf eine Stelle bzw. auf ein Berufsbild innerhalb einer Abteilung. Eine Verbindung von Rolle und Prozess bietet sich damit an. In einer klassischen Prozessorganisation nimmt ein Mitarbeiter im Zweifel nur die nachfolgende Abteilung im Prozessablauf wahr. Vielleicht ist dem Mitarbeiter auch die Stelle in der Abteilung bekannt. In der Rollenorganisation verbindet sich mit den Rollen darüber hinaus auch eine gewisse Qualität (vgl. Zitat 31). Mitarbeiter des Prozesses können aus dien Rollen ableiten, was sie von ihren vor- und nachgelagerten Rollen erwarten können. Die Rollen beziehen sich in diesem Zusammenhang dann auch explizit auf einen Prozess. Damit bietet die Rollenorganisation durch die Verbindung von Rolle und Prozess ein großes Potenzial, die Prozesseffizienz zu steigern.

Aus den Zitaten 32 und 33 wird deutlich, dass Mitarbeiter der LRI Rollen und Prozesse zueinander komplementär sehen. Sie erfüllen in den Augen der Mitarbeiter aber auch unterschiedliche Zwecke. So wird mit dem Prozessmanagement nur die Herbeiführung eines optimalen Prozessablaufs verbunden. Ein Bezug zur eigenen Stelle oder Rolle wird jedoch nur unvollständig gezogen. Dies veranschaulicht noch mal das allgemeine Problem des Prozessmanagements. Es wird ein Prozessmanagement bzw. eine -organisation geschaffen, die Mitarbeiter setzen sich jedoch nicht mit dem Prozess auseinander, da sie den Bezug dazu nicht sehen. Prozesse werden nicht mit einzelnen Stellen bzw. mit dem eigenen Arbeitsplatz verbunden, sondern nur mit einer Optimierung. An dieser Stelle kann die Einführung einer Rollenorganisation und die damit einhergehende Verbindung von Rollen und Prozessen den ganzheitlichen Gedanken in das Unternehmen integrieren. Durch das Mitarbeiterentwicklungsgespräch ist zudem ein laufendes Prozessmanagement installiert, das Optimierungen im Prozessablauf durchgängig vornehmen kann.

Die Ausführungen zeigen, dass sich eine Verbindung von Prozessen und Rollen im Rahmen der Rollenorganisation anbietet. Die Ableitung einer These soll hier jedoch nicht erfolgen, da in der analysierten Fallstudie keine Verbindung zwischen Rollen und Prozessen vorlag und es sich bei den Diskussionen um Einschätzungen handelt. Im weiteren Verlauf der Arbeit soll jedoch eine Verbindung von Rollen und Prozessen für eine Steigerung der Prozesseffizienz unterstellt werden.

Insgesamt zeigt der Abschnitt, dass Rollen für eine Steigerung der Prozesseffizienz herangezogen werden können. Die Steigerung der Prozesseffizienz begründet sich dabei zum einen auf die Vermittlungsleistung und die damit verbundenen Transparenz einzelner Aufgabenbereiche, zum anderen auf die Vermeidung von Rollenkonflikten und -ambguität. Die Steigerung der Prozesseffizienz durch eine explizite Verbindung von Rollen und Prozessen konnte nicht eindeutig nachgewiesen werden, bietet sich bei der Installation einer Rollenorganisation jedoch geradezu an. Sie bildet die Grundlage für eine Integration des ganzheitlichen Prozessgedankens in eine Organisationsstruktur. Die Rolle bildet das Medium für eine Verbindung von Mitarbeiter und Prozess. Zudem ist anzumerken, dass durch den Fortbestand einer funktionalen Aufbauorganisation bzw. einer Arbeitsteilung durch die Rollenorganisation gleichzeitig eine hohe Ressourceneffizienz ermöglicht wird. Der Zielkonflikt zwischen der Ressourcen- und Prozesseffizienz kann in einem bestimmten Rahmen aufgebrochen werden.[835] Die Rollenorganisation ermöglicht bei einer funktionalen Arbeitsteilung innerhalb des Prozesses ebenfalls ein hohes Maß an Prozesseffizienz.

5.2.1.3 Auswirkungen auf die Anpassungseffizienz

Einen weiteren thematischen Schwerpunkt der Fallstudienforschung bildet die Frage nach der Erhöhung der Anpassungseffizienz durch die Rollenorganisation. Anpassungseffizienz beschreibt in diesem Zusammenhang die Möglichkeiten eines Unternehmens, durch eine „innere Flexibilität" oder die Veränderung der Organisationsstruktur flexibel auf dynamische Umweltveränderungen reagieren zu können.[836] Die Rollenorganisation unterstellt, dass zum einen durch die Dynamik bzw. die Flexibilität der Rollen an sich, zum anderen durch einen flexiblen Wechsel von Mitarbeitern zwischen unterschiedlichen Rollen innerhalb einer Organisationsstruktur eine erhöhte Anpassungseffizienz ermöglicht wird.

In Abschnitt 5.2.1.1.4 konnte bereits mit These 1.4 herausgearbeitet werden, dass Rollen im Gegensatz zu Stellen dynamisch bzw. temporär wahrgenommen werden (vgl. dazu die Zitate 14-16). Diese Dynamik beschränkt sich jedoch nicht nur auf eine Wahrnehmung, sondern Rollen bzw. Rollenbeschreibungen werden ebenfalls flexibel nach den Umweltanforderungen verändert. Ergeben sich Umweltveränderungen, können die entsprechenden Rollenbeschreibungen abgeändert werden. Kommt es beispielsweise zu einer Neugestaltung eines Prozesses, kann die Rollenorganisation mit der Transparenz zu allen anderen Schnittstellen im Prozess eine schnelle Anpassung ermöglichen, ohne Interaktionsprozesse in Gang zu setzen, die ein erneutes Erlernen bzw. Einspielen des neuen Prozessablaufs beinhalten.

Einen wesentlichen Faktor spielt in diesem Zusammenhang das Mitarbeiterentwicklungsgespräch. Mindestens einmal im Jahr wird die Rolle genau analysiert und gegebenenfalls optimiert. Damit kommt es zu einer institutionalisierten und laufenden Anpassung an die sich verändernde Umwelt. Die Dynamik bzw. Flexibilität von Rollen an sich, die nachfolgend als innere Flexibilität bezeichnet werden soll, bildet einen wesentlichen Faktor für eine Steigerung der Anpassungseffizienz. Deshalb soll zunächst folgende These abgeleitet werden:

---

[835] Vgl. zum Zielkonflikt zwischen Ressourcen- und Prozesseffizienz Mertens 1997; Reiß 1997 und Abschnitt 2.3.2.1.

[836] Vgl. zur Anpassungseffizienz Abschnitt 2.3.2.1.

Die innere Flexibilität von Rollen ermöglicht eine Steigerung der Anpassungseffizienz.

These 3.1

Eine Erhöhung der Anpassungseffizienz im Rahmen der Rollenorganisation soll weiterhin durch den flexiblen Wechsel von Mitarbeitern zwischen unterschiedlichen Rollen ermöglicht werden. Im Gegensatz zum vorherigen Absatz handelt es sich hier demnach um die äußere Flexibilität einer Rolle. Die äußere Flexibilität von Rollen setzt sich zum einen aus der Vermittlungsleistung von Rollen in Wechselprozessen, zum anderen aus der Personenungebundenheit von Rollen zusammen. Die nachfolgende Abbildung illustriert die Ursachen für eine Erhöhung der Anpassungseffizienz.

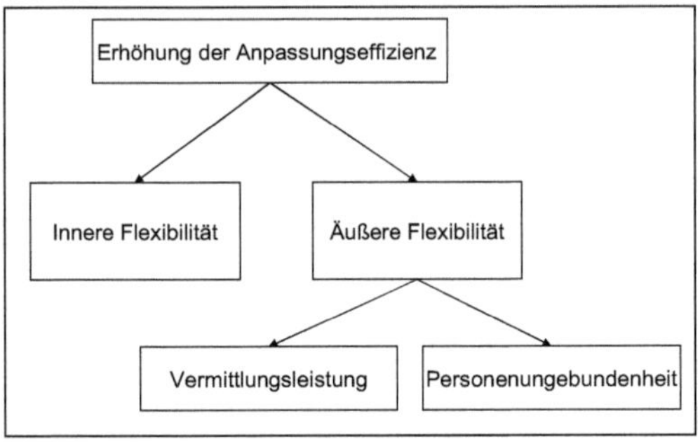

Abbildung 41: Elemente einer Steigerung der Anpassungseffizienz

Im Rahmen der Vermittlungsleistung sollen Rollen bei einem Wechsel innerhalb der Organisation dem Mitarbeiter eine schnelle Anpassung an die neuen Gegebenheiten ermöglichen. Erwartungen, Aufgaben und Schnittstellen im Prozessablauf sollen dem Mitarbeiter transparent vermittelt werden, um in Wechselprozessen umständliche Interaktionsprozesse zu vermeiden. Es stellt sich die Frage, ob die bereits in Abschnitt 5.2.1.1 festgestellte Vermittlungsleistung auch für Wechselprozesse zutrifft und damit Rollen dafür sorgen, „dass Interaktionen nicht völlig bei Null (…) beginnen, sondern dass von vornherein mit „unwahrscheinlichen", stabilen Festlegungen gerechnet werden kann."[837] Die nachfolgenden Zitate illustrieren die Beziehung zwischen Anpassung und Rolle:

Zitat 34, GP. 8 (12:15) N: Glauben Sie denn, wenn Sie die Abteilung wechseln, dass dieser Prozess durch die Rollen vereinfacht wird?

[837] Schülein, 1989, S. 491.

GP.: Ja, mit Sicherheit, weil die Rolle ist ja vordefiniert ohne Namen. Da wird ja nur noch mein Name eingetragen und diese Rolle übernimmt man dann. An der Rolle hängen dann schon Eckdaten mit dran, die vordefiniert sind und insofern macht es das mit Sicherheit einfacher.

Zitat 35, GP. 1 (27:58) N: ...(Zunächst erfolgte einer Erläuterung zur Anpassungseffizienz) Es stellt sich die Frage, in welchem Rahmen Rollen den flexiblen Wechsel zwischen unterschiedlichen Stellen in der Organisation erlauben? Helfen Rollen den Wechsel hier vollziehen zu lassen?
GP.: Ja, schon. Es ist ja genau definiert, wie die Anforderungen der Rolle sind. Ich denke, wenn ich solch einen Entwicklungsschritt vor mir hätte, dann würde ich mich zuerst an der Rolle orientieren. Ich gehe auch davon aus, dass die Person, die eine solche Entwicklung veranlasst, sich an der Rolle orientieren wird. Denn man muss ja sehen, welchen Bewerber such ich mir aus.

Zitat 36, GP. 6 (20:42) N: ...(Zunächst erfolgte einer Erläuterung zur Anpassungseffizienz) Es stellt sich die Frage, in welchem Rahmen Rollen den flexiblen Wechsel zwischen unterschiedlichen Stellen in der Organisation erlauben? Helfen Rollen den Wechsel hier vollziehen zu lassen?
GP.: Ja, auf jeden Fall. Es gibt ja eine klare Aussage, was auf der anderen Seite erwartet wird. Als Beispiel: Eine Rolle Händler ist inzwischen eine sehr spezialisierte Rolle innerhalb der Bank bzw. sehr einseitig ausgebildete Mitarbeiter. Da gibt es dann oft eine Fehlinterpretation, du kannst ja immer noch die Rolle Berater übernehmen. Die Mitarbeiter sagen dann, das mache ich und bringe das sehr schnell fertig, ohne zu wissen, was im Prinzip auf sie zukommt. Mit den Rollenbeschreibungen kann man den entsprechenden Leuten schon mal zeigen, was auf sie zukommt. Damit sie sich auch ein Bild machen können, ob sie der Sache gewachsen sind. Also es gibt schon mehr Transparenz für interne Umbesetzungen, so dass die Leute genau wissen was auf sie zukommt.

Zitat 37, GP. 10 (44:54) N: ...(Zunächst erfolgte einer Erläuterung zur Anpassungseffizienz) Es stellt sich die Frage, in welchem Rahmen Rollen den flexiblen Wechsel zwischen unterschiedlichen Stellen in der Organisation erlauben? Helfen Rollen den Wechsel hier vollziehen zu lassen?
GP.: Wenn man das macht, wird es mit Sicherheit einfacher. Wenn man in ein Umfeld hineinkommt, das ja schon vordefiniert ist. Es vereinfacht den Wechsel sicherlich. Die Rolle macht es für den, den es betrifft, im Vorfeld einfacher. Ob das jetzt bei der Personalsteuerung hilft, das weiß ich nicht. Aber für einen selber, ich könnte auf jeden Fall schon einmal nachschauen, was muss z.B. der Kreditanalyst alles machen, wenn ich in die Rolle wechseln will. Ist das vielleicht etwas, was von den Leistungskriterien usw. zu mir passt, oder ist es vielleicht so, dass wenn ich die Rollenbeschreibung sehe, dann ist es schon nichts mehr für mich. Es hilft mit Sicherheit bei der persönlichen Entscheidung.

Die Ausführungen zeigen, dass die Vermittlungsleistung von Rollen auch bei Wechselprozessen gegeben ist. Die Rolle verdeutlicht Erwartungen, die an den neuen Rolleninhaber gestellt werden. Es werden mit der Rolle bereits erste Determinationen übermittelt, die es dem Rolleninhaber erleichtern, sich in dem neuen Umfeld zurechtzufinden. Bestimmte Anteile in der Wechselsituation werden durch die Rollen in ihrer Eigendynamik gebremst und auf spezifische Weise festgelegt. Mehrfache Rollenepisoden sollen damit verhindert werden.[838] Die Vermittlungsleistung im Rahmen der äußeren Flexibilität von Rollen ist damit gegeben.

Ein weiteres Element der äußeren Flexibilität bildet die Personenungebundenheit von Rollen.[839] Rollen sollen als abhebbar vom konkreten Rolleninhaber angesehen werden.[840] Diese Eigenschaft soll speziell in Wechselprozessen hilfreich sein. In der neuen Rolle können die Mitarbeiter Erwartungen ableiten, ohne dabei in direkten personengebundenen Interakti-

[838] Vgl. zum Begriff der Rollenepisode Abschnitt 4.2.4.1.

[839] Vgl. dazu auch Abschnitt 5.1.3.

onen persönliche Aspekte berücksichtigen zu müssen, wie es z.B. in dem Rollenepisodenmodell nach Katz/Kahn vorgesehen ist.

Eine Personenungebundenheit von Rollen wurde bereits im Zusammenhang mit der differenzierten Wahrnehmung von Rollen analysiert und herausgestellt. Eine explizite Berücksichtigung der Personenungebundenheit wurde im Rahmen der Diskussion über die Anpassungseffizienz nicht vorgenommen. Grundlegend kann jedoch aufgrund der in Abschnitt 5.2.1.1.1 dargestellten Ergebnisse von einer Personenungebundenheit ausgegangen werden. Rollen können die vordeterminierten Interaktionsstrukturen sowohl personengebunden als auch -ungebunden transportieren.[841] Damit ist auch das zweite Element der äußeren Flexibilität von Rollen, die Abhebbarkeit von konkreten Rolleninhabern, in der Rollenorganisation gegeben. Auf Basis der beiden Ergebnisse kann damit folgende These abgeleitet werden:

Die äußere Flexibilität von Rollen ermöglicht eine
Steigerung der Anpassungseffizienz.

These 3.2

Die Erhöhung der Anpassungseffizienz wirkt sich ebenfalls positiv auf die Personalsteuerung aus. Die hohe Anpassungseffizienz ermöglicht in Verbindung mit der Einrichtung einer Datenbank, die alle Qualifikationen der Mitarbeiter enthält, eine flexible Einsatzplanung von Mitarbeitern.[842] Ergeben sich Umweltveränderungen, die eine Anpassung des jeweiligen Prozesses erforderlich machen, können entsprechende Mitarbeiter qualifiziert, ausgetauscht oder neu integriert werden. Muss eine Rolle neu besetzt werden, kann die Personal- bzw. Organisationsabteilung über einen Abgleich des Rollenprofils mit den Qualifikationen eines potenziellen Rolleninhabers eine Neubesetzung ohne größeren Aufwand vornehmen. Über die Qualifikationstransparenz der Mitarbeiter und die Anforderungen einzelner Rollen können bei Veränderungen der Umwelt ebenfalls Weiterbildungsmaßnahmen effizient definiert werden. Zudem können Personalengpässe frühzeitig aufgedeckt und Weiterbildungsaktivitäten initiiert werden. Das folgende Zitat soll die Möglichkeiten im Personalbereich verdeutlichen.

Zitat 38, GP. 3 (29:58) N: ...(Zunächst erfolgte einer Erläuterung zur Anpassungseffizienz) Es stellt sich die Frage, in welchem Rahmen Rollen den flexiblen Wechsel zwischen unterschiedlichen Stellen in der Organisation erlauben? Helfen Rollen den Wechsel hier vollziehen zu lassen?
GP.: Die Rolle hilft. Sicherlich braucht man ein persönliches Gespräch, aber die Rollen helfen da sehr viel. Im Gespräch kann man sagen, deine Rolle wird es nicht mehr geben, guck mal auf welche Rolle würden deine Fähigkeiten passen. Das ist auch für den Personalbereich wichtig: „Du suchst da doch eine, guck dir den mal an. Hier geht einer weg und sein Rollenprofil passt da drauf."

[840] Vgl. Mayntz 1980, Sp. 2045; Meyer-Fehr 1986, S. 33.

[841] Vgl. Schülein 1989, S. 491.

[842] Vgl. zur Einrichtung einer Datenbank im Rahmen der Rollensynthese Abschnitt 3.2.3.

N. 31:10): Glauben Sie, das ist auch möglich, dass man schaut hier ist eine Rolle mit bestimmten Anforderungen und in einer Abteilung ist jemand, der diese Rolle aufgrund seiner Qualifikationen erfüllen kann. Kann man den dann rüberziehen?
GP.: Das ist möglich und für mich ein Ziel, um Personal wirklich effizient einzusetzen. Und auch, um Mitarbeitern eine Perspektive zu geben. „Ich sehe in meiner Rolle keine Zukunft mehr, aber ich habe jetzt diese Ausbildung gemacht, um mich als Manager zu entwickeln." Dann muss man als Führungskraft sagen, du hast jetzt die Kompetenz und die nächste frei werdende Stelle bieten wir dir an.

Gleichzeitig können durch die Einrichtung der Qualifikationsdatenbank Job-Rotating, -Enrichment und –Enlargement-Maßnahmen schnell und zielgenau durchgeführt werden. Da die drei Malnahmen in der LRI jedoch nicht angewendet werden, konnten die Mitarbeiter auch in diesem Zusammenhang keine Einschätzung abgeben. Die Aspekte einer effizienten Personalsteuerung sollen in Abschnitt 5.2.1.5.4 erneut aufgegriffen werden. Nachfolgend wird die Beziehung zwischen der Vermeidung von Rollenstress und der Steigerung der Motivationseffizienz untersucht.

5.2.1.4 Steigerung der Motivationseffizienz durch die Vermeidung von Rollenstress

In den beiden nachfolgenden Abschnitten soll die Steigerung der Motivationseffizienz durch eine Integration von Rollen in die Organisationsstruktur betrachtet werden. Eine mögliche Steigerung kann durch zwei Effekte von Rollen begründet sein: Zum einen kann eine Effizienzsteigerung der Motivation indirekt durch die Vermeidung von Rollenkonflikten und -ambiguität hervorgerufen werden. Zum anderen begründet sich eine Erhöhung der Motivationseffizienz möglicherweise in dem mit Rollen verbundenen Personalentwicklungssystem bzw. der Rollensynthese.[843] Im Mittelpunkt dieses Abschnittes steht eine Erhöhung durch die Vermeidung von Rollenstress, während im nachfolgenden Abschnitt 5.2.1.5 eine Effizienzsteigerung aufgrund des Personalentwicklungssystems diskutiert wird.

Wie bereits bei der Prozesseffizienz stellt sich auch im Hinblick auf die Motivationseffizienz die Frage, ob die Implementierung einer Rollenorganisation eine Vermeidung oder Verminderung von Rollenstress ermöglicht und dadurch die Motivationseffizienz gesteigert werden kann. Somit bildeten neben Rollenkonflikten und Rollenambiguität Elemente der Motivationseffizienz einen wesentlichen Untersuchungsgegenstand dieser Forschungsfrage.

In Abschnitt 5.2.1.2.2 konnte bereits ausführlich dargestellt werden, dass Rollen der Rollenorganisation einen positiven Einfluss auf die Vermeidung bzw. Reduzierung von Rollenkonflikten und Rollenambiguität haben. Die Untersuchung zeigt, dass bei der LRI kaum bis gar keine Rollenkonflikte bzw. -ambiguität vorliegen. Die Vermeidung von Rollenstress ist für die vorliegende Fragestellung nun mit der Motivationseffizienz in Verbindung zu setzen.

---

[843] Vgl. zur Rollensynthese Abschnitt 3.2.3.

Gegenstand der Motivationseffizienz ist die Ausrichtung der Verhaltensspielräume einzelner Mitarbeiter an den übergeordneten Unternehmenszielen.[844] Der Betrachtungsgegenstand der Motivationseffizienz ist allerdings nicht unumstritten. Es lassen sich jedoch grundlegende Formen der Organisationsstruktur ableiten, die für die Motivationseffizienz eine wesentliche Bedeutung haben.[845] Als organisatorische Maßnahmen zur Steigerung der Motivationseffizienz können die Stärkung der Eigenverantwortung (Empowerment), die Förderung abgeschlossener Aufgabenkomplexe und die Konfrontation der Mitarbeiter mit dem Marktdruck angeführt werden. Im folgenden Abschnitt 5.2.1.5 soll in diesem Zusammenhang die Rollenorganisation mit den aufgezählten organisatorischen Maßnahmen verglichen werden.

Im Rahmen der Fallstudie wurde die Motivationseffizienz mittels der Arbeitszufriedenheit der Mitarbeiter, dem Commitment gegenüber der Unternehmung und dem Burnout-Syndrom operationalisiert. In Bezug auf die Forschungsmethodik kann natürlich nicht von einer konkreten Operationalisierung gesprochen werden. Es wurde jedoch wie im Fall des Rollenstresses auf empirische Fragekomplexe zurückgegriffen, denen sich eine offene Frage bzw. Diskussion über den Einfluss von Rollen auf den jeweiligen Untersuchungsgegenstand anschließt.[846] Alle drei angewendeten Skalen haben sich bereits in einer Vielzahl von Rollenstudien bewährt und wurden für die Fallstudie ins Deutsche übersetzt. Ausgangspunkt für die Analyse der Arbeitszufriedenheit ist eine von Ivancevich und Donnelly entwickelte Skala.[847] Grundlage für die Commitment Skala ist eine Drei-Item Version, die auf einer Studie von Porter et al. basiert und von Singh et al. im Rahmen einer Rollenstudie abgeändert wurde.[848] Das Burnout-Syndrom wurde schließlich durch eine von Singh für Rollenstudien entwickelte Skala abgefragt.[849]

Die empirische Auswertung der einzelnen Fragekonstrukte hat ergeben, dass die LRI durch eine sehr hohe Arbeitszufriedenheit, eine sehr hohes Commitment und sehr geringe Burnout Tendenzen gekennzeichnet ist.[850] An dieser Stelle ist festzuhalten, dass es sich aufgrund der

---

[844] Vgl. dazu ebenfalls Abschnitt 2.3.2.1.

[845] Vgl. dazu Frese 2000, S. 273; Kugeler/Vieting 2003, S. 235. Zur Motivation in Human-Realtions- bzw. Human-Ressource-Ansätzen Schreyögg 2003, S. 215 ff.

[846] Vgl. dazu den Gesprächsleitfaden in Anhang B.

[847] Vgl. Ivanchevich/Donnelly 1974. Vgl. dazu ebenfalls Kelly et al. 1981, S. 33.

[848] Vgl. dazu Porter et al. 1974; Singh et al 1996, S. 75 und 85.

[849] Vgl. Singh 2000, S. 20.

[850] Die Mittelwerte der geschlossenen Fragen stellten sich folgendermaßen dar: Mittelwerte der Fragen II.1.1 bis II.2.7 zur Arbeitszufriedenheit 1,1; 1,18; 1,18; 1,36; 1; 1,18; 2,18. Mittelwerte der Fragen II.2.1 bis II.2.3 zum Commitment 1,18; 1,3; 1,43. Mittelwerte der Fragen II.3.1 bis II.3.6 zum Burnout-Syndrom 4,3; 4,8; 1,44; 5; 5; 4.Vgl. zu den einzelnen Fragen den Leitfaden in Anhang B. Es wurde auf einer Fünferskala gemessen.

Forschungsmethode bzw. der niedrigen Fallzahl natürlich nicht um ein repräsentatives Ergebnis handelt. Jedoch kann aufgrund der Eindeutigkeit in den einzelnen Gesprächen bezüglich Zufriedenheit, Commitment und Burnout-Syndrom von einer Basis für die zu untersuchende Forschungsfrage ausgegangen werden. Es ist damit hervorzuheben, dass sich die Mitarbeiter der LRI durch eine sehr hohe Motivation auszeichnen und damit die Organisation der LRI eine hohe Motivationseffizienz aufweist.

Die Grundlagen der Rollentheorie unterstützen die aus den Gesprächen gewonnenen Erkenntnisse. In Abschnitt 4.2.4.3 konnte analysiert werden, dass Rollenstress negativ mit der Arbeitszufriedenheit, der Leistung des Mitarbeiters bzw. dem Unternehmenserfolg, der Zustimmung (Commitment) zum Unternehmen sowie mit der Motivation, Innovationsbereitschaft und dem Arbeitsinteresse der Mitarbeiter und positiv mit der Neigung zum Arbeitsplatzwechsel sowie Arbeitsdruck, Angst und dem Burnout-Syndrom korreliert. Im Rahmen der Fallstudiengespräche wurden drei dieser Auswirkungen untersucht, wovon keine bei der LRI vorhanden ist. Ebenso konnte in Abschnitt 5.2.1.2.2 analysiert werden, dass Rollenkonflikte und Rollenambiguitätä durch eine Implementierung einer Rollenorganisation verhindert bzw. vermindert werden. Im Umkehrschluss kann somit festgehalten werden, dass eine Vermeidung von Rollestress durch Rollen der Rollenorganisation eine Steigerung der Motivationseffizienz hervorruft. Gleichwohl ist zu konstatieren, dass eine hohe Motivation der Mitarbeiter bzw. eine hohe Arbeitszufriedenheit und Commitment und geringe Burnout-Tendenzen nicht nur auf eine Vermeidung von Rollenstress durch die Rollenorganisation zurückzuführen sind. Für die hohe Motivation in der LRI existieren eine Vielzahl von Gründen. Eine weitere potentielle Ursache wird im nachfolgenden Abschnitt in der Form des Personalentwicklungssystems KKM thematisiert. Daneben existieren aber weitere mögliche Ursachen, wie beispielsweise die allgemeine Unternehmenskultur oder die wirtschaftliche Prosperität der LRI. Grundsätzlich kann aber durch die Vermeidung von Rollenkonflikten und -ambiguität aufgrund der Rollenorganisation von einer Steigerung der Motivationseffizienz gegenüber solchen Unternehmenssituationen ohne Rollenorganisation ausgegangen werden. Davon soll folgende These abgeleitet werden, die die Steigerung der Motivationseffizienz fokussiert.

Die Vermeidung von Rollenkonflikten und Rollenambiguität durch die Rollen einer Rollenorganisation führt zu einer Steigerung der Motivationseffizienz.

These 4.1

Der Zusammenhang zwischen der Vermeidung von Rollenstress und einer Steigerung der Motivationseffizienz konnte von den Gesprächspartnern jedoch nicht hergestellt werden. Die Aussagen der Interviewpartner fokussierten ausschließlich die direkte Wirkung der Rollenorganisation auf die Motivationseffizienz. Exemplarisch soll diesen Umstand das Zitat 39 verdeutlichen. Die zum Commitment, zur Arbeitszufriedenheit und zum Burnout-Syndrom getätigten Aussagen sollen demnach im folgenden Abschnitt, der sich mit einer direkten Wirkung von Rollen auf die Steigerung der Motivationseffizienz beschäftigt, einfließen.

Zitat 39,GP. 5 (18:10) N: Bezüglich des Commitments. Ist das ein spezifisches Commitmtent für die LRI oder ist das Commitmtnt genauso hoch, wenn ich für z.B. für die Commerzbank arbeiten würde? Handelt es sich also um eine persönliche Motivation oder ist das die Motivation gegenüber der LRI?
GP:. Das ist schwer zu sagen, aber das ist eher mein Arbeitsstil. Die Frage stellt sich aber nicht.
N.(19:20): Glauben Sie, dass das KKM eine gewisse Auswirkung auf das Comittment für die Bank hat? Die Fluktuation ist hier ja auch sehr gering, dass man sagt, die Mitarbeiter sind hier loyaler.
GP.: Das KKM hat bestimmt etwas damit zu tun, weil sich viele Mitarbeiter auch etwas ausrechnen. Wenn man jetzt für meinen Bereich eine entsprechende Zeit dort gearbeitet hat, und man hat alles gelernt, dann ist man so weit, dass man zusätzlich einen Job in der Front lernen kann. In den einzelnen Rollen kann man ja Fläche hinzugewinnen und je mehr Fläche man hinzugewinnt, umso eher kann man noch mehr in der LRI machen. Und der Vorteil ist, dass wir es den Mitarbeitern transparent darstellen und auch vorleben. Und es gibt extrem viele Leute, die haben in der LRI Karriere gemacht. Und da ist das KKM-Modell mit Sicherheit gut, weil es zeigt dem Mitarbeiter, was alles möglich ist. Wenn man das nicht hat, dann kann man bestenfalls erahnen, was man machen kann.

5.2.1.5 Direkte Auswirkungen der Rollenorganisation auf die Motivationseffizienz

Wie bereits im vorherigen Abschnitt erläutert, kann sich die Rollenorganisation sowohl direkt als auch indirekt auf die Motivationseffizienz einer Organisation auswirken. Stand im vorherigen Abschnitt die indirekte Wirkung durch eine Vermeidung von Rollenstress im Mittelpunkt, fokussiert der nachfolgende Abschnitt direkte Auswirkungen aufgrund der Integration eines Personalentwicklungssystems auf Basis von Rollen.

Die Rollenorganisation unterstellt, dass die Organisationsgestaltung über die Rollen mit der Personalwirtschaft verbunden wird. Über Qualifikationsprofile, die jeder Rollen zugeordnet werden, entsteht eine direkte Beziehung zur Personalentwicklung. Für die Fallstudie ergab sich damit zunächst die Frage, ob die Rollenorganisation in der Lage ist, die Basis für eine strategische Personalentwicklung zu bilden. Die Untersuchung konzentrierte sich hier auf die Möglichkeiten von Rollen, notwendige Qualifikationen abzubilden, Mitarbeitern im Gegenzug zuzuordnen und für eine an den Unternehmenszielen ausgerichtete Weiterbildung bzw. Personalentwicklung zu sorgen.

5.2.1.5.1 Rollen als Basis einer strategischen Personalentwicklung

Aufgrund der Dynamisierung und Globalisierung der Umwelt kommt es immer wieder zu Umbrüchen der Qualifikationsbedarfe in Unternehmen. Die Arbeitswelt zu Beginn des 21. Jahrhunderts beinhaltet eine Entfernung von traditionellen Berufsstrukturen und macht eine lebenslange Anpassung der vorhandenen Qualifikationen erforderlich.[851] Jeder Arbeitnehmer

[851] Vgl. Groh/Geier 2002, S. 176; dazu ebenfalls ausführlich die Einleitung der Arbeit..

sollte in seinem Berufsleben mehrere Berufsbilder erlernen und sich unterschiedlichen Aufgaben stellen.[852] Damit werden das Management und vor allem die Entwicklung des im Unternehmen vorhandenen Humankapitals zu einem wesentlichen Wettbewerbsvorteil und sichern die Leistungsfähigkeit eines Unternehmens ab. Qualifizierungsmaßnahmen erfolgen in Unternehmen jedoch oftmals nach dem Prinzip „Gießkanne" und lassen eine strategische Personalentwicklung, die auch dynamische Aspekte mit berücksichtigt, vermissen.[853] Strategische Personalentwicklung soll in diesem Zusammenhang als eine an den langfristigen Unternehmenszielen orientierte Qualifizierungsplanung verstanden werden.[854] In der vorliegenden Arbeit stellte sich damit die Frage, ob Rollen eine Basis für eine strategische Personalentwicklung bilden können.

Grundlage für eine strategische Personalentwicklung sollen in der Rollenorganisation die mit jeder Rolle verbundenen Qualifikationsanforderungen und das in einer Datenbank gespeicherte Qualifikationsprofil aller Mitarbeiter bilden. Im Rahmen der Rollensynthese werden über einen Abgleich der Rollenprofile mit den Qualifikationen eines potenziellen Rolleninhabers die Rollen zugeordnet.[855] Gleichzeitig sollen die in der Rollenbeschreibung enthaltenen Anforderungen und die Qualifikationen der Mitarbeiter aber auch eine strategische Weiterbildung ermöglichen. Strategische Weiterbildung bedeutet hier zum einen, dass durch einen Abgleich von Anforderungen und tatsächlichen Qualifikationen eines Rolleninhabers in einem konkreten Prozess Qualifizierungsbedarfe abgeleitet und darauf abgestimmt Weiterbildungsmaßnahmen eingeleitet werden können. Die Qualifizierungsmaßnahmen können dann schnell in Job-Enlargement bzw. -Enrichment-Maßnahmen umgesetzt werden. Daneben soll strategische Weiterbildung aber auch bedeuten, dass Mitarbeiter speziell auf andere Rollen, die zuvor nicht übernommen werden konnten, weitergebildet werden. In den Mitarbeiterentwicklungsgesprächen werden dafür die einzelnen Rollen betrachtet und zusammen mit dem Rolleninhaber Weiterbildungspotenziale erörtert. Diese Weiterbildungspotenziale beziehen sich dann nicht nur auf die aktuell übernommenen Rollen, sondern es kann sich ebenfalls um eine Qualifizierung für eine komplett neue Rolle handeln. Neben einer effizienten Verteilung der Weiterbildungsmaßnahmen, die sich immer nur auf eine konkrete Rolle beziehen würde, hätte diese Form der Weiterbildung für die Unternehmung den Vorteil, dass eine ganzheitliche Perspektive über Kapazitäten, Humanressourcen, möglichen Personalengpässen usw. entstehen würde. Personal- bzw. Kapazitätsengpässe könnten frühzeitig aufgedeckt und ihnen könnte mit Hilfe von Weiterbildungsmaßnahmen entgegengewirkt werden.

---

[852] Vgl. Fuchs/Besier 1994, S. 195.

[853] Vgl. Groh/Geier 2002, S. 177.

[854] Vgl. Groh/Geier 2002, S. 177.

[855] Vgl. dazu ausführlich Abschnitt 3.2.3.

Die folgenden Zitate sollen die Möglichkeiten der strategischen Weiterbildung im Rahmen der Rollenorganisation verdeutlichen:

Zitat 40, GP. 1 (31:54) N: Führt die Implementierung von Rollen in einer Unternehmensorganisation zu einer strategischen Weiterbildung? Strategische Weiterbildung meint in diesem Zusammenhang eine systematische, auf eine bestimmte Position ausgerichtete Weiterbildung. Viele Unternehmen richten ihre Weiterbildungsprogramme nicht strategisch aus, sondern gehen nach dem „Gießkannenprinzip" vor. Ist das bei der LRI anders?
GP.: Ja, auf jeden Fall. Durch die Rolle ist das besser zu bündeln und zu handhaben. Das „Gießkannenprinzip", denke ich, macht keinen Sinn, weil wir einfach fachlich zu viele verschiedene Anforderungen innerhalb des Hauses haben. Die Rolle muss es aufzeigen. Was ist der Bedarf, um dann zu sagen, für diese Rolle haben wir diese Ausbildungswege.

Zitat 41, GP. 3 (34:10) N: Frage zur strategischen Weiterbildung vgl. Zitat 40.
GP.: Ja, viel stärker. Man ist ja als Führungskraft gezwungen festzuhalten, wo liegen deine Kompetenzen, deine Fläche, wie wir das nennen. Wir haben ja beides entwickelt. Die Kompetenzen, die für die Rolle notwendig sind, und die Qualifikationen des Mitarbeiters. Und dann stellen wir fest, in dem Bereich hat der Mitarbeiter noch nicht genügend Kompetenzen. Da müssen wir dann weiterentwickeln. Aber es gibt auch die Möglichkeit, dass der Mitarbeiter sagt, da möchte ich mich gerne hin entwickeln. Diese Wünsche kommen auch oft vor. Z.B. auch kurzfristige Sachen, wenn sich jemand zum Analysten entwickeln will, dann kann er Präsentationstechniken lernen. Oder man sagt zu ihm, mach das mal. Das ist ein Geben und Nehmen. Das ist viel Fordern und Einfordern. Aber man macht das sehr stark am KKM fest, an den Entwicklungsgesprächen, die wir einmal im Jahr haben.

Zitat 42, GP. 2 (31:53) N: : Frage zur strategischen Weiterbildung vgl. Zitat 40.
GP.: Ja, das wird besprochen, in welchem Bereich was für uns wichtig ist, und das wird sehr individuell mit dem Vorgesetzten besprochen: „Siehst du da noch Bedarf, möchtest du in die Richtung was machen?" Und das wird nicht allgemein für alle bestimmt und das finde ich auch sehr interessant. Z.B. habe ich hier schon einige Weiterbildungsmöglichkeiten in Anspruch genommen, die schon sehr individuell gewesen sind. Da ist man schon drauf eingegangen. Also wenn ich irgendetwas möchte, was für mich wichtig ist, dann kann ich das durchsetzen. Auch vor allem in meiner Rolle und wo ich mich in meiner Rolle noch entwickeln möchte.

Zitat 43, GP. 5 (28:46) N: Frage zur strategischen Weiterbildung vgl. Zitat 40.
GP.: Nein, das ist bei uns ganz gezielt. Ich achte ganz genau da drauf, welche Stärken hat der einzelne Mitarbeiter und dann werde ich ihn dort weiterbilden. Aber das Gießkannenprinzip bringt da mal gar nichts. Man muss dann herausfinden, welche Stäken der einzelne hat und das wirkt sich natürlich auch auf seine Karriere aus.
N.: Werden dann auch gezielte Weiterbildungen auf andere Rollen vorgenommen?
GP.: Klar, das wird diskutiert mit dem Mitarbeiter, was er zusätzlich machen soll und dann wird er gezielt auf ein Seminar geschickt usw.

Zitat 44, GP. 6 (24:25) N: : Frage zur strategischen Weiterbildung vgl. Zitat 40.
GP.: Auf jeden Fall. Nach der Gießkanne nicht. Zu einem Rhetorikkurs würden wir beispielsweise einen Händler nicht hinschicken. Der braucht das dann nicht, während ein Berater, der oft bei Kunden ist, diesen Kurs sehr wohl gebrauchen kann. Das wird dann schon sehr stark auf die Rollen zugeschnitten, wo schließlich die Ausbildungszielpunkte gelegt werden.
N.: Auch eine Weiterbildung auf bestimmte Rollen, um in die Rolle zu kommen, musst du diese Weiterbildungsmaßnahmen vollziehen. Du hast da diese Kompetenzfläche und da müssen wir was machen.
GP.: Ja, sicher, das wird im Prinzip im Mitarbeiterentwicklungsgespräch festgelegt. Es werden Abmachungen getroffen, wo im nächsten Jahr schwerpunktmäßig Ausbildungsmaßnahmen getroffen werden. Und die Personalabteilung, die koordiniert das dann. Z.B. wenn wir feststellen, dass wir in der Bank 30 Mitarbeiter haben, die in Englisch weiter ausgebildet werden müssen, dann wird vom Personalbereich ein Seminar organisiert.

Die Zitate zeigen, dass durch die Rollen eine strategische Personalentwicklung ermöglicht wird. Es erfolgen keine Weiterbildungsmaßnahmen aus „dem Bauch" heraus, sondern Mitarbeiter werden auf konkrete Rollen innerhalb der Unternehmung weitergebildet. Die Weiterentwicklung der Humanressourcen erfolgt zudem parallel zur sich verändernden Umwelt. Treten Umweltveränderungen auf, können die Rollen im Prozessablauf angepasst werden.[856] Durch einen Abgleich der neuen Rollenanforderungen mit den vorhandenen Qualifikationen des Rolleninhabers können Qualifizierungsmaßnahmen eingeleitet werden. Dies impliziert einen hoch effizienten Einsatz von Qualifizierungsmaßnahmen. Damit kann folgende These abgeleitet werden:

Rollen einer Rollenorganisation können als Basis für eine strategische Personalentwicklung genutzt werden.

These 5.1

Die Ausführungen unterstreichen ebenfalls die Vorteile für das Personalmanagement bzw. die -steuerung. In den Erläuterungen zur Erhöhung der Anpassungseffizienz konnte bereits festgehalten werden, dass die hohe Anpassungseffizienz in Verbindung mit der Qualifikationsdatenbank eine flexible Einsatzplanung von Mitarbeitern ermöglicht.[857] Die Möglichkeit einer flexiblen Qualifizierung oder Neubesetzung von Rolleninhabern aufgrund von Umweltveränderungen begründet sich jedoch nicht nur in der hohen Anpassungseffizienz, sondern ebenfalls in dem strategischen Personalmanagement der Rollenorganisation. Erst über den Abgleich zwischen veränderten Anforderungen einer Rolle und den Qualifikationen des Rolleninhabers im Rahmen des Personalmanagements können Qualifizierungsmaßnahmen abgeleitet werden. Gleichzeitig hat die Personalabteilung einen ganzheitlichen Überblick über alle Humanressourcen und kann beispielsweise bei Neubesetzungen die Mitarbeiter für Weiterbildungsmaßnahmen heranziehen, die aufgrund ihres Qualifikationsprofils am besten geeignet sind (vgl. dazu auch Zitat 38). Damit verbunden ist die frühzeitige Aufdeckung von Personalengpässen, die ein umfassendes Kapazitätsmanagement ermöglicht.

Im Zusammenhang mit der strategischen Personalentwicklung steht die Mitarbeiterorientierung der Unternehmung. Es stellt sich die Frage, ob eine strategische Personalentwicklung auf Basis der Rollen von den Mitarbeitern als ein gegenüber ihnen orientiertes Handeln wahrgenommen wird. Im Rahmen der Interviews wurde daher eine Einschätzung von den Mitarbeitern in Bezug auf die organisationale Praktik Mitarbeiter-/Aufgabenorientierung gefordert.[858] Mitarbeiterorientierte Praktiken sind durch ein großes Interesse an Mitarbeiterentwicklung, personellen Belangen und Problemen einzelner Mitarbeiter definiert. Im Gegensatz zeichnen sich aufgabenorientierte Unternehmen durch ein

[856] Vgl. dazu auch die Ausführungen zur Erhöhung der Anpassungseffizienz unter Abschnitt 5.2.1.3.

[857] Vgl. Abschnitt 5.2.1.3.

[858] Vgl. dazu den Gesprächsleitfaden in Anhang B.

hohes Interesse an der Performance eines Mitarbeiters und an Problemen, die sich auf die Arbeitsleistung von Mitarbeitern beziehen, aus. Die folgenden Zitate verdeutlichen die Einschätzungen der Mitarbeiter:

Zitat 45, GP. 2 (13:10) N: Frage zur Mitarbeiter- bzw. Aufgabenorientierung (vgl. dazu den Gesprächsleitfaden in Anhang B). Wie ist die LRI dort aufgestellt?
GP.: Da ist es hier definitiv sehr mitarbeiterorientiert. Also absolut im positiven Sinne.
N.: Hat da die Rolle einen Einfluss drauf. Gerade das KKM?
GP.: Ich denke schon. Das geht dann um die persönlichen Belange, dass ich die Möglichkeit habe, mich so zu entwickeln, wie ich möchte. Auf der anderen Seite natürlich auch die Karriereorientierung. Wenn ich das möchte, dann kann ich in dem Modell auch entsprechend gefördert werden. Das würde ich definitiv unterstreichen.

.Zitat 46, GP. 5 (11:26) N: Frage zur Mitarbeiter- bzw. Aufgabenorientierung (vgl. dazu den Gesprächsleitfaden in Anhang B). Wie ist die LRI dort aufgestellt?
GP.: Also die LRI ist sehr stark mitarbeiterorientiert, aber ebenfalls auch aufgabenorientiert, denn dort, wo Zahlen stimmen müssen, da hilft auch keine Mitarbeiterorientierung.
N.: Wenn sie jetzt sagen, die LRI ist eher mitarbeiterorientiert, hat dort das KKM einen Einfluss drauf? Fördern die Rollen die Mitarbeiterorientierung?
GP.: Ja, auf jeden Fall, was die Mitarbeiterorientierung angeht, weil wir haben ja nicht nur die Fachrolle, sondern auch ganz andere Rollen definiert in unserer Bank. Auch die Einschätzung persönlicher und sozialer Weiterbildung über die Rolle ist da ganz, ganz wichtig, um sich mit dem Mitarbeiter bzw. dem Menschen zu beschäftigen.

Zitat 47, GP. 3 (9:42) N: Frage zur Mitarbeiter- bzw. Aufgabenorientierung (vgl. dazu den Gesprächsleitfaden in Anhang B). Wie ist die LRI dort aufgestellt?
GP.: Das ist eine sehr geteilte Sache. In erster Linie erwartet man von Managern, dass er ertragreich ist, dass er erfolgreiche Zahlen für das Unternehmen erwirtschaftet. Das ist der Job eines Managers. Das steht natürlich auch bei uns im Mittelpunkt. (…) Ein großer Teil unseres Erfolges ist, dass jedes Jahr die Zahlen stimmen. Das ist das oberste Ziel. Und dann muss man fertigbringen - wie unsere Bank -, dass wir den Mitarbeiter in den Mittelpunkt stellen. Das ist die ideale Kombination. Nur den Mitarbeiter in den Mittelpunkt stellen und es kommt kein vernünftiges Ergebnis heraus, bringt uns nichts. Die Aufgaben stehen natürlich im Mittelpunkt, aber wir versuchen zusätzlich den Mitarbeiter in den Mittelpunkt zu stellen. Die Aufgabe steht im Vordergrund, aber mit sehr mitarbeiterorientierten Instrumenten.
N.(11:20): Hat das Rollenkonzept Einfluss auf die Dimension Mitarbeiter- /Aufgabenorientiert? Fördern die Rollen die Mitarbeiterorientierung?
GP.: Ja absolut. In dem KKM dreht es sich ja auch um die Karriere, was dem Mitarbeiter sehr wichtig ist. Und der Mitarbeiter weiß wo er heute in der Organisation steht und was seine Tätigkeiten sind, und er weiß, was muss ich machen, um zu einem bestimmten Punkt zu kommen. In jeder Rolle steht, was muss er mitbringen, was muss er leisten. Was sind die Fortbildungsmöglichkeiten oder Fortbildungsmaßnahmen, die er machen muss, und er weiß schon genau, wenn ich die Rolle habe, dann ist das und das zu tun, dann komme ich bis dahin, und wenn ich mich dann weiterentwickeln möchte, dann muss ich in eine andere Rolle schlüpfen. Ich denke, es ist der Dreh- und Angelpunkt der ganzen Geschichte. Ich als Führungskraft lege sehr viel Wert auf das KKM. Ich glaube auch daran. Sicher, es ist manchmal nicht einfach, gerade am Anfang, als wir die Rollen festgelegt haben. Überhaupt mal die Rollen im Hause zu definieren, weil wir weg wollten von den alten Rollenbeschreibungen in den Banken. (…)

Die Zitate veranschaulichen, dass mit der Personalentwicklung im Rollenkonzept der LRI bzw. mit dem KKM eine Mitarbeiterorientierung verbunden wird. Die Bewertung der Mitarbeiter bezieht sich dabei explizit auf das KKM bzw. Möglichkeiten in der Personalentwicklung. Zudem wird aus den Zitaten jedoch auch deutlich, dass neben der Mitarbeiter- gleichzeitig auch eine Aufgabenorientierung vorherrscht (vgl. insbesondere Zitat 47). Zunächst steht die Performance der Unternehmung bzw. der Mitarbeiter im Mittelpunkt. Parallel werden aber auch die Mitarbeiterentwicklung bzw. persönliche Belange berücksichtigt. Diese Berücksichtigung beziehen die Mitarbeiter dabei fast ausschließlich auf das mit dem Rollen verbundene Personalentwicklungskonzept. Somit werden die Mitarbeiter bei einer hohen Mitarbeiterorientierung mit dem Marktdruck konfrontiert. Die Rollenorganisation ermöglicht damit simultan eine hohe Mitarbeiter- und Aufgabenorientierung. Die Ausführungen sollen in der folgenden These zusammengefasst werden:

> Die Rollenorganisation ermöglicht simultan eine hohe Mitarbeiter- und Aufgabenorientierung.

These 5.2

Thematisch eng verbunden mit der Mitarbeiterorientierung in einer Unternehmung ist die Motivation der Mitarbeiter. In den Zitaten wird bereits deutlich, dass das KKM motivationsfördernd sein kann (vgl. Zitat 45). Dieser Aspekt der Rollenorganisation soll im folgenden Abschnitt betrachtet werden.

5.2.1.5.2 Auswirkungen der strategischen Personalentwicklung auf die Mitarbeitermotivation

Im nachfolgenden Abschnitt steht die Motivationsförderung durch die mit der Rollenorganisation verbundene strategische Personalentwicklung im Mittelpunkt. Es stellt sich in diesem Zusammenhang die Forschungsfrage, ob die Rollenorganisation aufgrund des KKM und der damit verbundenen Perspektivgruppen in der Lage ist, eine motivationsfördernde Wirkung bei den Mitarbeitern zu entfalten. Die Rollenorganisation unterstellt, dass jeder Mitarbeiter durch die Transparenz der Qualifikationen seine eigene Entwicklung fördert. In den Mitarbeiterentwicklungsgesprächen sollen der betreffenden Person Qualifikationsdefizite aufgezeigt und damit Anreize geschaffen werden, die Lücken bzw. die Flächen der Rolle aus eigenem Antrieb zu schließen. Zudem sollen in den Entwicklungsgesprächen Karrieremöglichkeiten in Bezug auf Rollen in höheren Perspektivgruppen aufzeigt werden, die motivationsfördernd wirken. Die folgenden Zitate sollen die Beziehung zwischen Personalentwicklung und Motivation der Mitarbeiter aufzeigen:

Zitat 48, GP. 8 (48:30) N: Wie schätzen Sie die Möglichkeiten der Rollen in Hinblick auf die Karriereentwicklung für Mitarbeiter ein?
GP.: Also, das ist ein sinnvolles Instrument, wie es bei uns gehandhabt wird. Die Rollen werden ja an die Perspektivgruppen auch angeknüpft. Für bestimmte Rollen gibt es halt bestimmte Gruppen. Für jede Rolle ist nun vordefiniert, wie weit kann das jetzt gehen. Anhand von dem kann ich als Mitarbeiter ja auch einschätzen, wie weit kann ich hier einmal kommen. Oder, wenn ich weiter kommen will, dann kann ich zu meinem Chef gehen und sagen, ich bin jetzt hier angekommen und ich hab keine Lust, das die nächsten 25 Jahre auch noch zu machen. Was muss ich jetzt machen, um eine Perspektivgruppe höherzukommen oder um vielleicht auch eine andere Rolle anzunehmen.
N. Also dass man konkret sagt, ich möchte diese Rolle übernehmen, was muss ich dafür machen.

GP.: Ja, genau, in den Mitarbeiterentwicklungsgesprächen wird das ja genau besprochen. Da geht es dann um die Standortbestimmung, wo stehe ich denn, wo will ich hin, ist mein Chef mit mir zufrieden. Das wird ja in den Mitarbeiterentwicklungsgesprächen abgeklärt.

Zitat 49, GP. 6 (23:10) N: Wie schätzen Sie die Möglichkeiten der Rollen in Hinblick auf die Karriereentwicklung für Mitarbeiter ein?
GP.: Ich glaube, dass man den Leuten einfach aufzeigt, wo sie noch besser werden müssen oder können, also Karriere bedeutet ja eigentlich, dass man mehrere Gebiete hat, in denen man gut ist. Ich glaube das KKM und auch mit den Dienstleistungsrädern, die wir dann den Leuten zeigen, gibt einfach plastisch den Leuten ein Gefühl, wo sie sich verbessern müssen bzw. zeigt Defizite auf, um sich dort zu verbessern und dann Karriere zu machen. Wir sehen das ja oft in unseren Mitarbeiterentwicklungsgesprächen, dass, wenn wir Mitarbeiter haben, wo das Dienstleistungsrad komplett ausgefüllt ist, das gibt ja für uns ein Indiz, auch optisch, dass da jetzt ein Karrieresprung notwendig ist, dass da jemand am Ende seiner Möglichkeiten in der Rolle ist, dass ein Sprung in eine andere Rolle ansteht.

Zitat 50, GP. 5 (27:47) N: Wie schätzen Sie die Möglichkeiten der Rollen in Hinblick auf die Karriereentwicklung für Mitarbeiter ein?
GP.: Absolut wichtig, weil da sieht man ja, was alles möglich ist. Das sind diese Flächen einer Rolle. Da kann man dann sehr stark gucken, da hat der Mitarbeiter den Bereich noch gemacht und da hat er das noch gelernt und das hat was mit Karriere zu tun und den einzelnen Perspektivgruppen. So dass ein Mitarbeiter, der immer wertvoller für die LRI wird und immer mehr Fläche seiner Rolle bzw. seines Leistungszentrums ausfüllen kann, der macht auch Karriere über ein Perspektivgruppe.

Zitat 51, GP. 3 (14:32) N: Wo wir gerade an dieser Stelle sind. Glauben Sie, dass das Konzept motivationsfördernd ist.
GP.: Absolut, sehr stark. Diese Motivationsförderung tut dem Institut auch sehr gut, weil man dadurch die Mitarbeiterentwicklung und Weiterbildung fördert. Ich halte das für wichtig. Jeder möchte weiterkommen. Und bei uns, das ist nicht zu unterschätzen, kann man als Führungskraft oder als fachspezifische Kraft Karriere machen.[859] Das ist das Schöne. Ich kann als Fachkraft in Stufe 4 kommen, ohne das ich jetzt Chef spielen muss, weil Chef Spielen liegt mir nicht. Wir wollen die Leute wirklich nach den Fähigkeiten einsetzten. Da haben wir uns auch viele Gedanken gemacht. Was für Fähigkeiten muss jemand mitbringen, damit er Führungskraft werden kann.

Zitat 52, GP. 9 (32:21) N: Wie schätzen Sie die Möglichkeiten der Rollen in Hinblick auf die Karriereentwicklung für Mitarbeiter ein?
GP.: Die Karriere und Rolle ist bei uns so eng verknüpft. Es ist schon einmal wichtig, einen neuen Mitarbeiter einzustufen, in welcher Rolle wird er hier tätig, und die definiert sich danach, was bringt er mit. Viele sind zufrieden mit dem, was sie machen, aber viele junge Mitarbeiter wollen auch Karriere machen, indem sie bei uns im KKM sind. Und da gibt es schon viele Möglichkeiten. Die Weiterentwicklung der Mitarbeiter wird gefördert und die Mitarbeiter können das auch anfordern.

Die Zitate verdeutlichen, dass die strategische Personalentwicklung im Rahmen der Rollenorganisation einen positiven Einfluss auf die Motivation der Mitarbeiter hat. Zunächst können die Rollen in Mitarbeiterentwicklungsgesprächen herangezogen werden, um den Mitarbeitern Qualifikationsdefizite aufzuzeigen. Ein wesentlicher Aspekt ist in diesem Zusammenhang in der Visualisierung der vorhandenen und der anzustrebenden Qualifikation zu sehen. Den Mitarbeitern wird „plastisch", verdeutlicht, in welchen Bereichen sie mehr „Fläche" hinzugewinnen müssen bzw. können (vgl. Zitat 49 und 50). Gleichzeitig fördert die Visualisierung des Qualifikationsprofils damit das Karrierebewusstsein eines einzelnen Mitarbeiters. Aufgrund der Transparenz kann jeder Mitarbeiter seine eigene Entwicklung fördern. Eine Weiterbildung wird nicht nur vom Vorgesetzten initiiert, sondern kann auch vom Mitarbeiter

[859] Vgl. zur simultanen Karrieremöglichkeit von Fach- und Führungskräften Abschnitt 5.2.1.5.3.

eingefordert werden (vgl. 48 und 52). Der Mitarbeiter kann sich dabei für seine Entwicklung an anderen Rollen orientieren. Insgesamt wird dem Mitarbeiter durch das auf Rollen basierende Personalsystem aufgezeigt, wie er sich in den nächsten Jahren entwickeln kann, welche Optionen ihm in Form von unterschiedlichen Rollen offenstehen. Diese konkreten Karriereaussichten begründen eine hohe Motivation der Mitarbeiter (vgl. Zitat 51). Gefördert wird der Motivationsgedanke in diesem Zusammenhang durch das Perspektivgruppenmodell, dem alle Rollen zugeordnet sind. Da somit alle Rollen eine bestimmte Wertigkeit erhalten, unterstützt das die motivationssteigernde Wirkung. Ein wesentlicher Aspekt in Bezug auf die Motivationsförderung ist in einer möglichen, aber konkreten Karrierelaufbahn bzw. in einer Weiterbildung auf eine konkrete andere Rolle zu sehen. Das nachfolgende Zitat verdeutlicht diesen Aspekt in Bezug auf Unternehmen, die keine konkreten Weiterbildungsmöglichkeiten aufzeigen:

> Zitat 53, GP. 4 (44:30) N: Kannten Sie das KKM, bevor sie hier begonnen haben, oder wurde Ihnen das Konzept bei Arbeitsbeginn vorgestellt?
> GP.: Nein, vom KKM und dem Entwicklungsgespräch hatte ich noch nichts gehört. Erst beim Vorstellungsgespräch und ich war dann gleich positiv überrascht, weil ich von der XX-Bank komme und da gibt es so was gar nicht.[860] Man hatte dann bei der XX-Bank auch Mitarbeitergespräche, aber nur sehr sporadisch. Und da gab es noch weitere Unterschiede. In der Zeit bei der XX-Bank wurde ich insgesamt drei Mal befördert. Dass man befördert wird, hat man aber erst am gleichen Tag der Beförderung erfahren. Man hat also nie vorher Feedback bekommen oder darüber gesprochen. Man wurde dann im Prinzip ohne Ankündigung befördert. Das kann ja auch nicht sein. Am Anfang bei der LRI hatte ich das Gefühl, dass die Akzeptanz für das Entwicklungsgespräch nicht da war. Man muss aber das mal festhalten. Wie sieht die Führungskraft den Mitarbeiter und vor allem, was sehr wichtig ist, wie sieht der Mitarbeiter die Führungskraft. Wenn es diese Instrumente nicht gibt, dann befindet sich der Mitarbeiter im luftleeren Raum. Er weiß nicht, wo steht er, hat er Karrierechancen, wenn er das will, es werden seine Aufgaben definiert. Und das hilft hier unwahrscheinlich. Ich weiß nur bei meinen Mitarbeitern, weil wir die Instrumente haben, dass es eine Chance ist. Für die Mitarbeiter, die Führungskraft und das ganze Team.

Ein wesentlicher Aspekt für die motivationsfördernde Wirkung begründet sich damit in der Abschätzbarkeit bzw. der Transparenz eines möglichen Karrierewegs. Diese Karrieren sind dann an bestimmte Rollen geknüpft, mit denen spezielle Weiterbildungsgänge einhergehen. An dieser Stelle sei noch erwähnt, dass nicht alle Mitarbeiter zwangsläufig Karriere machen müssen. Viele Mitarbeiter sind mit ihrer jetzigen Rolle zufrieden und streben keinen weiteren Aufstieg an. In dieser Situation konzentrieren sich die Entwicklungsgespräche auf die veränderten Umweltbedingungen, die möglicherweise eine Anpassung der Rolle notwendig machen. Falls sich daraus Qualifikationsdefizite ergeben, können dann Weiterbildungsmaßnahmen initiiert werden. Insgesamt zeigen die Ausführungen, dass eine auf Rollen basierende strategische Personalentwicklung eine motvationsfördernde Wirkung bei den Mitarbeitern entfalten kann. Die These 5.3 soll die Ergebnisse zusammenfassen:

---

[860] Aus Vertraulichkeitsgründen wird der Name der Bank hier nicht genannt.

Die strategische Personalentwicklung der Rollenorganisation ermöglicht eine motivationsfördernde Wirkung bei den Mitarbeitern.

These 5.3

Neben dieser allgemeinen Motivationsförderung durch das Personalentwicklungssystems soll im folgenden Abschnitt speziell auf die Steigerung der Motivation durch eine simultane Karriereentwicklung zwischen Fach- und Führungskräftelaufbahn eingegangen werden.

5.2.1.5.3 Motivationsförderung durch die Simultanität von Fach- und Führungskräftelaufbahn

In Zusammenhang mit den direkten Auswirkungen auf eine Steigerung der Motivationseffizienz soll eine weitere Besonderheit der Rollenorganisation analysiert werden. Aufgrund des auf Rollen basierenden strategischen Personalentwicklungssystems und des damit verbundenen Perspektivgruppenmodells unterstellt die Rollenorganisation, dass eine Simultanität von Fach- und Führungskräftelaufbahn ermöglicht wird. Simultanität von Fach- und Führungskräftelaufbahn bedeutet in diesem Zusammenhang, dass Mitarbeiter der Organisation sowohl als Fachspezialisten als auch als Führungskräfte eine gleichwertige Karriere vollziehen können. Diesen Umstand galt es in der Fallstudie zu untersuchen. Die folgenden Zitate veranschaulichen den Betrachtungsgegenstand:

Zitat 54, GP. 3 (15:50) N: Ist die Simultanität von Fach- und Führungskräftelaufbahn denn auch vom Erfolg gekrönt? So dass man sagen kann, dass Fachkräfte z.B. loyaler sind?
GP.: Absolut. Wir hatten Führungskräfte, die jetzt keine Führungskräfte mehr sind und in eine fachspezifische Rolle gewechselt haben. Ich hatte selbst einen Mitarbeiter, der hat die Führungsaufgabe schlecht gemacht. Für mich war es jedoch einfach, da ich mit dem das Entwicklungsgespräch durchgegangen bin, damit er selbst schwarz auf weiß gesehen hat, da sind meine Stäken und da sind meine Schwächen. Ein super Spezialist. Fachlich hat er alle Flächen der Rolle voll ausgefüllt. Bei den persönlichen und sozialen Kompetenzen und insbesondere bei den methodischen Kompetenzen, wo es darum geht zu verkaufen, präsentieren oder organisieren hat er überall Schwachpunkte. Das war so schön, ihm zu zeigen, schau mal, hier sind deine Stärken und hier sind deine Schwächen, um dann zu sagen, ich glaube, wir ändern das. Das war so einfach, dieses Gespräch zu führen. Das war nun auch ein Mitarbeiter, der das eingesehen hat. Es gibt auch Mitarbeiter, die wollen Chef bleiben. (…). Und es hilft einfach auch, den Mitarbeiter in bestimmte Bahnen zu lenken. Zu einem Mitarbeiter, der schon zwei bis drei Jahre bei uns arbeitet, im persönlichen Gespräch zu sagen, wie siehst du das persönlich für deine Zukunft. Willst du in eine andere Rolle wechseln, spürst du Fähigkeiten, dass du Führungskraft werden kannst, wo siehst du deine Stärken? Dann kommen diese Ansprüche gar nicht. Die merken, ich kann als Führungs-, aber auch als Fachkraft in die Perspektivgruppe 4 kommen. Ich bin eigentlich gleichwertig. Beide haben in der Perspektivgruppe 4 einen Anspruch auf einen Dienstwagen. Sicher man kann nicht 100 Prozent gerecht sein. Es gibt immer Mitarbeiter, die meinen, sie müssten in der Perspektivgruppe 4 sein. Oder umgekehrt, wenn jemand in die 4 kommt, dass andere in der Firma sagen, wie konnte diese Person jemals in die 4 kommen. Ein gerechtes System gibt es nicht, aber man kann mit der Rolle Mitarbeiter motivieren und eine Perspektive geben.

Zitat 55, GP. 4 (28:28) N: Bei Ihnen gibt es ja ein „Duales System“, so dass sowohl Führungskräfte als auch Fachspezialisten Karriere machen können. Glauben sie, das hilft an dieser Stelle und entspannt die Situation zwischen den Personen, die Karriere machen wollen?
GP:. Ja, doch. Bei mir war das eine schwierige Situation. Die betroffene Person ist unfreiwillig von der Führungs- in die Fachrolle geschlüpft. Trotzdem hat die Fachspezialistenrolle, die ja hier gelebt und auch anerkannt wird, ihm auch geholfen hat, sich damit zurechtzufinden, o.k., ich bin jetzt nicht mehr Führungs-

kraft, auch wenn ich es gerne geblieben wäre, aber die Bank sagt ich bin ein guter Mitarbeiter und sie wollen mich behalten und ich mach dann diese Fachspezialistenlaufbahn. Und ich kann in der Fachspezialistenlaufbahn mich auch weiterentwickeln und Karriere machen. Jetzt hat der Mitarbeiter das auch verinnerlicht, dass er als Fachspezialist Karriere machen kann, und von daher auch gute Ergebnisse produziert. Ist eigentlich erstaunlich, wie gut das jetzt funktioniert.

Zitat 56, GP. 6 (17:58) N: Glauben Sie, dass das KKM eine gewisse Auswirkung auf das Comittment für die Bank hat? Die Fluktuation ist hier ja auch sehr gering, dass man sagt, die Mitarbeiter sind hier loyaler
GP.: Ja, ich glaube, dass das schon mit ein Grund ist, warum wir hier in der Bank eine so geringe Wechselquote haben. Wir haben im letzten Jahr, glaube ich, nur 2 oder 3 Kündigungen bei 200 Mitarbeitern erhalten. Das ist halt extrem wenig im Vergleich zur Konkurrenz und da ist das KKM-Modell und vor allem das Perspektivgruppenmodell sehr wichtig. Den Mitarbeitern können wir hier Möglichkeiten bieten, auch wenn man keine Führungskraft ist, trotzdem weiterzukommen sowohl bei den finanziellen Aspekten als auch bei anderen Benefits wie Dienstwagen usw. Damit solche Mitarbeiter auch mit partizipieren können, was ja sonst nicht möglich ist.
N. (19:22): Ziel war ja auch, dass Fachrolle ebenso wie Führungsrollen Karriere machen können. Ist das vielleicht ausschlaggebend, dass viele Mitarbeiter sagen, fachspezifisch, also wenn ich in meiner Fachrolle bleibe, dann kann ich hier besser Karriere machen?
GP.: Ja, sicher. Die zwei Systeme sind ja vollkommen offen. Sowohl als Führungskraft als auch als Spezialist. In der Bank haben wir etliche Beispiele, wo ein Spezialist am Ende des Jahres finanziell mehr hat als eine Führungskraft. Alleine diese Möglichkeit lockt ja gute Mitarbeiter an, da das bei anderen Banken nicht möglich ist, und wir haben sehr viele Spezialisten, die sich überhaupt nicht mehr melden, um Führungsaufgaben übernehmen zu wollen. Ich bin zufrieden mit meinem Spezialgebiet, ich muss das andere nicht haben.

Die Zitate zeigen, dass in der Organisation eine Simultanität von Fach- und Führungskräftelaufbahn realisiert werden konnte und dieses „duale System“ ebenfalls motivationsfördernd wirkt. Im Unternehmen existieren sogar Fälle, in denen Führungskräfte in die Rolle eines Fachspezialisten zurückgewechselt haben, da sie mit den Aufgaben einer Führungsrolle überfordert waren. Die Motivationssteigerung verdeutlicht ebenfalls die Personalbindungsmöglichkeiten, die mit dem System verbunden sind. In der LRI existiert eine extrem niedrige Fluktuationsrate von ca. einem Prozent. Die Simultanität und die damit verbundene Gleichwertigkeit von Führungs- und Fachkräftelaufbahnen binden vor allem die Spezialisten, da auch ihnen adäquate Karrieremöglichkeiten offenstehen. Zudem verdeutlichen die Zitate noch einmal, dass in den Mitarbeitergesprächen durch die Rollen Stärken und Schwächen visualisiert und der Karrierelaufbahn entsprechend Weiterbildungsmöglichkeiten festgelegt werden können. Die Zitate unterstreichen ebenfalls unabhängig von der Simultanität der Laufbahnen die motivationssteigernde Wirkung des Systems. Insgesamt kann damit folgende These abgeleitet werden:

Die strategische Personalentwicklung der Rollenorganisation ermöglicht eine Simultanität von Führungs- und Fachkräftelaufbahn. Die Simultanität entfaltet dabei eine motivationsfördernde Wirkung bei den Mitarbeitern.

These 5.4

5.2.1.5.4 Die Personalentwicklung der Rollenorganisation als Instrument zur Steigerung der Motivationseffizienz

Zusammenfassend zeigen die Ausführungen des Abschnitts, dass die Rollenorganisation eine Implementierung eines strategischen Personalentwicklungssystems ermöglicht und sich diese Form des Personalsystems motivationsfördernd auswirkt. Neben der indirekten Steigerung der Motivationseffizienz kann somit über das Personalentwicklungssystem die Motivationseffizienz auch direkt erhöht werden. Die Ausführungen zur indirekten Steigerung der Motivationseffizienz über die Vermeidung von Rollenstress unterstützen die hier herausgearbeiteten Ergebnisse. So konnte in Abschnitt 5.2.1.4 festgehalten werden, dass in der LRI eine hohe Arbeitszufriedenheit und ein hohes Commitment sowie keine Tendenzen des Burnout-Syndroms vorliegen. Die positive Bewertung dieser drei Konstrukte haben Mitarbeiter jedoch eher mit der direkten Motivationswirkung durch das Personalentwicklungsgespräch als mit der Vermeidung von Rollenstress verbunden. Zudem festigt die extrem hohe Personalbindung in der Unternehmung die vorgenommene Thesenableitung. Die LRI weist nur eine geringe Fluktuationsrate auf, die sich in einer hohen Motivation teilweise begründen kann. Das Personalentwicklungssystem der Rollenorganisation fördert damit möglicherweise eine hohe Personalbindung. Eine hohe Personalbindung begründet sich natürlich nicht nur monokausal in dem Personalsystem der Rollenorganisation. Die Ausführungen lassen jedoch den Schluss zu, dass zwischen dem KKM und der hohen Personalbindung ein positiver Zusammenhang besteht.

Eine Steigerung der Motivationseffizienz durch die Implementierung der Rollenorganisation lässt sich ebenfalls mit den grundlegenden Maßnahmen zur Motivationssteigerung aus der Organisationstheorie stützen. In Abschnitt 5.2.1.4 wurde ausgeführt, dass bestimmte Formen der Organisationsstruktur für die Motivationseffizienz eine wesentliche Bedeutung haben. Als Maßnahmen wurden die Stärkung der Eigenverantwortung (Empowerment), die Förderung abgeschlossener Aufgabenkomplexe und die Konfrontation der Mitarbeiter mit dem Marktdruck genannt.[861] Grundsätzlich lassen sich diese Maßnahmen auch mit der Rollenorganisation in Verbindung bringen. Ein wesentliches Ziel der Konzepteinführung bei der LRI war die Delegation von Aufgaben bzw. eine Stärkung der Eigenverantwortung (vgl. Zitat 1). Die Ausführungen zur Selbstverantwortung in Abschnitt 5.2.1.1.5 unterstreichen diesen Aspekt. Die Aufgaben der Mitarbeiter sind klar definiert, innerhalb des Aufgabenbereichs kann der Rolleninhaber jedoch eigenverantwortlich handeln.[862] Damit wird ebenfalls die zweite Maßnahme zur Motivationssteigerung deutlich: Durch die transparente Definition der Aufgabenbereiche werden abgeschlossene Aufgabenkomplexe geschaffen. Letztlich konnte in Abschnitt 5.2.1.5.1 analysiert werden, dass sich die organisationale Praktik der LRI nicht nur

[861] Vgl. dazu Frese 2000, S. 273; Kugeler/Vieting 2003, S. 235.

[862] Vgl. dazu ausführlich Abschnitt 5.2.1.1.5.

mitarbeiter-, sondern gleichzeitig auch aufgabenorientiert gestaltet und damit die Mitarbeiter mit dem Marktdruck konfrontiert werden. Die Rollenorganisation erfüllt damit grundlegende Maßnahmen aus der Organisationstheorie zur Steigerung der Motivationseffizienz.

In den vorangegangenen Ausführungen wurde versucht, in Bezug auf den Zielerreichungsgrad der Rollenorganisation Erkenntnisse in Form von Thesen zu formulieren. Die vorgestellten Erkenntnisse sollen im späteren Abschnitt 5.3 in Abgrenzung zur IT-Dienstleister-Fallstudie zusammenfassend dargestellt werden. Schwerpunkt des nachfolgenden Abschnitts ist der konkrete Einfluss von Kontextkomponenten auf die Ausgestaltung der Rollenorganisation.

5.2.2 Ableitung von Thesen hinsichtlich der Kontextkomponenten

Im weiteren Verlauf der Arbeit soll die situative Ausgestaltung der Rollenorganisation unter Berücksichtigung von Kontextvariablen fokussiert werden. Dabei werden in diesem Abschnitt Thesen zu zwei Bereichen aufgestellt: Zunächst soll untersucht werden, welche Zusammenhänge zwischen der unternehmensexternen Komponente Umwelt und der Rollenorganisation bestehen. In einem weiteren Bereich wird der Einfluss von internen Kontextkomponenten - und hier insbesondere der Integrativitätsgrad - auf die Gestaltung der Rollenorganisation analysiert.

5.2.2.1 Einfluss der externen Komponente Umwelt auf die Rollenorganisation

Die externe Kontextkomponente Umwelt kann grundsätzlich nicht alleine von einer Unternehmung beeinflusst werden. Externe Komponenten bilden damit all das, was sich dem unmittelbaren Einfluss einer Unternehmung deswegen entzieht, weil es gleichzeitig aus dem Verhalten anderer Marktteilnehmer resultiert.[863] Da sich die Umwelt als eine sehr komplexe und vielschichtige Variable darstellt, sollen im weiteren Verlauf nur den Betrachtungsgegenstand der Arbeit betreffende Dimensionen thematisiert werden. Unberücksichtigt bleiben damit Aspekte der globalen Umwelt (gesellschaftliche, ökologische oder politische Rahmenbedingungen) sowie der regulativen Gruppen (Kapitalgeber, Staat, Verbände usw.), die als weniger relevant anzusehen sind.[864] Im Mittelpunkt der externen Komponenten stehen Dimensionen der aufgabenspezifischen Umwelt, die sich in der Kundenstruktur, der Wettbewerbsintensität und der Umweltdynamik konkretisieren.[865]

---

[863] Vgl. Kieser/Kubicek 1992, S. 208 f.; Körfgen 1999, S. 137.

[864] Vgl. Jenner 1994, S. 99.

[865] Vgl. Kieser/Kubicek 1992, S. 209; Körfgen 1999, S. 138 f. Im Gegensatz zu Körfgen sollen die Besonderheiten von Dienstleistungen nicht im Rahmen der externen Komponenten untersucht werden. Dies begründet sich darin, dass im weiteren Verlauf nicht der Einfluss der allgemeinen

Zudem sollen die externen Komponenten nicht in Beziehung zur konkreten Ausgestaltung der Rollenorganisation gesetzt werden. In diesem Abschnitt stellt sich die Frage, unter welchen Umweltbedingungen die Implementierung einer Rollenorganisation generell sinnvoll erscheint. Die Eignung des Konzepts wird ebenfalls im nächsten Abschnitt unter Berücksichtigung der internen Komponenten analysiert. Zusätzlich soll dann jedoch die konkrete Gestaltung der Rollenorganisation in Abhängigkeit von unternehmensinternen Komponenten dargestellt werden.

Zunächst sollen die Auswirkungen der Kundenstruktur auf die Einführung einer Rollenorganisation diskutiert werden. Die Auswahl der Kundenstruktur als Einflussgröße begründet sich darin, dass eine höhere Umweltkomplexität im Sinne heterogener Kundenbedürfnisse zu differenzierten Prozessstrukturen führen kann.[866] Dienstleistungsanbieter müssen ihre Leistungen umso stärker differenzieren, je größer sich die Heterogenität der Kundenbedürfnisse darstellt. Die unterschiedlichen Leistungen machen daraus folgend differenzierte Prozesse notwendig. Die Heterogenität äußert sich dabei in unterschiedlichen Markt- bzw. Käufersegmenten. Die Definition homogener Käufersegmente hat zum Ziel, unterschiedliche Bedürfnisse der Segmente zu identifizieren und daraus eine differenzierte Marktbearbeitung abzuleiten.[867]

Für die Untersuchung des Einflusses der Kundenstruktur auf die Einführung einer Rollenorganisation wurde ebenfalls in der Fallstudie eine Einschätzung bezüglich der Segmentanzahl von den Gesprächsteilnehmern aufgenommen.[868] Der Großteil der Befragten ging hier von verschiedenen Zielgruppen mit unterschiedlichen Bedürfnisstrukturen aus.[869] Für die Bankenbranche, und speziell für die in der Fallstudie betrachtete Vermögensberatung, ist festzuhalten, dass die Bedürfnisse der Kunden in den letzten Jahren deutlich heterogener geworden sind. Dies hängt mit einer tiefgreifenden Veränderung der Finanzmärkte sowie dem gestiegenen Interesse und Wissen der Kunden über Vermögensanlagen in den letzten Jahren zusammen. Die Zunahme heterogener Bedürfnisstrukturen führt damit zu einer Erhöhung differenzierter Prozesse.

Grundlegend lässt sich damit in Bezug auf die Rollenorganisation festhalten, dass sich eine Implementierung eher dann eignet, wenn eine heterogene Kundenstruktur vorliegt. Die Hete-

---

Dienstleistungsbesonderheiten, sondern der speziellen Art der zu erstellenden Dienstleistung auf die Rollenorganisation analysiert werden soll.

866 Vgl. dazu und den folgenden Ausführungen Körfgen 1999, S. 169 ff.

867 Vgl. Körfgen 1999, S. 170.

868 Vgl. dazu den Gesprächsleitfaden in Anhang B.

869 Vgl. dazu den Mittelwert der geschlossenen Frage IV.1.1 mit 4,55. Zur konkreten Frage vgl. den Leitfaden in Anhang B. Es wurde mit einer Fünferskala gemessen.

rogenität impliziert differenzierte Prozesse, die von der Unternehmensorganisation gemanagt werden müssen. Die unterschiedlichen Prozesse können durch ein umfassendes Rollenkonzept in die Unternehmensorganisation integriert werden, ohne dass entscheidende Schnittstellen in der Vielzahl an Prozessen unberücksichtigt bleiben. Entsprechend der speziellen Bedürfnisse kann der Kundenkontaktmitarbeiter die Kundenerwartungen und den weiteren Prozessablauf durch die einzunehmende Rolle transparent ableiten. Dem Mitarbeiter ist damit je nach Segment durch die Rolle klar, was der Kunde erwartet und welcher Prozessablauf bzw. -abläufe dafür notwendig sind. Zweifelsohne ist die Einführung einer Rollenorganisation auch bei einem homogenen Kundenkreis bzw. nur einem Segment möglich. In dieser Situation weiß der Kontaktmitarbeiter jedoch von vornherein, was der Kunde erwartet und welche weiteren Schritte im Prozessablauf nötig sind. Als Beispiel lässt sich hier eine Call-Center Mitarbeiter nennen, der ausschließlich Internet-Accounts freischaltet. Die Erwartung des Kunden, die Freischaltung des Accounts und weitere Aufgabenschritte sind klar definiert. Ein Rollenkonzept würde in dieser Situation keinen zusätzlichen Nutzen stiften.

Bei einer Vielzahl von Kundenbedürfnissen kann der Mitarbeiter jedoch durch die Einnahme unterschiedlicher Rollen den jeweilig relevanten Prozess anstoßen. Weitere Schnittstellen sind transparent und es kommt zu keinen Konflikten, da einzelne Aufgabenbereiche klar abgegrenzt sind. Die Rollenorganisation gewährleistet damit, dass eine Vielzahl von heterogenen Kundenwünschen berücksichtigt und in Prozesse umgesetzt werden kann. Zusammenfassend lässt sich folgende These ableiten:

> Je größer sich die Kundeheterogenität eines Unternehmens gestaltet, desto eher eignet sich die Einführung einer Rollenorganisation.

These 6.1

Die Ableitung der These 6.1 kann durch die Ergebnisse der IT-Dienstleister-Fallstudie unterstützt werden. Da es sich bei den betrachteten Prozessen der Beschaffungsabteilung um hoch standardisierte und gering integrative Dienstleistungen mit einem einheitlichen internen Kundenkreis handelt, konnten die Mitarbeiter in der mit Prozessen verbundenen Rollendefinition keinen Vorteil sehen. Die Mitarbeiter nehmen die Rollen hier nicht in Anspruch, da die einzelnen Aktivitäten der unkomplexen, wenigen und zugleich kurzen Prozesse den Mitarbeitern ohnehin klar sind. Eine zusätzliche Darstellung der Erwartungen ist in dieser Situation für die Mitarbeiter nicht mehr erforderlich. Dies spiegelt sich auch in der negativen Nutzenbewertung von Rollen durch die Mitarbeiter im Rahmen der Fallstudie wider. Ausführlich soll auf die Ergebnisse der IT-Dienstleister-Fallstudie unter Abschnitt 5.3 eingegangen werden. Im weiteren Verlauf sollen jedoch zur Unterstützung der Thesen an entsprechender Stelle Hinweise auf identische Ergebnisse aus der IT-Fallstudie gegeben werden.

Neben der Kundenheterogenität bildet die Wettbewerbsintensität eine weitere externe Komponente, die einen Einfluss auf die Einführung einer Rollenorganisation ausübt. Im Rahmen einer Wettbewerbsintensivierung sind Unternehmen in der Regel gezwungen, dem Nachfrager einen größeren Nettonutzen als seine Wettbewerber zu bieten.[870] Um dieses Ziel zu verfolgen, stehen dem Anbieter grundsätzlich zwei Wege offen: Er kann einen höheren Nutzen oder niedrigere Kosten als seine Wettbewerber bieten oder beide Aspekte miteinander verbinden.[871] Die Strategie einer Nutzensteigerung zielt dabei auf einen qualitativen Wettbewerbsvorteil ab. Mit Hilfe einer Angebotsdifferenzierung oder einem qualitativ hochwertigeren Produkt bzw. einer Dienstleistung soll stärker auf die Bedürfnisse bestimmter Zielgruppen eingegangen werden.[872] Im Gegensatz dazu verfolgt die Kostenstrategie das Ziel, dem Kunden ein Produkt bzw. eine Dienstleistung zu einem geringeren Preis als die Wettbewerber anzubieten. Beide Strategien haben jedoch zur Folge, dass die Spezifikation der zugrunde liegenden Prozesse ansteigt. Mit der Spezialisierung des Outputs - zum einen die Qualitätssteigerung, zum anderen die Kostenreduktion - geht ebenfalls eine Spezialisierung der Prozesse einher.[873]

Das Ausmaß der Wettbewerbsintensität wurde ebenfalls im Rahmen der Fallstudie aufgenommen. Die Wettbewerbsintensität wurde in Anlehnung an Porters Branchenstrukturanalyse[874] mittels Fragen zur Höhe der Eintrittsbarrieren, zum Rivalitätsgrad, zur Bedrohung durch Substitutionsprodukte und zur Verhandlungsmacht von Endkonsumenten erhoben.[875] Grundsätzlich gestaltet sich die Wettbewerbsintensität in der untersuchten Bankenbranche als hoch.[876] Der Anstieg der Wettbewerbsintensität begründet sich im Wesentlichen auf die grundlegende Veränderung der Finanzmärkte, insbesondere durch das Internet, durch eine zunehmende Fülle an Produkten und eine stark angestiegene Rivalität zwischen noch bestehenden Banken. Der ansteigenden Wettbewerbsintensität begegnete die Bank der Fallstudie mit der Nutzensteigerung bzw. Angebotsdifferenzierung für den Kunden.

Das Ausmaß der Wettbewerbsintensität hat gleichzeitig einen Einfluss auf die Implementierung der Rollenorganisation. Grundsätzlich kann man festhalten, dass je höher sich die Wettbewerbsintensität in einer Branche gestaltet, desto eher eignet sich die Einführung einer Rollenorganisation. An dieser Stelle soll jedoch danach differenziert werden, ob es sich bei

[870] Vgl. zum Begriff des Nettonutzens Plinke 2000, S. 78 ff.

[871] Vgl. Plinke 2000, S. 81.

[872] Vgl. Jenner 1994, S. 103.

[873] Vgl. Körfgen 1999, S. 174 ff.

[874] Vgl. Porter 1984, S. 25 ff. Ebenfalls dazu Körfgen 1999, S. 175 ff.

[875] Vgl. dazu den Gesprächsleitfaden in Anhang B.

der Bewältigung der steigenden Wettbewerbsintensität um eine Kostenreduzierungs- oder Nutzenerhöhungsstrategie handelt. Verfolgt der Anbieter eine Nutzenerhöhung bzw. eine Angebotsdifferenzierung, so ergeben sich, vergleichbar mit dem Anstieg der Kundenheterogenität, zusätzliche bzw. spezifische Prozesse. Im Fall einer Kostenreduktionsstrategie muss dies nicht zwangsläufig der Fall sein. Unternehmen können sich hier auf ein sehr homogenes Leistungsprogramm im Bereich der Massenfertigung konzentrieren und somit wenige Prozesse stark standardisiert ablaufen lassen. Die Implementierung einer Rollenorganisation scheint in dieser Situation wenig sinnvoll. Im Gegensatz dazu können bei der Strategie der Nutzenerhöhung durch die Rollenorganisation zusätzliche bzw. spezifische Prozesse in die Unternehmensorganisation integriert werden. Die Situation gleicht im Wesentlichen der einer gesteigerten Kundenheterogenität.[877] Die Rollenorganisation gewährleistet, dass die zusätzlichen und komplexeren Prozesse ganzheitlich im Unternehmen verlaufen können. Demnach lässt sich folgenden These ableiten.

> Je höher sich die Wettbewerbsintensität in einer Branche gestaltet und zu deren Bewältigung eine Strategie der Nutzenerhöhung für den Kunden angewandt wird, desto eher eignet sich die Einführung einer Rollenorganisation.

These 6.2

Als dritte externe Einflussgröße auf die Einführung einer Rollenorganisation soll nachfolgend die Umweltdynamik untersucht werden. Mit der Umweltdynamik ist in diesem Zusammenhang die Veränderung der Kundenbedürfnisse und deren Lösung gleichzusetzen.[878] Der Grad der Dynamik ergibt sich dabei aus der Häufigkeit und der Stärke der Veränderungen.[879] Grundsätzlich macht eine Veränderung der Kundenanforderungen eine Anpassung des Prozessoutputs erforderlich. Liegt dementsprechend eine hohe Umweltdynamik in Form von häufigen und/oder starken Veränderungen der Kundenanforderungen vor, müssen die Prozesse laufend angepasst werden. In diesem Zusammenhang gestaltet sich eine Standardisierung der Prozesse schwierig. Der Grad der Dynamik wurde in den Gesprächen der Fallstudie mittels Fragen zur Häufigkeit der Veränderungen bei den Kundenwünschen, der Häufigkeit der Veränderungen bei den Lösungen der Kundenprobleme und der Stärke dieser

---

876 Vgl. dazu auch die Mittelwerte der geschlossenen Fragen. Für die Fragen IV.3.1 bis IV.3.4 konnten folgende Mittelwerten ermittelt werden: 4,3; 4; 3,88; 4,1. Zu den Fragen vgl. auch den Leitfaden in Anhang B. Es wurde mit einer Fünferskala gemessen.

877 Aufgrund der gleichen Situation wie bei der Kundenheterogenität können an dieser Stelle ebenfalls die Ergebnisse der IT-Dienstleister-Fallstudie zur Unterstützung der Thesenbildung herangezogen werden. Vgl. dazu die Ausführungen zur These 6.1.

878 Vgl. Körfgen 1999, S. 180.

879 Vgl. Kieser/Kubicek 1992, S. 371.

Veränderungen ermittelt.[880] Im vorliegenden Fall konnte eine hohe Umweltdynamik festgestellt werden.[881] Dieser Umstand impliziert eine mangelnde Standardisierbarkeit und die Notwendigkeit einer hohen Anpassungseffizienz.

Für die Frage nach der Implementierung einer Rollenorganisation bedeutet dies, dass eine Einführung eher dann sinnvoll ist, wenn eine hohe Umweltdynamik vorliegt. Diese Aussage begründet sich in der Möglichkeit der Rollenorganisation, eine hohe Anpassungseffizienz zu gewährleisten. Wie bereits unter Abschnitt 5.2.1.3 erläutert, können Rollen an sich verändernde Umweltbedingungen flexibel angepasst werden. Für Situationen mit einer hohen Umweltdynamik sind dies ideale Voraussetzungen, um den Kundenanforderungen flexibel begegnen zu können. Wechselnde Kundenanforderungen können mit Hilfe der Rollen schnell in angepasste Prozesse umgesetzt werden. Eine hohe Anpassungseffizienz ist dagegen für eine Umweltsituation mit einer geringen Dynamik nicht erforderlich. Die Kundenanforderungen bleiben stabil, wodurch eine Standardisierung der Prozesse möglich wird. Damit lässt sich folgende These ableiten.

> Je höher sich die Umweltdynamik in einer Branche gestaltet, desto eher eignet sich die Einführung einer Rollenorganisation.

These 6.3

Zusammenfassend zeigen die Ausführungen zum Einfluss externer Komponenten auf die Einführung einer Rollenorganisation, dass eine Implementierung global betrachtet umso sinnvoller ist, je dynamischer, unbeständiger und heterogener sich die Umwelt darstellt. Grundsätzlich kann man dieses Ergebnis mit der Eignung funktionaler gegenüber prozessorientierter Organisationsstrukturen vergleichen (vgl. Abbildung 4). Funktionale Organisationsformen eignen sich nur bei einem statischen und einfachen Umfeld sowie einem homogenen Leistungsprogramm. Stellt sich die Umwelt jedoch als dynamisch und komplex dar und werden diversifizierte Leistungen angeboten, so sind funktionale Strukturen ungeeignet und prozessorientierte Formen müssen zum Einsatz kommen. Diese Tendenz lässt sich ebenfalls bei der Einführung einer Rollenorganisation ableiten. Im weiteren Verlauf sollen nun die Auswirkungen von internen, beeinflussbaren Kontextkomponenten sowohl auf die Frage nach der Einführung als nach der konkreten Ausgestaltung der Rollenorganisation untersucht werden.

---

[880] Vgl. dazu den Gesprächsleitfaden in Anhang B.

[881] Vgl. dazu auch die Mittelwerte der geschlossenen Fragen. Für die Fragen IV.2.1 bis IV.2.3 konnten folgende Mittelwerte ermittelt werden: 3,27; 3,9; 3,73. Zu den Fragen vgl. auch den Leitfaden in Anhang B. Es wurde mit einer Fünferskala gemessen.

5.2.2.2 Einfluss interner Kontextkomponenten auf die Einführung und Gestaltung der Rollenorganisation

Neben der externen Komponente Umwelt haben vor allem interne Kontextkomponenten einen wesentlichen Einfluss auf die Entscheidung über die Implementierung und auf die Ausgestaltung einer Rollenorganisation. Bei der Untersuchung hinsichtlich des Einflusses interner Komponenten in den nachfolgenden Ausführungen wird dabei festzustellen sein, dass eine Vielzahl von Kontextkomponenten positiv miteinander korrelieren, d.h. es liegen gegenseitig verstärkende Effekte vor. Vor diesem Hintergrund sollen die einzelnen internen Dimensionen in den globalen Teilbereichen Prozessvielfalt, Prozesskomplexität und Motivation zusammengefasst werden. Im weiteren Verlauf wird dabei zunächst der Einfluss der Teilbereiche auf die Implementierung untersucht, um später auf die konkrete Ausgestaltung der Rollenorganisation einzugehen.

Unter dem Teilbereich Prozessvielfalt sollen all die Dimensionen zusammengefasst werden, die zu einer erhöhten Anzahl von Prozessen in der Unternehmensorganisation führen. Der Bereich beinhaltet dabei die Dimensionen angebotene Varianten, die Individualität und die Länge des Lebenszyklus der angebotenen Leistungen. Wie bereits zuvor angedeutet, bestehen auch zwischen diesen Komponenten Abhängigkeiten bzw. Überschneidungen. Die Beziehungen zu weiteren Kontextkomponenten sollen dabei an entsprechender Stelle in den weiteren Ausführungen verdeutlicht werden.

Die angebotenen Varianten einer Unternehmung bestimmen in direkter Weise die Anzahl der in einer Organisation vorhandenen Prozesse. Die Erhöhung der Variantenanzahl kann dabei eine Folge der gestiegenen Wettbewerbsintensität sein. Wie im vorherigen Abschnitt bereits erläutert, kann einer erhöhten Wettbewerbsintensität durch eine Angebotsdifferenzierung begegnet werden. Diese zieht zusätzliche Prozesse nach sich. Ebenso kann eine gestiegene Kundenheterogenität zu einer Ausweitung der Variantenzahl führen. Ziel ist es, jedes Kundensegment optimal ansprechen zu können. Eine hohe Anzahl an Varianten muss jedoch nicht zwingend aufgrund von externen Faktoren vorliegen. Ein diversifiziertes Leistungsprogramm in Form von vielen Varianten kann ebenso in der Strategie des Unternehmens begründet sein. Grundlegend kann jedoch festgehalten werden, dass eine hohe Variantenanzahl zu einer hohen Anzahl an differenzierten Prozessen im betreffenden Unternehmen führt.

Für die Rollenorganisation bedeutet diese Aussage, dass sich eine Einführung umso eher eignet, je höher die Variantenanzahl und damit auch die Anzahl an differenzierten Prozessen ist. Analog zu den externen Kontextkomponenten begründet sich diese These in der Möglichkeit der Rollenorganisation, eine Vielzahl unterschiedlicher Prozesse in eine bestehende Unternehmensstruktur zu integrieren. Jeder einzelne Prozess ist dafür in der entsprechenden Rolle hinterlegt. Die Rollenbeschreibung enthält dabei die Aufgaben, Verantwortlichkeiten und - was in diesem Fall von besonderer Bedeutung ist - die vor- und nachgelagerten Schnittstellen im Prozessablauf. Jeder Mitarbeiter kann dadurch auch bei einer großen Anzahl von Prozessen den weiteren Verlauf ganzheitlich überblicken. Zusätzlich werden die jeweiligen Erwartungen eines Kunden an eine spezifische Variante aufgenommen. Der Mitarbeiter kann daher der Variante entsprechend die Erwartungen aus der Rolle schnell und einfach ableiten. Zudem erfordert eine hohe Variantenanzahl ein umfassendes Wissen bzw. eine Qualifikation des Mitarbeiters. Die Rollenorganisation kann diesen Qualifikationsanspruch durch die strategische Personalentwicklung gewährleisten. Dieser Aspekt der Rollenorganisation soll jedoch später im Rahmen der Dimension Länge des Lebenszyklus aufgegriffen werden, da bei dieser Komponente die Dynamik stärker im Vordergrund steht.

Eine weitere Komponente, die den Teilbereich Prozessvielfalt beeinflusst, ist die Individualität der angebotenen Leistung. Die mangelnde Standardisierbarkeit von Dienstleistungen führt immer wieder zu Situationen, in denen spezielle Kundenanforderungen von Mitarbeitern berücksichtigt werden müssen. Je individueller sich eine Leistungserstellung darstellt, desto unbeständiger sind die Prozesse des Unternehmens. Mitarbeiter müssen in dieser Situation in der Lage sein, flexibel auf die Bedürfnisse der Kunden einzugehen. Damit ist neben der fachlichen Qualifikation die Anforderung nach einem selbstorganisatorischen und eigenverantwortlichen Denken und Handeln der Mitarbeiter verbunden.[882]

Aus der Anforderung nach einem selbstorganisatorischen Handeln bei individuellen Dienstleistungen kann für die Rollenorganisation abgeleitet werden, dass sich eine Einführung umso eher eignet, je individueller eine Leistungserstellung vorgesehen ist. Der Aufgabenbereich eines Mitarbeiters ist durch die Rolle transparent definiert, gleichzeitig kann er jedoch bei einer globalen Definition seine Aufgaben selbstorganisatorisch bzw. nach seiner eigenen Art und Weise durchführen (vgl. insbesondere die Zitate 17 und 18).[883] Daneben wird aber gerade in dieser Situation ein ganzheitlicher und störungsfreier Ablauf des Prozesses gewährleistet, da der Aufgabenbereich und die weiteren Schnittstellen mit den nachfolgenden Aufgaben klar definiert sind. Obwohl ein selbstorganisatorisches Handeln vorliegt, werden Rollenkonflikte zwischen unterschiedlichen Schnittstellen im Prozess verhindert. Die Rollenorganisation verbindet damit die Möglichkeiten des eigenständigen Handelns mit einem weiteren störungsfreien Prozessablauf. Bei einer standardisierten Leistungserstellung ist hingegen das selbstorganisatorische Handeln nicht zwingend notwendig. Wenige Prozesse sind eindeutig definiert und benötigen keinen eigenen Spielraum. Demnach eignet sich die Implementierung einer Rollenorganisation eher bei nicht standardisierten Dienstleistungen. An dieser Stelle ist anzumerken, dass die Dimension Individualität starke Überschneidungen zum Bereich Prozess-

[882] Vgl. dazu auch Abschnitt 2.3.2.2.

[883] Vgl. hierzu die Ausführungen unter Abschnitt 5.2.1.1.5.

komplexität aufweist. Eine individuelle Leistungserstellung führt neben einer erhöhten Anzahl ebenso zu komplexeren Prozessen. Dieser Aspekt soll in den weiteren Ausführungen unter der Dimension Integrativität wieder aufgegriffen werden.

Als dritter Einflussfaktor auf die Prozessvielfalt in einem Unternehmen kann die Länge des Lebenszyklus betrachtet werden. Ebenso wie Sachgüter unterliegen auch Dienstleistungen einem Lebenszyklus.[884] Nach einem bestimmten Zeitablauf besteht für das Unternehmen die Herausforderung, sich durch innovative Leistungen vom Wettbewerb zu differenzieren. Die Länge der Lebenszyklen verkürzt sich in diesem Zusammenhang bei steigernder Wettbewerbsintensität. Der Erfolg einer neuen Dienstleistung hängt dabei neben der Prozessgestaltung in besonderem Maße von der Qualifikation der Mitarbeiter ab. Im Fall der Rollenorganisation kann im Rahmen einer Neuentwicklung auf alte Rollen zurückgegriffen und eine Anpassung vorgenommen werden.[885] Für die Integration des neuen Prozesses muss nicht jede Aufgabe, Tätigkeit usw. neu definiert und vor allem nicht in neuen Interaktionsprozessen eingespielt werden. Alle Rollen im Prozess sind für jeden Mitarbeiter einsehbar und die Erwartungen an seine Rolle sowie die Erwartungen gegenüber anderen Rollen im Prozess transparent ableitbar. Der Prozess muss in diesem Fall nicht komplett durch umständliche Interaktionsprozesse neu eingespielt werden. Damit ermöglicht die Rollenorganisation aufgrund ihrer hohen Anpassungseffizienz eine flexible Anpassung an neue Dienstleistungen und somit ebenfalls an neue Prozesse. Zudem können bereits in der Entwicklungsphase der neuen Dienstleistung durch die Rolle Entwicklungsbedarfe aufgedeckt und in Weiterbildungsmaßnahmen umgesetzt werden. Die Rollenorganisation kann durch ihre strategische Personalentwicklung die laufende Anpassung an sich verändernde Dienstleistungen bzw. Prozesse, die in verkürzten Lebenszyklen begründet sind, gewährleisten. Rollen gestalten sich im Rahmen der Qualifikationsausweitung bzw. der Prozessanpassung wesentlich flexibler als Stellen.[886] Zusammenfassend kann die These aufgestellt werden, dass Rollenorganisationen eher dann eingesetzt werden sollten, je kürzer die Lebenszyklen einer spezifischen Dienstleistung sind.

Insgesamt lassen sich die vorangegangenen Ausführungen zum Einfluss der Prozessvielfalt auf die Einführung einer Rollenorganisation zur folgenden These zusammenfassen.

Je größer sich die Prozessvielfalt einer Unternehmung durch die Dimensionen Variantenanzahl, Individualität und Länge des Lebenszyklus gestaltet, desto eher

[884] Vgl. Haller 2002, S. 77.

[885] Vgl. Frings/Weisbecker 1998a, S. 20.

[886] Vgl. ausführlich zu dieser Thematik Abschnitt 5.2.1.1.4.

eignet sich eine Rollenorganisation.

These 7.1

Analog zur Kundenheterogenität kann die hier abgeleitete These durch die Fallstudie des IT-Dienstleisters unterstützt werden.[887] Da in der Beschaffungsabteilung nur eine geringe Anzahl differenzierter Prozesse vorhanden sind und jeder Mitarbeiter meist nur einen Prozess durchführt, ist beispielsweise eine Visualisierung der vor- und nachgelagerten Schnittstellen durch Rollen nicht erforderlich. Der Prozessverlauf ist den Mitarbeitern ohnehin klar. Zudem sind die Prozesse durch einen langen Lebenszyklus gekennzeichnet, da es sich um indirekte, unterstützende Prozesse handelt. Die Notwendigkeit einer hohen Anpassungseffizienz ist damit nicht gegeben.

Der zweite Teilbereich interner Kontextkomponenten, der die Implementierung einer Rollenorganisation beeinflusst, kann als Prozesskomplexität bezeichnet werden. In dem Bereich sind die Dimensionen Größe bzw. hierarchische Komplexität der Unternehmung, Wissensgrad sowie Integrativitätsgrad zusammengefasst. Jede Dimension hat für sich einen Einfluss auf die Komplexität der Unternehmensprozesse, wobei alle drei Komponenten wiederum positiv miteinander korrelieren.

Als interne Kontextvariable, die die Prozesskomplexität und damit die Einführung einer Rollenorganisation beeinflusst, kann die Größe einer Unternehmung bzw. die hierarchische Komplexität der Organisationsstruktur genannt werden. Grundsätzlich kann davon ausgegangen werden, dass je kleiner ein Unternehmen ist, desto ganzheitlicher gestalten sich die Leistungserstellung von Dienstleistungen und damit auch der Prozessablauf, der von einer oder wenigen Personen durchgeführt wird. Mit einer steigenden Unternehmensgröße ist in der Regel auch eine größere Anzahl von Schnittstellen verbunden. Dies muss nicht zwangsläufig so sein. Wie bereits ausgeführt, propagieren gerade das Prozessmanagement und insbesondere das BPR, dass auch komplexe Prozesse in Form des Case Managements aus einer Hand bzw. von einer Person erbracht werden können.[888] Ebenso wurde jedoch auch dargestellt, dass die Installation eines Case Managements aufgrund von Wissensbarrieren in nur seltenen Fällen möglich ist und sich auf eher indirekte, unkomplexe und standardisierte Bereiche beschränkt. Entscheidend für die vorliegende Fragestellung ist jedoch nicht, ob mit steigender Unternehmensgröße vermehrt Schnittstellen vorliegen, sondern dass bei einem kleinen Unternehmen diese tendenziell nicht vorhanden sind. Die Koordination in sehr kleinen Unternehmen basiert hier eher auf „Zuruf". Diese Aussage unterstützen auch die Ergebnisse der Fallstudie. Die LRI

[887] Vgl. dazu die Ausführungen zur These 6.1 unter Abschnitt 5.2.2.1. Ausführlich zu den Ergebnissen der IT-Dienstleister-Fallstudie Abschnitt 5.3.

unterlag in der letzten Jahren einem enormen Wachstum. Konnte die Abstimmung der Prozesse bei der LRI vor einigen Jahren direkt erfolgen, hat sich mit dem Wachstum eine Hierarchie gebildet, die eine Koordination erfordert (vgl. dazu insbesondere die Zitate 19 und 20). Grundsätzlich kann man somit als Ergebnis festhalten, dass sich die Implementierung einer Rollenorganisation eher bei großen Unternehmen eignet, die eine gewisse Hierarchie aufweisen. In kleinen Unternehmen liegen tendenziell keine Schnittstellen oder Hierarchien vor, die es zu überwinden gilt. Wurde in den vorherigen Ausführungen bislang nur eine Tendenzaussage getroffen, soll dieser Aspekt konkretisiert werden. Da sich die Unterschreitung einer gewissen Unternehmensgröße als Ausschlusskriterium für die Implementierung einer Rollenorganisation darstellt, soll an dieser Stelle eine Faustregel definiert werden: Für die Einführung einer Rollenorganisation sollte das betreffende Unternehmen die Anzahl von 200 Mitarbeitern nicht unterschreiten.

> Für die Einführung einer Rollenorganisation sollte das betreffende Unternehmen eine gewisse Unternehmensgröße aufweisen. Die Mitarbeiteranzahl sollte 200 nicht unterschreiten.

These 7.2

Eine weitere Dimension, die einen Einfluss auf die Prozesskomplexität besitzt, bildet der Wissensgrad, der für die Erbringung der Dienstleistung notwendig ist. Die Komponente des Wissensgrades überschneidet sich im starken Maße mit der Dimension Integrativität. Dennoch soll die Dimension an dieser Stelle zusätzlich genannt werden, da sie die Bedeutung der strategischen Personalentwicklung im Rahmen der Rollenorganisation unterstreicht. Der Zusammenhang zur Integrativität soll in den späteren Ausführungen wieder aufgegriffen werden. Wissensbasierte Dienstleistungen sind solche Leistungen, die zu einem hohen Maße mit Hilfe der Ressource Wissen erstellt werden.[889] Der Erfolg der Dienstleistung ist wesentlich von den Schlüsselqualifikationen sowie den methodischen und sozialen Kompetenzen der Mitarbeiter abhängig. Mitarbeiter müssen Daten und Informationen in Wissen transformieren und für die Kunden nutzbar machen. Nur durch eine ständige Überprüfung und Erweitung des Wissens bezüglich der sich verändernden Umwelt bleibt das Dienstleistungsunternehmen wettbewerbsfähig.

Die Einführung einer Rollenorganisation eignet sich umso eher, je höher sich der Wissensgrad in der jeweiligen Dienstleistungsorganisation gestaltet. Diese Aussage begründet sich in zwei Punkten: Zunächst ist für die Aufrechterhaltung des Wissens in der Unternehmung eine permanente, an der Strategie und der Umwelt ausgerichtete Weiterbildung notwendig. Die

---

[888] Vgl. dazu ausführlich Abschnitt 2.2.1.2.2.

Rollenorganisation kann mit der strategischen Personalentwicklung diesen Umstand gewährleisten. Durch die mit einer Rolle verbundenen Mitarbeiterentwicklungsgespräche werden die Veränderungen der Rolle hinsichtlich Umwelt, Prozessablauf, Verantwortlichkeiten usw. aufgenommen und können in Weiterbildungsmaßnahmen umgesetzt werden. Die Personalentwicklung verläuft damit immer parallel zur Entwicklung der Umwelt bzw. der Unternehmensentwicklung. Ein weiterer Grund liegt in der hohen Anpassungseffizienz der Rollenorganisation, die eine schnelle und flexible Anpassung ermöglicht.[890] Die komplexen Veränderungen der Umwelt können mit Stellen und Stellenbeschreibungen als Orientierungsmittel kaum erfasst werden, da sie eine Kontinuität der Verhältnisse voraussetzen. Wie unter Abschnitt 2.1.2 beschrieben, sind diese Voraussetzungen nur noch in sehr seltenen Fällen gegeben. Insbesondere wissensbasierte Organisationen lassen ein stabiles Umfeld vermissen.[891] Rollen können unter diesen Umständen schneller an neue Probleme oder Veränderungen angepasst werden. Im Gegensatz zu Stellen sind die Rollen dynamisch geprägt[892] und weisen die notwendige Flexibilität zur Bewältigung der zunehmenden Umweltveränderungen auf. Daraus ergibt sich folgende These.

Die Einführung einer Rollenorganisation eignet sich umso mehr, je höher sich der zur Erbringung der Dienstleistung erforderliche Wissensgrad darstellt.

These 7.3

Den dritten Einflussfaktor auf die Prozesskomplexität bildet der Integrativitätsgrad. Die Integrativität soll als die zentrale Eigenschaft von Dienstleistungen angesehen werden, aus der sich alle weiteren Besonderheiten von Dienstleistungen begründen lassen.[893] Da sich unter der Komponente Integrativitätsgrad eine Vielzahl von weiteren Einflussdimensionen auf die Einführung einer Rollenorganisation subsumieren lassen, soll der Integrativitätsgrad als die zentrale Dimension für die konkrete Ausgestaltung der Rollenorganisation im späteren Verlauf der Arbeit herangezogen werden. Zunächst werden jedoch nur die Auswirkungen auf die Implementierung dargestellt.

In Anlehnung an Abbildung 12 kann festgehalten werden, dass mit steigendem Integrativitätsgrad die zwischen Kunden und Mitarbeiter gesendete Informationsquantität zu-, die Qualität jedoch abnimmt. Zudem erhöhen sich bei steigender Integrativität die Interaktionsdauer und die Bedeutsamkeit der Dienstleistung. Daneben hat der Integrativitätsgrad noch weitere Aus-

[889] Vgl. Osterloh/Boos 2001, S. 783.

[890] Vgl. zur Anpassungseffizienz der Rollenorganisation Abschnitt 5.2.1.3.

[891] Vgl. Looss/Stadelmann 1997, S. 143; Raab-Stahl 1998, S. 65 f.

[892] Vgl. ausführlich zum dynamischen Charakter von Rollen Abschnitt 5.2.1.1.4.

wirkungen auf die Beziehung zwischen Kunden und Mitarbeiter, die in der Form zusammengefasst werden können, dass mit höherer Integrativität die Komplexität der Mitarbeiterentscheidungen zunimmt.[894] Mit zunehmender Komplexität der Mitarbeiterentscheidungen steigt ebenfalls die Komplexität der Dienstleistung und damit auch der Prozesse, die zur Leistungserstellung erforderlich sind. Dieser Komplexitätsanstieg hat ebenfalls Auswirkungen auf die Frage nach einer Einführung der Rollenorganisation. Grundsätzlich kann die Aussage getroffen werden, dass je höher der Integrativitätsgrad in einem Dienstleistungsunternehmen ist, desto eher eignet sich die Einführung einer Rollenorganisation.

Je höher sich die Integrativität eines Dienstleistungsunternehmens darstellt, desto eher eignet sich die Einführung einer Rollenorganisation.

These 7.4

Für die Begründung der These sind die Überschneidungen mit weiteren Kontextkomponenten zu verdeutlichen. Zunächst steigt mit zunehmender Integrativität auch der Wissensgrad an, der zur Erbringung der Dienstleistung notwendig ist.[895] Eine weitere Überschneidung besteht zur Individualität von Dienstleistung, die wiederum mit der Variantenanzahl korreliert. Je höher sich der Integrativitätsgrad der Dienstleistung gestaltet, desto größer ist auch der individuelle Charakter der Dienstleistung und desto höher ist damit auch tendenziell die Variantenanzahl. Ebenso sind zu externen Komponenten wie der Kundenstruktur und der Wettbewerbsintensität Korrelationen zu sehen. Beide Dimensionen führen zu differenzierten Prozessen, die auch mit einer hohen Integrativität einhergehen können. Die Beziehungen zeigen, dass die Gründe für die Einführung einer Rollenorganisation bei hohen Ausprägungen der genannten Dimensionen auf den Integrativitätsgrad übertragen werden können und umgekehrt. Die Rollenorganisation gewährleistet bei hoch integrativen Dienstleistungserstellungen, dass Mitarbeiter auf die ansteigende Komplexität reagieren können. Zunächst stellt sie sicher, dass eine Vielzahl von Prozessen in eine bestehende Organisationsstruktur integriert werden können. Daneben ermöglicht die Definition der Rollen mit steigender Integrativität ein selbstständiges Arbeiten, ohne dass Konflikte innerhalb des Prozesses entstehen. Zudem bietet die Rollenorganisation eine hohe Anpassungseffizienz, um auf individuelle Ansprüche bei hoch integrativen Dienstleistungen reagieren zu können. Und schließlich erfordern integrative Dienstleistungen Schlüsselqualifikationen und eine hohe methodische und soziale Kompetenz, die durch die strategische Personalentwicklung der Rollenorganisation geschaffen und

---

[893] Vgl. dazu ausführlich Abschnitt 2.3.2.2.

[894] Vgl. Mills/Margulies 1980, S. 261 ff. Ebenfalls dazu die Ausführungen in Abschnitt 2.3.2.2, insbesondere Abbildung 12.

[895] Vgl. dazu die Ausprägungen eines steigenden Integrativitätsgrades in Abschnitt 2.3.2.2, insbesondere Abbildung 12.

den Umweltveränderungen laufend angepasst werden kann.[896] Die Ausführungen zeigen, dass ein Großteil der Komponenten in die Dimension Integrativitätsgrad zusammengeführt werden können. Der Integrativitätsgrad soll demnach für die konkreten Ausgestaltungsempfehlungen der Rollenorganisation herangezogen werden. Zunächst wird jedoch als letzte interne Einflusskomponente auf die Integration der Rollenorganisation die Motivation der Mitarbeiter analysiert.

Neben den Teilbereichen Prozessvielfalt und -komplexität soll gesondert der Einfluss der Mitarbeitermotivation auf die Einführung einer Rollenorganisation betrachtet werden. Die getrennte Untersuchung begründet sich in der unzureichenden Zurechnung zu den Teilbereichen Prozessvielfalt und -komplexität. Wie die Ausführungen zeigen werden, existieren zwar tendenziell Schnittstellen zu den Dimensionen Integrativitäts- bzw. Wissensgrad. Dieser Zusammenhang ist jedoch nicht eindeutig definierbar und erhöht nicht zwangsläufig die Prozesskomplexität.

Die Motivation von Mitarbeitern wird in Unternehmensorganisationen immer dann wichtig, wenn Wissen für die Dienstleistungserstellung ausgetauscht und weitergegeben werden muss.[897] In dieser Situation ist neben der extrinsischen vor allem die intrinsische Motivation der Mitarbeiter von großer Bedeutung.[898] Intrinsische Motivation bedeutet in diesem Zusammenhang, dass eine Handlung um ihrer selbst willen ausgeübt wird, weil sie einen Zustand von Zufriedenheit bzw. ein „Flow"-Gefühl hervorruft,[899] während die extrinsische Motivation beispielsweise durch die Entlohnung in Form von Geld erzeugt wird. Insbesondere bei hoch integrativen Dienstleistungen bildet eine intrinsische Motivation der Mitarbeiter die Grundlage für eine erfolgreiche Dienstleistungserstellung.[900] Eine Verstärkung der Mitarbeitergefühle bezüglich der Kompetenz und der Selbstkontrolle kann durch informierende Aspekte hervorgerufen werden.[901] Die Rollenorganisation unterstützt diese informierenden Aspekte. Zunächst verdeutlichen Rollen die Erwartungen, die an eine entsprechende Rolle gerichtet sind und was der Rolleninhaber vom Rollenumfeld erwarten kann. Die Beziehungen zu vor- und nachgelagerten Schnittstellen im Prozessablauf sind durch die Rolle transparent dargestellt und erhöhen damit die Information über die jeweilige Position im Unternehmen. Von größerer Bedeutung in Bezug auf die informierenden Aspekte ist in

---

[896] Analog zur Kundenheterogenität und Prozessvielfalt kann die Thesenbildung ebenfalls durch die IT-Dienstleister-Fallstudie unterstützt werden. Vgl. ausführlich dazu Abschnitt 5.3.

[897] Vgl. Osterloh/Wübker 1999, S. 73.

[898] Vgl. zur extrinsischen und intrinsischen Mitarbeitermotivation ebenfalls Abschnitt 2.3.2.2.

[899] Csikszentmihalyi 2003, S. 18.

[900] Vgl. dazu die Ausführungen in Abschnitt 2.3.2.2.

[901] Vgl. Osterloh/Boss2001, S. 791.

diesem Zusammenhang die strategische Personalentwicklung der Rollenorganisation. Jeder Mitarbeiter kann sich durch die Rollen seine zukünftig geforderten Qualifikationen verdeutlichen. Zudem können durch die Rollentransparenz Anreize geschaffen werden, die Mitarbeiter dazu anregen ihre eigene Entwicklung zu fördern, ihre Kompetenzen weiterzuentwickeln und damit den beruflichen Werdegang zielgerichtet zu planen. Die strategische Personalentwicklung fördert diese Eigenentwicklung, da sich die Qualifizierungsmaßnahmen eng an die Rollen anlehnen. Mitarbeiter können damit konkrete Karrierewege ableiten. Wie bereits in Abschnitt 5.2.1.5.2 verdeutlicht, fördert die Rollenorganisation damit die Motivationseffizienz der Mitarbeiter. Gleichzeitig setzt sie aber auch eine gewisse intrinsische Motivation voraus. In Bereichen, die grundlegend von extrinsisch motivierten Mitarbeitern geprägt sind, ist die Rollenorganisation aufgrund ihrer Ausrichtung auf nichtmonetäre Ziele als eher ungeeignet anzusehen. Damit lässt sich folgende These ableiten.

> Je höher sich die intrinsische Motivation von Mitarbeitern darstellt, desto eher eignet sich die Einführung einer Rollenorganisation.

These 7.5

Zusammenfassend zeigen die Thesen zu den Einflüssen interner und externer Kontextkomponenten auf die Einführung einer Rollenorganisation, dass eine Implementierung umso sinnvoller ist, je heterogener und dynamischer die Umwelt ist und je vielfältiger und komplexer sich die Prozesse innerhalb der Unternehmensorganisation gestalten. An dieser Stelle ist jedoch noch festzuhalten, dass sich eine Rollenorganisation nicht auf den Dienstleistungsbereich beschränken muss. Ebenso kann ein Rollenkonzept im Sachgüterbereich angewendet werden. Die nachfolgende Abbildung soll die geeigneten Einsatzmöglichkeiten der Rollenorganisation in Anlehnung an die Leistungstypologie von Engelhardt, Kleinaltenkamp und Reckenfelderbäumer illustrieren. Die schraffierte Fläche verdeutlicht anhand des Integrativitätsgrades den geeigneten Einsatzraum der Rollenorganisation.

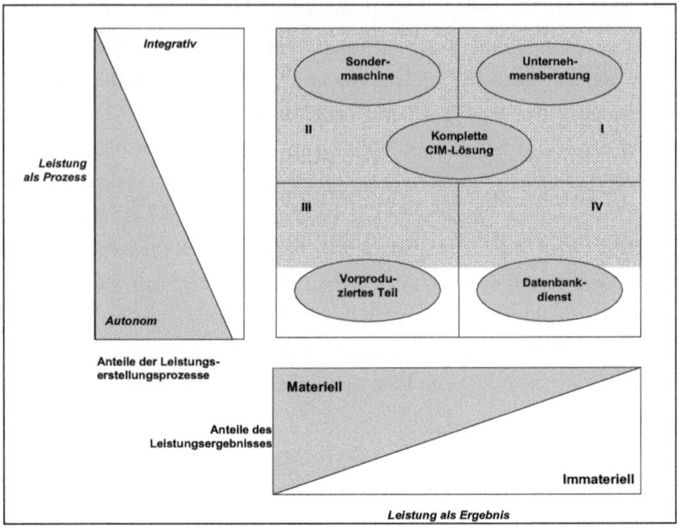

Abbildung 42: Einsatzmöglichkeiten der Rollenorganisation in Abhängigkeit vom Integrativitätsgrad

Im weiteren Verlauf der Arbeit soll nun eine These hinsichtlich der konkreten Ausgestaltung der Rollenorganisation generiert werden. Wie bereits zuvor dargestellt, wird sich die These dabei auf den Integrativitätsgrad beziehen, da ein Großteil der Kontextkomponenten unter dieser Dimension zusammengefasst werden können.

Bei Dienstleistungen mit einem niedrigen Integrativitätsgrad sollte eine Organisationsstruktur vorliegen, die Konflikte im Spannungsfeld zwischen Kunde und Unternehmen proaktiv vermeidet.[902] In diesem Zusammenhang muss Mitarbeitern im Kundenkontakt transparent verdeutlicht werden, welche Erwartungen ein Kunde an das Unternehmen richten kann. Der Arbeitsbereich, Arbeitsschritte, Verantwortlichkeiten oder Ergebnisse müssen dafür klar und explizit definiert sein, um Konflikten gegenüber Kunden und anderen Mitarbeitern des Unternehmens vorbeugen zu können. Im Gegensatz dazu ist mit steigendem Integrativitätsgrad eine explizite Definition von Arbeitsschritten im Zweifel nicht erforderlich. Für eine hoch integrative Leistungserstellung müssen die Mitarbeiter Eigenverantwortung übernehmen, um den Kundenanforderungen flexibel begegnen zu können. Das heißt jedoch nicht, dass Arbeitsbereiche nicht mehr abgrenzt werden müssen. Ohne eine Definition der Arbeitsbereiche und Verantwortlichkeiten würde es auch hier zu Konflikten kommen. Lediglich die Art und Weise der Aufgabendurchführung sollte dem Mitarbeiter selbst überlassen werden.

[902] Vgl. dazu ausführlich Abschnitt 2.3.2.2.

Analog zur Definition der Arbeitsinhalte in Abhängigkeit zum Integrativitätsgrad kann die Ausgestaltung von Rollen vorgenommen werden. Handelt es sich um Leistungserstellungsprozesse mit einem geringern Integrativitätsgrad, so ist auch bei Rollen eine explizite Definition nicht nur der Arbeitsbereiche und Verantwortlichkeiten, sondern auch der einzelnen Arbeitsschritte notwendig bzw. sinnvoll. Um einen ganzheitlichen Prozessablauf gewährleisten zu können, muss in der Rolle jeder einzelne Arbeitsschritt hinterlegt werden. Dies ist insbesondere bei Dienstleistungen von Bedeutung, die sich durch eher extrinsisch motivierte Mitarbeiter auszeichnen. Da in dieser Situation Eigenverantwortung und Selbstorganisation tendenziell unzureichend vorhanden sind, kann eine explizite Definition der Arbeitsschritte in Form von Rollen einen ungestörten Prozessablauf ermöglichen. Im Gegensatz dazu sollte mit steigendem Integrativitätsgrad die Globalität der zu definierenden Rollen zunehmen. Wie zuvor dargestellt, steigen mit dem Integrativitätsgrad ebenfalls die Ansprüche hinsichtlich Flexibilität und Individualität der Leistung. Um flexibel auf die Kundenwünsche reagieren zu können, muss dem jeweiligen Mitarbeiter ein gewisses Maß an Selbstorganisation ermöglicht werden. Da in dieser Situation tendenziell auch die intrinsische Motivation der Mitarbeiter zunimmt, kann von einer expliziten Definition einzelner Arbeitsschritte abgesehen werden. Gleichzeitig müssen jedoch auch hier die Arbeitsbereiche und Verantwortlichkeiten abgegrenzt werden, um Konflikte im Leistungserstellungsprozess zu vermeiden. Demnach lässt sich für die Ausgestaltung der Rollen folgende These ableiten.

> Je höher sich der Integrativitätsgrad einer Dienstleistung gestaltet, desto eher eignen sich im Hinblick auf die Definition einzelner Arbeitsschritte im Rahmen der Rollenorganisation global formulierte Rollen. Handelt es sich um Dienstleistungen mit einem geringen Integrativitätsgrad, sollten Rollen die Definition expliziter Arbeitschritte enthalten.

These 7.6

In Bezug auf die Ausgestaltung einer Rollenorganisation konnten im Rahmen der Fallstudie noch weitere Ansatzpunkte festgestellt werden. Da es sich bei diesen Gestaltungshinweisen eher um Anwendungsempfehlungen handelt, sollen die entsprechenden Hinweise erst im folgenden Abschnitt dargestellt werden. Neben den Anwendungsempfehlungen werden nachfolgend auch die Erkenntnisse der Thesenableitung zusammengefasst und Probleme der Rollenorganisation diskutiert.

5.3 Zusammenfassung und Anwendungsempfehlungen

Im folgenden Abschnitt werden die wesentlichen Ergebnisse der Thesenableitung zusammengefasst, um darauf aufbauend Probleme der Rollenorganisation zu thematisieren und konkrete Anwendungsempfehlungen für die Unternehmenspraxis abzuleiten. In den Ausführungen sollen ebenfalls die Ergebnisse der IT-Dienstleister-Fallstudie kurz dargestellt und für eine Abgrenzung zwischen Vorläuferkonzepten und der Rollenorganisation herangezogen werden.

Im Rahmen der Ableitung von Thesen hinsichtlich der Zielerreichung einer Rollenorganisation stand zunächst die Vermittlungsleistung von Rollen im Mittelpunkt. Eine wesentliche Grundlage für das Ziel, Prozesse über Rollen in bestehende Organisationsstrukturen zu integrieren, bildet die Vermittlungsleistung von Rollen im Organisationskontext. Es galt die Forschungsfrage zu beantworten, ob Rollen ein Medium darstellen können, das nicht nur eine Vermittlung in Form eines Transports von Informationen übernimmt, sondern selbst Bestandteil der Vermittlung ist. Durch die Untersuchung einzelner Unterkategorien dieser Forschungsfrage hinsichtlich der allgemeinen Wahrnehmung von Rollen, der Vermittlungsleistung in Bezug auf Erwartungen und weiterführende Informationen, wie z.B. die Arbeitsaufgaben, der Dynamik und der Freiheitsgrade von Rollen sowie des Einflusses von Rollen auf organisationale Praktiken konnte zusammenfassend eine These gebildet werden, die ein Verständnis von Rollen als Modi der Vermittlung unterstützt. Rollen senden in dieser Funktion zusätzlich zur eigentlichen Information in Form von Codes (wie z.B. Sprache) Interaktionsstrukturen, die Determinationsleistungen vorwegnehmen und damit eine vereinfachte Interaktion zwischen Organisationsmitgliedern ermöglichen. Rollen bilden damit eine potenzielle Grundlage, um Prozesse über die Vermittlungsleistung in bestehende Organisationsstrukturen zu integrieren.

Neben der Vermittlungsleistung bildete der Einfluss der Rollenorganisation auf die Prozesseffizienz einen weiteren Schwerpunkt der Fallstudie. Die Untersuchungen haben gezeigt, dass Rollen ein Potenzial bieten, die Prozesseffizienz einer Organisation zu erhöhen. Zum einen begründet sich die Effizienzsteigerung in dem Abbau von Schnittstellen durch die Vermittlungsleistung und die damit verbundene Transparenz einzelner Aufgabenbereiche, zum anderen in der Vermeidung von Rollenkonflikten und -ambiguität. Eine Steigerung der Prozesseffizienz durch eine explizite Verbindung von Rollen und Prozessen konnte nicht eindeutig nachgewiesen werden. Dies begründet sich darin, dass eine explizite Verbindung von Prozessen und Rollen in den vorliegenden Fallstudien nicht gegeben war. Für die vorliegende Arbeit soll jedoch von einer Effizienzsteigerung ausgegangen und im späteren Verlauf des Abschnitts die Verbindung von Rollen und Prozess als Anwendungsempfehlung dargestellt werden.[903]

In einem weiteren Abschnitt konnte herausgearbeitet werden, dass die Rollenorganisation einen positiven Einfluss auf die Höhe der Anpassungseffizienz eines Unternehmens hat. Die Auswirkungen auf die Anpassungseffizienz ergaben sich durch die innere und äußere Flexibi-

903 Vgl. dazu ebenfalls die Ausführungen unter Abschnitt 5.2.1.2.3.

lität von Rollen. Die innere Flexibilität beschreibt die Möglichkeit, dass Rollen bzw. Rollenbeschreibungen flexibel verändert werden können. Rollen werden demnach nicht nur dynamisch bzw. temporär durch die Mitarbeiter wahrgenommen, sondern sie können im Gegensatz zu statischen Stellen der sich immer schneller verändernden Umwelt flexibel angepasst werden. Daneben wird eine höhere Anpassungseffizienz durch die äußere Flexibilität von Rollen erreicht. Die äußere Flexibilität verdeutlicht, dass Rollen aufgrund ihrer Vermittlungsleistung und der Personenungebundenheit eine hohe Effizienz bei Wechselprozessen innerhalb der Organisation gewährleisten können. Zudem konnte in diesem Zusammenhang die Bedeutung des Mitarbeiterentwicklungsgespräches für eine Erhöhung der Anpassungseffizienz herausgestellt werden. Durch das Mitarbeiterentwicklungsgespräch wird ein konkreter Zeitpunkt gesetzt, an dem die Rolle bzw. die Rollenbeschreibung mit den Aufgaben, Verantwortlichkeiten usw. überdacht und ggf. angepasst wird. Die Rollenbeschreibung bleibt damit immer in Kontakt mit der Umweltentwicklung. Die Bedeutung des Mitarbeiterentwicklungsgesprächs soll später im Verlauf der Anwendungsempfehlungen wieder aufgegriffen werden.

Die weiteren Untersuchungen der Fallstudie thematisierten die Steigerung der Motivationseffizienz durch die Rollenorganisation. In einem ersten Teilbereich wurden dafür die Auswirkungen der Vermeidung von Rollenstress auf die Motivationseffizienz analysiert. Es konnte herausgestellt werden, dass durch die Reduzierung bzw. Vermeidung von Rollenkonflikten und Rollenambiguität durch die Rollenorganisation die Motivationseffizienz einer Organisation gesteigert werden kann. In einem weiteren Abschnitt wurden die direkten Auswirkungen der Rollenorganisation auf die Motivationseffizienz untersucht. Zunächst konnte in diesem Zusammenhang festgestellt werden, dass Rollen eine strategische Personalentwicklung ermöglichen. Die Weiterbildungsmaßnahmen einer Unternehmung erfolgen nicht mehr unkoordiniert, sondern Mitarbeiter werden auf konkrete Rollen innerhalb der Unternehmung weitergebildet. Damit erfolgt die Weiterbildung ebenfalls parallel zur Umweltentwicklung. Zudem wurde deutlich, dass mit Hilfe der strategischen Personalentwicklung einer Rollenorganisation simultan eine hohe Mitarbeiter- aber auch Aufgabenorientierung hervorgerufen werden kann. In erster Linie steht die Performance der Mitarbeiter im Mittelpunkt. Parallel werden aber auch die Mitarbeiterentwicklung bzw. persönliche Belange berücksichtigt. Diese Berücksichtigung beziehen die Mitarbeiter dabei fast ausschließlich auf das mit den Rollen verbundene Personalentwicklungskonzept. Somit werden die Mitarbeiter bei einer hohen Mitarbeiterorientierung mit dem Marktdruck konfrontiert. Weiterhin konnte festgestellt werden, dass das Personalentwicklungskonzept mit einer konkreten motivationsfördernden Wirkung verbunden ist. Die motivationsfördernde Wirkung begründet sich dabei wesentlich in der Abschätzbarkeit bzw. der Transparenz eines möglichen Karrierewegs. Die Karrieren sind an bestimmte Rollen geknüpft, mit denen spezielle Weiterbildungsgänge einhergehen. Ein weiterer Aspekt der Rollenorganisation, der die Motivationseffizienz in Organisationen steigen lässt, bildet die Simultanität von Fach- und Führungskräftelaufbahnen. Rollen ermöglichen hier, dass nicht nur Führungs-, sondern auch Fachkräfte bzw. Spezialisten einen Karriereweg einschlagen können, der mit der Führungskräftelaufbahn vergleichbar ist. Mit diesem „dualen" System geht ebenfalls eine hohe Personalbindungsmöglichkeit im Bereich der Spezialisten einher. Die Simultanität und die damit verbundene Gleichwertigkeit von Führungs- und Fachkräftelaufbahnen binden vor allem die Spezialisten, da auch ihnen adäquate Karrieremöglichkeiten offenstehen.

In dem zweiten Teil der Ableitung von Thesen wurde schließlich die Implementierung einer Rollenorganisation in Abhängigkeit von internen und externen Kontextkomponenten untersucht. Es konnte festgestellt werden, dass sich die Einführung einer Rollenorganisation umso eher eignet, je heterogener und dynamischer die Umwelt ist und je vielfältiger und komplexer sich die Prozesse innerhalb der Unternehmensorganisation gestalten. Zudem wurden Empfehlungen zur konkreten Ausgestaltung der Rollenorganisation unter Berücksichtigung des Integrativitätsgrades herausgearbeitet. Diese Ergebnisse sollen in den Ausführungen zu den Anwendungsempfehlungen wieder aufgegriffen werden. Die nachfolgende Tabelle fasst alle abgeleiteten Thesen noch einmal zusammen.

1.1	Mitarbeiter nehmen als Rolleninhaber im Organisationskontext sowohl die eigene als auch die Rollen anderer Mitglieder einer Organisation differenziert nach ihrer Rollenbeschreibung wahr.
1.2	Rollen sind in der Lage, Erwartungen zwischen Organisationsmitgliedern zu vermitteln, und bieten damit das Potenzial, die Anzahl von Rollenepisoden im Organisationskontext zu verringern.
1.3	Rollen sind in der Lage, Informationen, wie beispielsweise Arbeitsaufgaben oder Verantwortlichkeiten zwischen Organisationsmitgliedern, zu vermitteln.
1.4	Rollen werden im Gegensatz zu Stellen von Mitarbeitern dynamisch bzw. temporär wahrgenommen.
1.5	Rollen gewährleisten neben einer expliziten Definition der Arbeitsaufgabe auch gewisse Freiheitsgrade, die die Grundlage für ein selbstverantwortliches Handeln der Mitarbeiter bilden.
1.6	Rollen der Rollenorganisation können als dynamische Modi der Vermittlung angesehen werden.
2.1	Rollen der Rollenorganisation ermöglichen eine Überwindung von Schnittstellen im Prozessablauf und bieten damit ein Potenzial zur Steigerung der Prozesseffizienz.
2.2	Rollen der Rollenorganisation haben einen positiven Einfluss auf die Vermeidung bzw. Reduzierung von Rollenkonflikten und Rollenambiguität.
2.3	Die Vermeidung von Rollenkonflikten und Rollenambiguität durch Rollen der Rollenorganisation ermöglicht eine Steigerung der Prozesseffizienz.
3.1	Die innere Flexibilität von Rollen ermöglicht eine Steigerung der Anpassungseffizienz.
3.2	Die äußere Flexibilität von Rollen ermöglicht eine Steigerung der Anpassungseffizienz.
4.1	Die Vermeidung von Rollenkonflikten und Rollenambiguität durch die Rollen einer Rollenorganisation führt zu einer Steigerung der Motivationseffizienz.
5.1	Rollen einer Rollenorganisation können als Basis für eine strategische Personalentwicklung genutzt werden.
5.2	Die Rollenorganisation ermöglicht simultan eine hohe Mitarbeiter- und Aufgabenorientierung.
5.3	Die strategische Personalentwicklung der Rollenorganisation ermöglicht eine motivationsfördernde Wirkung bei den Mitarbeitern.

5.4	Die strategische Personalentwicklung der Rollenorganisation ermöglicht eine Simultanität von Führungs- und Fachkräftelaufbahn. Die Simultanität entfaltet dabei eine motivationsfördernde Wirkung bei den Mitarbeitern.
6.1	Je größer sich die Kundeheterogenität eines Unternehmens gestaltet, desto eher eignet sich die Einführung einer Rollenorganisation.
6.2	Je höher sich die Wettbewerbsintensität in einer Branche gestaltet und zur Bewältigung dessen eine Strategie der Nutzenerhöhung für den Kunden angewandt wird, desto eher eignet sich die Einführung einer Rollenorganisation.
6.3	Je höher sich die Umweltdynamik in einer Branche gestaltet, desto eher eignet sich die Einführung einer Rollenorganisation.
7.1	Je größer sich die Prozessvielfalt einer Unternehmung durch die Dimensionen Variantenanzahl, Individualität und Länge des Lebenszyklus gestaltet, desto eher eignet sich eine Rollenorganisation.
7.2	Für die Einführung einer Rollenorganisation sollte das betreffende Unternehmen eine gewisse Unternehmensgröße aufweisen. Die Mitarbeiteranzahl sollte 200 nicht unterschreiten.
7.3	Die Einführung einer Rollenorganisation eignet sich umso mehr, je höher sich der zur Erbringung der Dienstleistung erforderliche Wissensgrad darstellt.
7.4	Je höher sich die Integrativität eines Dienstleistungsunternehmens darstellt, desto eher eignet sich die Einführung einer Rollenorganisation.
7.5	Je höher sich die intrinsische Motivation von Mitarbeitern darstellt, desto eher eignet sich die Einführung einer Rollenorganisation.
7.6	Je höher sich der Integrativitätsgrad einer Dienstleistung gestaltet, desto eher eignen sich im Hinblick auf die Definition einzelner Arbeitsschritte im Rahmen der Rollenorganisation global formulierte Rollen. Handelt es sich um Dienstleistungen mit einem geringen Integrativitätsgrad, sollten Rollen die Definition expliziter Arbeitschritte enthalten.

Tabelle 4: Übersicht aller abgeleiteten Thesen.

Insgesamt konnte mit der Fallstudie die Erreichung eines Großteils der in Abschnitt 2.3.2.4 definierten Ziele durch die Implementierung einer Rollenorganisation nachgewiesen werden. Prozess-, Anpassungs- und Motivationseffizienz einer Organisation können durch die Einführung einer Rollenorganisation erhöht werden. Im Gegensatz dazu konnten die Ergebnisse der IT-Dienstleister-Fallstudie die abgeleiteten Thesen zur Zielerreichung nicht oder nur unzureichend unterstützen. Zunächst konnte in der Fallstudie als wesentliches Ergebnis festgehalten werden, dass Mitarbeiter die Rollen in diesem Konzept nicht konkret wahrnehmen. Rollen sind hier zwar auch definiert und im ARIS-Tool-Set hinterlegt und damit für jeden Mitarbeiter via Intranet einseh- bzw. abrufbar. Sie werden jedoch nicht für eine Vermittlung von Erwartungen oder weiterführenden Informationen wie Aufgaben oder Verantwortlichkeiten herangezogen. Die einzelnen Aktivitäten der Prozesse mit den vor- und nachgelagerten Schnittstellen sind den Mitarbeitern klar und bedürfen keiner weiteren Explikation. Dies gilt ebenfalls für die Erwartungen, die an die Mitarbeiter gerichtete sind. Aufgrund des geringen Handlungsspielraums und der konkreten Ziele eines Beschaffungsprozesses müssen den Mitarbeitern ebenfalls keine Erwartungen expliziert werden. Demnach wurde der Nutzenbeitrag von Rollen im Rahmen der IT-Dienstleister-Fallstudie durch die Mitarbeiter als gering eingestuft. Zudem wiesen die Rollen keine dynamischen Aspekte auf. Die internen Prozesse einer

Beschaffungsabteilung sind dem Innovationsdruck der Umwelt nur im geringen Maße ausgesetzt. Anpassungen an die Umwelt sind damit eher selten erforderlich. Die Prozesse wurden definiert bzw. optimiert und bleiben darüber hinaus aufgrund der stabilen Umweltbedingungen für einen längeren Zeitraum unverändert bestehen. Zudem fehlte in diesem Zusammenhang ein Vorgehen, wie z.B. das Mitarbeiterentwicklungsgespräch im Fall der LRI, das ein laufendes Prozessmanagement gewährleistet. Ebenso konnten von den Mitarbeitern keine Einflüsse von Rollen auf organisationale Praktiken der Unternehmung festgestellt werden. Damit zeigt sich zusammenfassend, dass im Konzept des IT-Dienstleisters Rollen nicht als Modi der Vermittlung angesehen werden können. Die These 1.6 konnte somit durch die Ergebnisse der zweiten Fallstudie nicht bestätigt werden. Dieser Schluss begründet sich in den großen konzeptionellen Unterschieden zwischen dem Rollenkonzept des IT-Dienstleisters und der eigentlichen Rollenorganisation. Ausführlich sollen Gründe und die daraus resultierenden Konsequenzen im späteren Verlauf dieses Abschnitts diskutiert werden.

Konnte eine Vermittlungsleistung von Rollen in der zweiten Studie nicht nachgewiesen werden, sind Auswirkungen des Rollenkonzepts auf die Prozesseffizienz ebenfalls nur bedingt vorhanden. Es konnte ein positive Wirkung der Rollen auf die Prozesseffizienz in dem Sinne festgestellt werden, dass durch die Rollen eine eindeutige organisatorische Zuordnung ermöglicht wird. Eine Transparenz über den jeweiligen Aufgabenbereich in Abgrenzung zur Rollenambiguität kann damit grundsätzlich hervorgerufen werden. Im Fall des IT-Dienstleisters wurde die Rollenbeschreibung dafür jedoch nicht herangezogen, da die Aufgabenverteilung in den weitgehend unkomplexen und kurzen Prozessen ohnehin klar ist.[904] Daneben konnte die Rollendefinition jedoch die Entstehung von Rollenkonflikten nicht vermeiden bzw. abschwächen. In der Organisation konnten Rollenkonflikte nachgewiesen werden, die jedoch durch die Rollendefinition nicht hätten verhindert werden können. Zum einen werden in diesen Situation die Rollen zur Konfliktbeseitigung aufgrund des differenzierten Rollenverständnisses nicht herangezogen, zum anderen sind in der Rollendefinition die dafür notwendigen Informationen nur unzureichend vorhanden. Neben der bedingt positiven Auswirkung auf die Prozesseffizienz konnten im Beriech der Anpassungs- und Motivationseffizienz keine Auswirkungen des Rollenkonzepts festgestellt werden. Auf der einen Seite ist das Konzept des IT-Dienstleisters nicht auf eine laufende Veränderung der Rollen, die eine Erhöhung der Anpassungseffizienz begründen könnte, ausgerichtet. Auf der anderen Seite kann die Steigerung der Motivationseffizienz komplett ausgeschlossen werden, da der Teilbereich der Rollensynthese in diesem Konzept völlig unberücksichtigt bleibt.

Insgesamt zeigen die Ausführungen, dass zwischen den beiden Fallstudien wesentliche Unterschiede hinsichtlich der Zielerreichung existieren. Die ungleichen Ergebnisse begründen sich

[904] Vgl. dazu auch die späteren Ausführungen zu den Kontextkomponenten in diesem Abschnitt.

dabei in der extrem differenzierten Ausgestaltung und Anwendung der Konzepte. Wie bereits unter Abschnitt 5.1.4 dargestellt, sollten die Ergebnisse der IT-Dienstleister-Fallstudie deshalb auch nicht in die Thesenableitung hinsichtlich der Zielerreichung einfließen. Vielmehr soll die Fallstudie nachfolgend herangezogen werden, um die wesentlichen Erfolgsfaktoren der Rollenorganisation zu identifizieren.

Aus dem Vergleich zwischen dem Rollenkonzept des IT-Dienstleisters als eine Art Vorläuferkonzept und der Rollenorganisation konnte als grundlegender Erfolgsfaktor die Verbindung von Prozess- und Personalmanagement durch den Teilbereich Rollensynthese identifiziert werden. Die Integration von Prozessen in eine bestehende Organisationsstruktur und die ganzheitliche Wahrnehmung dieser Prozesse durch die Mitarbeiter ist im Wesentlichen auf die Verbindung von Prozess- und Personalmanagement zurückzuführen. Die Mitarbeiter identifizieren sich mit der Rolle, da sie im Personalbereich ebenfalls mit der Rolle konfrontiert werden und ihre persönliche Bewertung und darauf aufbauend auch die Perspektivgruppeneinstufung an die Rolle gekoppelt sind. Wie die IT-Dienstleister-Fallstudie zeigt, gestaltet sich ohne den Zusammenhang zum Personalmanagement wiederum ein klassisches Integrationsproblem. Mitarbeiter werden Rollen zugeordnet, sie nehmen diese Rollen jedoch nicht wahr bzw. die Rollen werden nicht als Modus der Vermittlung angesehen. Damit gestaltet sich die Beziehung zu den einzelnen Prozessen unzureichend. Durch den Bezug zum Personalmanagement muss sich jedoch jeder Mitarbeiter mit der Rolle und damit auch mit dem Prozess beschäftigen. Eine Prozessdenkweise verankert sich somit in den Köpfen der Mitarbeiter. Als Kernergebnis kann somit festgehalten werden, dass eine Implementierung von Rollenkonzepten nur dann Vorteile entfalten kann, wenn der Teilbereich Rollensynthese bzw. die Verbindung zum Personalmanagement berücksichtigt wird. Die Faktoren, die eine Beziehung zwischen Prozess- und Personalmanagement fördern bzw. herstellen, sollen im Rahmen der Anwendungsempfehlungen näher beschrieben werden.

Neben der Verbindung zwischen Prozess- und Personalmanagement konnte ganz allgemein die Rollensynthese und hier speziell die strategische Personalentwicklung als Erfolgsfaktor identifiziert werden. Die Möglichkeit, sich auf bestimmte Rollen weiterbilden und damit einem konkreten Karriereverlauf folgen zu können, hat positive Auswirkungen auf die Motivationseffizienz der Unternehmung. Die Steigerung der Motivationseffizienz wird dabei entscheidend durch das Mitarbeiterentwicklungsgespräch beeinflusst.[905] Das Gespräch kann genutzt werden, um Karriere- bzw. Weiterbildungsplanungen festzulegen und darüber hinaus Konflikte zu beseitigen. Als Grundlage kann dafür immer die Rollenbeschreibung herangezogen werden, die in visualisierter Form Weiterbildungsmöglichkeiten aufdeckt und aufgrund der in ihr enthaltenen Informationen als Instrument zur Konfliktbewältigung genutzt werden

[905] Vgl. dazu ebenfalls die Ausführungen zur den Anwendungsempfehlungen in diesem Abschnitt.

kann. Neben der erhöhten Motivations- bildet die Rollensynthese auch eine Grundlage für eine Steigerung der Anpassungseffizienz. Der Zusammenhang zum Personalmanagement impliziert ein laufendes Auseinandersetzen und Überprüfen der Rolle seitens der Rolleninhaber. Somit kann eine Anpassung an Umweltveränderung flexibel und zeitnah vorgenommen werden.

Konnte die Fallstudie des IT-Dienstleisters die Thesen hinsichtlich der Zielerreichung nur unzureichend unterstützen, können die Ergebnisse für die Ableitung von Thesen im Zusammenhang mit Kontextkomponenten sehr wohl herangezogen werden. Die Dienstleistungen des IT-Dienstleisters sind durch eine hohe Standardisierung und geringe Integrativität gekennzeichnet. Damit stehen die Leistungen im Gegensatz zu denen der LRI, die sich durch Individualität und eine hohe Integrativität auszeichnen. Aus diesen gegensätzlichen Leistungsstrukturen ließen sich erste Hinweise ableiten, unter welchen Kontextbedingungen die Einführung einer Rollenorganisation generell sinnvoll erscheint. Wie bereits unter Abschnitt 5.2.2.2 dargestellt, ist die Implementierung einer Rollenorganisation umso sinnvoller, je heterogener und dynamischer die Umwelt ist und je vielfältiger und komplexer sich die Prozesse innerhalb der Unternehmensorganisation gestalten. Diese aus der Rollentheorie und der LRI Fallstudie abgeleiteten Ergebnisse konnten durch die Analyse des IT-Dienstleisters durchweg bestätigt werden. Unkomplexe, kurze und wenige Prozesse, die meist von nur einer Person ausgeführt werden, benötigen keine weiterführenden Informationen. Dem Mitarbeiter ist ohnedies klar, welche Aktivitäten wann und wie ausgeführt werden müssen und welche vor- und nachgelagerten Schnittstellen sich daran anschließen. In diesem Fall stützt sich die Generierung von Vorteilen auf die zuvor durchzuführende Prozessoptimierung. In dieser Phase können die einfachen Prozesse konstruiert und dem jeweiligen Mitarbeiter bei der Implementierung verdeutlicht werden. Eine zusätzliche Explikation der implizit an den Mitarbeiter gerichteten Erwartungen ist nicht notwendig, da sich die Erwartungen eines einfachen Prozesses ohnehin klar darstellen. Zudem sind bei Prozessen mit geringer Integrativität keine Freiheitsgrade erforderlich. Die einzelnen Aufgaben des Prozesses sind explizit definiert und die Förderung eines selbstständigen Handelns ist an dieser Stelle nicht erforderlich oder im Zweifel sogar nicht erwünscht.

Wurde in den vorangegangenen Ausführungen die Erreichung der unter Abschnitt 2.3.2.4 definierten Ziele mit Hilfe der Rollenorganisation betont, ist eine Implementierung der Rollenorganisation aber ebenso mit Problemen und Grenzen verbunden. Zudem sind speziell durch die angewandten Forschungsmethode Restriktionen zu beachten. Die Problematiken und Limitationen sollen in den nachfolgenden Ausführungen thematisiert werden.

Zunächst sind die Limitationen aufgrund der angewandten Forschungsmethode zu berücksichtigen. Als problematisch gestaltet sich die Generalisierbarkeit der abgeleiteten Aussagen. Die aus einer Fallstudie gewonnen Erkenntnisse begründen sich immer auf den untersuchten

Einzelfall. Der Methode der Fallstudienforschung mangelt es damit an einer externen Validität der Ergebnisse, auf deren Basis zunächst keine allgemeinen Ergebnisse abgeleitet werden können.[906] Wie bereits unter Abschnitt 5.1.2 ausführlich beschrieben, eignet sich die Fallstudienforschung jedoch insbesondere bei dem geringen Kenntnisstand zur Thematik von Rollenkonzepten. Die in Form von Thesen gewonnenen Erkenntnisse sollen demnach als erste Ansatzpunkte gewertet werden, welche in späteren Studien auch mit Hilfe von quantitativen Verfahren überprüft werden können. Grundsätzlich ist bei den Ergebnissen jedoch immer zu beachten, dass sie aus Einzelfällen abgeleitet wurden.

Abgesehen von der mangelnden Generalisierbarkeit ist bei der angewandeten Forschungsmethode zu berücksichtigen, dass neben der Rollenorganisation eine Vielzahl weiterer Einflussfaktoren auf die Erreichung der zuvor definierten Ziele existieren. Im Speziellen wurde bereits an entsprechender Stelle im Rahmen der Thesengenerierung auf diesen Umstand hingewiesen. Die Rollenorganisation kann beispielsweise nicht im Sinne einer Monokausalität für eine offene organisationale Praktik oder die hohe Mitarbeitermotivation und Arbeitszufriedenheit verantwortlich gemacht werden. Es existieren weitere mögliche Ursachen, wie die allgemeine Unternehmenskultur oder die wirtschaftliche Prosperität. Generell kann jedoch festgehalten werden, dass die Implementierung einer Rollenorganisation - als einer unter weiteren Einflussfaktoren - positive Auswirkungen auf die Steigerung der Prozess-, Anpassungs- und Motivationseffizienz einer Organisation besitzt.

Bevor im weiteren Verlauf der Arbeit Anwendungsempfehlungen erläutert werden, sollen zunächst ganz allgemein die mit der Einführung einer Rollenorganisation verbundenen Herausforderungen dargestellt werden. An dieser Stelle ist bewusst der Begriff Herausforderung gewählt worden, da konkrete Probleme im Rahmen der Fallstudie nicht identifiziert werden konnten. Die Herausforderungen begründen sich dabei im erheblichen Implementierungsumfang. Zunächst ist festzuhalten, dass eine Rollenorganisation nur dann all ihre Vorteile entfalten kann, wenn das Konzept in allen Unternehmensbereichen eingeführt wird. Die Anforderung der ganzheitlichen Implementierung basiert auf mehreren Gründen. Zum einen muss das gesamte Unternehmen durchdrungen sein, um komplexe Prozesse, die durch die gesamte Organisation und eine Vielzahl von Abteilungen laufen, mit Hilfe von Rollen abbilden zu können. Wenn in einigen Abteilungen das Konzept fehlt, kann auch der Prozess nicht ganzheitlich durch Rollen dargestellt werden. Zum anderen kommt es durch eine partielle Einführung zu Einschränkungen im Bereich der Motivations- und Anpassungseffizienzsteigerung. Bei partiellen Implementierungen können Mitarbeiter Karrierewege mit Hilfe von Rollen nicht mehr nachvollziehen. Strategische Weiterbildungsmaßnahmen auf konkrete Rollen entfallen damit. Zudem sind flexible Wechsel zwischen Rollen nur in solchen Abteilungen mög-

[906] Vgl. Harrigan 1983, S. 398.

lich, in denen das Konzept auch existiert. Die Rollenorganisation kann deshalb all ihre Vorteile nur dann ausspielen, wenn sie im gesamten Unternehmen - oder zumindest komplett in für sich abgetrennten Divisionen - installiert wird, womit ein erheblicher Aufwand einhergeht.

Neben dem erheblichen Umfang ist mit der Einführung einer Rollenorganisation ebenfalls eine lange Zeitdauer bis zur Verankerung des Konzepts in der Organisation verbunden. Bis alle Mitarbeiter das Konzept „leben", ist ein langwieriger Veränderungsprozess notwendig. Mitarbeiter müssen zunächst lernen, sich für einen ganzheitlichen Prozessablauf an den Rollen zu orientieren. Schwieriger als die Prozessorientierung ist für die Mitarbeiter die Verbindung zwischen Rollen und Aspekten des Personalmanagements. Die gesamte Leistungsbeurteilung und Planung eines möglichen Karrierewegs basiert auf Rollen. Weiterbildungsbedarfe werden im Entwicklungsgespräch an den Fähigkeiten des Mitarbeiters festgemacht, die sich jedoch auf eine konkrete Rolle beziehen. Jeder Mitarbeiter muss dann für das Einnehmen anderer Rollen „Fläche" hinzugewinnen.[907] Zudem sind an die unterschiedlichen Rollen aufgrund des Perspektivgruppenmodells Wertigkeiten geknüpft, die Positionen im Unternehmen verdeutlichen wodurch es anfänglich zu Missstimmungen bei der Einstufung kommen kann. Diese Umstände führen dazu, dass eine Implementierung viel Zeit in Anspruch nimmt. Idealerweise kann eine funktionierende Implementierung nicht unter fünf Jahren durchgeführt werden.

Die Ausführungen zum Umfang und zur Zeitdauer verdeutlichen, dass eine Einführung der Rollenorganisation durch ein kompetentes Change Management begleitet werden muss. Einen weiteren Grund für ein strukturiertes Change Management bilden mikropolitische Widerstände, die immer bei der Einführung von neuen Konzepten oder Strukturen entstehen können.[908] Wie bereits zur Zeitdauer ausgeführt, sind Rollen mit den Aspekten des Personalmanagements und durch die Perspektivgruppen mit einer Wertigkeit verbunden. Dieser Zusammenhang kann unter den Mitarbeitern zu Widerständen führen, die abgebaut werden müssen. Demnach ist es im Veränderungsprozess von enormer Bedeutung, betroffene Personen aus allen Abteilungen in die Projektphase bzw. bei der grundlegenden Definition von Rollen mit einzubeziehen. Wichtig ist wie bei jeder anderen Veränderung in Unternehmen auch, dass Führungskräfte das neue Konzept den Mitarbeiter Top-Down vorleben. Kommt es zu einer mangelnden Akzeptanz, z.B. im mittleren Management, gestaltet sich der Implementierungsprozess wesentlich problematischer. In der betrachteten Fallstudie LRI kam es bei der Einführung ebenfalls zu Widerständen in der Belegschaft. Durch das konsequente Vorleben des Konzepts durch die Führungskräfte und der Institutionalisierung aufgrund des Mitarbeiterentwicklungsgesprächs konnten Vorurteile und Skepsis der Mitarbeiter jedoch schnell ab-

---

[907] Vgl. dazu die Ausführungen in Abschnitt 5.2.1.5.1.

[908] Vgl. Doppler/Lauterburg 2005, S. 333.

gebaut und die Vorteile, insbesondere durch die strategische Personalentwicklung, verdeutlicht werden.

Abschließend sollen nun Anwendungsempfehlungen für die Implementierung einer Rollenorganisation vorgestellt werden. Grundsätzlich ist dabei festzuhalten, dass die Empfehlungen auf die in Kapitel 3 vorgestellte Rollenorganisation aufbauen. Die bereits vor der Fallstudie entwickelte Grundstruktur in Form von Rollenstruktur und -synthese bildet die Basis des Konzepts. Aufbauend auf dem Grundkonzept, sollen dann zusätzliche Bausteine in das Konzept aufgenommen werden, die sich aus der Fallstudienforschung ergeben haben. Das eigentliche Grundkonzept aus Kapitel 3 ist damit um die Anwendungsempfehlungen zu ergänzen. Die zusätzlichen Empfehlungen bestehen dabei sowohl aus konkreten Gestaltungsempfehlungen für das Grundkonzept als auch aus zusätzlichen Bausteinen.

Im Abschnitt zur Thesenableitung hinsichtlich interner und externer Kontextkomponenten konnten bereits erste Anwendungshinweise herausgearbeitet werden. Neben der generellen Eignung von Rollenkonzepten in eher heterogenen und dynamischen Umwelten konnte festgehalten werden, dass sich die Ausgestaltung der Rollenorganisation am Integrativitätsgrad orientieren sollte.[909] Je höher sich der Integrativitätsgrad einer Dienstleistung gestaltet, desto eher eignen sich global formulierte Rollen, die jeden einzelnen Arbeitsschritt nicht explizit festlegen. Handelt es sich hingegen um Dienstleistungen mit einem geringen Integrativitätsgrad, sollten Rollen die Definition expliziter Arbeitschritte enthalten.[910]

Zusätzliche Bausteine zum Grundkonzept der Rollenorganisation konnten vor allem in Bereich der Rollensynthese identifiziert werden. Zunächst ist die Implementierung eines Perspektivgruppenmodells zu nennen. Das Perspektivgruppenmodell bildet den Rahmen für eine langfristige Berufsplanung und fasst Mitarbeiter mit vergleichbaren Verantwortungen, Erfahrungen und Kompetenzen zu einer Gruppe zusammen. In dem Modell werden die einzelnen Rollenbeschreibungen zueinander in Beziehung gesetzt.[911] Das Modell führt zur Wertigkeit von Rollen und bildet damit die Grundlage für eine Steigerung der Motivationseffizienz. Rollen sind nicht nur mit Prozessen verbunden, sondern sie zeigen auch Beziehungen zu möglichen Karrierelaufbahnen im Unternehmen auf. Um in eine höhere Perspektivgruppe zu gelangen, muss der Mitarbeiter sich in Richtung einer nächsthöheren Rolle bewegen. Der Mitarbeiter ist damit motiviert, sich durch Maßnahmen der Personalentwicklung weiterzubilden. Zusätzlich kann der Mitarbeiter seine Position in der Unternehmung transparent ableiten

909 Vgl. ausführlich zu den internen und externen Kontextkomponenten, unter denen sich die Einführung einer Rollenorganisation eignet Abschnitt 5.2.2.

910 Vgl. zur Begründung dieser Anwendungsempfehlung Abschnitt 5.2.2.2.

911 Vgl. ausführlich zum Perspektivgruppenmodell Abschnitt 5.1.4 und Abbildung 38.

und seine eigene Entwicklung fördern. Dieser Aspekt hat einen weiteren Einfluss auf die Motivationseffizienz. Demnach ist bei der Implementierung einer Rollenorganisation die Einführung eines Perspektivgruppenmodells zu empfehlen. Das Modell bildet eine Basis für die Steigerung der Motivationseffizienz.

Eng verbunden mit der Einführung eines Perspektivgruppenmodells ist die Institutionalisierung eines Mitarbeiternetwicklungsgesprächs, das mindestens einmal im Jahr durchgeführt werden sollte. Das Entwicklungsgespräch hat einen wesentlichen Einfluss auf die Motivations- und Anpassungseffizienz der Rollenorganisation. Durch das Gespräch wird gewährleistet, dass mindestens einmal im Jahr die Rolle analysiert und an mögliche Veränderungen angepasst wird. Das Entwicklungsgespräch unterstützt damit den dynamischen Charakter und die Anpassungseffizienz von Rollen. Zudem werden im Entwicklungsgespräch die Qualifikationen der Rolleninhaber und mögliche Weiterbildungsmaßnahmen thematisiert. Entsprechend können zukünftige Karrierewege der einzelnen Mitarbeiter abgeleitet werden. Dies hat positive Auswirkungen auf die Motivationseffizienz der Organisation. An dieser Stelle ist jedoch anzumerken, dass die Institutionalisierung eines Mitarbeiterentwicklungsgesprächs nicht nur im Rahmen der Rollenorganisation die Motivationseffizienz steigert. In jeder anderen Organisationsform kann ein institutionalisiertes Mitarbeitergespräch ebenfalls die Motivation erhöhen.

Des Weiteren konnte im Rahmen der Fallstudien festgestellt werden, dass sich die Einführung und Anwendung der Rollenorganisation umso effizienter und effektiver gestaltet, je einfacher Mitarbeiter die Rollenbeschreibung abrufen können. Mit einer ubiquitären Verfügbarkeit geht ebenfalls eine höhere Akzeptanz des Konzepts einher. Daraus lässt sich die Anforderung ableiten, dass die Rollenorganisation in ein vorhandenes oder neu zu schaffendes IT-System integriert werden muss. Jeder Mitarbeiter muss in der Lage sein, den Prozess im jeweiligen IT-System bzw. einem Intranet transparent zu verfolgen und gleichzeitig die entsprechenden Rollen abzurufen. Abzurufen bedeutet in diesem Zusammenhang, dass die Mitarbeiter nicht nur nachvollziehen können, welche Rollen welchen Prozessschritten zugeordnet ist, sondern dass man direkt von der Prozessdarstellung in die Rollenbeschreibung wechseln kann. Somit sollte ein direkter Zugang vom Prozess zur Rolle selber existieren. Diese Integration der Rollenorganisation in IT-Systeme kann dabei auf vielfältige Art und Weise geschehen. In den betrachteten Unternehmen der Fallstudien und der Expertengespräche konnte ebenfalls die Integration von Rollen in die Systemlandschaft untersucht werden. Eine alleinige Visualisierung der zum Prozess zugehörigen Rolle, ohne diese mit der entsprechenden Rollenbeschreibung zu hinterlegen, unterstützt die Rollenorganisation jedoch nur in unzureichender Form. Ohne auf unterschiedliche Möglichkeiten der Informationstechnik eingehen zu wollen, soll im weiteren Verlauf kurz eine Verbindung des ServiceBlueprints mit der Rollenorganisation vorgestellt werden.[912]

Der Aufbau und die Optimierungsmöglichkeiten des ServiceBlueprints sind bereits in Abschnitt 3.2.1 ausführlich beschrieben worden. Ist ein Prozess durch das ServiceBlueprint visualisiert und optimiert worden, so kann die Definition von Rollen und damit die Gliederung der Rollenstruktur vorgenommen werden.[913] Dazu werden die einzelnen Aktivitäten zu Rollen zusammengefasst und optisch - am besten farblich oder durch Ellipsen - dargestellt. Die Abbildung 43 zeigt exemplarisch eine Zusammenfassung von Aktivitäten zu Rollen durch Ellipsen.

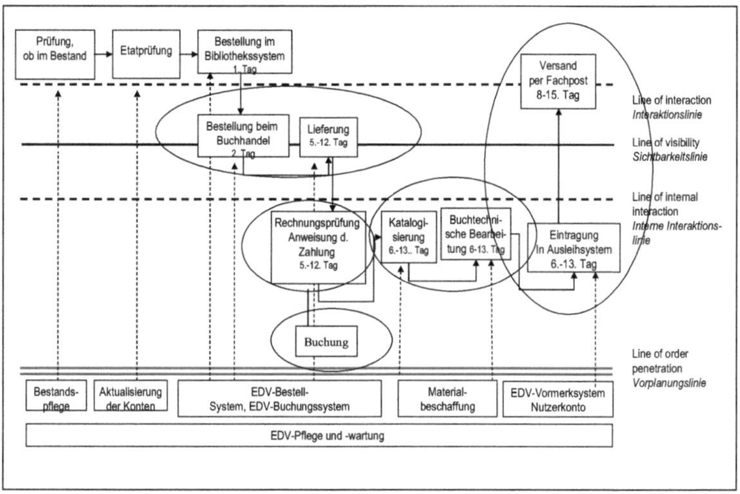

Abbildung 43: Rollen im ServiceBluprint™
Quelle: Fließ et al. 2004, S. 195.

Die Aufgaben, Verantwortlichkeiten, Qualifikationsanforderungen und Erwartungen, die mit der Rolle verbunden sind, werden auf einem weiteren Sheet im ServiceBlueprint festgehalten. In diesem Zusammenhang ist es wichtig, Rollenerwartungen transparent zu machen. Für eine effektive und effiziente Ausführung der Rolle ist es von wesentlicher Bedeutung, die implizit

[912] Aufgrund des Betrachtungsgegenstandes der Arbeit sollen sich die Erörterungen zur Verbindung zwischen Rollenorganisation und dem weiten Feld der Informationstechnik zugunsten des eigentlichen Konzeptes auf ein Mindestmaß beschränken.

[913] Vgl. dazu ausführlich Abschnitt 3.2.2.

an eine Rolle gerichteten Erwartungen zu explizieren.[914] Damit müssen für alle Mitarbeiter jegliche Rollen eines Prozesses transparent und einfach abrufbar sein.

Insgesamt zeigt der Abschnitt, dass die Rollenorganisation wesentliche Verbesserungspotenziale bei der organisatorischen Effizienz eines Unternehmens generieren kann. Gleichzeitig müssen bei der Einführung auch Grenzen und Ausgestaltungsformen einer Rollenorganisation in Abhängigkeit vom Dienstleistungstyp berücksichtigt werden. Nachfolgend sollen die wesentlichen Kernergebnisse der gesamten Arbeit zusammengefasst und ein Ausblick für weitere Forschungsarbeiten gegeben werden.

[914] Vgl. Fließ et al. 2004, S. 193. Ebenfalls dazu Abschnitt 3.2.2.2.

6 Rollenorganisation für Dienstleistungsprozesse – zusammenfassender Ausblick

In der Einleitung werden bereits die beiden grundlegenden Problembereiche verdeutlicht, die mit einer Organisation von Dienstleistungsprozessen verbunden sind und den Ausgangspunkt der vorliegenden Arbeit bilden: zum einen die Anforderungen, die sich in der Integrativität begründen. Im Mittelpunkt steht hier die Bedeutung der personellen Komponenten und der Flexibilität für Dienstleistungsorganisationen, zum anderen das Problem der Integration von Dienstleistungsprozessen in bestehende Organisationsstrukturen. Dabei handelt es sich um ein allgemeines Problem des Prozessmanagements, das jedoch aufgrund der Integration externer Faktoren gerade für Dienstleistungen eine hohe Relevanz aufweist. Neu zu entwickelnde Organisationsstrukturen bzw. -konzepte müssen diesen Herausforderungen an die Organisation von Dienstleistungsprozessen Rechnung tragen.

Um den Anforderungen an eine Organisation von Dienstleistungsprozessen zu begegnen, werden in der vorliegenden Arbeit die Möglichkeiten und Grenzen von Rollenkonzepten untersucht. In dem Konzept werden Rollen herangezogen, um eine Organisation für Prozesse zu schaffen. Eine Organisationsgestaltung basiert nicht mehr auf funktionalen Beschreibungen, sog. Stellenbeschreibungen, sondern auf Rollen. Sie bilden die Schnittstelle zwischen der Prozessgestaltung von Dienstleistungen und dem Mitarbeiter als Mittelpunkt des Unternehmens. Betrachtungsgegenstand der Arbeit ist damit die Entwicklung eines kompetenten Rollenkonzeptes und die Überprüfung der Zielerreichung im Hinblick auf die Anforderungen an eine Organisation von Dienstleistungsprozessen.

Das zweite Kapitel der Arbeit bildete in diesem Zusammenhang die Grundlage hinsichtlich des Prozessmanagements und stellte die Anforderungen an eine Organisation von Dienstleistungsprozessen dar. Nach einer allgemeinen Darstellung der Ursachen für die Entwicklung von der funktional geprägten bis hin zur prozessorientierten Organisationsstruktur konzentrierten sich die Ausführungen des zweiten Kapitels zunächst auf das Prozessmanagement in allgemeiner Form. Als erstes Ergebnis der Arbeit wurde in diesem Abschnitt die Integrationsproblematik von Prozessen in bestehende Organisationsstrukturen herausgearbeitet. Es konnte herausgestellt werden, dass bestehende Prozessmanagementkonzepte die Integration von Prozessen in Organisationsstrukturen bzw. die Integration der prozessorientierten Denk- und Handelsweise bei Mitarbeitern weitgehend vollständig vernachlässigen. Diese Integrationsproblematik wurde im weiteren Verlauf der Arbeit auf Dienstleistungsprozesse übertragen.

Im weiteren Verlauf der Arbeit wurden schließlich die Anforderungen an eine Organisation von Dienstleistungsprozessen auf Basis der organisatorischen Effizienz abgeleitet. Neben der bereits in Abschnitt 2.2 erarbeiteten und auf Dienstleistungsprozesse übertragenen Integrationsproblematik standen die Anforderungen, die sich in der Integrativität von Dienstleistungen begründen, im Mittelpunkt. Mit den Ausführungen wurden noch einmal die zwei grundlegenden Problemstränge der Arbeit verdeutlicht: zum einen die zu berücksichtigenden Besonderheiten aufgrund der Integrativität, zum anderen das allgemeine Problem der Integration von Dienstleistungsprozessen in bestehende Organisationsstrukturen. In Bezug auf die Integrativität kann dabei die Ableitung der Anforderungen in Abhängigkeit vom Integrativitätsgrad einer Dienstleistung als eigenständige Leistung der Arbeit festgehalten werden. Für die Organisationsgestaltung von Dienstleistungsunternehmen konnte herausgearbeitet werden, dass eine strategische Personalentwicklung, die Schaffung von Eigenverantwortlichkeiten und Möglichkeiten zur Selbstorganisation sowie die Erhöhung der Anpassungseffizienz umso wichtiger sind, je höher sich der Integrativitätsgrad einer Dienstleistung gestaltet. Bei gering integrativen Dienstleistungen sind insbesondere die Vermeidung von Job-Stress und die Definition von konkreten Arbeitsschritten von Bedeutung. Die Definition von Arbeitsbereichen und eine hohe Prozessevidenz sind gleichsam für alle Dienstleistungen wichtig.[915]

Zur Begegnung der Anforderungen an eine Organisation für Dienstleistungsprozesse wurde im weiteren Verlauf der Arbeit die Rollenorganisation als ein mögliches Lösungskonzept vorgestellt. Für eine Untersuchung der Erfolgspotenziale der Rollenorganisation musste jedoch zunächst ein einheitliches, theoretisch fundiertes Konzept für den Dienstleistungsbereich entwickelt werden. In diesem Zusammenhang wurde im 3. Kapitel auf bereits bestehende, praxisorientierte Rollenkonzepte zurückgegriffen und diese wurden hinsichtlich der Organisation von Dienstleistungsprozessen weiterentwickelt. Es erfolgte aufgrund der Integrativität von Dienstleistungen die Integration des Blueprinting zur Prozessvisualisierung und -modellierung in die Rollenorganisation und die Aufnahme des Kriteriums der Rollenerwartung in das Konzept. Das damit entwickelte Konzept bildete im weiteren Verlauf die Grundlage für eine empirische Untersuchung hinsichtlich der Potenziale und Grenzen einer Rollenorganisation im Dienstleistungsbereich.

Nachdem im dritten Kapitel das Konzept der Rollenorganisation erörtert wurde, konnte im vierten Kapitel mit der sozial-psychologischen Rollentheorie die theoretische Grundlage für das Rollenkonzept erarbeitet werden. Zunächst wurden die allgemeinen Grundlagen und unterschiedlichen Perspektiven der Rollentheorie dargestellt, um anschließend ein übergeordnetes, abstraktes Rollenverständnis herauszuarbeiten. Rollen sollen in diesem Zusammenhang als Modi der Vermittlung angesehen werden. Aufbauend auf dem Verständnis, Rollen als Modi der Vermittlung zu verstehen, wurde eine zweckmäßige Definition von Rollen im Konzept der Rollenorganisation herausgearbeitet. Diese Definition berücksichtigt neben dem erarbeiteten Rollenverständnis ebenfalls die Anforderungen eines praxisorientierten Rollen-

[915] Vgl. dazu insbesondere Abbildung 13.

konzepts. Das erarbeitete Verständnis von Rollen im Konzept der Rollenorganisation bildete gleichzeitig einen Ausgangspunkt für die Ableitung von Forschungsfragen im Rahmen der empirischen Untersuchung.

Das Kapitel 5 der Arbeit stellt schließlich mit der empirischen Untersuchung hinsichtlich der Zielerreichung und der konkreten Ausgestaltung der Rollenorganisation unter Berücksichtigung von Kontextkomponenten den Schwerpunkt der vorliegenden Arbeit dar. Mit Hilfe der rollentheoretischen Grundlagen und der empirischen Ergebnisse von zwei durchgeführten Fallstudien konnten Thesen generiert und ein grundlegender Entwurf für die Ausgestaltung einer Rollenorganisation in Dienstleistungsunternehmen herausgearbeitet werden. Dafür wurden zunächst Grundlagen der Forschungsmethodik und Fallstudienarbeit erläutert. Für den gegenwärtigen Forschungsstand zu Rollenkonzepten bzw. allgemein zu Rollen hat sich dabei die qualitative Fallstudienforschung als vorteilhaft erwiesen. Aufgrund des explorativen Forschungsdesigns konnte im Verlauf der Studie flexibel auf unterschiedliche Aspekte eingegangen und neue Gesichtspunkte in die Ableitung von Thesen mitaufgenommen werden.

Im weiteren Verlauf der Arbeit konnten zu den beiden Teilbereichen Zielerreichung und situative Ausgestaltung der Rollenorganisation unter Berücksichtigung von Kontextvariablen Thesen generiert werden, die als konkrete Anwendungshinweise für den Entwurf einer Rollenorganisation herangezogen werden können. Ohne die Ausführungen des Abschnitts 5.3 an dieser Stelle wiederholen zu wollen, sei darauf verwiesen, dass die Rollenorganisation eine Vielzahl der zuvor definierten Ziele erreichen kann. Mit Hilfe der Rollenorganisation ist es möglich, sowohl die Prozess- als auch die Anpassungs- und Motivationseffizienz einer Organisation zu erhöhen. In Bezug darauf konnte im späteren Verlauf der Arbeit die Verbindung von Personal- und Prozessmanagement als wesentlicher Erfolgsfaktor identifiziert werden. In Abgrenzung zur zweiten Fallstudie konnte herausgearbeitete werden, dass eine Ausgestaltung der Rollenorganisation ohne den Teilbereich der Rollensynthese nur geringfügige Verbesserungspotenziale generiert. Der erfolgreichen Implementierung einer Rollenorganisation ist die Verbindung zwischen Prozess- und Personalmanagement und damit die Berücksichtigung der Rollensynthese immanent.

Daneben konnten im zweiten Teilbereich der Untersuchung Thesen generiert werden, die die Möglichkeiten und Grenzen sowie die konkrete Ausgestaltung der Rollenorganisation in Abhängigkeit von internen und externen Kontextkomponenten beschreiben. Es wurde herausgestellt, dass sich die Einführung einer Rollenorganisation umso eher eignet, je heterogener und dynamischer die Umwelt ist und je vielfältiger und komplexer sich die Prozesse innerhalb der Unternehmensorganisation gestalten. Zudem konnten im Hinblick auf die konkrete Ausgestaltung der Rollenorganisation Empfehlungen in der Form gegeben werden, dass die Rollen umso globaler definiert werden sollten, je höher sich der Integrativitätsgrad einer Dienstleistung darstellt.

Insgesamt zeigt die Arbeit, dass die Rollenorganisation ein kompetentes Konzept darstellt, um den Herausforderungen der Organisation von Dienstleistungsprozessen zu begegnen. Die Rollenorganisation bietet Verbesserungspotenziale in allen organisatorischen Effizienzkriterien. Gerade die Untersuchungsergebnisse hinsichtlich der Ausgestaltung einer Rollenorganisation in Abhängigkeit von internen und externen Kontextkomponenten verdeutlichen, dass sich die Einführung des Konzepts gerade bei komplexen Umweltbedingungen lohnt und somit die Rollenorganisation den aktuellen Anforderungen auf Dienstleistungsmärkten entgegenwirken kann. In diesen Situationen kann das Konzept seine Vorteile voll entfalten und die für Dienstleistungen wichtige personelle Komponente berücksichtigen und die notwendige Flexibilität im Leistungserstellungsprozess gewährleisten.

Gleichzeitig soll jedoch deutlich gemacht werden, dass es sich bei der Rollenorganisation um ein umfangreiches und komplexes Konzept handelt. Eine Einführung geht daher mit einem großen Implementierungsaufwand einher und benötigt ein professionelles Change Management. Zudem sei in Bezug auf die Ergebnisse nochmals darauf hingewiesen, dass es sich um eine Fallstudie handelt und damit letztendlich Einzelfälle betrachtet werden. Die in Form von Thesen gewonnenen Erkenntnisse sollen demnach als erste Ansatzpunkte gewertet werden.

Die vorliegende Arbeit ist – nach Wissen des Verfassers – die erste, die sich mit der Konzeption eines Rollenkonzeptes für Dienstleistungsprozesse unter Berücksichtigung der sozialpsychologischen Rollentheorie auseinandersetzt. Damit stellt die Arbeit erste Ergebnisse hinsichtlich des Untersuchungsgegenstandes dar, welche in weiteren Forschungsarbeiten weiterentwickelt und verifiziert werden sollten. Aufgrund der angewandten Forschungsmethode konnten lediglich Thesen in qualitativer Hinsicht abgeleitet werden. Ein wesentliches Ziel späterer Studien sollte daher die Durchführung weiterer empirischer Studien, insbesondere mit Hilfe von quantitativen Verfahren, sein. In weiteren Forschungsarbeiten sollte zudem ein besonderes Augenmerk auf die Verbindung von Prozess- und Personalmanagement gelegt werden. Die Verbindung dieser beiden Teilbereiche konnte in der vorliegenden Arbeit als ein wesentlicher Erfolgsfaktor herausgearbeitet werden und begründet zu einem großen Teil die Erhöhung der einzelnen organisatorischen Effizienzkriterien. Daneben ist die Einbindung eines rollenorganisatorischen Konzepts in ein neu zu schaffendes oder in bereits bestehende IT-Systeme als ein weiteres Forschungsfeld für die Zukunft zu sehen.

Die Arbeit hat gezeigt, dass die Rollenorganisation ein viel versprechendes Konzept zur Bewältigung von Herausforderungen im organisationalen Kontext darstellt. Rollen können eine völlig neue Perspektive eröffnen, um die Integration von Prozessen in bestehende Organisationsstrukturen zu gewährleisten und simultan die organisatorische Effizienz einer Unternehmung zu erhöhen. Ein wesentlicher Erfolgsfaktor für die bedeutende Verbreitung der Rollenorganisation ist dabei in weiterführenden Forschungsarbeiten zu sehen.

Anhang A: Phasenmodelle des Prozessmanagements

Scholz Vrohlings:

1. Definition
2. Design
3. Applikation
4. Optimierung

Becker at al

1. Modellierung vorbereiten
2. Strategie und Ordnungsrahmen entwickeln
3. Istmodellierung und Istanalyse durchführen
4. Sollmodellierung und Prozessoptimierung
5. Prozessorientierte Aufbauorganisation
6. Neuorganisation einführen
7. Kontinuierliches Prozessmanagement

Helbig

1. Definition
2. Analyse
3. Entwurf
4. Umsetzung
5. Controlling

Picot et al.

1. Prozesse identifizieren
2. Prozesse strukturieren
3. Vertikale Integration der Prozesse
4. Spezialisierung von Organisationseinheiten
5. Laufendes Prozessmanagement

Crux Schwilling

1. Bestimmung der Issues
2. Prozessanalyse
3. Prozeß-Redesign
4. Implementierung
5. Kontinuierliches Verbesserungsmanagement

Davenport

1. Identifying Processes for Innovation
2. Identifying Change Levers
3. Developing Process Visions
4. Understanding Existing Processes
5. Designing and Prototyping the New Process

Jacobsen et al

1. Develop Business Vision
2. Understanding Existing Business
3. Design New Business
4. Install New Business

Harrington

1. Organizing for Improvement
2. Understanding the Process
3. Streamlining
4. Measurement and Control
5. Continuous Improvement

Servatius

1. Kommunikation des Handlungsbedarfs und Schaffen von Vertrauen
2. Identifikation der Schlüsselprozesse
3. Auswahl der Schlüsselprozesse und Setzen von Zielen
4. Verstehen der vorhandenen Abläufe
5. Sammeln von Redesign-Ideen
6. Konzeptentwicklung
7. Coaching der Prozessverantwortlichen
8. Abbau von Widerständen

Anhang B: Gesprächsleitfaden

Gesprächsleitfaden

Gesprächspartner:	
Datum:	
Geschäftsfeld	
Position (Erläuterung):	

Die nachfolgende Befragung ist Bestandteil eines Forschungsprojektes des Douglas Stiftungslehrstuhles für Dienstleistungsmanagement an der Fernuniversität in Hagen. Untersuchungsgegenstand ist allgemein das Kompetenz-Karriere-Modell der LRI und im Speziellen die Rollen, auf denen das Modell basiert. Es gilt die Frage zu beantworten, ob Rollen herangezogen werden können, um eine Organisation für Prozesse zu schaffen. Eine Organisationsgestaltung basiert dann nicht mehr auf funktionalen Beschreibungen, sog. Stellenbeschreibungen, sondern auf Rollen. Sie bilden die Schnittstelle zwischen der Prozessgestaltung von Dienstleistungen und dem Mitarbeiter als Mittelpunkt des Unternehmens.

Die Befragung gliedert sich in die Bereiche Organisation, Selbstwirksamkeit, Rollenkonzept und Umweltkontext. Im Laufe des Interviews werden Sie zunächst immer gebeten, eine Einschätzung bezüglich eines Sachverhaltes auf einer fünfstufigen Skala zu geben. Im Anschluss folgt in einer offenen Frage eine allgemeine Bewertung des Sachverhaltes. Diese Einschätzung bezieht sich auf die Rollen des Kompetenz-Karriere-Modells der LRI. Selbstverständlich können Fragen, die Sie nicht beantworten möchten, ausgelassen werden.

Teil I: Organisation

Im ersten Teil des Gesprächs sollen die Gegebenheiten der Unternehmensorganisation betrachtet werden. Im Mittelpunkt der Fragestellungen stehen Rollenkonflikte und Rollenambiguitäten sowie organisatorische Praktiken.

1. Rollenkonflikte: Im Folgenden sollen Rollenkonflikte innerhalb der Organisation untersucht werden. Bei Rollenkonflikten handelt es sich nicht um Konflikte zwischen Mitarbeitern oder Vorgesetzten, sondern um widersprüchliche Anweisungen von einer oder mehreren Personen, die zu einem suboptimalen Ergebnis führen können.

Ich verrichte Dinge, die anders durchgeführt werden sollten.

Stimme zu stimme nicht zu

1	2	3	4	5

Für die Durchführung einer Aufgabe muss ich bestimmte Regeln oder Unternehmensleitlinien missachten.

Stimme zu stimme nicht zu

1	2	3	4	5

Ich arbeite mit zwei oder mehreren Gruppen zusammen, die Aufgaben unterschiedlich verrichten.

Stimme zu stimme nicht zu

1	2	3	4	5

Ich erhalte inkompatible Anfragen bzw. Aufgaben von zwei oder mehreren Personen.

Stimme zu stimme nicht zu

1	2	3	4	5

Ich verrichte Aufgaben, die von einem Teil der Mitarbeiter als geeignet, von anderen als ungeeignet akzeptiert werden.

Stimme zu stimme nicht zu

1	2	3	4	5

Ich arbeite an überflüssigen Dingen.

Stimme zu stimme nicht zu

1	2	3	4	5

Hat das Rollenkonzept einen Einfluss auf die Entstehung bzw. Vermeidung von Rollenkonflikten?

2. Rollenambiguität: Nachfolgend soll die Rollenambiguität thematisiert werden. Bei der Rollenambiguität handelt es sich um eine Sonderform des Rollenkonfliktes. Es kann zu suboptimalen Ergebnissen kommen, da ein Mitarbeiter unklare Arbeitsanweisungen erhält.

Wie klar ist Ihnen, was die dürfen und was Sie sollen?

Völlig klar völlig unklar

1	2	3	4	5

Fühlen Sie sich über die von Ihnen zu erfüllenden Aufgaben in dem Maße im Klaren, wie Sie gerne möchten?

Völlig klar völlig unklar

1	2	3	4	5

Wie klar definiert sind die Leitlinien, Regeln, Prozeduren usw. des Unternehmens, die Ihren Aufgabenbereich betreffen?

Völlig klar völlig unklar

1	2	3	4	5

Wie klar definiert sind die Leitlinien, Regeln, Prozeduren usw. des Unternehmens, die Ihre Abteilung betreffen?

Völlig klar völlig unklar

1	2	3	4	5

Inwieweit beeinflusst das eingeführte Rollenkonzept die von Ihnen zuvor getätigten Aussagen? Unterstützen die Rollen die Transparenz Ihres Aufgabenbereichs?

3. Organisationale Praktiken: Im Folgenden sollen Sie die organisationalen Praktiken Ihres Unternehmens einschätzen:

Offen/Geschlossen: Offene Praktiken sind durch einen informativen Arbeitsstil und multiple und einfach Kommunikationswege gekennzeichnet. Im Gegensatz dazu sind geschlossene Praktiken durch einen formalen operativen Stil und hierarchische Informationswege charakterisiert.

Offen geschlossen

1	2	3	4	5

Hat das Rollenkonzept Einfluss auf die Dimension Offen/Geschlossen?

Professionell/Egozentrisch: Professionelle Praktiken sind definiert durch ein hohes Maß an Arbeitsethik, Ernsthaftigkeit bei täglichen Aufgaben und einem hohen Maß an Vertrauen und Kooperation. Egozentrische Praktiken sind durch mangelnde Anerkennung und Belohnung, Gleichgültigkeit bei täglichen Aufgaben und auf persönlichen Präferenzen basierende Kooperationen gekennzeichnet.

Professionell Egozentrisch

1	2	3	4	5

Hat das Rollenkonzept Einfluss auf die Dimension Professionell/Egozentrisch?

Mitarbeiter-/ Aufgabenorientiert: Mitarbeiterorientierte Praktiken sind definiert durch ein großes Interesse an Mitarbeiterentwicklung, personellen Belangen und Problemen einzelner Mitarbeiter. Im Gegensatz zeichnen sich aufgabenorientierte Unternehmen durch ein hohes Interesse an der Performance eines Mitarbeiters und an Problemen, die sich auf die Arbeitsleistung von Mitarbeitern beziehen, aus.

Mitarbeiterorientiert Aufgabenorientiert

1	2	3	4	5

Hat das Rollenkonzept Einfluss auf die Dimension Mitarbeiter- /Aufgabenorientiert?

Prozess-/ Ergebnisorientiert: Prozessorientierte Unternehmen konzentrieren sich darauf, wie Dinge in der Unternehmung passieren. Ergebnisorientierte Unternehmen fokussieren das Endprodukt.

Prozessorientiert Ergebnisorientiert

1	2	3	4	5

Hat das Rollenkonzept Einfluss auf die Dimension Prozessorientiert/Ergebnisorientiert?

Interne/ Kundenorientierung: Kundenorientierte Unternehmen stellen den Kunden in den Mittelpunkt all ihrer Entscheidungen. Intern orientierte Organisationen fokussieren ihre Ziele auf interne Kriterien – wie z.B. Rentabilität.

Kundenorientiert Intern orientiert

1	2	3	4	5

Hat das Rollenkonzept Einfluss auf die Dimension Kundenorientierung/ interne Orientierung?

4. Zusammenhang zwischen Rollenkonzept und Prozessverlauf der Dienstleistung.

Rollen helfen, die Erwartungen zwischen anderen Mitarbeitern aufzuzeigen und somit Schnittstellen abzubauen.

Stimme zu stimme nicht zu

1	2	3	4	5

Die Rollendefinition macht die Aufgaben andere Mitarbeiter transparenter und somit kann man einen Prozess besser verfolgen.

Stimme zu stimme nicht zu

1	2	3	4	5

Teil II: Selbstwirksamkeit

Im zweiten Teil der Befragung soll die Wirksamkeit des Rollenkonzeptes auf eine individuelle Person, sprich auf Sie, innerhalb der Unternehmensorganisation untersucht werden. Thematik der Betrachtung sind die Arbeitszufriedenheit, Commitment und das Burnout-Syndrom.

1. Arbeitszufriedenheit:

Meine Arbeit ist wichtig für den Erfolg der LRI.

Stimme zu stimme nicht zu

1	2	3	4	5

Meine Arbeit bietet mir die Möglichkeit zu wachsen.

Stimme zu stimme nicht zu

1	2	3	4	5

Meine Arbeit wird von anderen Mitarbeitern in der Organisation als wichtig empfunden.

Stimme zu stimme nicht zu

1	2	3	4	5

Meine Arbeit erfüllt mich.

Stimme zu stimme nicht zu

1	2	3	4	5

Meine Arbeit wird von Personen außerhalb der Unternehmung als wichtig angesehen.

Stimme zu stimme nicht zu

1	2	3	4	5

Meine Arbeit ist herausfordernd.

Stimme zu stimme nicht zu

1	2	3	4	5

Für meine Arbeit beanspruche ich die ganze Bandbreite meiner Kenntnisse und Berufserfahrung.

Stimme zu stimme nicht zu

1	2	3	4	5

Inwieweit trägt das Rollenkonzept zur Arbeitszufriedenheit bei?

2. Commitment:

Mir liegt die Zukunft der LRI am Herzen.

Stimme zu stimme nicht zu

1	2	3	4	5

Ich bin bereit, mehr als das von mir erwartete Arbeitspensum zu leisten, um diese Unternehmung erfolgreich zu machen.

Stimme zu stimme nicht zu

1	2	3	4	5

Das Unternehmen inspiriert mich, auch in Zukunft meine bestmögliche Leistung zu geben.

Stimme zu stimme nicht zu

1	2	3	4	5

Hat das Rollenkonzept Ihre Einstellung zum Unternehmen verändert?

3. Burnout-Syndrom: Das Burnout-Syndrom ist gekennzeichnet durch Antriebs- und Motivationsverlust. In extremen Fällen kann es sogar zu psychosomatischen Krankheiten oder psychischen Zusammenbrüchen führen.

Ich bin mit den Aktivitäten des Top-Managements nicht einverstanden.

Stimme zu stimme nicht zu

1	2	3	4	5

Ich fühle mich ausgebrannt, da ich versuche den Erwartungen meiner Vorgesetzten zu entsprechen.

Stimme zu stimme nicht zu

1	2	3	4	5

Zwischen mir und meinem Vorgesetzten existiert eine persönliche Nähe.

Stimme zu stimme nicht zu

1	2	3	4	5

Mit Kunden zu arbeiten, ist für mich eine Belastung.

Stimme zu stimme nicht zu

1	2	3	4	5

Kunden sind für mich keine Personen, sondern Objekte.

Stimme zu stimme nicht zu

1	2	3	4	5

Manche Kunden sind mir gleichgültig.

Stimme zu stimme nicht zu

1	2	3	4	5

Inwieweit beeinflusst das Rollenkonzept die Tendenz zum Burnout-Syndrom?

Teil III: Rollenkonzept allgemein

Der dritte Teil der Befragung befasst sich allgemein mit dem Rollenkonzept.

1. Anpassungseffizienz: Unternehmen, die auf dynamischen Märkten agieren, müssen in der Lage sein, flexibel auf Umweltveränderungen zu reagieren. Um dies zu gewährleisten, muss die Organisationsstruktur eine „innere Flexibilität" besitzen, mit der sie auf Veränderungen reagieren kann, ohne die Struktur zu variieren. Diese innere Flexibilität beschreibt die Anpassungseffizienz.

In welchem Rahmen erlauben Rollen den flexiblen Wechsel zwischen unterschiedlichen Stellen in der Organisation?

Ist es möglich, durch die Definition von Rollen nicht nur die gesamte Stelle, sondern auch einzelnen Rollenaufgaben zu übernehmen bzw. abzugeben?

Wie schätzen Sie die Möglichkeiten des Job-Rotation durch die Einführung von Rollen ein?

Sind die Möglichkeiten der Durchführung von Job-Rotation, - Enrichment und Enlargement durch die Einführung von Rollen verbessert?

2. Personalentwicklung

Wie schätzen Sie die Möglichkeiten der Rollen in Hinblick auf Ihre Karriereentwicklung ein?

Führt die Implementierung von Rollen in einer Unternehmensorganisation zu einer strategischen Weiterbildung? Strategische Weiterbildung meint in diesem Zusammenhang eine systematische, auf eine bestimmte Position ausgerichtete Weiterbildung.

Teil IV: Umweltkontext

Im letzten Teil des Gesprächs sollen ausgewählte Aspekte der Unternehmensumwelt betrachtet werden. Dies soll dazu dienen, die Kontexte, in denen das Unternehmen agiert, zu verstehen.

1. Unternehmen sind grundsätzlich dazu angehalten, sich an den Bedürfnissen der Kunden zu orientieren. Dabei ist zu hinterfragen, ob die Bedürfnisse der Kunden einheitlich sind oder ob unterschiedliche Bedürfnisse vorliegen, auf die differenziert eingegangen werden muss.

   Lässt sich die Gesamtheit Ihrer Kunden als homogene Gruppe mit einheitlichen Bedürfnissen betrachten oder liegen eher verschiedene Zielgruppen mit unterschiedlichen Bedürfnisstrukturen vor?

ein Segment | viele Segmente

1	2	3	4	5

2. Die Dynamik der Umwelt zeigt sich u.a. in der Veränderung der Kundenwünsche bzw. -probleme oder in der Veränderung der Lösung der Kundenprobleme.

   Wie würden Sie die Häufigkeit der Veränderungen bei den Kundenwünschen bzw. Kundenproblemen einschätzen?

sehr gering | sehr hoch

1	2	3	4	5

   Wie würden Sie die Häufigkeit der Veränderungen bei der Lösung der Kundenprobleme einschätzen?

sehr gering | sehr hoch

1	2	3	4	5

Wie stark sind diese Veränderungen?

sehr schwach sehr stark

1	2	3	4	5

3. Im Folgenden soll die Wettbewerbsintensität der Branche eingeschätzt werden.

Wie schätzen Sie die Höhe der Eintrittsbarrieren (EB) und damit die Bedrohung durch den Eintritt neuer Wettbewerber in der Branche ein?

sehr geringe EB sehr hohe EB

Wie schätzen Sie den Rivalitätsgrad (RG) unter den Wettbewerbern ein?

sehr geringer RG sehr hoher RG

Wie schätzen Sie die Bedrohung durch Substitutionsprodukte für Ihre Dienstleistung ein?

sehr gering sehr hoch

1	2	3	4	5

Wie bewerten Sie die Verhandlungsmacht der Endkonsumenten gegenüber Ihrem Unternehmen?

sehr schwach sehr hoch

1	2	3	4	5

Dienstleistungen sind durch die Integration externer Faktoren gekennzeichnet. Für die Leistungserstellung ist das aktive Mitwirken oder eine passive Bereitstellung eines Fremd-Faktors zwingend notwendig, der in Form von Personen, sachlichen Objekten, Rechten, Nominalgütern, Informationen sowie Tieren und Pflanzen vollzogen werden kann. Im diesem Zusammenhang beschreibt der Integrativitätsgrad das Ausmaß der Kundenmitwirkung an der

Leistungserstellung. Der Integrativitätsgrad kann beispielsweise an den Dimensionen Eingriffsdauer, Eingriffshäufigkeit, Eingriffstiefe oder Eingriffsintensität beschrieben werden.

Wie beurteilen Sie die Mitwirkung des Kunden im Rahmen Ihrer Dienstleistung?

sehr gering sehr hoch

Dienstleistungen können generell standardisiert oder kundenindividuell den Kunden angeboten werden. Wie schätzen Sie den Individualitätsgrad Ihrer Dienstleistung ein.

standardisiert individuell

Wie beurteilen Sie Variantenvielfalt der von Ihnen angebotenen Dienstleistungen?

sehr gering sehr hoch

1	2	3	4	5

Wird durch den Einfluss des Kunden die Unsicherheit im Erstellungsprozesses erhöht?

sehr gering sehr hoch

1	2	3	4	5

Wie schätzen Sie die Länge des Lebenszyklus Ihrer angebotenen Dienstleistungen ein?

sehr kurz sehr lang

1	2	3	4	5

Benennen Sie in diesem Zusammenhang die Dienstleistung:

Literaturverzeichnis

Adam, D. (1998): Produktions-Management, Wiesbaden 1998.

Allert, R./Fließ, S. (1998): Blueprinting - eine Methode zur Analyse und Gestaltung von Prozessen, in: Prozessmanagement im technischen Vertrieb, hrsg. von Kleinaltenkamp, M./Ehret, M., Berlin 1998, S. 193-211.

Allweyer, T. (2005): Systeme für Prozessmanager, in: Prozessmanagement, hrsg. von Mummert Consulting AG, Hamburg 2005, S. 10-15.

Arbeitskreis "Organisation" der Schmalenbach-Gesellschaft/Deutsche Gesellschaft für Betriebswirtschaft e.V. (1996): Organisation im Umbruch. (Was) Kann man aus den bisherigen Erfahrungen lernen, in: zfbf, 48 (1996), 6, S. 621-665.

Avlonitis, G. J./Panagopoulos, N. G. (2006): Role Stress, Attitudes, and Job Outcomes in Business-to-Business Selling: Does the Type of Selling Situation Matter?, in: Journal of Personal Selling & Sales Management, 26 (2006), 1, S. 67-77.

Bagozzi, R. P. (1978): Salesforce Performance and Satisfaction as a Function of Individual Difference, Interpersonal, and Situational Factors., in: Journal of Marketing Research, 15 (1978), 4, S. 517-531.

Bagozzi, R. P. (1980): The Nature and Causes of Self-Esteem, Performance, and Satisfaction in the Sales Force: A Structural Equation Approach., in: Journal of Business, 53 (1980), 3, S. 315-331.

Bashein, B. J./Markus, M. L. (1994): Preconditions for BPR Success. And How to Prevent Failures, in: Information Systems Management, 11 (1994), 2, S. 7-13.

Beck, U. (1986): Risikogesellschaft: Auf dem Weg in eine andere Moderne, Frankfurt/Main 1986.

Becker, J./Schütte, R. (1996): Handelsinformationssysteme, Landsberg/Lech 1996.

Becker, J./Kugeler, M./Rosemann, M. (2003): Prozessmanagement. Ein Leitfaden zur prozessorientierten Organisationsgestaltung, Berlin 2003.

Behrman, D. N./Bigoness, W. J./Perreault Jr., W. D. (1981): Sources of Job Related Ambiguity and their Consequences upon Salespersons' Job Satisfaction and Performance, in: Management Science, 27 (1981), 11, S. 1246-1260.

Behrman, D. N./Perreault Jr., W. D. (1984): A Role Stress Model of the Performance and Satisfaction of Industrial Salespersons, in: Journal of Marketing, 48 (1984), Fall, S. 9-21.

Bellmann, K. (1989): Kostenoptimale Arbeitsteilung im Büro, Berlin 1989.

Belmonte, R. W./Murray, R. J. (1993): Getting Ready for Strategic Change. Surviving Business Process Redesign, in: Information Systems Management, 10 (1993), 3, S. 23-29.

Berekoven, L. (1974): Der Dienstleistungsbetrieb. Wesen - Struktur - Bedeutung, Wiesbaden 1974.

Berekoven, L. (1983): Der Dienstleistungsmarkt in der Bundesrepublik Deutschland, Göttingen 1983.

Berger, P. A. (1986): Entstrukturierte Klassengesellschaft?: Klassenbildung und Strukturen sozialer Ungleichheit im historischen Wandel, Opladen 1986.

Berkowitz, E. N. (1980): Role Theory, Attitudinal Constructs, and Actual Performance: A Measuremant Issue, in: Journal of Applied Psychology, 65 (1980), 2, S. 240-245.

Berry, L. L./Parasuraman, C. A. (1991): Marketing Services. Competing Through Quality, New York et al. 1991.

Berry, L. L./Parasuraman, A. (1999): Kundenorientierung fängt beim Mitarbeiter an, in: Internes Marketing: Integration von Kunden- und Mitarbeiterorientierung; Grundlagen - Implementierung - Praxisbeispiele, hrsg. von Bruhn, M., Wiesbaden 1999, S. 69-94.

Bettencourt, L. A./Gwinner, K. P./Meuter, M. L. (2001): A Comparison of Attitude, Personality and Knowledge Predictors of Service-Oriented Organizational Citizenship Behaviors, in: Journal of Applied Psychology, 86 (2001), 1, S. 29-41.

Biddle, B. J./Thomas, E. J. (1966): Role Theory: Concepts and Research, New York 1966.

Biddle, B. J. (1979): Role Theory. Expectations, Identities and Behaviors, New York 1979.

Biddle, B. J. (1986): Recent Developments in Role Theory, in: Annual Review of Sociology, (1986), 12, S. 67-92.

Binder, B. R. (1997): Reengineering: Der radikale Umbau von Prozessen, um Kundenbedürfnisse besser zu befriedigen, in: Marketingdynamik: Re-Launch, Re-Innovation, Re-Engineering, Re-Invention, hrsg. von Weinhold-Stünzi, H./Reinecke, S./Schlögek, M., St.Gallen 1997, S. 54-63.

Binner, H. F. (1996): Die Kernkompetenz bündeln, in: Fortschrittliche Betriebsführung and Industrial Engineering, 45 (1996), 1, S. 12-15.

Bleicher, K. (2004): Das Konzept integriertes Management: Visionen - Missionen - Programme, Frankfurt/Main 2004.

Bogaschewsky, R./Rollberg, R. (1998): Prozeßorientiertes Management, Berlin 1998.

Boles, J. S./Babin, B. J./Brashear, T. G./Brooks, C. (2001): An Examination of the Relationships between Retail Work Enviroments, Salesperson Selling Orientation and Job Performance, in: Journal of Marketing Theory and Practise, 9 (2001), 3, S. 1-13.

Boles, J. S./Wood, J. A./Johnson, J. (2003): Interrelationships of Role Conflict, Role Ambiguity, and Work-Family Conflict with Different Facets of Job

Satisfaction and the Moderating Effects of Gender, in: Journal of Personal Selling & Sales Management, 23 (2003), 2, S. 99-113.

Born, G. (1994): Process Management to Quality Improvement. The Way to Design, Document and Re-engineer Business Systems, Chichester 1994.

Bortz, J./Döring, N. (2002): Forschungsmethoden und Evaluation: für Human- und Sozialwissenschaftler, Berlin 2002.

Bösenberg, D./Metzen, H. (1995): Lean Management Vorsprung durch schlanke Konzepte, Landsberg/Lech 1995.

Braun, G. E./Beckert, J. (1992): Funktionalorganisation, in: Handwörterbuch der Organisation, hrsg. von Frese, E., Stuttgart 1992, Sp. 640-655.

Brehm, M. (2001): Emotionsarbeit und emotionale Kompetenz, in: Wist, 30 (2001), 7, S. 349-354.

Brief, A. P./Aldag, R. J. (1976): Correlates of Role Indices, in: Journal of Applied Psychology, 61 (1976), 4, S. 468-472.

Brim, O. G. (1960): Personality Development as Role-Learning, in: Personality Development in Children, hrsg. von Iscoe, I./Stevenson, H. W., Austin 1960, S. 127-159.

Bullinger, H.-J. (1994): "Customer Focus" und "Business Reengineering": Neue Trends für eine zukunftsorientierte Unternehmensführung, in: Neue Impulse für eine erfolgreiche Unternehmensführung: Customer Focus - Business Reengineering, hrsg. von Bullinger, H.-J., Berlin 1994, S. 15-54.

Bullinger, H.-J./Meiren, T. (2001): Service Engineering - Entwicklung und Gestaltung von Dienstleistungen, in: Handbuch Dienstleistungsmanagement, hrsg. von Bruhn, M./Meffert, H., Wiesbaden 2001, S. 149-175.

Bullinger, H.-J./Schreiner, P. (2001): Business Process Management Tools. Eine evaluierende Marktstudie über aktuelle Werkzeuge, Stuttgart 2001.

Busch, P./Bush, R. F. (1978): Women Contrasted to Men in the Industrial Salesforce: Job Satisfaction, Values, Role Clarity, Performance, and Propensity to Leave, in: Journal of Marketing Research, 15 (1978), 3, S. 438-448.

Carl-Sime, C. (1994): Quantansprünge sind angesagt, in: TopBusiness, 9 (1994), 11, S. 86-89.

Carr, D. K./Dougherty, K. S./Johansson, H. J./Kiing, R. A./E.Moran, D. (1992): Break Point: Business Process Redesign, Arlington 1992.

Cen, I. N. (1995): Produktionsstrategien auf Basis von Kernkompetenzprozessen, Hallstadt 1995.

Chonko, L. B./Howell, R. D./Bellenger, D. N. (1986): Congruence in Sales Force Evaluations: Relation to Sales Force Perceptions of Conflict and Ambiguity, in: Journal of Personal Selling & Sales Management, 6 (1986), 1, S. 35-48.

Chrutchfield, R. S. (1955): Conformity and Character, in: The American Psychologist, 10 (1955), 5, S. 191-198.

Churchill, G. A./Ford, N. M./Walker, O. C. (1976): Organizational Climate and Job Satisfaction in the Saleforce, in: Journal of Marketing Research, 13 (1976), 4, S. 323-332.

Claessens, D. (1974): Rolle und Macht, München 1974.

Coenen, C. (2001): Serviceorientierung und Servicekompetenz von Kundenkontakt-Mitarbeitern, in: Dienstleistungsmanagement Jahrbuch 2001: Interaktioinen im Dienstleistungsbereich, hrsg. von Bruhn, M./Stauss, B., Wiesbaden 2001, S. 341-374.

Cooper, R./M.Lynne, M. (1995): Human Reengineering, in: Sloan Management Review, 36 (1995), 4, S. 39-50.

Corsten, H. (1985): Die Produktion von Dienstleistungen. Grundzüge einer Produktionswirtschaftslehre des tertiären Sektors, Berlin 1985.

Corsten, H. (1986): Zur Diskussion der Dienstleistungsbesonderheiten und ihren ökonomischen Auswirkungen, in: Jahrbuch der Absatz und Verbrauchsforschung, 35 (1986), 1, S. 16-41.

Corsten, H. (1989): Dienstleistungsmarketing: Elemente und Strategien, in: Jahrbuch der Absatz und Verbrauchsforschung, 35 (1989), 1, S. 23-40.

Corsten, H. (1997): Dienstleistungsmanagement, München, Wien 1997.

Corsten, H./Stuhlmann, S. (1999): Yield-Management - Ein Ansatz zur Kapazitätssteuerung in Dienstleistungsunternehmen, in: Wettbewerbsfaktor Dienstleistung, hrsg. von Corsten, H./Schneider, H., München 1999, S. 79-107.

Corsten, H. (2001): Dienstleistungsmanagement, München, Wien 2001.

Corsten, H./Gössinger, R. (2006): Output-Flexibilität in der Dienstleistungsproduktion - eine produktionstheoretische Analyse., in: zfb, 76 (2006), 1, S. 29-53.

Coser, L. A. (1991): Role-Set Theory and Individual Autonomy, in: Social Roles and Social Institutions. Essays in Honor of Rose Laub Coser, hrsg. von Blau, J. R./Goodman, N., Boulder 1991, S. 13-20.

Coulson, M. A. (1972): Role: A redundant Concept in Sociology? Some Educational Considerations, in: Role, hrsg. von Jackson, J. A., London 1972, S. 107-128.

Coutu, W. (1951): Role-Playing vs. Role-Taking: An Appeal for Clarification, in: American Sociological Review, 16 (1951), S. 180-187.

Crosby, L. A./Evans, K. R./Cowles, D. (1990): Relationsship Quality in Service Selling: An Interpersonal Influence Perspective, in: Journal of Marketing, 54 (1990), July, S. 68-81.

Crux, A./Schwilling, A. (1995): Business Reengineering. Ein Ansatz der Roland Berger & Partner GmbH, in: Prozessmanagement und Reengineering, hrsg. von Nippa, M./Picot, A., Frankfurt 1995, S. 206-225.

Csikszentmihalyi, M. (2003): Good Business. Leadership, Flow, and the Making of Meaning, New York 2003.

Dahrendorf, R. (1974): Homo Sociologicus. Ein Versuch zur Geschichte, Bedeutung und Kritik der Kategorie der sozialen Rolle, Opladen 1974.

Darby, M. R./Karni, E. (1973): Free Competition and the Optimal Amount of Fraud, in: Journal of Law and Economics, 16 (1973), 1, S. 67-88.

Davenport, T. H./Short, J. E. (1990): The New Industrial Engineering: InformationTechnology and Business Process Redesign, in: Sloan Management Review, 31 (1990), Summer, S. 11-27.

Davenport, T. H. (1993): Process Innovation Reengineering Work through Information Technology, Boston 1993.

Davenport, T./Nohira, N. (1994): Case Management and the Integration of Labor, in: Sloan Management Review, 35 (1994), 2, S. 11-23.

Davenport, T./Nohira, N. (1995): Der Geschäftsvorfall ganz in einer Hand - Case Management, in: Harvard Business Manager, 17 (1995), 1, S. 81-91.

Davenport, T. H./Jarvenpaa, S. L./Beers, M. C. (1996): Improving Knowledge Work Processes, in: Sloan Management Review, 37 (1996), 4 Summer, S. 53-65.

De Ruyter, K./Wetzels, M./Feinberg, R. (2001): Role Stress in Call Centers: Its Effects on Employee Performance and Satisfaction, in: Journal of Interactive Marketing, 15 (2001), 2, S. 23-35.

Decker, F. (1975): Einführung in die Dienstleistungsökonomie, Paderborn 1975.

Dernbach, W. (1993): Organisation und Wettbewerbsfähigkeit, in: Strukturwandel in Management und Organisation. Neue Konzepte sichern die Zukunft, hrsg. von Scharfenberg, H., Baden-Baden 1993, S. 125-160.

Dixon, J. R./Arnold, P./Heineke, J./Kim, J. S./Mulligan, P. (1994): Business Process Reengineering: Improving in New Strategic Directions, in: California Management Review, 36 (1994), Summer, S. 93-108.

Domschke, W./Scholl, A./Voß, S. (1993): Produktionsplanung Ablauforganisatorische Aspekte, Berlin 1993.

Donabedian, A. (1980): The Definition of Quality and Approaches to its Assessment, Ann Arbor 1980.

Donnelly, J. H. J./Ivancevich, J. M. (1975): Role Clarity and the Salesman, 1975.

Doppler, K./Lauterburg, C. (2005): Change Managemement. Den Unternehmenswandel gestalten, Frankfurt 2005.

Dreitzel, H. P. (1980): Die gesellschaftlichen Leiden und das Leiden an der Gesellschaft: eine Pathologie des Alltagslebens, Stuttgart 1980.

Droege, W. P. J. (1995): Re-Engineering. Vorwärtsstrategien zur fundamentalen Neuorientierung, in: Der Betriebswirt, (1995), 1, S. 33-37.

Dubinsky, A. J./Mattson, B. E. (1979): Consequences of Role Conflict and Ambiguity Experienced by Retail Salespeople, in: Journal of Retailing, 55 (1979), 4, S. 70-86.

Dubinsky, A. J./Michaels, R. E./Kotabe, M./Lim, C. U./Moon, H.-C. (1992): Influence of Role Stress on Industrial Salespeople's Work Outcomes in the Umited States, Japan, and Korea, in: Journal of International Business Studies, 23 (1992), 1, S. 77-99.

Edwards, R. (1981): Herrschaft im modernen Produktionsprozeß, Frankfurt, New York 1981.

Edwards, C./Peppard, J. (1997): Operationalizing Strategy Through Process, in: Long Range Planning, 30 (1997), 5, S. 753-767.

Eiff, W. v. (1994): Geschäftsprozeßmanagement Integration von Lean Management - Kultur und Business Process Reengineering, in: zfo, 63 (1994), 6, S. 364-371.

Eisenhardt, K. M. (1989): Building Theories from Case Study Research, in: Academy of Management Review, 14 (1989), 4, S. 532-550.

Elovainio, M./Kivimäki, M. (2001): The Effects of Personal Need for Structure and Occupational Identity in the Role Stress Process, in: The Journal of Social Psychology, 141 (2001), 3, S. 365-378.

Engelhardt, W. H. (1989): Dienstleistungsorientiertes Marketing - Antwort auf die Herausforderung durch neue Technologien, in: Integration und Flexibilität, hrsg. von Adam, D., Wiesbaden 1989, S. 269-288.

Engelhardt, W. H./Kleinaltenkamp, M./Reckenfelderbäumer, M. (1993): Leistungsbündel als Absatzobjekte. Ein Ansatz zur Überwindung der Dichotomie von Sach- und Dienstleistungen, in: Zeitschrift für betriebswirtschaftliche Forschung, 45 (1993), 5, S. 395-426.

Engelhardt, W. H./Freiling, J. (1995): Integrativität als Brücke zwischen Einzeltransaktion und Geschäftsbeziehung, in: Marketing ZFP, 17 (1995), 1, S. 37-53.

Eversheim, W. (1995): Prozessorientierte Unternehmensorganisation: Konzepte und Methoden zur Gestaltung "schlanker" Organisationen, Berlin 1995.

Fahrwinkel, U. (1995): Methode zur Medellierung und Analyse von Geschäftsprozessen zur UNterstützung des Business Process Reengineering, Paderborn 1995.

Fichter, J. H. (1970): Grundbegriffe der Soziologie, Wien 1970.

Fischer, L. (1992): Rollentheorie, in: Handwörterbuch der Organisation, hrsg. von Frese, E., Stuttgart 1992, Sp. 2224-2234.

Fischer, T. M. (1993): Sicherung unternehmerischer Wettbewerbsvorteile durch Prozeß- und Schnittstellen-Management, in: zfo, 62 (1993), 5, S. 312-318.

Fischer, L./Wiswede, G. (2002): Grundlagen der Sozialpsychologie, München 2002.

Fisher, C. D./Gitelson, R. (1983): A Meta-Analysis of the Correlates of Role Conflict and Ambiguity, in: Journal of Applied Psychology, 68 (1983), 2, S. 320-333.

Fisher, R. T. (2001): Role Stress, the Type A Behavior Pattern, and External Auditor Job Satisfaction and Performance, in: Behavioral Research in Accounting, 13 (2001), S. 143-170.

Fließ, S. (1996): Prozeßevidenz als Erfolgsfaktor der Kundenintegration, in: Customer Integration - Von der Kundenorientierung zhur Kundenintegration, hrsg. von Kleinaltenkamp, M./Fließ, S./Jacob, F., Wiesbaden 1996, S. 91-103.

Fließ, S. (2000): Industrielles Kaufverhalten, in: Technischer Vertrieb. Grundlagen des Business-to-Business Marketing, hrsg. von Kleinaltenkamp, M./Plinke, W., Berlin 2000, S. 251-369.

Fließ, S. (2001): Die Steuerung von Kundenintegrationsprozessen: Effizienz in Dienstleistungsunternehmen, Wiesbaden 2001.

Fließ, S./Völker-Albert, J.-H. (2002): Going Virtual - Blueprinting als Basis des Prozessmanagements von E-Service-Anbietern, in: Jahrbuch für Dienstleistungsmanagement 2002: E-Services, hrsg. von Stauss, B./Bruhn, M., Wiesbaden 2002, S. 263-291.

Fließ, S./Nonnenmacher, D./Schmidt, H. (2004): ServiceBlueprint als Methode zur Gestaltung und Implementierung von innovativen Dienstleistungsprozessen, in: Forum Dienstleistungsmanagement. Dienstleistungsinnovationen, hrsg. von Bruhn, M./Stauss, B., Wiesbaden 2004, S. 173-202.

Fließ, S. (2004): Qualitätsmanagement bei Vertrauensgütern, in: Marketing ZFP, 26 (2004), Spezialausgabe Dienstleistungsmarketing, S. 33-44.

Fließ, S./Kleinaltenkamp, M. (2004): Blueprinting the Service Company: Managing Service Processes Efficiently, in: Journal of Business Research, 57 (2004), 4, S. 392-404.

Ford, H. (1923): Mein Leben und Werk, Leipzig 1923.

Freiling, J./Reckenfelderbäumer, M. (2000): Kundenerfolgsrechnung für industrielle Dienstleistungen, in: Dienstleistungsmanagment. Jahrbuch 2000, hrsg. von Bruhn, M./Stauss, B., Wiesbaden 2000, S. 501-526.

French, J. R. P./Caplan, R. D. (1972): Organizational Stress and Individual Strain, in: The Failure of Success, hrsg. von Marrow, A. J., New York 1972, S. 30-66.

Frese, E. (1988): Grundlagen der Organisation. Die Organisationsstruktur der Unternehmung, Wiesbaden 1988.

Frese, E./von Werder, A. (1993): Zentralbereiche - Organisatorische Formen und Effizienzbeurteilungen, in: Zentralbereiche, hrsg. von Frese, E./von Werder, A./Maly, W., Stuttgart 1993, S. 1-50.

Frese, E. (2000): Grundlagen der Organisation: Konzepte - Prinzipien - Strukturen, Wiesbaden 2000.

Frese, E. (2005): Grundlagen der Organisation - Entscheidungsorientiertes Konzept der Organisationsgestaltung, Wiesbaden 2005.

Frings, S./Weisbecker, A. (1998a): Für jeden die passende Rolle, in: IT Management, (1998a), 7, S. 18-25.

Frings, S./Weisbecker, A. (1998b): Zur Qualifizierung der Mitarbeiter ein Rollenkonzept einsetzen, in: Computerwoche, (1998b), 9, S. 117-120.

Frings, S./Weisbecker, A. (1999): Role Concept in Software Development, in: Ergonomics and User interfaces, Bd. 1 (1999), S. 1189-1193.

Fröhling, O. (1993): Zur Ermittlung von Folgekosten aufgrund von Qualitätsmängeln, in: Zeitschrift für Betriebswirtschaft, 63 (1993), 6, S. 543-568.

Fry, L. W./Futrell, C. M./Parasuraman, A./Chmielewski, M. A. (1986): An analysis of Alternative Causal Model of Salesperson Role Perceptions and Work-Related Attitudes, in: Journal of Marketing Research, 23 (1986), 2, S. 153-163.

Fuchs, J./Besier, K. (1994): Personalentwicklung mit Perspektive, in: Das Biokybernetische Modell. Unternehmen als Organismen, hrsg. von Fuchs, J., Wiesbaden 1994, S. 181-204.

Gaitanides, M. (1983): Prozeßorganisation: Entwicklung, Ansätze und Programme prozeßorientierter Organisationsgestaltung, München 1983.

Gaitanides, M. (1992): Ablauforganisation, in: Handwörterbuch der Organisation, hrsg. von Frese, E., Stuttgart 1992, Sp. 1-18.

Gaitanides, M./Scholz, R./Vrohlings, A. (1994): Prozeßmanagement - Grundlagen und Zielsetzungen, in: Prozeßmanagement Konzepte, Umsetzungen und Erfahrungen des Reengineering, hrsg. von Gaitanides, M./Scholz, R./Vrohlings, A./Raster, M., München Wien 1994, S. 1-20.

Gaitanides, M. (1995): Je mehr desto besser? Zu Umfang und INtensität des Wnadels bei Vorhaben des Business Reengineering, in: technologie & management, 44 (1995), 2, S. 69-76.

Gaitanides, M. (1996): Prozeßorganisation, in: Handwörterbuch der Produktionswirtschaft, hrsg. von Kern, W., Stuttgart 1996, Sp. 1682-1696.

Gaitanides, M./Müffelmann, J. (1996): Die Prozessorganisation ist der Kerngedanke, in: zfo, 65 (1996), 3, S. 186-189.

Gaitanides, M. (1998): Business Reengineering / Prozeßmanagement - von der Managementtechnik zur Theorie der Unternehmung?, in: DBW, 58 (1998), 3, S. 369-381.

Garhammer, M. (1988): Die unbezahlte häusliche Dienstleistungsproduktion, in: Jahrbuch der Absatz und Verbrauchsforschung, 34 (1988), 1, S. 61-94.

Gatermann, M./Krogh, H. (1993): Kurzer Prozeß, in: Manager Magazin, (1993), 12, S. 177-213.

Geier, A./Groh, G./Graß, G. (2001): Refernzprozesse und Rollenkonzept im Customer Care Center, Arbeitspapier im Rahmen des vom BMBF geförderten Projektes INCCA-"Professionelle Services in innovativen Call Center Organisationen." 2001.

Gerhardt, J. (1987): Dienstleistungsproduktion: Eine produktionstheoretische Analyse der Dienstleistungsprozesse, Bergisch Gladbach 1987.

Gerpott, T. J./Wittkemper, G. (1996): Business Process Redesign: Der Ansatz von Booz, Allen & Hamilton, in: Prozeßmanagement und Reengineering: Die Praxis im deutschsprachigen Raum: Konzepte und Beispiele, hrsg. von Nippa, M./Picot, A., Frankfurt/Main 1996, S. 144-164.

Girth, W. (1994): Methoden und Techniken für Prozessanalysen und Redesign, in: Geschäftsprozessmanagement, hrsg. von Krickl, O. C., Heidelberg 1994, S. 139-156.

Graen, G. (1983): Role-Making Processes Within Complex Organisations, in: Handbook of industrial and organisational Psychology, hrsg. von Dunnette, M. D., New York 1983, S. 1201-1245.

Grafmüller, M. H. (2000): Prozeßmanagement in der Automobilindustire. Betriebliche Umsatzung am Beispiel der Volkswagen AG, Wiesbaden 2000.

Graumann, J. (1983): Die Dienstleistungsmarke, München 1983.

Greif, S. (1983): Konzepte der Organisationspsychologie. Eine Einführung in grundlegende theoretische Ansätze, Bern 1983.

Groh, G./Geier, A. (2002): Human Ressource Management - "Rollenkonzepte" und "Skill-Management", in: E-Business in der Praxis. E-Busienss-Anwendungen auf den Punkt gebracht, hrsg. von Bullinger, H.-J./Thommen, D./Ammann, M., Kilchberg 2002, S. 175-194.

Gross, N./Mason, W. S./McEachern, A. W. (1958): Explorations in Role analysis, New York 1958.

Groth, U./Kammel, A. (1994): Lean-Management: Konzepte, kritische Analyse, praktische Lösungsansätze, Wiesbaden 1994.

Grönroos, C. G. (1990): Service Management and Marketing: Managing the Moments of Truth in Service Competition, Lexington/Massachusetts/Toronto 1990.

Guha, S./Kettinger, W. J./Teng, J. T. C. (1993): Business Process Reengineering. Building a Comprehensive Methodology, in: Information Systems Management, 10 (1993), Summer, S. 13-22.

Gutenberg, E. (1957): Grundlagen der Betiebswirtschaftslehre. Die Produktion, Berlin 1957.

Haedrich, G. (1995): Qualitätsmanagement, in: Handwörterbuch des Marketing, hrsg. von Tietz, B./Köhler, R./Zentes, J., Stuttgart 1995, Sp. 2205-2214.

Haist, F./Fromm, H.-J. (1991): Qualität im Unternehmen, München 1991.

Hall, G./Rosenthal, J./Wade, J. (1993): How to Make Reengineering Really Work, in: Harvard Business Review, (1993), 6, S. 119-131.

Hall, G./Rosenthal, J./Wade, J. (1994): Reengineering: Es braucht kein Flop zu werden, in: Harvard Business Manager, (1994), 4, S. 82-93.

Haller, S. (2002): Dienstleistungsmanagement. Grundlagen, Konzepte, Instrumente, Wiesbaden 2002.

Hammer, W. C./Tosi, H. L. (1974): Relationsship of Role Conflict and Role Ambiguity to Job Involvement Measures, in: Journal of Applied Psychology, 59 (1974), 4, S. 497-499.

Hammer, M. (1990): Reengineering Work: Don't Automate, Obliterate, in: Harvard Business Review, 68 (1990), 4, S. 104-112.

Hammer, M./Champy, J. (1993): Reengineering the Cooperation, New York 1993.

Hammer, M./Champy, J. (1995): Business Reengineering. Die Radikalkur für das Unternehmen, Fankfurt/Main 1995.

Hammer, M. (1995): "Über Bord werfen", in: Wirtschaftswoche, (1995), 46, S. 133-138.

Hammer, M./Stanton, S. (2000): Prozessunternehemen - wie sie wirklich funktionieren, in: Harvard Business Manager, (2000), 3, S. 68-81.

Harbour, J. L. (1994): The Process Reengineering Workbook: Practical Steps to Working Faster and Smarter Through Process Improvement, White Plains 1994.

Harrigan, K. R. (1983): Research Methodologies for Contingency Approaches to Business Strategy, in: Academy of Management Review, 8 (1983), 3, S. 398-405.

Harrington, H. J. (1991): Business Process Improvement. The Breakthrough Strategy for Total Quality, Productivity and Competitiveness, New York 1991.

Hartline, M. D./Ferrell, O. C. (1996): The Mangement of Customer-Contact Service Employees: An Empirical Investigation, in: Journal of Marketing, 60 (1996), 4, S. 52-70.

Harvey, D. (1994): Reengineering: The Critical Success Factors, London 1994.

Hatten, K. J./Rosenthal, S. R. (1999): Managing the Process-centred Enterprise, in: Long Range Planning, 32 (1999), 3, S. 293-310.

Haug, F. (1994): Kritik der Rollentheorie, Hamburg 1994.

Hauser, C. (1996): Marktorientierte Bewertung von Unternehmensprozessen, Bergisch Gladbach 1996.

Heinen, E. (1974): Betriebswirtschaftliche Kostenlehre, Wiesbaden 1974.

Heiss, J. (1968): An Introduction to the Elements of Role Theory, in: Family Roles and Interaction: An Anthology, hrsg. von Heiss, J., Chicago 1968, S. 3-32.

Heiss, J. (1981): Social Roles, in: Social Psychology. Sociological Perspectives, hrsg. von Rosenberg, M./Turner, R., New York 1981, S. 94-129.

Helbig, R. (2003): Prozessorientierte Unternehmensführung. Eine Konzeption mit Konsequenzen für Unternehmen und Branchen dargestellt an Beispielen aus Dienstleistung und Handel, Heidelberg 2003.

Henry, A. F. (1956): Familiy Role Structure and Self Blame, in: Social Forces, 35 (1956), S. 34-38.

Heppner, K. (1995): Gestaltung von Geschäftsprozessen, in: Unternehmensorganisation im internationalen Vergleich. Struktur, Prozesse und Führungssysteme in Deutschland, Japan und den USA, hrsg. von Comp., D., Fankfurt 1995, S. 61-75.

Heppner, K. (1996): Potentiale und Grenzen eines Prozessmanagements in der Ersatzteilversorgung, in: DBW, 56 (1996), 3, S. 351-362.

Herkner, W. (1991): Lehrbuch der Soziologie, Bern 1991.

Herp, T./Brand, S. (1996): Reengineering aus Management-Sicht, in: Prozeßmanagement und Reengineering: Die Praxis im deutschsprachigen Raum: Konzepte und Beispiele, hrsg. von Nippa, M./Picot, A., Frankfurt/Main 1996, S. 126-143.

Hess, T./Brecht, L./Österle, H. (1995): Stand und Defizit der Methoden des Business Process Redesign, in: Wirtschaftsinformatik, 37 (1995), 5, S. 480-486.

Hess, T. (1996): Entwurf betrieblicher Prozesse, Wiesbaden 1996.

Hess, T./Brecht, L. (1996): State of the Art des Business Process Renngineering: Darstellung und Vergleich bestehender Methoden, Wiesbaden 1996.

Hess, T./Schuller, D. (2005): Business Process Reengineering als nachhaltiger Trend? Eine Analyse der Praxis in deutschen Großunternehmen nach einer Dekade, in: zfbf, (2005), S. 355-373.

Hilb, M. (2002): Integriertes Personal-Management, Neuwied 2002.

Hilke, W. (1984): Dienstleistungs-Marketing aus der Sicht der Wissenschaft, Freiburg 1984.

Hilke, W. (1989): Grundprobleme und Entwicklungstendenzen des Dienstleistungs-Marketing, in: Dienstleistungs-Marketing, hrsg. von Hilke, W., Wiesbaden 1989, S. 5-44.

Hinterhuber, H. H./Aichner, H./Lobenwein, W. (1994): Unternehemenswert und lean management: wie ein Unternehmen den Nutzen für die Stakeholders erhöht, Wien 1994.

Horvath, P. (1994): Kunden und Prozess im Fokus - Controlling und Reengineering, Stuttgart 1994.

Horvath, P. (1997): Die "Vorderseite" der Prozessorientierung, in: Controlling, (1997), 2, S. 114.

House, R. J./Rizzo, J. R. (1972): Role Conflict and Ambiguity as Critical Variables in a Model of Organizational Behavior, in: Organizational Behavior and Human Performance, 7 (1972), 3, S. 467-505.

Hunt, V. D. (1993): Reengineering - Leveraging the Power of Integrated Procuct Development, Essex Junction 1993.

IDS-Scheer (2004): Business Process Report 2004, Saarbrücken 2004.

IDS-Scheer (2005): Business Process Reprot 2005, Saarbrücken 2005.

Ivancevich, J. M./Donnelly Jr., J. H. (1974): A Study of Role Clarity and Need for Clarity for Three Occupational Groups, in: Academy of Management Journal, 17 (1974), 1, S. 28-36.

Jackson, J. A. (1972): Role - Editorial Introduction, in: Role, hrsg. von Jackson, J. A., London 1972, S. 1-10.

Jackson, S. E./Schuler, R. S. (1985): A Meta-Analysis and Conceptual Critique of Research on Role Ambiguity and Role Conflict in Work Settings, in: Organizational Behavior and Human Decision Processes, 36 (1985), 1, S. 16-78.

Jacob, F. (2003): Kundenintegrationskompetenz - Konzeptionalisierung, Operationalisierung und Erfolgswirkung, in: Marketing ZFP, 25 (2003), 2, S. 83-98.

Jacobson, I./Ericsson, M./Jacobson, A. (1995): The Object Advantage. Business Process Reengineering with Object Technology, Wokingham 1995.

Jenner, T. (1994): Internationale Marktbearbeitung. Erfolgreiche Strategien für Konsumgüterhersteller, Wiesbaden 1994.

Joas, H. (1975): Die gegenwärtige Lage der soziologischen Rollentheorie, Frankfurt/Main 1975.

Joas, H. (1991): Rollen- und Interaktionstheorien in der Sozialisationsforschung, in: Neues Handbuch der Sozialisationsforschung, hrsg. von Hurrelmann, K./Ulrich, D., Weinheim 1991, S. 137-152.

Johansson, H. J./McHugh, P./Pendlebury, A. J./Wheeler, W. A. (1993): Business Process Reengineering. Breakpoint Strategies for Market Dominance, Chichester 1993.

Kahn, R. L./Wolfe, D. M./Quinn, R. P./Snoek, J. D./Rosenthal, R. A. (1964): Organisational Stress: Studies in Role Conflict and Ambiguity, New York 1964.

Kaluza, B./Blecker, T. (2005): Flexibilität - State of the Art und Entwicklungstrends, in: Erfolgsfaktor Flexibilität. Strategien und Konzepte für wandlungsfähige Unternehmen, hrsg. von Kaluza, B./Blecker, T., Berlin 2005, S. 1-25.

Kamiske, G. F./Füermann, T. (1995): Reengineering versus Prozeßmanagement. Der richtige Weg zurprozeßorientierten Organisationsgestaltung, in: zfo, 64 (1995), 3, S. 142-148.

Kaplan, R. B./Murdock, L. (1991): Core process redesign, in: McKinsey Quarterly, (1991), 2, S. 27-43.

Kasper, H./van Helsdingen, P./de Vries, W. (1999): Services Marketing Management: An International Perspective, New York u.a. 1999.

Katz, D./Kahn, R. L. (1978): The Social Psychology of Organizations, Santa Barbara 1978.

Kaufmann, E. J. (1977): Marketing für Produktivdienstleistungen, Frankfurt/Main 1977.

Kelly, J. P./Gable, M./Hise, R. T. (1981): Conflict, Clarity, Tension, and Satisfaction in Chain Store Manager Roles, in: Journal of Retailing, 57 (1981), 1, S. 27-42.

Kelly, S. W./Skinner, S. J./Donelly, J. H. (1990): Customer participation in service production and delivery, in: Journal of Retailing, 66 (1990), 3, S. 315-335.

Kennedy, M. S./Ferell, L. K./LeClair, D. T. (2001): Consumers' Trust of Salespeople and Manufacturer: Am Empirical Study, in: Journal of Business Research, 51 (2001), 1, S. 73-86.

Kern, W. (1976): Die Produktionswirtschaft als Erkenntnisbereich der Betriebswirtschaftslehre, in: Zeitschrift für betriebswirtschaftliche Forschung, 28 (1976), S. 756-768.

Kieser, A./Kubicek, H. (1992): Organisation, Berlin 1992.

Kieser, A. (1996): Business Process Reengineering - neue Kleider für den Kaiser?, in: zfo, 65 (1996), 3, S. 179-185.

Kieser, A./Walgenbach, P. (2003): Organisation, Stuttgart 2003.

Kingman Brundage, J. (1989): The abc's of service system blueprinting, in: Designing a Winning Service Strategy, hrsg. von Bitner, M. J./Crosby, L. A., Chicago 1989, S. 33-33.

Kingman Brundage, J. (1991): Technology, design, and service quality, in: International Journal of Service Industry Management, 2 (1991), 3, S. 47-59.

Kingman Brundage, J. (1993): Service Mapping: Gaining a concrete perspective on Service System Design, in: The Service Quality Handbook, hrsg. von Scheuing, E./Christopher W. F., New York 1993, S. 148-163.

Kingman Brundage, J. (1995): Service Mapping: Back to Basics, in: Understanding Services Management, hrsg. von Glynn, W. J./Barnes, J. G., 1995, S. 119-142.

Kirchhoff-Hund, B. (1978): Rollenbegriff und Interaktionsanalyse. Soziale Grundlagen und ideologischer Gehalt, Köln 1978.

Kleinaltenkamp, M. (1992): Investitionsgüter-Marketing aus informationsökonomischer Sicht, in: zfbf Schmalenbachs Zeitschrift für betriebswirtschaftliche Forschung, 44 (1992), 2, S. 809-829.

Kleinaltenkamp, M. (1993): Investitionsgüter-Marketing als Beschaffung externer Faktoren, in: Dienstleistungsmarketing, hrsg. von Thelen, E./Mairamhof, G. B., Frankfurt u.a. 1993, S. 101-126.

Kleinaltenkamp, M. (1996): Customer Integration - Kundenintegration als Leitbild für das Business to Business Marketing, in: Customer Integration, hrsg. von Kleinaltenkamp, M./Fließ, S./Jacob, F., Wiesbaden 1996, S. 13-24.

Kleinaltenkamp, M. (1997a): Integrativität als Kern einer umfassenden Leistungslehre, in: Marktleistung und Wettbewerb. Strategische und operative Perspektiven der marktorientierten Leistungsgestaltung, hrsg. von Backhaus, K./Günter, B./Kleinaltenkamp, M./Plinke, W./Raffée, H., Wiesbaden 1997a, S. 83-114.

Kleinaltenkamp, M. (1997b): Kundenintegration, in: Wist, 26 (1997b), 7, S. 350-355.

Kleinaltenkamp, M. (1998): Begriffsabgrenzungen und Erscheinungsformen von Dienstleistungen, in: Handbuch Dienstleistungsmanagement, hrsg. von Bruhn, M. M., Heribert, Wiesbaden 1998, S. 31-52.

Kleinaltenkamp, M./Haase, M. (1999): Externe Faktoren in der Theorie der Unternehmung, in: Die Theorie der Unternehmung in Forschung und Praxis, hrsg. von Albach, H./Eymann, E./Luhmer, A./Stevens, M., Berlin u.a. 1999, S. 167-194.

Kleinaltenkamp, M. (1999): Service Blueprinting - Nicht ohne einen Kunden, in: Technischer Vertrieb, 1 (1999), April, S. 33-39.

Kleinaltenkamp, M. (2000a): Customer Integration im Electronic Business, in: Handbuch Electronic Business, hrsg. von Weiber, R., Wiesbaden 2000a, S. 333-358.

Kleinaltenkamp, M. (2000b): Einführung in das Business to Business Marketing, in: Technischer Vertrieb Grundlagen des Business to Business Marketing, hrsg. von Kleinaltenkamp, M./Plinke, W., Berlin u.a. 2000b, S. 171-247.

Kleinaltenkamp, M. (2000c): Blueprinting - Grundlage des Managements von Dienstleistungsunternehmen, in: Neue Aspekte des Dienstleistungsmarketing - Ansatzpunkte für Forschung und Praxis, hrsg. von Woratschek, H., Wiesbaden 2000c, S. 3-28.

Kleinaltenkamp, M. (2000d): Begriffsabgrenzungen und Erscheinungsformen von Dienstleistungen, in: Handbuch Dienstleistungsmanagement. Von der strategischen Konzeption zur praktischen Umsetzung, hrsg. von Bruhn, M. M., Heribert, Wiesbaden 2000d, S. 27-50.

Klinkenberg, U. (1995): Organisatorische Implikationen des Total Quality Management, in: DBW, 55 (1995), 5, S. 599-614.

Koch, D./Hess, T. (2003): Business Process Redesign als nachhaltiger Trend? Eine empirische Studie zu Aktualität, Inhalten und Gestaltung in deutschen Großunternehmen., München 2003.

Kohli, A. K. (1985): Some Unexplored Supervisory Behaviors and Their Influence on Salespeople's Role Clarity, Specific Self-Esteem, Job Satisfaction, and Motivation, in: Journal of Marketing Research, 22 (1985), 4, S. 424-433.

Kosiol, E. (1962): Organisation der Unternehmung, Wiesbaden 1962.

Kosiol, E. (1976): Organisation der Unternehmung, Wiesbaden 1976.

Kosiol, E. (1980): Aufbauorganisation, in: Handwörterbuch der Organisation, hrsg. von Grochla, E., Stuttgart 1980, Sp. 179-187.

Körfgen, R. (1999): Prozessoptimierung in Dienstleistungsunternehmen, Wiesbaden 1999.

Krappmann, L. (1971): Soziologische Dimensionen der Identität. Strukturelle Bedingungen für die Teilnahme an Interaktionsprozessen, Stuttgart 1971.

Kreisel, H. (1995): Zentralbereiche: Formen, Effizienz und Integration, Wiesbaden 1995.

Krickl, O. C. (1994): Business Redesign. Prozeßorienteirte Organisationsgestaltung und Informationstechnologie, in: Geschäftsprozessmanagement, hrsg. von Krickl, O. C., Heidelberg 1994, S. 17-38.

Krickl, O. C. (1995): Business Redesign: Neugestaltung von Organisationsstrukturen unter besonderer Berücksichtigung der Gestaltungspotentiale von Workflowmanagementsystemen, Wiesbaden 1995.

Kroeber-Riel, W./Weinberg, P. (2003): Konsumentenverhalten, München 2003.

Krüger, W. (1994): Organisation der Unternehmung, Stuttgart 1994.

Kubeck, L. C. (1995): Techniques for Business Process Redesign. Tying It All Together, New York 1995.

Kubicek, H. (1992): Informationstechnologie und Organisationsstruktur, in: Handwörterbuch der Organisation, hrsg. von Frese, E., Stuttgart 1992, Sp. 937-958.

Kugeler, M. (2000): Informationsmodellbasierte Organisationsgestaltung, Modellierungskonventionen und Referenzvorgehensmodell zur prozessorientierten Reorganisation, Berlin 2000.

Kugeler, M./Vieting, M. (2003): Gestaltung einer prozessorientierten Aufbauorganisation, in: Prozessmanagement Ein Leitfaden zur prozessorientierten Organisationsgestaltung, hrsg. von Becker, J./Kugeler, M./Rosemann, M., Berlin 2003, S. 227-276.

Kühlechener, P. (1994): Visionen als Katalysator, in: Prozeßmanagement Konzepte, Umsetzungen und Erfahrungen des Reengineering, hrsg. von Gaitanides, M./Scholz, R./Vrohlings, A./Raster, M., München 1994, S. 245-276.

Küpper, H.-U. (1982): Ablauforganisation, Stuttgart 1982.

Lamnek, S. (1995): Qualitative Sozialforschung, Weinheim 1995.

Lau, V. (2002): Gesellschaft - Lernende Organisation - Personalentwicklung, bisher unveröffentliches Arbeitspapier der CSC Ploenzke Akademie GmbH, Wiesbaden 2002.

Lau, V. (2003): Personalentwicklung am Bundesarbeitsgericht. Entwicklung, Einführung und Umsetzung eines Konzepts zur Personalentwicklung am Bundesarbeitsgerichts in Erfurt, in: Personalführung, (2003), 11, S. 56-64.

Leigh, J. H./Lucas Jr., G. H./Woodman, R. W. (1988): Effects of Perceived Organizational Factors on Role Stress--Job Attitude Relationships, in: Journal of Management, 14 (1988), 1, S. 41-58.

Lewandowski, A. (2000): Methode zur Gestaltung von Leistungserstellungsprozessen in Industrieunternehmen, Paderborn 2000.

Linton, R. (1936): The Study of Man. An Introduction, New York 1936.

Linton, R. (1945): The Cultural Backround of Personality, New York 1945.

Loewenfeld, v. F./Herrmann, A. (2004): Relevanz des Symbolischen Interaktionismus zur Analyse von Communities, in: Wist, (2004), 11, S. 654-659.

Lohoff, P./Lohoff, H.-G. (1993): Verwaltung im Visier: Optimierung der Büro- und Dienstleistungsprozesse, in: zfo, 62 (1993), 4, S. 248-254.

Looss, W./Stadelmann, S. (1997): Wo, bitte geht`s denn hier nach oben? Karriereplanung in turbulenten Zeiten, in: Auf dem Weg zum Wissensmanagement, Personalentwicklung in lernenden Organisationen, hrsg. von Freimuth, J./Haritz, J./Kiefer, B.-U., Göttingen 1997, S. 139-144.

Lovelock, C. H./Vandermerwe, S./Lewis, B. (1999): Services Marketing - A European Perspective, London u.a. 1999.

Lusch, R. F./Jaworski, B. J. (1991): Management Controls, Role Stress, and Retail Store Manager Performance, 1991.

Lyons, T. F. (1971): Role Clarity, Need for Clarity, Satisfaction, Tension, and Withdrawal, in: Organizational Behavior and Human Performance, 6 (1971), S. 99-110.

Macharzina, K. (1999): Unternehmensführung. Das internationale Managementwissen . Konzepte - Methoden - Praxis, Wiesbaden 1999.

Maciejewski, P. G. (1999): Geschäftliche Prozesse völlig neu gestalten, in: bilanz & buchhaltung, (1999), 4, S. 141-146.

Majchrzak, A./Wang, Q. (1996): Breaking the Functional Mind-Set in Process Organizations, in: Harvard Business Review, 74 (1996), 5, S. 93-99.

Maleri, R. (1973): Grundzüge der Dienstleistungsproduktion, Berlin 1973.

Maleri, R. (1997): Grundlagen der Dienstleistungsproduktion, Berlin u.a. 1997.

Mandl, H. (1981): Zur Psychologie der Textverarbeitung. Ansätze, Befunde Probleme, München 1981.

Mayntz, R. (1980): Rollentheorie, in: Handwörterbuch der Organisation, hrsg. von Grochla, E., Stuutgart 1980, Sp. 2043-2052.

Mayring, P. (1999): Einführung in die qualitative Sozialforschung, Weinheim 1999.

Mead, G. H. (1978): Geist, Identität und Gesellschaft, Farnkfurt/Main 1978.

Meffert, H./Bruhn, M. (2003): Dienstleistungsmarketing. Grundlagen - Konzepte - Methoden, Wiesbaden 2003.

Melan, E. H. (1992): Process Management. Methods for Improving Products and Service, New York 1992.

Mende, M. (1995): Ein Führungssystem für Geschäftsprozesse, Bamberg 1995.

Mengen, A. (1993): Konzeptgestaltung von Dienstleistungsprodukten. Eine Conjoint-Analyse im Luftfrachtmarkt unter Berücksichtigung der Qualitätsunsicherheit beim Dienstleistungskauf, Stuttgart 1993.

Mertens, P. (1997): Perspektiven der Prozessorientierung, in: Controlling, (1997), 2, S. 110-111.

Merton, R. K. (1957): Social Theory and Social Structure, Glencoe 1957.

Metzen, H. (1994): Leidensweg, in: Manager Magazin, (1994), 11, S. 279-285.

Meyer, A. (1983): Dienstleistungsmarketing. Erkenntnisse und praktische Beispiele, München 1983.

Meyer, A. (1991): Dienstleitungs-Marketing, in: DBW, 51 (1991), 2, S. 195-209.

Meyer, A. (1993): Dienstleistungs-Marketing, in: Marketing-Systeme. Grundlagen des institutionellen Marketing, hrsg. von Meyer, P. W./Meyer, A., Stuttgart, Berlin, Köln 1993, S. 173-220.

Meyer, A./Blümelhuber, C. (1994): Interdependenzen zwischen Absatz und Produktion in Dienstleistungsunternehmen und ihre Auswirkungen auf konzeptionelle Fragen des Absatzmarketing, in: Dienstleistungsproduktion, hrsg. von Corsten, H./Hilke, W., Wiesbaden 1994, S. 5-41.

Meyer, A./Blümelhuber, C./Pfeiffer, M. (2000): Der Kunde als Co-Produzent und Co-Designer - oder: die Bedeutung der Kundenintegration für die Qualiätspolitik von Dienstleistungsanbietern, in: Dienstleistungsqualität, hrsg. von Bruhn, M./Stauss, B., Wiesbaden 2000, S. 49-71.

Meyer-Fehr, P. (1986): Rollentheorie, in: Psychosoziale Medizin. Gesundheit und Krankheit in bio-psycho-sozialer Sicht, hrsg. von Jürg, W./Heim, E., Berlin 1986, S. 33-40.

Michaels, R. E./Day, R. L./Joachimsthaler, E. A. (1987): Role Stress Among Industrial Buyers: An Integrative Model, in: Journal of Marketing, 51 (1987), 2, S. 28-45.

Miles, R. H./Petty, M. M. (1975): Relationsships Between Role Claritiy, Need for Clarity, and Job Tension and Satisfaction for Supervisory and nonsupervisory Roles, in: Academy of Management Journal, 18 (1975), 4, S. 877-883.

Miles, R. H./Perreault, W. D. (1976): Organizational Role Conflicts : Its Antecendents and Consequences, in: Organizational Behavior and Human Decision Processes, 17 (1976), 1, S. 19-44.

Mills, P. K./Margulies, N. (1980): Toward a Core Typology of Service Organizations, in: Academy of Management Journal, 5 (1980), 2, S. 255-267.

Mischak, R. F. (1997): Business Reengineering - Der Weg vom funktions- zum prozeßorientierten Denken im Unternehmen, in: Business Reengineering: effiziente Neugestaltung von Geschäftprozessen, hrsg. von Berndt, R., Berlin 1997, S. 3-17.

Mohr, L. A./Bitner, M. J. (1991): Mutual Understanding between Customers and Employees in Service Encounters, in: Advances in Consumer Research, 18 (1991), 1, S. 611-617.

Momm, C. (1997): Die Intelligente Unternehmung. Management von Information, Wissen und Werten, Wiesbaden 1997.

Morris, D./Brandon, J. (1994): Revolution im Unternehmen. Reengineering für die Zukunft, Landsberg 1994.

Möller, S. (2004): Interaktion bei der Erstellung von Dienstleistungen. Die Koordination der Aktivitäten von Anbieter und Nachfrager, Wiesbaden 2004.

Mörschel, I./Opitz, M./Schwengels, C./Vossen, I. (2001): Kundenorientierte Gestaltung von Geschäftsprozessen bei Dienstleistern, in: Business Process Management Tools. EIne evaluierende Marktstudie über aktuelle Werkzeuge, hrsg. von Bullinger, H.-J./Schreiner, P., Stuttgart 2001, S. 35-44.

Müller-Böling, D. (1992): Methodik der empirischen Organisationsforschung, in: Handwörterbuch der Organisation, hrsg. von Frese, E., Stuttgart 1992, Sp. 1491-1505.

Müller-Merbach, H. (1994a): Operative und strategische Kernprozesse: Die gesamte Unternehmung als Objekt des Reengineering. Ein Top-down-Entwurf, in: technologie & management, 43 (1994a), 3, S. 99-102.

Müller-Merbach, H. (1994b): Leitung und Reengineering - die Matrix der sechs Aufgabenbereiche, in: Wettbewerbsfähigkeit durch innovativen Strukturen und Konzepte, hrsg. von Zink, K. J., München 1994b, S. 295-319.

Müller-Stewens, G. (2004): Auf die Prozesse kommt es an, in: Harvard Business Manager, (2004), Oktober, S. 28-32.

Nägele, R./Schreiner, P. (2002): Bewertung von Werkzeugen für das Management von Geschäftsprozessen, in: zfo, 71 (2002), 4, S. 201-210.

Neiman, L. J./Hughes, J. W. (1951): The Problem of the Concept of Role - A Re-Survey of the Literature, in: Social Forces, 30 (1951), S. 141-149.

Nelson, P. J. (1970): Information and Consumer Behavior, in: Journal of Political Economy, 78 (1970), 2, S. 311-329.

Nerdinger, F. W. (1992): Bedingungen und Folgen von Burnout bei Schalterangestellten einer Sparkasse, in: Zeitschrift für Arbeitswissenschaft, 48 (1992), 2, S. 77-84.

Nerdinger, F. W. (1994): Zur Psychologie der Dienstleistung: theoretische und empirische Studien zu einem wirtschaftspsychologischen Forschungsgebiet, Stuttgart 1994.

Nerdinger, F. W. (1998a): Psychologische Aspekte der Tätigkeit im Dienstleistungsbereich, in: Handbuch Dienstleistungsmanagement, hrsg. von Bruhn, M./Meffert, H., Wiesbaden 1998a, S. 195-212.

Nerdinger, F. W. (1998b): Interaktionsmanagement - Verbale und nonverbale Kommunikation als Erfolgsfaktoren in den Augenblicken der Wahrheit, in: Handbuch Dienstleistungs-Marketing, hrsg. von Meyer, A., Stuttgart 1998b, S. 1177-1193.

Nerdinger, F. W./Rosenstiel, L. (1999): Die Umgestaltung der Führungsstrukturen im Rahmen der Implementierung des internen Marketing, in: Internes Marketing: Integration von Kunden- und Mitarbeiterorientierung; Grundlagen - Implementierung - Praxisbeispiele, hrsg. von Bruhn, M., Wiesbaden 1999, S. 175-190.

Nippa, M. (1993): Informationstechnik - Motor und Bremse des organisatorischen Wandels, in: Strukturwandel in Management und Organisation. Neue Konzepte sichern die Zukunft, hrsg. von Scharfenberg, H., Baden-Baden 1993, S. 323-346.

Nippa, M./Picot, A. (1996): Prozeßmanagement und Reengineering: Die Praxis im deutschsprachigen Raum: Konzepte und Beispiele, Frankfurt/Main 1996.

Nordsieck, F. (1931a): Grundprobleme und Grundprinzipien der Organisation des Betriebsaufbaus, in: Die Betriebswirtschaft, 2 (1931a), 6, S. 158-162.

Nordsieck, F. (1931b): Aufgabenverteilung und Instanzenbau im Betrieb, in: Die Betriebswirtschaft, 2 (1931b), 7, S. 204-210.

Nordsieck, F. (1931c): Funktionenverteilung und Stellenbildung im Betrieb, in: Die Betriebswirtschaft, 2 (1931c), 8, S. 232-238.

Nordsieck, F. (1931d): Harmonogramme - Ein Beitrag zur schaubildlichen Untersuchung der Betriebs-Organisation, in: zfo, 5 (1931d), S. 106-112.

Nordsieck, F. (1932): Die schaubildliche Erfassung und Untersuchung der Betriebsorganisation, Stuttgart 1932.

Nordsieck, F. (1934): Grundlagen der Organisationslehre, Stuttgart 1934.

Nordsieck, F. (1972a): Betriebsorganisation. Betriebsaufbau und Betriebsablauf, Stuttgart 1972a.

Nordsieck, F. (1972b): Betriebsorganisation. Lehre und Technik, Stuttgart 1972b.

Nygaard, A./Dahlstrom, R. (2002): Role Stress and Effectiveness in Horizontal Alliances, in: Journal of Marketing, 66 (2002), April, S. 61-82.

Obeng, E./Crainer, S. (1994): Making Reengineering Happen, London 1994.

Oelsnitz, D. v. d. (2000): Marktorientierte Organisationsgestaltung: eine Einführung, Stuttgart 2000.

Olbrich, H. (1996): Ästhetisches Urteilen im Management, München 1996.

Oliver, R. L./Brief, A. P. (1977/1978): Determinants and Consequences of Role Conflict and Ambiguity among Retail Sales Managers, in: Journal of Retailing, 53 (1977/1978), 4, S. 47-58.

Osterloh, M. (1992): Der Einfluss neuer Informationstechnologien auf den Managementprozess, in: Die Unternehmung, 46 (1992), 2, S. 79-88.

Osterloh, M. (1993a): Die innovative Organisation im Spannungsfeld von Aufbau- und Ablauforganisation, in: Führen von Organisationen: Konzepte und praktissche Beispiele aus privaten und öffentlichen Unternehmen, hrsg. von Krulis-Randa, J. S./Staffelbach, B./Wehrli, H.-P., Bern 1993a, S. 93-108.

Osterloh, M. (1993b): Innovation und Routine. Das organisatorische Dilemma in klassischer und neuer Sicht, in: zfo, 62 (1993b), 4, S. 214-220.

Osterloh, M./Frost, J. (1994a): Business Reengineering: Modeerscheinung oder "Business Revolution"?, in: zfo, 63 (1994a), 6, S. 356-363.

Osterloh, M./Frost, J. (1994b): Business Reengineering: neuer Wein in alten Schläuchen?, in: io Management, 9 (1994b), 63, S. 27-28.

Osterloh, M./Frost, J. (1996): Prozessmanagement als Kernkompetenz: wie Sie Business Reengineering strategisch nutzen können, Wiesbaden 1996.

Osterloh, M./Wübker, S. (1999): Wettbewerbsfähiger durch Prozeß- und Wissensmanagement: mit Chancengleichheit auf Erfolgskurs, Wiesbaden 1999.

Osterloh, M./Boos, L. (2001): Organisatorische Entwürfe von wissensintensiven Dienstleistungsunternehmen, in: Handbuch Dienstleistungsmanagement, hrsg. von Bruhn, M./Meffert, H., Wiesbaden 2001, S. 781-802.

Pall, G. A. (1987): Quality process management, Englewood Cliffs 1987.

Parkington, J. J./Schneider, B. (1979): Some Correlates of Experienced Job Stress: A Boundary Role Study, in: Academy of Management Journal, 22 (1979), 2, S. 270-281.

Parsons, T. (1951): The Social System, New York 1951.

Parsons, T./Shils, E. A./Allport, G. W./Kluckhohn, C./Murray, H. A./Sears, R. R./Sheldon, R. C./Stouffer, S. A./Tolman, E. C. (1951): The General Theory of Action, in: Toward a General Theory of Action, hrsg. von Parsons, T./Shils, E. A., Cambridge 1951, S. 3-29.

Pawlowski, T. (1980): Begriffsbildung und Definition, Berlin 1980.

Perry, S./Wynne, L. (1959): Role Conflict, Role Redifinition ans Social Change in a Clinical Research Organisation, in: Social Forces, 38 (1959), 1, S. 62-65.

Petzold, H./Mathias, U. (1982): Rollenentwicklung und Identität. Von den Anfängen der Rollentheorie zum sozialpsychiatrischen Rollenkonzept Morenos, Paderborn 1982.

Pfeffer, J. (1985): Organizations and Organizations Theory, in: Handbook of Social Psychology, hrsg. von Gardner, L./Aronson, E., New York 1985, S. 379-440.

Pfeiffer, W./Weiss, E. (1993): Philosophie und Elemente des Lean Management, in: Lean Production: schlanke Produktionsstrukturen als Erfolgsfaktor, hrsg. von Corsten, H./Will, T., Stuttgart 1993, S. 13-46.

Pfeiffer, W./Weiss, E. (1994): Lean-Management: Grundlagen der Führung und Organisation lernender Unternehmen, Berlin 1994.

Pfohl, H.-C./Krings, M./Betz, G. (1996): Techniken der prozeßorientierten Organisationsanalyse, in: zfo, 65 (1996), 4, S. 246-251.

Pibernik, R. (2001): Flexibilitätsplanung in Wertschöpfungsnetzwerken, Wiesbaden 2001.

Picot, A./Reichwald, R. (1991): Informationswirtschaft, in: Industriebetriebslehre: Entscheidungen im Industriebetrieb, hrsg. von Heinen, E., Wiesbaden 1991, S. 241-394.

Picot, A. (1993a): Organisationsstrukturen im Spannungsfeld von Zentralisierung und Dezentralisierung, in: Strukturwandel in Management und Organisation. Neue Konzepte sichern die Zukunft, hrsg. von Scharfenberg, H., Baden-Baden 1993a, S. 217-236.

Picot, A. (1993b): Organisation, in: Vahlens Kompendium der Betriebswirtschaftslehre, hrsg. von Bitz, M., München 1993b, S. 101-174.

Picot, A./Reichwald, R. (1994): Auflösung der Unternehmung? Vom Einfluß der IuK-Technik auf Organisationsstrukturen und Kooperationsformen, in: zfb, 64 (1994), 5, S. 547-570.

Picot, A./Franck, E. (1996): Prozeßorganisation - Eine Bewertung der neuen Ansätze aus Sicht der Organisationslehre, in: Prozeßmanagement und Reengineering: Die Praxis im deutschsprachigen Raum: Konzepte und Beispiele, hrsg. von Nippa, M./Picot, A., Frankfurt/Main 1996, S. 13-38.

Picot, A./Dietl, H./Franck, E. (1999): Organisation: eine ökonomische Perspektive, Stuttgart 1999.

Picot, A./Reichwald, R./Wigand, R. T. (2001): Die grenzenlose Unternehmung. Information, Organisation und Management. Lehrbuch zur Unternehmensführung im Informationszeitlalter, Wiesbaden 2001.

Picot, A./Dietl, H./Franck, E. (2005): Organisation: eine ökonomische Perspektive, Stuttgart 2005.

Pines, A. M./Aronson, E./Kafry, D. (1993): Ausgebrannt. Vom Überdruss zur Selbstentfaltung, Stuttgart 1993.

Plinke, W. (2000): Grundlagen des Marktprozesses, in: Technischer Vertrieb, Grundlagen des Business-to-Business Marketing, hrsg. von Kleinaltenkamp, M./Plinke, W., Berlin 2000, S. 3 - 99.

Popitz, H. (1967): Der Begriff der sozialen Realität als Element der sozilogischen Theorie, Tübingen 1967.

Popper, K. (1971): Logik der Forschung, Tübingen 1971.

Popper, K. (1994): Vermutungen und Widerlegungen, Bd. 1, Tübingen 1994.

Popper, K. (1997): Vermutungen und Widerlegungen, Bd. 2, Tübingen 1997.

Porter, L./Steers, R. M./Mowday, R. T./Boulian, P. V. (1974): Organizational Commitment, Job Satisfaction and Turnover Among Psychiatric Technicans, in: Journal of Applied Psychology, 59 (1974), 5, S. 603-609.

Porter, M. E. (1984): Wettbewerbsstrategie. Methode zur Analyse von Branchen und Konkurrenten, Frankfurt 1984.

Porter, M. E./Millar, V. E. (1986): Wettbewerbsvorteile durch Information, in: Harvard Manager, 8 (1986), 1, S. 26-35.

Porter, M. E. (2000): Wettbewerbsvorteile. Spitzenleistungen erreichen und behaupten, Frankfurt/Main 2000.

Raab-Stahl, C. (1998): Dezentrale Mikroorganisation. Gestaltungsansätze unter dem Leitbild der "Neuen Dezentralisation", Frankfurt/Main 1998.

Reichwald, R. (1989): Die Entwicklung der Arbeitsteilung unter dem Einfluss von Technikeinsatz im Industriebetrieb - Ein Beitrag zum betriebswirtschaftlichen Rationalisierungsverständnis-, in: Die Betriebswirtschaftslehre im Spannungsfeld zwischen Generalisierung und Spezialisierung, hrsg. von Kirsch, W./Picot, R., Wiesbaden 1989, S. 299-322.

Reichwald, R. (1992a): Die Wiederentdeckung der menschlichen Arbeit als primärer Produktionsfaktor für eine marktnahe Produktion, in: Marktnahe Produktion: lean production - Leistungstiefe - Time-to-market-Vernetzung - Qualifikation, hrsg. von Reichwald, R., Wiesbaden 1992a, S. 3-18.

Reichwald, R. (1992b): Informationskosten - Ein kostentheoretischer Erklärungsansatz am Beispiel der "lean production", in: Simultane Produktentwicklung, hrsg. von Scheer, A.-W., St. Gallen 1992b, S. 335-368.

Reichwald, R. (1993): Der Mensch als Mittelpunkt einer ganzheitlichen Produktion Innovative Organisationskonzepte aus betriebswirtschaftlicher Perspektive, München 1993.

Reinecke, S. (1996): Marketing für komplexe Informationstechnologie-Dienstleistungen. Management von IT-Outsourcing-Kooperationen aus Anbietersicht, Hallstadt 1996.

Reiß, M. (1992a): Arbeitsteilung, in: Handwörterbuch der Organisation, hrsg. von Frese, E., Stuttgart 1992a, Sp. 167-178.

Reiß, M. (1992b): Spezialisierung, in: Handwörterbuch der Organisation, hrsg. von Frese, E., Stuttgart 1992b, Sp. 2287-2298.

Reiß, M. (1994): Reengineering: radikale Revolution oder realistische Reform?, in: Kunden und Prozess im Fokus: Controlling und Reengineering, hrsg. von Horvath, P., Stuttgart 1994, S. 9-26.

Reiß, M. (1997): Was ist schädlich an der Prozeßorientierung?, in: Controlling, (1997), 2, S. 112-113.

Remer, A. (1989): Organisationslehre: Eine Einführung, Berlin 1989.

Rizzo, J. R./House, R. J./Lirtzmann, S. I. (1970): Role Conflict and Ambiguity in Complex Organisations, in: Administrative Science Quarterly, 15 (1970), June, S. 150-163.

Rollberg, R. (1996): Lean-Management und CIM aus Sicht der strategischen Unternehemensführung, Wiesbaden 1996.

Rosada, M. (1990): Kundendienststrategien im Automobilsektor, Berlin 1990.

Rose, A. M. (1962): A Systematic Summary of Symbolic Interaction Theory, in: Human Behaviour and Social Processes. An Interactionist Approach, hrsg. von Rose, A. M., London 1962, S. 3-19.

Rushton, A. M./Carson, D. J. (1989): The Marketing of Services: Managing the Intangibles, in: European Journal of Marketing, 23 (1989), 8, S. 23-44.

Rück, H. R. G. (2000): Dienstleistungen in der ökonomischen Theorie, Wiesbaden 2000.

Saatkamp, J. (2002): Business Process Reengineering: Theoretischer Bezugsrahmen und explorative empirische Untersuchung, Nürnberg 2002.

Sader, M. (2000): Psychologie der Gruppe, Weinheim 2000.

Sarbin, T. R./Andersen, M. L. (1967): Role-Theoretical analysis of Hypnotic Behavior, in: Handbook of Clinical and Experimental Hypnosis, hrsg. von Gordon, J. E., New York 1967, S. 319-344.

Sarbin, T. R./Allen, V. L. (1968): Role Theory, in: The Handbook of Social Psychology, hrsg. von Gardner, L./Aronson, E., Reading 1968, S. 488-567.

Sargent, S. S. (1951): Conceptions of Roles and Ego in Contemporary Psychology, in: Social Psychology at the Crossroads, hrsg. von Rohrer, J. H./Sherif, M., New York 1951, S. 355-370.

Schanz, G. (1988): Methodologie für Betriebswirte, Stuttgart 1988.

Scharfeneberg, H. (1993): Von Taylor zum Team, in: Strukturwandel in Management und Organisation. Neue Konzepte sichern die Zukunft, hrsg. von Scharfenberg, H., Baden-Baden 1993, S. 9-28.

Schein, E. H. (1994): Überleben im Wandel: Strategische Stellen- und Rollenplanung, Darmstadt 1994.

Scheuch, F. (1982): Dienstleistungsmarketing, München 1982.

Schildknecht, R. (1992): Total Quality Management. Konzeption und State of the Art, Frankfurt/Main 1992.

Schmelzer, H. J./Sesselmann, W. (2002): Geschäftsprozessmanagement in der Praxis. Kundenzufrieden stellen - Produktivität steigern - Wert erhöhen, München 2002.

Schmidt, C. (1996): Personalmanagement-Konzept für Dienstleistungsunternehmen: Theoretisches Gerüst und Anwendungfall, München 1996.

Schmitz, G. (2004): Organizational Citizenship Behavior Intention des Kundenkontaktpersonals in Dienstleistungsunternehmen, in: Marketing ZFP, 26 (2004), Spezialausgabe Dienstleistungsmarketing, S. 15-32.

Schneider, B./Bowen, D. E. (1993): The Service Organization: Human Ressources Management is Crucial, in: Organizational Dynamics, 21 (1993), 4, S. 39-52.

Scholz, R./Vrohlings, A. (1994a): Realisierung von Prozessmanagement, in: Prozeßmanagement Konzepte, Umsetzungen und Erfahrungen des Reengineering, hrsg. von Gaitanides, M./Scholz, R./Vrohlings, A./Raster, M., München 1994a, S. 21-36.

Scholz, R./Vrohlings, A. (1994b): Prozeß-Redesign und kontinuierliche Prozessverbesserung, in: Prozeßmanagement Konzepte, Umsetzungen und Erfahrungen des Reengineering, hrsg. von Gaitanides, M./Scholz, R./Vrohlings, A./Raster, M., München 1994b, S. 99-122.

Scholz, R. (1995): Geschäftsprozessoptimierung: crossfunktionale Rationalisierung oder strukturelle Reorganisation, Bergisch Gladbach 1995.

Schreyögg, G. (2003): Organisation: Grundlagen moderener Organisationsgestaltung, Wiesbaden 2003.

Schuler, R. S. (1975): Role Perceptions, Satisfaction and Performance: A Partial Reconcilitation, in: Journal of Applied Psychology, 60 (1975), 6, S. 683-687.

Schuler, R. S. (1977): Role Perceptions, Satisfaction and Performance Moderated by Organization Level and Participation in Decision Making, in: Academy of Management Journal, 20 (1977), 1, S. 159-165.

Schulte-Zurhausen, M. (2002): Organisation, München 2002.

Schülein, A. (1989): Rollentheorie revisited. Wissenssoziologische Anmerkungen zu einem vergebenen Paradigma, in: Soziale Welt, 40 (1989), 4, S. 481-496.

Schwarzer, B. (1994): Prozessorientiertes Informationsmanagement in multinationalen Unternehmen: eine empirische Untersuchung in der Pharmaindustrie, Wiesbaden 1994.

Schwarzer, B./Krcmar, H. (1994): Business Redesign - Implikationen für das Informationsmanagement, in: Geschäftprozeßmanagement. Prozeßorientierte Organisationsgestaltung und Informationstechnologie, hrsg. von Krickl, O. C., Heidelberg 1994, S. 79-92.

Schwegmann, A./Laske, M. (2003): Istmodellierung und Istanalyse, in: Prozessmanagement Ein Leitfaden zur prozessorientierten Organisationsgestaltung, hrsg. von Becker, J./Kugeler, M./Rosemann, M., Berlin 2003, S. 159-190.

Secord, P. F./Backman, C. W. (1976): Sozialpsychologie: Ein Lehrbuch für Psychologen, Soziologen, Pädagogen, Frankfurt/Main 1976.

Senatra, P. T. (1980): Role Conflict, Role Ambiguity, and Organizational Climate in a Public Accounting Firm, in: The Accounting Review, 55 (1980), 4, S. 594-603.

Servatius, H.-G. (1994): Reengineering-Programme umsetzen. Von erstarrten Strukturen zu fließenden Prozessen, Stuttgart 1994.

Shamir, B. (1980): Between Service and Servility: Role Conflict in Subordinate Service Roles, in: Human Relations, 33 (1980), 10, S. 741-756.

Shostack, G. L. (1982): How to design a service, in: European Journal of Marketing, 16 (1982), January - February, S. 49-63.

Shostack, G. L. (1984a): Designing service that deliver, in: Harvard Business Review, 62 (1984a), January-February, S. 133-139.

Shostack, G. L. (1984b): Service design in the oeprating environment, in: Developing New Services, hrsg. von George, W. R./Marshall, C. E., Chicago 1984b, S. 27-43.

Shostack, G. L. (1987): Service Positioning Through Structural Change, in: Journal of Marketing, 51 (1987), 1, S. 34-43.

Simmons, R. (1968): The Role Conflict of the First-Line Supervisor: An Experimental Study, in: American Journal of Sociology, 73 (1968), 4, S. 482-495.

Singh, J./Rhoads, G. K. (1991): Boundary Role Ambiguity in Marketing-Orineted Positions: A Multidimensional, Multifaceted Operationalization, in: Journal of Marketing Research, 28 (1991), 3, S. 328-338.

Singh, J. (1993): Boundary role ambiguity: Facets, determinants, and impacts, in: Journal of Marketing, 57 (1993), 2, S. 11-31.

Singh, J./Goolsby, J. R. (1994): Behavioral and psychological consequences of boundary spanning burnout for customer service representatives, in: Journal of Marketing Research (JMR), 31 (1994), 4, S. 558-569.

Singh, J. (1995): Measurement issues in cross-national research, in: Journal of International Business Studies, 26 (1995), 3, S. 597-619.

Singh, J./Verbeke, W./Rhoads, G. K. (1996): Do organizational practices matter in role stress processes? A Study of Direct and Moderating Effects of Marketing-Oriented Boundary Spanners, in: Journal of Marketing, 60 (1996), 3, S. 69-86.

Singh, J. (1998): Striking a balance in boundary-spanning positions: An investigation of some unconventional influences of role stressors and job characteristics on job outcomes of salespeople, in: Journal of Marketing, 62 (1998), 3, S. 69-86.

Singh, J. (2000): Performance Productivity and Quality of Frontline Employees in Service Organizations, in: Journal of Marketing, 64 (2000), 2, S. 15.

Sinur, J. (2001): The BPA/M Market Gets a Boost From New Features, Gartner Group, May 2001, Stamford 2001.

Sinur, J. (2002): The BPA Market Catches Another Major Updraft, Gartner Group, June 2002, Stamford 2002.

Sokolovsky, Z. (1994): Prozeßorientierung in Banken: Informationswege stark verkürzen, in: Kunden und Prozess im Fokus: Controlling und Reengineering, hrsg. von Horvath, P., Stuttgart 1994, S. 185-206.

Solomon, M. R./Surprenant, C./Czepiel, J. A./Gutman, E. G. (1985): A Role Theory Perspective on Dyadic Interactions: The Service Encounter, in: Journal of Marketing, 49 (1985), 1, S. 99-111.

Sommerlatte, T./Wedekind, E. (1989): Leistungsprozesse und Organisationsstruktur, in: Management der Hochleistungsorganisation, hrsg. von Little, A. D., Wiesbaden 1989, S. 24-41.

Sommerlatte, T. (1993): Leistungsprozesse und Organisationsstruktur, in: Strukturwandel in Management und Organisation. Neue Konzepte sichern die Zukunft, hrsg. von Scharfenberg, H., Baden-Baden 1993, S. 55-70.

Specht, U. (1994): Schubkraft für Quantensprünge, in: absatzwirtschaft, (1994), Sondernummer Oktober, S. 46-48.

Specht, G./dos Santos, A./Bingmer, S. (2004): Die Fallstudie im Erkenntnisprozess: Die Fallstudienmethode in den Wirtschaftwissenschaften, in: Fundierung des Marketing. Verhaltenswissenschaftliche Erkenntnisse als Grundlage einer angewandten Marketingforschung, hrsg. von Wiedmann, Wiesbaden 2004, S. 539-563.

Speck, P. (2004): Konzepte für eine neue Arbeitswelt, in: Personal, (2004), 6, S. 30-32.

Spiegel, J. P. (1954): The Social Roles of Doctor and Patient in Psychoanalysis and Pyschotherapy, in: Psychiatry, 17 (1954), S. 369-376.

Srivastava, R. K./Shervani, T. A./Fahey, L. (1999): Marketing, Business Processes and Shareholder Value: An Organizationally Embedded View of Marketing Activities and the Discipline of Marketing, in: Journal of Marketing, 63 (1999), Special Issue 1999, S. 168-179.

Staehle, W. H. (1999): Management: eine verhaltenswissenschaftliche Perspektive, München 1999.

Staffelbach, B. (1988): Strategisches Marketing von Dienstleistungen, in: Marketing ZFP, Heft 4 (1988), S. 277-284.

Stauss, B. (1991): Service-Qualität als strategischer Erfolgsfaktor, in: Erfolg durch Service-Qualität, hrsg. von Stauss, B., München 1991, S. 7-35.

Stauss, B. (2000): Internes Marketing als personalorientierte Qualitätspolitik, in: Dienstleistungsqualität: Konzepte - Methoden - Erfahrungen, hrsg. von Bruhn, M./Stauss, B., Wiesbaden 2000, S. 203-222.

Steinmann, H./Schreyögg, G. (2005): Management: Grundlagen der Unternehemensführung; Konzepte - Funktionen - Fallstudien, Wiesbaden 2005.

Stock, R. (2001): Der Zusammenhang zwischen Mitarbeiter- und Kundenzufriedenheit: Direkte, indirekte und moderierende Effekte, Wiesbaden 2001.

Stock, R. (2002): Kundenorientierung auf individueller Ebene: Das Einstellungs-Verhaltens-Modell, in: Die Betriebswirtschaft, 62 (2002), 1, S. 59-76.

Stokes, R./Hewitt, J. P. (1976): Aligning Actions, in: American Sociological Review, 41 (1976), 5, S. 838-849.

Striening, H.-D. (1988): Prozeß-Management, Frankfurt/Main 1988.

Stryker, S. (1980): Symbolic Interactionism. A Social Structural Version, Manlo Park 1980.

Stryker, S. (1981): Symbolic Interactionism: Themes and Variations, in: Social Psychology. Sociological Perspectives, hrsg. von Rosenberg, M./Turner, R. H., New York 1981, S. 2-29.

Stryker, S./Stratham, A. (1985): Symbolic Interaction and Role Theory, in: Handbook of Social Psychology, hrsg. von Gardner, L., New York 1985, S. 311-378.

Stuhlmann, S. (1999): Die Bedeutung des externen Faktors in der Dienstleistungsproduktion, in: Wettbewerbsfaktor Dienstleistung: Produktion von Dienstleistunge; Produktion als Dienstleistung, hrsg. von Corsten, H./Schneider, H., München 1999, S. 23-58.

Szilagyi, A. D./Sims, H. P. J./Keller, R. T. (1976): Role Dynamics, Locus of Control, and Employee Attitudes and Behavior, in: Academy of Management Journal, 19 (1976), 2, S. 259-276.

Szilagyi, A. D. (1977): An Empirical Test of Causal Infeerence between Role Perceptions, Satisfaction with Work, Performance and Organizational Level, in: Personnel Psychology, 30 (1977), 3, S. 375-388.

Talwar, R. (1993): Business Re-engineering - a Strategy-driven Approach, in: Long Range Planning, 26 (1993), 6, S. 22-40.

Talwar, R. (1994): Re-engineering - a Wonder Drug for the 90s?, in: Business Process Re-engineering: Myth & Reality, hrsg. von Coulson-Thomas, C., London 1994, S. 40-59.

Taylor, F. W. (1911): The Principles of Scientific Management, New York 1911.

Teas, R. K./Wacker, J. G./Hughes, R. E. (1979): A Path Analysis of Causes and Consequences of Salespeople's Perceptions of Role Clarity, in: Journal of Marketing Research, 16 (1979), 3, S. 355-369.

Teas, R. K. (1983): Supervisory Behavior, Role Stress, and the Job Satisfaction of Industrial Salespeople, in: Journal of Marketing Research (JMR), 20 (1983), 1, S. 84-91.

Tenner, A. R./DeToro, I. J. (1997): Process Redesign: The Implementation Guide for Managers, Reading 1997.

Theuvsen, L. (1994): Interne Beratung: Konzept, Organisation, Effizienz, Wiesbaden 1994.

Theuvsen, L. (1996): Business Reengineering - Möglichkeiten und Grenzen einer prozeßorientierten Organisationsgestaltung, in: zfbf, 48 (1996), 1, S. 65-83.

Tomczak, T. (1992): Forschungsmethoden in der Marketingwissenschaft. Ein Plädoyer für den qualitativen Foschungsansatz, in: Marketing ZFP, (1992), 2, S. 77-87.

Tosi, H. (1971): Organization Stress as a Moderator of the Relationsship between Influence and Role Response, in: Academy of Management Journal, 14 (1971), March, S. 7-20.

Towers, S. (1994): Business Process Reengineering - A Practical Handbook for Executives, Cheltenham 1994.

Töpfer, A./Mehdorn, H. (1994): Total Quality Management: Anforderungen und Umsetzung im Unternehmen, Neuwied 1994.

Töpfer, A. (1996): Die Neustrukturierung des Unternehmens: Die 10 Schritte des Business Process Management, in: Geschäftsprozesse: analysiert & optimiert, hrsg. von Töpfer, A., Neuwied 1996, S. 221-238.

Treibel, A. (1993): Einführung in die soziologische Theorie der Gegenwart, Opladen 1993.

Turner, R. (1956): Role-Taking, Role Standpoint, and Reference-Group Behavior, in: The American Journal of Sociology, 61 (1956), 4, S. 316-328.

Turner, R. H. (1962): Role-Taking: Process Versus Conformity, in: Human Behaviour and Social Processes. An Interactionist Approach, hrsg. von Rose, A. M., London 1962, S. 20-40.

Ulmer, G. (2001): Stellenbeschreibung als Führungsinstrument: Stellenanforderung, Teambeschreibung, Mitarbeiterbeurteilung, Personalentwicklung, Fallbeispiele, Wien 2001.

Ulrich, H. (1981): Die Betriebswirtschaftslehre als anwendungsorientierte Sozialwissenschaft, in: Die Führung des Betriebes, hrsg. von Geist, M. N./Köhler, R., Stuttgart 1981, S. 1-25.

Ulrich, H./Probst, G. J. B. (1988): Anleitung zum ganzheitlichen Denken und Handeln: ein Brevier für Führungskräfte, Bern 1988.

Venkatraman, N. (1991): IT-Induced Business Reconfiguration, in: The Corporation of the 1990s - Information Technology and Organizational Transformation, hrsg. von Morton, M. S. S., New York 1991, S. 122-158.

Vom Holtz, R. (1998): Der Zusammenhang zwischen Mitarbeiterzufriedenheit und Kundenzufriedenheit, München 1998.

von Werder, A. (1996): Klassische Rationalisierung, strategischer Kurswechsel oder "Neue Zielharmonie"?, in: zfo, 65 (1996), 1, S. 212-217.

von Werder, A. (1998): Zur Begründung organisatorischer Gestaltungen, in: Organisation im Wandel der Märkte, hrsg. von Glaser, H./Schröder, E. F./Werder, A. v., Wiesbaden 1998, S. 479-510.

von Werder, A. (1999): Effizienzbewertung organisatorischer Strukturen, in: Wist, (1999), 8, S. 412-417.

Voß, S./Gutenschwager, K. (2001): Informationsmanagement, Berlin 2001.

Wahrig, G. (1986): Deutsches Wörterbuch, München 1986.

Walker, O. C./Churchill, G. A./Ford, N. M. (1975): Organizational Determinants of the Industrial Salesman's Role Conflict and Ambiguity, in: Journal of Marketing, 39 (1975), 1, S. 32-39.

Weatherly, K. A./Tansik, D. A. (1993): Managing Multiple Demands: A Role-Theory Examination of the Behaviors of Customer Contact Service Workers, in: Advances in Services Marketing and Management, 2 (1993), S. 279-300.

Weibler, J. (1994): Führung durch den nächsthöheren Vorgesetzten, Wiesbaden 1994.

Weibler, J. (2001): Personalführung, München 2001.

Weisbecker, A./Groh, G. (1998): PROMPT. Organisationsgestaltung und Methoden für menschengerechte Software-Entwicklungsprozesse, Stuttgart 1998.

Wilson, T. P. (1970): Conceptions of Interaction and Forms of Sociological Explanation, in: American Sociological Review, 35 (1970), S. 697-710.

Wirtz, B. W. (1996): Business Process Reengineering - Erfolgsdeterminanten, Probleme und Auswirkungen eines neuen Reorganisationsansatzes, in: zfbf, 48 (1996), 11, S. 1023-1036.

Wiswede, G. (1977): Rollentheorie, Stuttgart 1977.

Wiswede, G. (1996): Psychologie im Wirtschaftsleben: Geld, Kunden und Mitarbeiter aus psychologischer Sicht, Stuttagrt 1996.

Wiswede, G. (1998): Soziologie, Grundlagen und Perspektiven für den wirtschafts- und sozialwissenschaftlichen Bereich, München 1998.

Womack, J. P./Jones, D. T./Roos, D. (1991): Die zweite Revolution in der Automobilindustrie, Frankfurt/Main 1991.

Woratschek, H. (1995): Systemtheorie, in: Handwörterbuch des Marketing, hrsg. von Tietz, B./Köhler, R./Zentes, J., Stuttgart 1995, Sp. 2436-2448.

Woratschek, H. (1996): Die Typologie von Dienstleistungen aus informationsökonomischer Sicht, in: der markt, Vol. 35 (1996), S. Nr.136,159-171.

Wrong, D. H. (1961): The Oversocialiezed Conception of Man in Modern Sociology, in: American Sociological Review, 26 (1961), 2, S. 183-193.

Yammarino, F. J./Dubinsky, A. J. (1990): Salesperson Performance and Managerially Controllable Factors: An Investigation of Individual and Work Group Effects, in: Journal of Management, 16 (1990), 1, S. 87.

Zeithaml, V. A./Parasuraman, C. A./Berry, L. L. (1985): Problems and Strategies in Services Marketing, in: Journal of Marketing, Vol. 49 (1985), S. 33-46.

Zeithaml, V. A./Bitner, M. J. (2000): Services Marketing. Integrating the Customer Focus Across the Firm, New York u.a. 2000.

Zink, K. J./Schildknecht, R. (1992): Total Quality Konzepte - Entwicklungslinien und Überblick, in: Qualität als Managementaufgabe = Total Quality Management, hrsg. von Zink, K. J., Landsberg/Lech 1992, S. 73-108.

Zink, K. J. (1992): Total Quality Management, in: Qualität als Managementaufgabe = Total Quality Management, hrsg. von Zink, K. J., Landsberg/Lech 1992, S. 9-52.

Znaniecka Lopata, H. (1991): Role Theory, in: Social Roles and Institutions, Essays in Honor of Rode Laub Coser, hrsg. von Blau, J. R./Norman, G., 1991, S. 1-11.

AUSGEWÄHLTE VERÖFFENTLICHUNGEN

EUL VERLAG

PLANUNG, ORGANISATION UND UNTERNEHMUNGSFÜHRUNG

Herausgegeben von Prof. Dr. Dr. h. c. Norbert Szyperski, Köln, Prof. Dr. Winfried Matthes, Wuppertal, Prof. Dr. Udo Winand, Kassel, Prof. (em.) Dr. Joachim Griese, Bern, Prof. Dr. Harald F. O. von Kortzfleisch, Koblenz, Prof. Dr. Ludwig Theuvsen, Göttingen, und Prof. Dr. Andreas Al-Laham, Kaiserslautern

Band 75
Markus A. Happel
Wertorientiertes Controlling in der Praxis – Eine empirische Überprüfung
Lohmar – Köln 2001 • 296 S. • € 44,- (D) • ISBN 3-89012-909-9

Band 76
Martin Kupp
Kooperationen zwischen Umweltschutzorganisationen und Unternehmen
Lohmar – Köln 2001 • 200 S. • € 38,- (D) • ISBN 3-89012-914-5

Band 77
Andreas Lasar
Dezentrale Organisation in der Kommunalverwaltung
Lohmar – Köln 2001 • 308 S. • € 45,- (D) • ISBN 3-89012-920-X

Band 78
Mathias Luhn
Flexible Prozeßrechnung für ein Geschäftsprozeßmanagement
Lohmar – Köln 2002 • 350 S. • € 48,- (D) • ISBN 3-89012-927-7

Band 79
Martin Hermesch
Die Gestaltung von Interorganisationsbeziehungen – Theoretische sowie empirische Analysen und Erklärungen
Lohmar – Köln 2002 • 322 S. • € 46,- (D) • ISBN 3-89012-928-5

Band 80
Achim Korten
Wirkung kompetenzorientierter Strategien auf den Unternehmenswert – Eine simulationsbasierte Analyse mit System Dynamics
Lohmar – Köln 2002 • 334 S. • € 47,- (D) • ISBN 3-89012-937-4

Band 81
Thorsten Peske
Eignung des Realoptionsansatzes für die Unternehmensführung
Lohmar – Köln 2002 • 278 S. • € 43,- (D) • ISBN 3-89012-941-2

Band 82
Clemens Odendahl
Cooperation Resource Planning – Planung und Steuerung dynamischer Kooperationsnetzwerke
Lohmar – Köln 2002 • 228 S. • € 41,- (D) • ISBN 3-89012-962-5

Band 83
Yven Schmidt
Verbesserungsprozeßmanagement – Entwicklung eines Werkzeuges für die koordinierte Verbesserung von Geschäftsprozessen
Lohmar – Köln 2002 • 232 S. • € 44,- (D) • ISBN 3-89012-975-7

Band 84
Gerrit Andreas Marx
Wertorientiertes Management einer Region – Regional Resident Value und Corporate Shareholder Value als Management-Missionen einer Public-Private-Partnership auf Aktien
Lohmar – Köln 2002 • 304 S. • € 48,- (D) • ISBN 3-89012-982-X

Band 85
Felix Zimmermann
Vertrauen in Virtuellen Unternehmen
Lohmar – Köln 2003 • 272 S. • € 46,- (D) • ISBN 3-89936-077-X

Band 86
Beate Degen
Responsible Care© in Investments
Lohmar – Köln 2003 • 314 S. • € 48,- (D) • ISBN 3-89936-087-7

Band 87
Harald Wüllenweber
Mehr Kundenbindung durch Organisationales Lernen – Konzept – Modellierung – empirische Befunde
Lohmar – Köln 2003 • 354 S. • € 52,- (D) • ISBN 3-89936-106-7

Band 88
Carolina Catrin Schnitzler
Unternehmenskultur in Internet-Unternehmen – Gestaltungsmöglichkeiten durch Gründer und Führungskräfte
Lohmar – Köln 2003 • 284 S. • € 48,- (D) • ISBN 3-89936-111-3

Band 89
Jens Kiefel
Unternehmenssteuerung im Informationszeitalter – Gestaltung zwischen systemischer Machbarkeit und ökonomischer Rationalität
Lohmar – Köln 2003 • 360 S. • € 53,- (D) • ISBN 3-89936-134-2

Band 90
Matthias Kern
Lean Information System – Problemorientierte Gestaltung von Informationssystemen unter besonderer Berücksichtigung von Lean Management
Lohmar – Köln 2003 • 372 S. • € 54,- (D) • ISBN 3-89936-141-5

Band 91
Jochen Großpietsch
Supply Chain Management in der Konsumgüterindustrie
Lohmar – Köln 2003 • 254 S. • € 46,- (D) • ISBN 3-89936-145-8

Band 92
Stefan Sekul
Ökologisches Konfliktmanagement
Lohmar – Köln 2003 • 286 S. • € 48,- (D) • ISBN 3-89936-163-6

Band 93
Bernd Bräuer
Wissensmanagementstrategietypen in temporär intendierten Unternehmensnetzwerken
Lohmar – Köln 2003 • 410 S. • € 56,- (D) • ISBN 3-89936-179-2

Band 94
Frank Czymmek
Ökoeffizienz und unternehmerische Stakeholder
Lohmar – Köln 2003 • 266 S. • € 47,- (D) • ISBN 3-89936-180-6

Band 95
Florian Kelber
Turnaround Management von Dotcoms
Lohmar – Köln 2004 • 432 S. • € 56,- (D) • ISBN 3-89936-203-9

Band 96
Wolfgang Irrek
Controlling der Energiedienstleistungsunternehmen
Lohmar – Köln 2004 • 552 S. • € 65,- (D) • ISBN 3-89936-219-5

Band 97
Guido Paffenholz
Exitmanagement – Desinvestitionen von Beteiligungsgesellschaften
Lohmar – Köln 2004 • 276 S. • € 47,- (D) • ISBN 3-89936-256-X

Band 98
Ingmar Ackermann
Supply Chain Management in der Automobilindustrie
Lohmar – Köln 2004 • 428 S. • € 56,- (D) • ISBN 3-89936-269-1

Band 99
Lars-Heiko Rauscher
Strategische Frühaufklärung – Neuer Vorschlag zur finanziellen Bewertung
Lohmar – Köln 2004 • 292 S. • € 49,- (D) • ISBN 3-89936-271-3

Band 100
Katharina Brigitte Rick
Corporate Governance and Balanced Scorecard – A Strategic Monitoring System for Swiss Boards of Directors
Lohmar – Köln 2004 • 288 S. • € 48,- (D) • ISBN 3-89936-273-X

Band 101
Jens D.-O. Heymans
Management der textilen Supply Chain durch den Bekleidungs-einzelhandel
Lohmar – Köln 2004 • 314 S. • € 52,- (D) • ISBN 3-89936-274-8

Band 102
Roland Rolles
Content Management in der öffentlichen Verwaltung
Lohmar – Köln 2004 • 268 S. • € 47,- (D) • ISBN 3-89936-287-X

Band 103
Erik Hofmann
Strategisches Synergie- und Dyssynergiemanagement
Lohmar – Köln 2004 • 406 S. • € 56,- (D) • ISBN 3-89936-289-6

Band 104
Hanns Martin Schindewolf
Organisches Wachstum internationaler Unternehmen – Eine empirische Exploration
Lohmar – Köln 2004 • 350 S. • € 54,- (D) • ISBN 3-89936-292-6

Band 105
Oliver Schwarz
Die Anwendung des Markt- und Ressourcenorientierten Ansatzes des Strategischen Managements – Dargestellt am Beispiel der IPOs am Neuen Markt
Lohmar – Köln 2004 • 442 S. • € 58,- (D) • ISBN 3-89936-304-3

Band 106
Leonhard von Metzler
Risikoaggregation im industriellen Controlling
Lohmar – Köln 2004 • 262 S. • € 47,- (D) • ISBN 3-89936-306-X

Band 107
Markus Welter
Informations-, Wissens- und Meinungsmanagement für Dienstleistungsunternehmen – Analyse und Entwurf unter besonderer Berücksichtigung informationsökonomischer Aspekte
Lohmar – Köln 2005 • 328 S. • € 52,- (D) • ISBN 3-89936-332-9

Band 108
Michael Krupp
Kooperatives Verhalten auf der sozialen Ebene einer Supply Chain
Lohmar – Köln 2005 • 252 S. • € 47,- (D) • ISBN 3-89936-379-5

Band 109
Markus A. Launer
Coordination of Foreign Subsidiaries in Multinational Enterprises
Lohmar – Köln 2005 • 132 S. • € 38,- (D) • ISBN 3-89936-397-3

Band 110
Ulrich Thomé
Kooperations-Engineering – Ein lernorientierter Gestaltungsansatz
Lohmar – Köln 2006 • 376 S. • € 55,- (D) • ISBN 3-89936-445-7

Band 111
Gerhard Sessing
Wissenstransfer zwischen Organisationen – Erfolgsfaktoren im interorganisationalen Lernprozess
Lohmar – Köln 2006 • 298 S. • € 49,- (D) • ISBN 3-89936-458-9

Band 112
Kai-Christian Muchow
Strategischer Wandel in Professional Service Firms – Eine prozeßorientierte Untersuchung am Beispiel deutscher Rechtsanwaltskanzleien
Lohmar – Köln 2006 • 314 S. • € 52,- (D)
ISBN-13: 978-3-89936-488-0 • ISBN-10: 3-89936-488-0

Band 113
Stefan Wittenberg
Gestaltung interner Märkte in Unternehmensnetzwerken
Lohmar – Köln 2006 • 256 S. • € 47,- (D)
ISBN-13: 978-3-89936-500-9 • ISBN-10: 3-89936-500-3

Band 114
Andreas Roß
Wertsteigerung durch Netzwerkkompetenz – Konzeption und praktisches Vorgehen
Lohmar – Köln 2006 • 300 S. • € 49,- (D)
ISBN-13: 978-3-89936-522-1 • ISBN-10: 3-89936-522-4

Band 115
Klaus-Philipp Koepff
Institutionelles Krisenmanagement – Ein empirischer Vergleich von Inhouse- und Interim-Management
Lohmar – Köln 2007 • 274 S. • € 48,- (D) • ISBN 978-3-89936-574-0

Band 116
Karl Langenstein
Post Merger Integration Management
Lohmar – Köln 2007 • 260 S. • € 47,- (D) • ISBN 978-3-89936-627-3

Band 117
Dirk Nonnenmacher
Organisation von Dienstleistungsprozessen – Rollen als Grundlage der Organisationsgestaltung
Lohmar – Köln 2007 • 338 S. • € 53,- (D) • ISBN 978-3-89936-649-5

Weitere Schriftenreihen:

UNIVERSITÄTS-SCHRIFTENREIHEN

- Reihe: Steuer, Wirtschaft und Recht
Herausgegeben von vBP StB Prof. Dr. Johannes Georg Bischoff, Wuppertal, Dr. Alfred Kellermann, Vorsitzender Richter (a. D.) am BGH, Karlsruhe, Prof. (em.) Dr. Günter Sieben, Köln, und WP StB Prof. Dr. Norbert Herzig, Köln

- Reihe: Rechnungslegung und Wirtschaftsprüfung
Herausgegeben von Prof. (em.) Dr. Dr. h. c. Jörg Baetge, Münster, Prof. Dr. Hans-Jürgen Kirsch, Münster, und Prof. Dr. Stefan Thiele, Wuppertal

- Reihe: Informationsmanagement und Unternehmensführung – Schriften des IMU, Universität Osnabrück
Herausgegeben von Prof. Dr. Uwe Hoppe, Prof. Dr. Bodo Rieger, Jun.-Prof. Dr. Frank Teuteberg und Prof. Dr. Thomas Witte

- Reihe: Controlling
Herausgegeben von Prof. Dr. Volker Lingnau, Kaiserslautern, und Prof. Dr. Albrecht Becker, Innsbruck

- Reihe: Wirtschaftsinformatik
Herausgegeben von Prof. Dr. Dietrich Seibt, Köln, Prof. Dr. Hans-Georg Kemper, Stuttgart, Prof. Dr. Georg Herzwurm, Stuttgart, Prof. Dr. Dirk Stelzer, Ilmenau, und Prof. Dr. Detlef Schoder, Köln

- Reihe: Schriften zu Kooperations- und Mediensystemen
Herausgegeben von Prof. Dr. Volker Wulf, Siegen, Prof. Dr. Jörg Haake, Hagen, Prof. Dr. Thomas Herrmann, Bochum, Prof. Dr. Helmut Krcmar, München, Prof. Dr. Johann Schlichter, München, Prof. Dr. Gerhard Schwabe, Zürich, und Prof. Dr.-Ing. Jürgen Ziegler, Duisburg

- Reihe: Telekommunikation @ Medienwirtschaft
Herausgegeben von Prof. Dr. Dr. h. c. Norbert Szyperski, Köln, Prof. Dr. Udo Winand, Kassel, Prof. Dr. Dietrich Seibt, Köln, Prof. Dr. Rainer Kuhlen, Konstanz, Dr. Rudolf Pospischil, Bonn, Prof. Dr. Claudia Löbbecke, Köln, und Prof. Dr. Christoph Zacharias, Köln

- Reihe: Electronic Commerce
Herausgegeben von Prof. Dr. Dr. h. c. Norbert Szyperski, Köln, Prof. Dr. Beat F. Schmid, St. Gallen, Prof. Dr. Dr. h. c. August-Wilhelm Scheer, Saarbrücken, Prof. Dr. Günther Pernul, Regensburg, Prof. Dr. Stefan Klein, Münster, Prof. Dr. Detlef Schoder, Köln, und Prof. Dr. Tobias Kollmann, Essen

- Reihe: E-Learning
Herausgegeben von Prof. Dr. Dietrich Seibt, Köln, Prof. Dr. Freimut Bodendorf, Nürnberg, Prof. Dr. Dieter Euler, St. Gallen, und Prof. Dr. Udo Winand, Kassel

- Reihe: InterScience Reports
Herausgegeben von Prof. Dr. Dr. h. c. Norbert Szyperski, Köln, Prof. Dr. Harald F. O. von Kortzfleisch, Koblenz, und Prof. Dr. Dietrich Seibt, Köln

- Reihe: FGF Entrepreneurship-Research Monographien
Herausgegeben von Prof. Dr. Heinz Klandt, Oestrich-Winkel, Prof. Dr. Dr. h. c. Norbert Szyperski, Köln, Prof. Dr. Michael Frese, Gießen, Prof. Dr. Josef Brüderl, Mannheim, Prof. Dr. Rolf Sternberg, Hannover, Prof. Dr. Ulrich Braukmann, Wuppertal, und Prof. Dr. Lambert T. Koch, Wuppertal

- Reihe: Venture Capital und Investment Banking, Neue Folge
Herausgegeben von Prof. Dr. Klaus Nathusius

- Reihe: Technologiemanagement, Innovation und Beratung
Herausgegeben von Prof. Dr. Dr. h. c. Norbert Szyperski, Köln, vBP StB Prof. Dr. Johannes Georg Bischoff, Wuppertal, und Prof. Dr. Heinz Klandt, Oestrich-Winkel

- Reihe: Kleine und mittlere Unternehmen
Herausgegeben von Prof. Dr. Jörn-Axel Meyer, Flensburg

- **Reihe: Wissenschafts- und Hochschulmanagement**
  Herausgegeben von Prof. Dr. Detlef Müller-Böling, Gütersloh, und Prof. Dr. Reinhard Schulte, Lüneburg
- **Reihe: Personal, Organisation und Arbeitsbeziehungen**
  Herausgegeben von Prof. Dr. Fred G. Becker, Bielefeld, und Prof. Dr. Walter A. Oechsler, Mannheim
- **Reihe: Forum Finanzwissenschaft und Public Management**
  Herausgegeben von Prof. Dr. Kurt Reding, Kassel, und PD Dr. Walter Müller, Kassel
- **Reihe: Finanzierung, Kapitalmarkt und Banken**
  Herausgegeben von Prof. Dr. Hermann Locarek-Junge, Dresden, Prof. Dr. Klaus Röder, Regensburg, und Prof. Dr. Mark Wahrenburg, Frankfurt
- **Reihe: Marketing**
  Herausgegeben von Prof. Dr. Heribert Gierl, Augsburg, Prof. Dr. Roland Helm, Jena, Prof. Dr. Frank Huber, Mainz, und Prof. Dr. Henrik Sattler, Hamburg
- **Reihe: Marketing, Handel und Management**
  Herausgegeben von Prof. Dr. Rainer Olbrich, Hagen
- **Reihe: Kundenorientierte Unternehmensführung**
  Herausgegeben von Prof. Dr. Hendrik Schröder, Essen
- **Reihe: Agrarökonomie**
  Herausgegeben von Prof. Dr. Achim Spiller, Göttingen, und Prof. Dr. Ludwig Theuvsen, Göttingen
- **Reihe: Produktionswirtschaft und Industriebetriebslehre**
  Herausgegeben von Prof. Dr. Jörg Schlüchtermann, Bayreuth
- **Reihe: Europäische Wirtschaft**
  Herausgegeben von Prof. Dr. Winfried Matthes, Wuppertal
- **Reihe: Katallaktik – Quantitative Modellierung menschlicher Interaktionen auf Märkten**
  Herausgegeben von Prof. Dr. Otto Loistl, Wien, und Prof. Dr. Markus Rudolf, Koblenz
- **Reihe: Quantitative Ökonomie**
  Herausgegeben von Prof. Dr. Eckart Bomsdorf, Köln, Prof. Dr. Wim Kösters, Bochum, und Prof. Dr. Winfried Matthes, Wuppertal
- **Reihe: Internationale Wirtschaft**
  Herausgegeben von Prof. Dr. Manfred Borchert, Münster, Prof. Dr. Gustav Dieckheuer, Münster, und Prof. Dr. Paul J. J. Welfens, Wuppertal
- **Schriftenreihe des Europäischen Instituts für Internationale Wirtschaftsbeziehungen**
  Herausgegeben von Prof. Dr. Wilfried Fuhrmann, Potsdam, und Prof. Dr. Paul J. J. Welfens, Wuppertal
- **Reihe: Industrieökonomik**
  Herausgegeben von Prof. Dr. Frank C. Englmann, Stuttgart, Prof. Dr. Mathias Erlei, Clausthal, Prof. Dr. Ulrich Schwalbe, Hohenheim, und Prof. Dr. Bernd Woeckener, Stuttgart
- **Reihe: Studien zur Dynamik der Wirtschaftsstruktur**
  Herausgegeben von Prof. Dr. Heinz Grossekettler, Münster
- **Reihe: Versicherungswirtschaft**
  Herausgegeben von Prof. (em.) Dr. Dieter Farny, Köln, und Prof. Dr. Heinrich R. Schradin, Köln
- **Reihe: Wirtschaftsgeographie und Wirtschaftsgeschichte**
  Herausgegeben von Prof. Dr. Ewald Gläßer, Köln, Prof. Dr. Josef Nipper, Köln, Dr. Martin W. Schmied, Köln, und Prof. Dr. Günther Schulz, Bonn

- **Reihe: Wirtschafts- und Sozialordnung: FRANZ-BÖHM-KOLLEG – Vorträge und Essays**
  Herausgegeben von Prof. Dr. Bodo B. Gemper, Siegen

- **Reihe: WISO-Studientexte**
  Herausgegeben von Prof. Dr. Eckart Bomsdorf, Köln, und Prof. (em.) Dr. Dr. h. c. Dr. h. c. Josef Kloock, Köln

- **Reihe: Europäisches Wirtschaftsrecht – Jean-Monnet-Schriftenreihe**
  Herausgegeben von Prof. Dr. Dieter Krimphove, Paderborn

- **Reihe: Rechtswissenschaft**

FACHHOCHSCHUL-SCHRIFTENREIHEN

- **Reihe: Institut für betriebliche Datenverarbeitung (IBD) e. V. im Forschungsschwerpunkt Informationsmanagement für KMU**
  Herausgegeben von Prof. Dr. Felicitas Albers, Düsseldorf

- **Reihe: FH-Schriften zu Marketing und IT**
  Herausgegeben von Prof. Dr. Doris Kortus-Schultes, Mönchengladbach, und Prof. Dr. Frank Victor, Gummersbach

- **Reihe: Marketing-Praxis – Schriften des Instituts für kreatives Marketing**
  Herausgegeben von Prof. Dr. Jochem Müller, FH Ansbach

- **Reihe: Medienmanagement**
  Herausgegeben von Prof. Dr. Thomas Breyer-Mayländer, Offenburg

- **Reihe: FuturE-Business**
  Herausgegeben von Prof. Dr. Michael Müßig, Würzburg-Schweinfurt

- **Reihe: Controlling-Forum – Wege zum Erfolg**
  Herausgegeben von Prof. Dr. Jochem Müller, Ansbach

- **Reihe: Unternehmensführung und Controlling in der Praxis**
  Herausgegeben von Prof. Dr. Thomas Rautenstrauch, Bielefeld

- **Reihe: Economy and Labour**
  Herausgegeben von EUR ING Prof. Dr.-Ing. Hans-Georg Nollau MBCS, Regensburg

- **Reihe: Institut für Regionale Innovationsforschung (IRI)**
  Herausgegeben von Prof. Dr. Rainer Voß, Wildau

- **Reihe: Interkulturelles Medienmanagement**
  Herausgegeben von Prof. Dr. Edda Pulst, Gelsenkirchen

PRAKTIKER-SCHRIFTENREIHEN

- **Reihe: Transparenz im Versicherungsmarkt**
  Herausgegeben von *ASSEKURATA* GmbH, Köln

- **Reihe: Betriebliche Praxis**
  Herausgegeben von vBP StB Prof. Dr. Johannes Georg Bischoff, Wuppertal

- **Reihe: Regulierungsrecht und Regulierungsökonomie**
  Herausgegeben von JUCONOMY Consulting AG, Düsseldorf

PLANUNG, ORGANISATION UND UNTERNEHMUNGSFÜHRUNG

Herausgegeben von Prof. Dr. Dr. h. c. Norbert Szyperski, Köln, Prof. Dr. Winfried Matthes, Wuppertal, Prof. Dr. Udo Winand, Kassel, Prof. (em.) Dr. Joachim Griese, Bern, Prof Dr. Harald F. O. von Kortzfleisch, Koblenz, Prof. Dr. Ludwig Theuvsen, Göttingen, und Prof. Dr. Andreas Al-Laham, Kaiserslautern

Band 113
Stefan Wittenberg
Gestaltung interner Märkte in Unternehmensnetzwerken
Lohmar – Köln 2006 • 256 S. • € 47,- (D)
ISBN-13: 978-3-89936-500-9 • ISBN-10: 3-89936-500-3

Band 114
Andreas Roß
Wertsteigerung durch Netzwerkkompetenz – Konzeption und praktisches Vorgehen
Lohmar – Köln 2006 • 300 S. • € 49,- (D)
ISBN-13: 978-3-89936-522-1 • ISBN-10: 3-89936-522-4

Band 115
Klaus-Philipp Koepff
Institutionelles Krisenmanagement – Ein empirischer Vergleich von Inhouse- und Interim-Management
Lohmar – Köln 2007 • 274 S. • € 48,- (D) • ISBN 978-3-89936-574-0

Band 116
Karl Langenstein
Post Merger Integration Management
Lohmar – Köln 2007 • 260 S. • € 47,- (D) • ISBN 978-3-89936-627-3

Band 117
Dirk Nonnenmacher
Organisation von Dienstleistungsprozessen – Rollen als Grundlage der Organisationsgestaltung
Lohmar – Köln 2007 • 340 S. • € 53,- (D) • ISBN 978-3-89936-649-5

JOSEF EUL VERLAG